El Libro de Enoc

EFREN GAMBOA

Printed in the United States of America.

Library of Congress Control Number: 2021946582

ISBN	Paperback	978-1-68536-052-8
	eBook	978-1-68536-053-5

Westwood Books Publishing LLC
Atlanta Financial Center
3343 Peachtree Rd NE Ste 145-725
Atlanta, GA 30326

www.westwoodbookspublishing.com

Dedico este libro a todas las personas con el ADN original de Adán; para todos los que buscan la verdad del comienzo de la humanidad; y para todos los que se preguntan: "¿Hay vida en el espacio exterior?"

ENOC

El libro de Enoc fue el primer libro escrito en cualquier idioma. El lenguaje fue descrito como el lenguaje celestial; que hoy conocemos como hebreo. El hebreo fue también el idioma de los primeros humanos y de todos los seres vivos antes de la caída del hombre en el Jardín del Edén. Pero debido a la distribución de las lenguas durante la Torre de Babel; el hebreo fue olvidado hasta la vida de Abraham. Abraham fue enseñado el lenguaje por ángeles de Dios y revivió el lenguaje celestial sobre la Tierra. Así que, hoy en día habrá otros idiomas que probarán ser más antiguos que el hebreo a través de descubrimientos de cosas que tienen un lenguaje escrito sobre él; que pueden ser probados con carbón para la edad; a menos que podamos encontrar los libros originales de Enoc; pero hasta ahora sólo se han encontrado traducciones del libro en otros idiomas. En los rollos del Mar Muerto se encontró el libro de Enoc dentro de los libros venerados como los libros del antiguo testamento que fueron fechados entre el 404 y el 203 AEC. Lo que encontraron fue sólo una copia del libro y no el original. Según el idioma en que se encuentra el manuscrito; los reescribidores le dieron al Dios de su religión el crédito de ser Dios creador; pero el mundo sabe que sólo el Dios de Israel tenía ángeles con el nombre de Miguel, Gabriel y Ariel. Todos los demás han sido imitadores y han tratado de incluir los nombres de lo que ellos llaman sus propios ángeles y dioses y creencias en el libro de Enoc.

Nosotros, como humanos, hemos aprendido de Dios a mostrar la propiedad colocando nuestro nombre en todo lo que poseemos. Ponemos nuestro nombre en los documentos legales de propiedad de todo lo que poseemos. Nos casamos y legalmente ponemos nuestros nombres sobre nuestra esposa; luego nuestros hijos y todo lo que nos pertenece; de la misma manera el Creador puso su nombre sobre sus hijos y todo lo que le pertenece.

Miguel, Gabriel y Ariel tienen el nombre de Dios Creador dentro de su nombre. Miguel significa aquel que es como el Dios Creador; Gabriel significa hombre del Dios Creador y Ariel significa león del Dios Creador. Es bien sabido que el significado de estos arcángeles en el pasado ha sido interpretado como;

Miguel--El que es como Dios; Gabriel--Hombre de Dios y Ariel--León de Dios. La palabra Dios es la posición u oficio más alto en el cielo y la tierra; pero no es un nombre; sólo una posición u oficio. Los nombres de estos ángeles y muchos más ángeles hebreos declaran que el nombre de Dios es EL. Algunos discutirán esta declaración; pero la declaración es indiscutible.

La palabra hebrea yah o jah es la misma palabra que Dios. Al igual que en la palabra aleluya. La interpretación aceptada de aleluya es "Gloria a Dios". La verdadera interpretación de aleluya es "Gloria a EL nuestro Dios". Eli significa Dios Creador es mi Dios y Elías significa EL mi Dios es Dios. EL es el nombre de Dios. Aunque otros nombres de dioses han sido insertados en los pasajes en diferentes idiomas y las creencias o diferentes religiones han sido insertadas en el libro de Enoc la informacion no tendra ningun significado real hasta que sea interpretada a los valores y leyes de EL el Creador de la Creacion. Entonces los ojos de las mentes de los hombres y mujeres calcularán y entonces separarán las mentiras de la verdad. La verdad y los secretos del universo y como fue creado se conocerán leyendo este libro. Es el mensaje intencional del libro; y eso es lo que la mente del hombre calculará sin ningún problema.

De acuerdo con Noé; se necesita una clave o código especial para interpretar el libro de Enoc; sin ella; solo serán conjeturas y especulaciones de significado. Pero con la clave de interpretación se convertirá en información comprensible y vital para el futuro de la existencia de la humanidad. No puede ser interpretado religiosamente; porque la religión no es la clave ni el código; pero sólo con la ley de la clave; el libro de Enoc puede ser entendido e interpretado.

Las religiones organizadas han tachado este libro y no lo han incluido en los escritos sagrados de los antiguos. Si, ellos toman porciones de este libro que les gusta y lo llaman santo pero no lo aceptan como un todo; como Santo. Este será mi enfoque al interpretar este libro para ustedes; es decir, llamar a este libro Santo y sobre todo; muy compatible en Santidad con lo que se conoce como Santo en nuestro mundo hoy.

ENOC

ENOC CAPÍTULO 1

1 La palabra de la bendición de Enoc; él bendijo a los Elegidos y a los justos que iban a existir en el tiempo de la angustia; rechazando a todos los impíos y a los que no lo eran. Enoc era un hombre justo que estaba con Dios. El respondió y habló mientras sus ojos estaban abiertos dentro de una visión santa en los cielos.

2 Esto es lo que me mostraron los ángeles. De ellos oí todas las cosas; y entendí lo que vi; lo que no tendrá lugar en esta generación; sino en una generación que ha de suceder en un período distante, a causa de los Elegidos. 3 Por cuenta de ellos hablé y conversé con aquel que saldrá de su morada, el Santo y Poderoso; el Dios del universo. 4 Que en el futuro caminará sobre el Monte Sinaí; aparecerá con sus ejércitos angélicos; y se manifestará con la fuerza de su poder desde el cielo.

5 Todos tendrán miedo y los Vigilantes estarán aterrorizados. 6 Un gran temor y temblor se apoderará de ellos; incluso hasta los confines de la tierra. Los montes elevados se turbarán y las colinas exaltadas se deprimirán; se derretirán como la cera en la llama. La tierra se sumergirá y todo lo que hay en ella perecerá; mientras que el juicio vendrá sobre todos, incluso sobre todos los justos. 7 Pero a ellos les dará la paz. Preservará a los elegidos y ejercerá con ellos la misericordia. 8 Entonces todos pertenecerán a EL; serán felices y bendecidos; y el esplendor del Todopoderoso los iluminará.

El capítulo uno nos da la introducción y la ubicación de donde Enoc vio y experimentó lo que él llama una visión santa. Lo que él estaba experimentando y viendo era santo; y la ubicación era en los cielos o el espacio exterior. En el mundo de hoy, podemos describir su visión como una pantalla de televisión dentro de una nave espacial volando en el espacio exterior. En la pantalla, el vio el futuro cercano de la tierra; que todo iba a ser destruido por la guerra y por una inundación; y también vio que los vigilantes estaban muy asustados en la visión.

Los Vigilantes son una especie de ángeles o lo que hoy llamamos extraterrestres; que se les dio la tarea de enseñar a los humanos cómo vivir en la tierra. Ellos fueron creados en el Cielo y se asemejan a la forma humana. Sus cuerpos fueron hechos de la arcilla o polvo del Cielo. Su ADN se asemeja al ADN humano, pero el polvo de sus cuerpos es de mayor calidad que el polvo de la tierra; por lo tanto, tienen fuerza y capacidades superiores a las de los humanos. En nuestra época, podemos clasificarlos como extraterrestres ya que son vida de otro mundo en el espacio exterior. Al igual que los humanos, están hechos de espíritu y materia; por lo tanto, necesitan medios de transporte para vagar o viajar por el espacio, al igual que los humanos necesitan dichos vehículos para viajar por el espacio. Su masa sólo refleja la luz por su voluntad de reflejarla; por lo tanto, son invisibles a los ojos del cuello de los humanos. Los humanos pueden sentirlos y percibirlos y ocasionalmente verlos. Aparecerán como una onda de calor cuando se muevan; pero una vez que se queden quietos, la onda clara desaparecerá. La mayoría de los humanos los hemos visto; pero descartamos la visión como una ola de calor o viento; pero una vez que sabes que son ellos; puedes exigirles que te digan para qué están ahí.

La otra deferencia de los humanos es que son inmortales; por eso, EL los llama espíritus. Todos los espíritus mencionados en el antiguo testamento son estos extraterrestres o Vigilantes. El los titula espíritus porque los creó inmortales. Ellos son lo que nuestra historia mundial describe como dioses de las sociedades antiguas. Su tarea principal era cuidar a los humanos y mostrarles cómo sobrevivir en la tierra y enseñarles cómo hacer y operar tecnología sofisticada. Todo lo que ellos pueden hacer, los humanos también pueden hacerlo. Todavía viven dentro de nosotros; cada vez que hay un avance tecnológico en la historia de la humanidad, ellos están involucrados en él. No podemos detectarlos porque parecen humanos como nosotros y cuando no reflejan la luz son invisibles.

Se les prohibió aparearse con los humanos. Al aparearse con humanos; se contaminarían y funcionarían mal; y la iniquidad se instalaría dentro de sus corazones; y dejarían de lado su tarea principal y conjurarían su propia voluntad deseando ser vistos como dioses.

En este punto de la historia algunos Vigilantes permanecieron fieles a su llamado; pero algunos habían cruzado la línea y se aparearon con mujeres humanas; y les nacieron Nefilinos; por lo tanto, hicieron que los humanos los adoraran como dioses.

Los Nefilinos fueron hechos combinando polvo celestial y polvo terrestre; esto creó superhumanos y gigantes. Esta acción fue etiquetada por EL como “fornicación”. Los Vigilantes fueron los primeros fornicadores; eso es aparearse con otra forma de vida que no es de tu propia especie. La fornicacion para los humanos seria aparearse con animales, aves o peces. Después de que se aparearon con mujeres humanas la iniquidad se instaló en sus corazones y comenzaron a aparearse con animales, aves y peces; se produjeron animales, aves y peces gigantes; es lo que llamamos la era de los dinosaurios.

El ADN de los humanos, animales, aves y peces fue contaminado por la fornicación de los Vigilantes. EL decidió que no lo permitiría más y pronunció un juicio sobre los Vigilantes; es por eso que en este momento los Vigilantes estaban temblando de miedo. Los Vigilantes ya habían poblado toda la tierra y habían construido grandes ciudades alrededor de la tierra. Viajan en objetos voladores parecidos a aviones y artilugios antigravitatorios. Tenían armas que disparaban rayos que cortaban las piedras como un cuchillo la mantequilla. Aun teniendo tales armas de guerra; seguían temblando de miedo porque fueron encontrados culpables por EL y su juicio venía a destruir todo lo que habían logrado contaminar; y EL venía a encarcelarlos y destruirlos.

Los Vigilantes son introducidos en la historia y no fueron presentados; ni se dio ninguna explicación al lector de quienes eran los Vigilantes. La forma en que está escrito es una pista de que Enoc escribió realmente el libro de Enoc; lo que hace que el libro de Enoc sea el primer libro escrito en la tierra y muy valioso para entender a EL y su creación. Nosotros como humanos escribimos de esta manera cuando estamos escribiendo a otra persona que ha tenido un conocimiento y experiencia común del mundo y sabe lo que nosotros sabemos. No había necesidad de explicar quiénes eran los Vigilantes porque Enoc estaba escribiendo el libro de Enoc para los Elegidos de EL de su tiempo; y los Elegidos sabían quiénes eran los Vigilantes; y también conocían la transgresión y la destrucción que los Vigilantes habían causado; porque estaban viviendo en el mismo tiempo de los Vigilantes. Los elegidos eran seres humanos con 100% de ADN humano que puede ser rastreado hasta Adán y Eva; el mismo ADN que EL usó para hacer a Adán. Despues del diluvio otros angeles caidos y Vigilantes empezaron a aparearse con mujeres y muchas lineas humanas de ADN fueron contaminadas con el ADN de los Vigilantes y los han eliminado de ser los Elegidos.

Si usted ha leído el viejo testamento usted leerá que EL ordena a Israel en algunos casos matar a todos los hombres, mujeres, niños y animales en la batalla. EL da esa orden porque ellos eran Vigilantes y Nefilinos; y los humanos y animales originales habían sido contaminados con el ADN de los Vigilantes o como los conocemos hoy; extraterrestres. En palabras que podemos entender es que los nuevos Vigilantes caídos o desertores del Cielo estaban teniendo sexo con mujeres humanas y animales. Y EL llamó a estos Vigilantes; Espíritus. La acción de su fornicación lleva la sentencia de muerte a los Vigilantes y sus descendientes. Sus descendientes son los Nefilinos; descendientes de Espíritus y mujeres humanas. Fueron vistos y adorados como Dios y dioses. Los libros de cada nación que tiene una historia escrita dirán algo sobre ellos. Las religiones del mundo también los confiesan como Dios o dioses; en cada religión los encontrarás; y sus adoradores los adoran como Dios; pero no son Dios; simplemente inmortales y Nefilinos; son ángeles caídos y Vigilantes etiquetados por Dios Creador como Espíritus.

El libro de Enoc debía ser transmitido de Elegido a Elegido o de hombre a hombre que llevara el 100% del ADN original humano; y sus instrucciones seguidas para que el mundo funcionara en armonía y para que el hombre pudiera lograr una larga vida y luego transformarse en vida eterna.

Los Elegidos en la terminología de hoy es lo que conocemos como Sacerdotes y Profetas de Dios Creador; porque EL ha seguido probando su ADN a través de las edades y todavía prueban el 100% humano original. Los Sacerdotes de EL deben aprender y luego poner todo en orden funcional de acuerdo a la instrucción en el libro de Enoc para que la vida en la tierra se alargue y sea aprobada por EL. El primer Elegido aprobado por EL fue Enoc; luego Noé porque su ADN probó ser 100% original en la niebla de toda la fornicación de los Espíritus y de los Nefilinos. Desde el nacimiento de Noé; su ADN fue cuestionado pero su ADN fue examinado para ser 100% humano original; y EL les dio la posición u oficina de los Elegidos o Sacerdotes; ellos tuvieron que probar 100% Adán o humano como el Adán original; es el derecho de ser Su portavoz en la tierra; entonces Noé lo pasó a Shem y Shem pasó a sus descendientes de los cuales cayó sobre Abraham, Isaac y luego a Jacob; de Jacob ha caído a su descendiente a quien llamamos Israelitas. Dentro de Israel los levitas son los elegidos pero para el mundo toda la familia de Israel son los elegidos o santos sacerdotes de EL. Sería muy sabio llamar a los sacerdotes Electos porque la palabra Electo declara que Dios Creador los ha examinado para ser 100% Adán, o humano; Electo.

Malaquías 2:4 Sabed, pues, que os he puesto este mandamiento para que Mi pacto sea con Leví, "Dice EL SHADDAI el Comandante en Jefe de los ejércitos angélicos".

Es muy claro a quien EL ha designado como sus Elegidos o Sacerdotes; si tus sacerdotes o pastores no son descendientes de Levi entonces tu Dios no es EL el Creador del universo. La profecía en Malaquías se debe para la generación de ese día; y también; para la generación de hoy. EL todavía escoge a Leví y a sus descendientes como Sus Electos o Sacerdotes.

Los versos 3 y 4 dicen que Enoc habló con EL y EL le dijo lo que iba a hacer en el futuro. EL iba a dejar su hogar en el Cielo y bajar a la tierra y caminar en el Monte Sanai y él iba a aparecer con sus ejércitos angélicos en pleno poder. Este verso describe el transporte de EL; es decir que el va a aparecer o simplemente dicho; "teletransportación," sobre el Monte Sanai con todos sus ejércitos. Nuestra tecnologia apenas esta llegando a aceptar que la idea de teleportacion es posible; pero no esta lejos de descubrir como funciona.

Estos versos son también una declaración de guerra contra los Vigilantes. ÉL iba a ejecutar el juicio sobre los Vigilantes y sus descendientes y toda la creación ilegal que los Vigilantes habían creado sin la aprobación de EL. En los versos 2 a 8 Enoc declara una profecía que tuvo lugar en el tiempo de Noé; nos centramos en el diluvio y omitimos lo que va a suceder antes del diluvio. Uno de los versos dice: "**Los montes elevados serán turbados, y las colinas exaltadas deprimidas; derritiéndose como la cera en la llama".** Esta parte de la profecía dice que la guerra viene a los Vigilantes y que las armas que vienen contra ellos cortarán las montañas como el fuego corta la cera.

Esto fue en realidad; la Primera Guerra Mundial peleada en la tierra y fue entre los Vigilantes fieles contra los Vigilantes caídos. Hay evidencia alrededor de la tierra que tal guerra fue peleada. Ciudades enteras fueron cortadas de las montañas y arrojadas al océano en diferentes lugares de la tierra; hoy en día se han descubierto nuevos descubrimientos de ciudades hundidas que datan de más de cinco mil años.

Lo que llamamos y conocemos; como las maravillas de la tierra, fueron creadas por los Vigilantes caídos.

La guerra se libró durante los últimos días antes del diluvio; para eliminar todo lo que había sido contaminado por los Vigilantes y para eliminar toda la creación de los Vigilantes que era capaz de sobrevivir dentro de las aguas; y para eliminar todos sus experimentos ilegales en la creación de EL. Todo lo que estos versos describen ya tuvo lugar en la Tierra en el tiempo de vida de Noé. EL dejo la tierra en Genesis 6 para permitir que los Vigilantes hicieran y se expandieran en su rebelion; pero ahora EL ha tenido suficiente y no soportara mas la rebelion de los Vigilantes porque ellos no habian mostrado ningun auto de arrepentimiento y no habian mostrado ninguna misericordia hacia la creacion de EL por mas de 1,000 años.

Los vigilantes y sus descendientes gobernaron el mundo como dioses. Ellos poblaron la tierra y construyeron grandes ciudades alrededor de la tierra con su conocimiento, tecnologia y gran fuerza. Creían que EL iba a dejarles la tierra como propia.

Los Vigilantes fueron enviados a la Tierra por EL para cuidar del hombre y toda su nueva creación sobre la tierra; para enseñar al hombre como sobrevivir en la tierra; pero en vez de eso ellos tomaron el control del hombre y de la creación de EL y se declararon dioses sobre el hombre y sobre toda la creación de EL; sobre toda la Tierra.

ENOC CAPÍTULO 2

1 He aquí que viene con diez mil de sus santos, para ejecutar juicio sobre ellos; y destruir a los impíos y reprender a todos los carnales por todo lo que los pecadores e impíos han hecho y cometido contra EL.

El capítulo dos es de nuevo una profecía contra los Vigilantes. La frase, **"él viene con diez mil de sus santos"**, está describiendo una fuerza especial de élite de la guerra; sería como decir diez mil marinos o diez mil focas de la marina. Los santos en este caso no está describiendo a personas especiales que se esfuerzan por ser santas; es una descripción de la mejor fuerza de combate de EL hecha de Vigilantes.

Para transportar a los Vigilantes a la tierra; EL tuvo que proveerlos con objetos voladores; y los objetos voladores están equipados con poder de explosión de guerra. EL y sus ángeles personales pueden aparecer como ellos desean ir; porque ellos son 100% seres de Dios; y no espíritus o simplemente inmortales, "4 Quien en el futuro caminará sobre el Monte Sinaí; aparecerá con sus ejércitos angélicos; y se manifestará en la fuerza de su poder desde el cielo;" pero los Vigilantes no son 100% seres de Dios sino espíritus; al igual que los humanos; ellos tienen un cuerpo hecho de masa pero inmortales; por lo tanto, ellos necesitan transporte que lleve masa. De nuevo, esta guerra se libró antes del diluvio.

Hay diferentes especies de ángeles; los ángeles son simplemente formas de vida que son ciudadanos del Cielo y son obedientes a la voluntad de EL; los seres más cercanos a EL son seres de Dios revestidos de luz y otros son espíritus revestidos de la sustancia de su creación o mundo; los Vigilantes también son ángeles; pero están revestidos del polvo del Cielo.

Llamamos a la fuerza y fuente de vida de los humanos como su espíritu; pero en realidad; es el aliento de Dios; y no un espíritu; lo que hace de los humanos un ser vivo; o simplemente dicho; somos seres de Dios en la carne. Pero para tener menos confusión seguiré diciendo espíritu para la frase; ser de Dios, para los humanos. Los espíritus de los humanos tienen la promesa si son fieles a EL de que serán revestidos de luz al igual que los ángeles personales de EL. Pero mientras tanto; los humanos son considerados como ángeles a otras creaciones del espacio exterior; considerados muy especiales y honorables con un rango muy alto.

El hecho de la vida en el espacio exterior no es un secreto en ninguna escritura sagrada del pasado; pero es difícil para muchos humanos aceptar que hay vida en el espacio exterior; clasificada como ALIENS; incluso después de leer la Biblia o cualquier otra escritura sagrada de cualquier nación no se hunde en las mentes humanas que están leyendo sobre extraterrestres o fuentes de vida del espacio exterior en sus escrituras sagradas; por lo tanto, todos los dioses de las naciones eran y son Vigilantes, espíritus y ángeles. Los Vigilantes, espíritus y ángeles e incluso Dios el Creador son fuentes de vida que son del espacio exterior y encajan en la definición de alienígenas; pero en nuestras mentes y corazones no los clasificamos como alienígenas porque queremos ser parte de ellos y de alguna manera mantenemos la palabra, "Alien," como una palabra hostil que es por naturaleza nuestros enemigos. En parte tenemos razón al sentirnos así con la palabra alienígena porque cualquier Vigilante caído, espíritu o ángel por su declaración son nuestros enemigos haciendo lo mejor para exterminarnos. Por lo tanto, hay alienígenas buenos y malos hacia la humanidad; y tenemos el derecho de probar sus intenciones; para ver si son alienígenas caídos o fieles.

Todo el mundo quiere ir al Cielo y el Cielo no está en la Tierra; después de todo, el Cielo es un planeta en el espacio exterior; el hogar de Dios Creador; donde cada religión humana está anunciando a sus seguidores que saben cómo llegar allí; y es la esperanza de cada persona piadosa. Mientras; como hechos son hechos; si crees en la vida en el espacio exterior o no; no cambiará el hecho de la vida en el espacio exterior; solo te limitará de expandir en tu limitada comprensión y en las conexiones de tu mente la gran información almacenada que ya ha sido almacenada en tu mente; y nunca podrás acceder a ella. Solo se necesita que tengas una mente abierta sobre estos hechos antiguos; y encontrarás información saliendo de tu mente que nunca has estudiado o escuchado en tu pasado. No se trata de creer o no creer; se trata de tener una mente abierta; y luego explorar las posibilidades; y al hacerlo, podemos proteger a la humanidad y avanzar en la comprensión.

Dos tercios del universo están poblados por diferentes formas de vida inteligente; todas ellas creación de EL. Todas estas formas de vida; nosotros en la tierra podemos clasificarlas como alienígenas; nunca ha sido un secreto; hay vida fuera de esta tierra. Solo hay dos tercios del universo poblados porque Satanás destruyó un tercio. De nuevo; ángeles, espíritus y Vigilantes son formas de vida del espacio exterior y de acuerdo con la definición de alienígena; son alienígenas.

CAPÍTULO 3 DE ENOC

1 Todos los que están en los cielos saben lo que se lleva a cabo allí. 2 Saben que las luminarias celestiales no cambian sus caminos; que cada una se eleva y se pone regularmente; cada una en su período apropiado sin transgredir los mandatos que han recibido. Contemplan la tierra y comprenden lo que allí se lleva a cabo; desde el principio hasta el final de ella. 3 Se aseguran de que toda obra de EL sea constante en el período de su aparición. Mantienen unidos el verano y el invierno: sabiendo que toda la tierra está llena de agua; y que la nube, el rocío y la lluvia la refrescan.

El capítulo tres es una descripción de cómo todo en el espacio exterior funciona y cumple su ciclo para mantener unido todo lo que ocurre en la tierra. Todo lo que hay en el espacio exterior tiene un calendario que afecta a la tierra y a todo lo que hay en ella. El sol, la luna, las estrellas y los planetas están sincronizados entre sí y esa sincronización afecta a la tierra; y señala la sincronización de la primavera con el invierno. El tiempo es un tiempo establecido que nunca cambia y por ese tiempo se produce el clima de la tierra. Todas las funciones son supervisadas por algún ser del cielo; todos los seres del espacio exterior trabajan juntos para mantener el espacio exterior funcionando con la rotación de la tierra y otros planetas; y todo el universo. Hay campos de fuerza invisibles protectores sobre cada planeta que impiden que los planetas se destruyan.

ENOC CAPÍTULO 4

1 Ellos consideran y observan cada árbol; como parece marchitarse, y cuando cada hoja se cae; excepto de catorce árboles que no se desprenden de sus hojas; que esperan desde el viejo hasta la aparición de la nueva hoja; por dos o tres inviernos.

EL tiene Vigilantes en toda la tierra para cuidar la vida de las plantas; hacen pruebas sobre todo lo que crece en la tierra y consideran cómo hacer que sobreviva mejor. EL tiene a alguien asignado para monitorear todo en la tierra; plantas, insectos, animales, pájaros, peces, humanos y todo lo que se encuentra en y sobre la tierra para beneficiar cada forma de vida; y nosotros los humanos hemos llamado a esta acción Madre Naturaleza.

Los humanos tenemos lo que llamamos ángeles de la guarda que nos ayudan en todo lo que necesitamos. Son las voces que nos guían a lo largo de la vida. Nuestros ángeles de la guarda están ahí para ayudarnos a lo largo de la vida y disfrutar de la vida con nosotros; aunque no los oigas ni los veas; están ahí cada día vigilándote. Porque tienes libre albedrío, te dejarán hacer lo que quieras; si es algo que va en contra de EL o de ti mismo, te advertirán que no lo hagas, pero nunca te impedirán físicamente que lo hagas. Aprende a escucharlos y nunca tomarás una mala decisión y eventualmente podrás verlos; y conversar con ellos como conversarías con cualquier otra persona.

Los espíritus ponen su atención y capacidad de observación en los árboles que anualmente se desprenden de sus hojas; cómo se marchitan; toman el control de la descomposición de la hoja asegurándose de que no se extienda al resto del árbol; manteniendo vivas las ramas y las raíces del árbol. Los catorce árboles son los que no tienen que vigilar a diario; están diseñados perfectamente para sobrevivir en la tierra; no importa la temperatura que se les presente; fueron diseñados para sobrevivir en todo tipo de clima. En el diseño de los árboles llevan la fuerza para que el hombre viva 1000 años menos un segundo.

Los catorce árboles: Baya azul japonesa, alcanfor, ciprés, madera de zanahoria, magnolia, cerezo, adelfa, aligustre, mirto de cera, laurel, mata de botella, chirimoya, árboles de hoja perenne de coníferas, árboles de hoja perenne de frondosas y robles marcescentes. Todos estos árboles tienen propiedades curativas que fortalecen el ADN humano que a su vez fortalece la carne de los humanos.

CAPÍTULO 5 DE ENOC

1 Nuevamente consideran los días del verano y se aseguran de que el sol esté sobre él en su mismo comienzo; mientras tú buscas un lugar cubierto y sombreado a causa del sol ardiente; mientras la tierra se abrasa con el calor; y te vuelves incapaz de caminar sobre el suelo o sobre las rocas a consecuencia de ese calor.

El capítulo 5 explica que incluso el sol es guiado por fuerzas espirituales; y éstas no dejan que el sol se desvíe de su camino. Los espíritus guían al sol por su camino hasta que hace que la tierra se caliente; haciendo que esa época del año sea el "verano". El sol es observado y guiado hasta el punto en que calienta la tierra; hasta el punto en que sería demasiado caliente para que los seres humanos caminen sobre el suelo; pero el sol no se acercará tanto a la tierra que la quemaría porque es observado y guiado sólo hasta el punto en que lo haría demasiado caliente para que los seres humanos caminen sobre el suelo.

Los espíritus tienen autoridad sobre el sol; por lo tanto, son más poderosos que el sol y el calor del sol no puede consumirlos. Los espíritus que controlan el sol podemos compararlos con un cinturón o cadena de tiempo colocado en el espacio exterior suspendido por los puntos norte, este, sur y oeste en el espacio exterior en un diseño circular; cada grado tiene una longitud de día o simplemente dicho 24 horas en la velocidad de viaje del sol para cruzarlos. Este cinturón o cadena espiritual nunca falla; está en sincronización todo el tiempo; al igual que un cinturón o cadena de sincronización de un automóvil está en sincronización con el cigüeñal y la leva; el sol no puede consumir el campo de fuerza creado por los espíritus; sólo sigue su guía.

CAPÍTULO 6 DE ENOC

1 Consideran cómo los árboles, cuando echan sus hojas verdes, se cubren y producen frutos; entendiendo todo y saben que Aquel que vive para siempre hace todas estas cosas por ti. 2 Conocen las obras al principio de cada año existente; que todas sus obras son obedientes y de necesidad de Él y constantes; pero como EL ha designado, así se realizan todas las cosas. 3 Ellos también mantienen los mares y se aseguran de que los ríos completen sus respectivas operaciones.

4 Pero ustedes, los vigilantes, no soportan con paciencia ni cumplen los mandatos de EL SHADDAI, sino que transgreden y calumnian su grandeza; y malignas son las palabras de sus bocas contaminadas contra su Majestad. 5 ¡Marcas de corazón y no vendrá a ti la paz! 6 Por tanto, vuestros días serán malditos y los años de vuestras vidas perecerán; se multiplicará la maldición continua y no obtendréis misericordia. 7 En esos días resignarás tu paz con la maldición eterna de todos los justos; y los pecadores te maldecirán continuamente. 8 Te maldecirán con los impíos.

9 Los elegidos poseerán la luz, la alegría y la paz, y heredarán la tierra. 10 Pero vosotros, impíos, seréis malditos. 11 Entonces se dará la sabiduría a los elegidos; todos ellos vivirán y no volverán a transgredir por impiedad o soberbia, sino que se humillarán; poseerán la prudencia y no repetirán la transgresión. 12 No serán condenados durante todo el período de sus vidas; no morirán en el tormento y la

indignación; sino que la suma de sus días se completará; y envejecerán en paz; mientras que los años de su felicidad se multiplicarán con alegría; y con paz para siempre; toda la duración de su existencia.

El capitulo seis en el verso uno cambia las vistas del espacio exterior a la tierra y continua mostrando como los espiritus continuamente trabajan en toda la creacion de EL; ayudando a toda la vida de las plantas y toda la actividad sobre la tierra; incluyendo como el agua fluye en los rios a un orden de operacion establecido. Lo hacen sin cuestionar a EL; también sabiendo que todo lo que están haciendo es para el beneficio de los humanos y de toda la creación de EL.

EL esta construyendo un caso judicial contra los Vigilantes y Espiritus que han abandonado sus puestos y han cometido crimenes sobre la tierra. EL esta demostrando que cada trabajo que les ha dado tiene gran importancia para la supervivencia de su creacion universal.

En el verso 4 EL está condenando a los Vigilantes por no cumplir sus mandamientos; por transgredir y menospreciar la grandeza de EL; se casaron con mujeres humanas y maldijeron con su boca a su Majestad; o simplemente dijeron: “EL mismo”. EL reparte su castigo a los Vigilantes; y en los versos encontramos las palabras justos, pecadores e impíos. Estos atributos no se exponen como atributos humanos sino como atributos de los Vigilantes. En este punto del tiempo ya había un sistema de honor y lealtad que fue practicado por primera vez por los Vigilantes; y ese sistema de lealtad y honor se suponía que era pensado para los humanos por los Vigilantes.

Los pecadores mencionados en estos versos son Vigilantes que tenían pecado; los justos eran Vigilantes que eran justos; que no se habían desviado; y los impíos eran también Vigilantes que se volvieron impíos al llamarse a sí mismos Dioses y enseñaron la perversión a los humanos. La idea de que los humanos eran los únicos seres inteligentes que caminaban sobre la tierra es simplemente falsa; los Vigilantes en la terminología actual pueden ser realmente llamados Aliens. Estos alienígenas tenían la misma secuencia de ADN que los humanos; excepto el marcador de localización que es activado por el polvo del Cielo o el polvo de su planeta; y el marcador de localización del ADN humano es activado por el polvo de la tierra. Estos Aliens eran más inteligentes que los humanos y todavía lo son; porque ya están usando tecnología no descubierta por los humanos todavía.

El marcador de ADN Alienígena es lo que confunde la tasa de crecimiento de la descendencia; por lo tanto, las mutaciones crecieron sobre la descendencia; algunas negativamente malas y otras sobrenaturales admirables. También determina de qué sección u oficina del Cielo será tomado el espíritu que activa el embrión humano. Cada vida tiene un camino que sigue a través de la vida y la muerte. Los humanos tienen la oportunidad de entrar en el Cielo o simplemente convertirse en ciudadanos del mundo espiritual después de la muerte; pero nunca hubo un camino elegido para los espíritus de mitad humanos y mitad vigilantes o simplemente dicho los Nefilinos; por lo tanto, los espíritus de los Nefilinos no son permitidos en el Cielo porque el camino establecido para los Vigilantes no es seguido ni el camino establecido para los humanos ha sido seguido u obedecido.

En el verso 9-12 la profecía de EL es para los Elegidos que eran Noé y su familia; eso equivale a toda la humanidad en el tiempo de Noé y de la humanidad de hoy en día ya que todos somos descendientes de Noé; es una profecía que todavía no ha tenido lugar. En toda la historia conocida del hombre después del diluvio; el hombre no ha vivido más de 175 años. Esta es una buena profecía para los Elegidos y el mundo de los humanos porque lo que le sucede a los Elegidos también le sucede al resto del mundo por causa de los Elegidos. Esta profecía declara que los Elegidos van a ser fieles a EL y a su vez que los Elegidos van a vivir hasta su periodo completo de vida; el periodo de vida es el total de 1000 años menos un segundo; y estarán en paz toda su vida.

La profecía de EL para los Vigilantes es una maldición; juicio y día del juicio final; pero para los Elegidos y los humanos Su profecía es larga vida, prosperidad y paz. En el escrito más antiguo para el hombre, EL promete larga vida, prosperidad y paz para los humanos; y la maldición, el juicio y el día del juicio final ni siquiera están en su mente hacia los humanos.

CAPÍTULO 7 DE ENOC

1 Sucedió después de que los hijos de los hombres se habían multiplicado en aquellos días; que les nacieron hijas, elegantes y hermosas. 2 Y cuando los vigilantes, los hijos del cielo, las miraron, se enamoraron de ellas; diciéndose unos a otros: "Venid, seleccionemos para nosotros esposas de la pura descendencia de los hombres y engendremos nuestros propios hijos."

3 Entonces su jefe Samyazael les dijo: "Temo que tal vez no estéis comprometidos con la realización de este plan". 4 Y que sólo yo sufra por tan grave crimen. 5 Pero ellos le respondieron y dijeron: "Todos juramos. 6 Y nos obligamos por la maldición

mutua a no cambiar nuestra intención, sino a ejecutar nuestros planes proyectados. 7 Entonces juraron todos juntos y se obligaron por una maldición mutua. El número total de ellos fue de doscientos que descendieron sobre Ardis, que es la cima del monte Armón. 8 Aquel monte se llamaba, pues, Armón, porque habían jurado sobre él y se habían obligado por la maldición mutua.

9 Estos son los nombres de sus jefes: Samyazael, que era su jefe, Urakabarameel, Kokabel, Tamiel, Ramel, Daniel, Zeqiel, Sahiel, Asael, Armoniel, Baraqel, Ananel, Zavebel, Samsaveel, Ertael, Turel, Yomiel, Arazyael. Estos eran los líderes de los doscientos ángeles y los restantes estaban todos con ellos.

10 Entonces tomaron esposas, cada uno eligiendo para sí mismo; a las que empezaron a acercarse y con las que vivían; enseñándoles hechicería, encantamientos y a dividir las raíces y los árboles.

11 Y las mujeres que concebían daban a luz a Nefilinos. 12 cuya estatura era cada uno de cuatrocientos cincuenta pies. Estos devoraron todo lo que el trabajo de los hombres produjo; hasta que fue imposible alimentarlos. 13 Se volvieron contra los hombres para devorarlos. 14 Y comenzaron a dañar a las aves, a las bestias, a los reptiles y a los peces; a comer su carne; y también a un Nefilino de otro Nefilino; y a beber su sangre. 15 Entonces la tierra reprendió a los injustos.

En el verso uno del capítulo siete se nos cuenta la historia de la conversación de los Vigilantes y lo que planean hacer con la descendencia pura del hombre. Los versos uno y dos nos dan dos divisiones de especies; es decir el hijo del hombre o los hijos de la tierra y los hijos de los cielos. Los dos versos declaran el lugar de nacimiento de ambas especies. Como los humanos saben que no deben tener sexo con animales, pájaros o peces para reproducirse; sin que nadie se lo diga; y que es repulsivamente malo; también los Vigilantes sabían que lo que estaban planeando hacer era un crimen muy terrible y gravemente repulsivo. A pesar de que su ADN es tan cercano al ADN humano, la ley de EL les prohibía aparearse con los humanos, y su plan los convertiría en criminales.

Los Vigilantes hicieron un acuerdo entre ellos y se unieron por una maldición mutua. Juntos acordaron pagar por el crimen de tomar esposas humanas; y se unirían contra EL; si EL actuaba contra ellos. Este acuerdo con sus acciones los hizo enemigos de EL.

Hay una lista de los primeros Satanes sobre la tierra. EL los nombra Satán; significando enemigo; y cada jefe Satán es llamado Satán por EL. El primer Vigilante al que se le dio el nombre de Satanás fue Samyazael. Satanás no es un ser, sino un cargo que ocupa un ser, que significa el jefe o gobernante de los satanes. La palabra de definición fue dada por EL como Su Enemigo de más alto rango.

Los ángeles caídos o Vigilantes también se dieron a sí mismos un nombre para ir por; eso es el Baalim o los señores; y el señor gobernante ellos llamaron Ba-al o el Señor. Los ángeles caídos y los Vigilantes acordaron tener a uno de ellos gobernando sobre ellos y acordaron obedecer su guía y gobierno. Se presentaron como dioses ante los humanos y exigieron que los humanos los adoraran. Todos ellos acordaron que el Señor sería el espíritu gobernante.

En el verso 10 dice: "**Entonces tomaron esposas, cada uno eligiendo para sí mismo; a las que empezaron a acercarse y con las que vivían; enseñándoles hechicería, encantamientos y a dividir las raíces y los árboles".** Estas son una lista de las Leyes de EL que fueron rotas por los Vigilantes; cosas que fueron prohibidas para los Vigilantes, Espíritus y Ángeles para hacer y enseñar a los humanos de cómo hacer. Ellos tuvieron sexo con mujeres humanas; les enseñaron hechicería, encantamientos y la formación de pociones. Este es el origen de la hechicería, la brujería y los médios. No es una adoración a Satanás sino la conexión por la aprobación de los humanos para convertirse en socios iguales con los Satanes y estar de acuerdo para que el Señor gobierne sobre ellos; para comprometerse en una conexión superior de maldad espiritual y mágica de guerra contra EL.

En el verso 11 dice, **Y las mujeres concibiendo dieron a luz Nefilinos**. Cualquier mujer que conciba de un Espíritu, Vigilante o Ángel dará a luz un Nefilino. En el libro de Génesis, Jubileo, y ahora también en Enoc; declaran que los espíritus o ángeles tomaron esposas humanas en la historia terrestre pasada. El Nuevo Testamento declara que los ángeles no pueden casarse ni tener descendencia como los humanos; pero tenemos evidencia de que pueden casarse y producir descendencia; excepto que está en contra de la ley de EL.

El capítulo 6 del Génesis afirma que hubo Nefilinos antes del diluvio y después del diluvio. Las mayores guerras de Israel se libraron contra los descendientes de los Vigilantes, Espíritus y Nefilinos. Algunos de los 200 Vigilantes eran lo que hoy llamamos; científicos que trabajaban en los genes. Los Vigilantes son creados como Adán fue creado antes de que Eva fuera creada; Vigilantes completamente crecidos físicamente; sin un ayudante. Para poder producir descendientes, tuvieron que producir una fórmula para ayudar a que su semilla se uniera al embrión de la mujer.

Los versos 11 a 15 describen los primeros experimentos de los Vigilantes; la fórmula que se aplicaron a sí mismos no concordaba con la secuencia de ADN de un ser humano normal; por lo tanto, lo que creció de ella fueron gigantes y monstruos. Los vigilantes también experimentaron con la semilla de todos los demás seres vivos para alimentar a sus descendientes y los resultados fueron los dinosaurios. Los animales de hoy no salieron de los dinosaurios; pero por otro lado, los dinosaurios salieron de lo que conocemos como animales de hoy. Los dinosaurios no fueron diseñados para gobernar la tierra por EL sino que fueron intentos de los vigilantes para alimentar a sus hijos; pero sus hijos no conocieron valores, moral o límites y continuaron matándose unos a otros; y comiendo la carne de unos a otros.

ENOC CAPÍTULO 8

1 Azazyel enseñó a los hombres a fabricar espadas, cuchillos, escudos, corazas, la fabricación de espejos y la elaboración de brazaletes y adornos; el uso de la pintura, el embellecimiento de las cejas; el corte de piedras de todo tipo valioso y selecto y toda clase de tintes; de modo que el mundo se alteró.

2 La impiedad aumentó; la fornicación se multiplicó; y transgredieron y corrompieron todos sus caminos. 3 Amazarakel enseñó a todos los hechiceros y divisores de raíces. 4 Armoniel enseñó la solución de la hechicería. 5 Barkayal enseñó a los observadores de las estrellas. 6 Akibeel enseñó los signos. 7 Tamiel enseñó astronomía. 8 Y Asaradel enseñó el movimiento de la luna. 9 Y los hombres, destruidos, gritaron; y su voz llegó hasta el cielo.

El capítulo 8 es una continuación y acumulación de más leyes del EL quebrantadas por los ángeles caídos. Azazyel enseño la guerra a los humanos y como hacer armas de guerra; enseñandoles lo facil que era matarse unos a otros. El intento de Azazyel fue alterar el orden natural de la naturaleza y crear una forma diferente de construir usando piedras. Estos ángeles debían enseñar a los humanos las cosas que sabían hacer para mejorar las condiciones de los humanos; pero en lugar de eso, enseñaron a los humanos a matarse unos a otros sin piedad ni ningún código moral; y a hacer cumbre confesando que ellos eran los Señores. La confesión de los humanos es lo que les da poder sobre la raza humana; de lo contrario, son simplemente siervos de la humanidad.

Mejoraron las condiciones de sus propios descendientes y seguidores; pero mantuvieron al resto de la humanidad en la oscuridad y como esclavos. Utilizaron sus conocimientos para probarse a sí mismos como dioses y tomaron cautivos los derechos de los humanos.

Sus traidores se volvieron más y más contaminados y sin respeto a la creación de EL; comenzaron a conquistar a la humanidad; en lugar de servir a la humanidad como se les asignó.

Los humanos que no estaban asociados con estos angeles caidos comenzaron a gritar por ayuda y esta escrito que su grito fue escuchado en el cielo. EL oirá nuestra voz cuando lo invoquemos; nuestras voces y palabras llegarán al Cielo en el espacio exterior sin duda alguna. Todos estamos conectados a la red del Cielo; nuestras mentes y voces envían las señales de nuestras palabras a la red del Cielo; y todo lo que decimos; y pensamos es recibido y grabado en los receptores del Cielo.

CAPÍTULO 9 DE ENOC

1 Entonces Miguel, Gabriel, Rafael, Sariel y Uriel miraron desde el cielo y vieron la cantidad de sangre que se había derramado en la tierra; y toda la iniquidad que se había hecho en ella; y se dijeron unos a otros: "Es la voz de sus gritos". 2 La tierra privada de sus hijos ha clamado hasta la puerta del cielo.

3 "Y ahora a ti, oh santo del cielo, las almas de los hombres se quejan diciendo: "Obtén justicia para nosotros con el Altísimo". Entonces dijeron a su Dios, el Rey: Tú eres el Dios de los dioses, el Rey de los reyes y el Maestro de los maestros." "El trono de tu gloria es por los siglos de los siglos; y por los siglos de los siglos tu nombre es santificado y glorificado. Tú eres bendito y glorificado. 4 Tú has hecho todas las cosas; posees el poder sobre todas las cosas; y todas las cosas están abiertas y manifiestas ante ti. Tú contemplas todas las cosas y nada se te puede ocultar.

5 Tú has visto lo que ha hecho Azazel; cómo ha enseñado a todas las especies la iniquidad en la tierra; y ha revelado al mundo todas las cosas secretas que se hacen en los cielos.

6 También ha enseñado hechicería Samyazael, a quien has dado autoridad sobre los que se asocian con él. Han ido juntos a las hijas de los hombres; se han acostado con ellas; se han contaminado. 7 y les han revelado crímenes. 8 Las mujeres también han dado a luz a Nefilims. 9 Por eso toda la tierra se ha llenado de sangre y de iniquidad.

10 Y ahora he aquí que las almas de los que están muertos, claman 11 y se quejan hasta la puerta del cielo. 12 Su gemido asciende; ni pueden escapar de la injusticia que se comete en la tierra. Tú conoces todas las cosas, antes de que existan. 13 Tú conoces estas cosas y lo que se ha hecho por ellas; sin embargo, no nos hablas. 14 A causa de estas cosas, ¿qué debemos hacerles?"

El capítulo 9 traslada la historia al interior del Cielo; comienza a enumerar los nombres de cinco ángeles que están escuchando los gritos de las personas que han sido asesinadas. Las voces de los muertos se escuchan hasta la puerta del Cielo. La noción de que lo que se habla en la tierra puede ser escuchado en el cielo demuestra que hay una conexión de comunicación de sonido transmitida desde la tierra al Cielo que está a millones de millas de la tierra; y esa transmisión puede ser escuchada inmediatamente.

Los ángeles del Cielo sabían lo que los ángeles de la tierra estaban haciendo; y llevaron el caso ante EL y se preguntaron por qué no había dicho nada ni había dado ninguna orden de qué hacer con el dilema que estaba teniendo lugar en la tierra. Azazel y Samyazael eran parte de los cinco ángeles mencionados al principio del capítulo 9; haciendo un total de siete Arcángeles. De nuevo se mencionan los crímenes; también se menciona que las almas de los muertos se quejan de la manera en que fueron asesinados. Esto es evidencia de que los muertos de la carne siguen vivos después de la muerte.

CAPÍTULO 10 DE ENOC

EL envía a Noé un mensaje en respuesta por lo que estaba sucediendo en la Tierra.

1 Entonces el Altísimo, el Grande y Santo habló. 2 Y envió a Arsayalyurel al hijo de Lamec. 3 Diciendo: "Dígale en mi nombre: Escóndase. 4 Entonces explícale la consumación que está a punto de tener lugar; porque toda la tierra perecerá; las aguas de un diluvio vendrán sobre toda la tierra y todas las cosas que hay en ella serán destruidas. 5 Y ahora enséñale cómo puede escapar y cómo puede permanecer su descendencia en toda la tierra".

6 EL SHADDAI dijo a Rafael: "Ata a Azazel de pies y manos; échalo en las tinieblas; y abre el desierto que está en Dudael, échalo allí. 7 Arroja con gran fuerza piedras puntiagudas y cúbrelo con las tinieblas. 8 Allí permanecerá hasta el momento

oportuno; cubre su rostro para que no vea la luz. 9 Y en el gran Día del Juicio, que sea arrojado al fuego. 10 Restablece la tierra que los ángeles han corrompido; y anúnciale la vida, para que yo la reviva. 11 Todos los hijos de los hombres no perecerán como consecuencia de todos los secretos que los Vigilantes han destruido y de lo que han enseñado a sus descendientes. 12 Toda la tierra ha sido corrompida por los efectos de la enseñanza de Azazel. A él, por tanto, se le imputa todo el crimen".

13 A Gabriel también le dijo EL SHADDAI: "Ve a los bastardos, a los réprobos, a los hijos de la fornicación; y destruye a los hijos de la fornicación; la descendencia de los Vigilantes, de entre los hombres; sácalos y revuélvelos unos contra otros. Que perezcan en la matanza; porque no tendrán duración de días. 14 Todos ellos te rogarán con insistencia; pero sus padres no obtendrán su camino en lo que respecta a sus hijos; porque esperarán que puedan vivir, cada uno de ellos, quinientos años y después esperarán la vida eterna."

15 A Miguel EL SHADDAI le dijo: "Ve y anuncia a Samyazael su crimen y a los otros que están con él, que se han acostado con mujeres para que se contaminen con toda su impureza. Después de que todos sus hijos sean asesinados; cuando vean la destrucción de sus amados; átalos por setenta generaciones debajo de la tierra; hasta el Día del Juicio y de la consumación; hasta que se complete el cumplimiento del juicio, que durará para siempre. 16 Entonces serán llevados a las profundidades más bajas del fuego en tormentos; y en confinamiento serán encerrados para siempre. 17 Inmediatamente después de esto, junto con los espíritus de los Nefilinos, arderán y perecerán; serán atados hasta la consumación de muchas generaciones. 18 Destruid a todas las almas adictas a la lujuria; y a la descendencia de los Vigilantes, porque han tiranizado a la humanidad. 19 Que todo opresor perezca de la faz de la tierra.

20 Que toda obra malvada sea destruida. 21 Que aparezca la planta de la justicia y de la rectitud, y que su producto sea una bendición. 22 La justicia y la rectitud serán plantadas para siempre con deleite. 23 Y entonces todos los santos darán gracias y vivirán hasta que hayan engendrado mil hijos; mientras que todo el período de su juventud y sus sábados se completarán en paz. En esos días toda la tierra será cultivada en justicia; estará totalmente plantada de árboles y llena de bendiciones; todo árbol de deleite será plantado en ella. 24 En ella se plantarán vides; y la vid que se plante en ella dará fruto a su capacidad; toda semilla que se siembre en ella producirá por una medida mil; y una medida de aceitunas producirá diez prensas de aceite.

25 Purifica la tierra de toda opresión; de toda injusticia, de todo crimen, de toda impiedad y de toda la contaminación que se comete en ella. Extermínalos de la tierra.

26 Entonces todos los hijos de los hombres serán justos, y todas las naciones me rendirán honores divinos, y me bendecirán, y todos me amarán. 27 La tierra quedará limpia de toda corrupción, de todo crimen, de todo castigo y de todo sufrimiento; ni volveré a enviar un diluvio sobre ella de generación en generación para siempre. 28 En aquellos días abriré los tesoros de bendición que hay en el cielo para hacerlos descender sobre la tierra, y sobre todas las obras y trabajos del hombre. 29 La paz y la equidad se asociarán con los hijos de los hombres todos los días del mundo, en cada generación de él.

El capítulo 10 tiene un mundo de historia temprana que también se transfiere a la información futurista. Aclara que EL estaba listo para actuar contra los ángeles rebeldes en la tierra.

Primero: EL da ordenes a Arsayahalyurel para que vaya a decirle a Noe que el mundo va a ser destruido y que le muestre como escapar del juicio que se avecina en la tierra. Arsayahalyurel es el comandante de la vasija que se utilizó para almacenar todo el ADN original de todos los seres vivos en la tierra con el gen de los humanos como el principal con autoridad; y también es el comandante de todos los constructores de naves y barcos conocidos y desconocidos en el reino del Cielo. Fue enviado a la tierra para examinar el ADN de todos los seres vivos y traer a Noé todos los animales por parejas que no estuvieran contaminados por los experimentos de los Vigilantes. También enseña y ayuda a Noé a construir la Arca. Le da a Noé las dimensiones y los planos de la Arca. Los ángeles bajo su mando junto con Noé y sus hijos construyeron la Arca. La Arca tenia que ser construido de manera que pudiera sostener la presion inconmensurable del diluvio y las aguas que estaban por venir.

Segundo: EL ordena a Rafael que capture a Azazel y lo mantenga prisionero bajo el desierto. EL dice que se acuse a Azazel de todo el crimen. El crimen fue enseñar a los humanos como hacer armas de guerra y como matarse unos a otros y declarar la guerra entre ellos. El crimen fue el derramamiento de sangre humana. Capturar a Azazel significaba ir a la guerra contra Azazel el Espíritu de la Guerra; así, Rafael fue a la guerra contra Azazel quien era el ángel de la guerra. La guerra fue grande; pero Rafael prevaleció y capturó a Azazel y lo castigó; y hasta el día del Juicio Final Azazel permanecerá bajo el desierto.

Tercero: EL envía a Gabriel para que destruya a todos los Nefilinos; los resortes de los Vigilantes. Es bien sabido que los primeros fornicadores fueron los Vigilantes; y en algunas religiones; son conocidos simplemente como ángeles o ángeles caídos. El acto de fornicación significa tener sexo con algo que no es de tu especie. Los humanos no son de la misma especie que los Vigilantes, ángeles o espíritus; por lo tanto, cualquier acto sexual entre ellos se llama fornicación. El crimen se agrega a la especie superior, pero tanto para el hombre como para la mujer se les cuenta como una sentencia de muerte. Si el hombre o la mujer tuvieran relaciones sexuales con cualquier tipo de ser vivo en la tierra, el crimen de fornicación se contaría contra el humano, pero ambas partes culpables deben ser exterminadas de la faz de la tierra. Por lo tanto, fornicación es tener sexo con algo que no es de tu especie.

EL advierte a Gabriel que los Vigilantes le rogarán que deje vivir quinientos años a sus descendientes medio humanos. Los Vigilantes pensaban que sus vástagos tenían derecho a vivir la mitad de la vida humana, que era de mil años, ya que sus descendientes eran medio humanos o simplemente habían nacido humanos. Esperaban que su crimen de tener esposas humanas fuera perdonado y que EL les dejara tener la vida eterna. La tarea de Gabriel era destruir y exterminar a todos los Nefilinos de la faz de la tierra. Aun hoy en dia hay Nefilinos y descendientes de Nefilinos viviendo entre nosotros.

La historia de los humanos tiene leyendas de Nefilinos; de hombres llamados mitad dioses y mitad mortales o semidioses. Nombres famosos como Hércules, Aquiles, Alejandro Magno, Buda y Jesús son nombres bien conocidos en las sociedades actuales. Se dice que todos nacieron de una mujer humana impregnada por un dios o un espíritu; pero al ser mitad humanos y mitad dioses o espíritus eran todos Nefilinos según la definición; Gabriel debía matarlos a todos. Gabriel esta todavia en la busqueda de nuevos Nefilinos que nazcan sobre la tierra; para que el pueda destruir todos los Nefilinos nacidos en nuestra era sobre la tierra.

Cuarto: EL le da a Miguel su tarea. Miguel tiene que tratar con Samyazael y todos los Vigilantes; él tiene que capturar todos los espíritus que se han costado con las mujeres para tener una decendencia con ellas. El debe encarcelarlos y mantenerlos bajo la tierra hasta el día del juicio. Después del día del juicio, ellos deben ser arrojados al fuego del tormento junto con todos los espíritus de los Nefilinos; y todas las almas adictas a la lujuria.

La lujuria cubre muchos temas; pero en estos pasajes las lujurias principales son la lujuria de la fornicación y el poder. El fuego del tormento es lo que llamamos o conocemos como Infierno. Miguel tiene que capturar a todos los ángeles caídos y espíritus malignos y encarcelarlos; también tiene que destruir toda la obra del mal en la tierra. Despues del dia del juicio, el tiene que restaurar la tierra a su potencial completo. Todo el trabajo maligno no ha sido destruido todavía; por lo tanto, Miguel está todavía ocupado y en guerra con todas las identidades malignas caídas.

La vida humana será restaurada a mil años. Ellos vivirán en seguridad y rectitud toda su vida; es algo que no ha sucedido todavía; pero sucederá. El día del juicio no es para juzgar a los humanos sino para juzgar a todas las identidades caídas como los Vigilantes, los ángeles y los espiritus. EL ama a su creación humana y todo lo que ha hecho es para salvar a la humanidad de los alienígenas caídos invasores en los que los humanos sin conocimiento de quiénes son; no tienen capacidad para defenderse. Los unicos espiritus humanos que seran destruidos son los que tienen lujuria guiandolos. EL ha prometido a la humanidad una sociedad etíope futurista donde no existe el mal; donde todos cuidan de todos; con prosperidad y felicidad para todos; es una profecía que no ha sucedido pero que EL es capaz de crear.

(No Capítulo 11)

ENOC CAPÍTULO 12

Enoc desaparece de la tierra.

1 Antes de todas estas cosas, Enoc estaba escondido; ni ninguno de los hijos de los hombres sabía dónde estaba escondido, dónde había estado y qué había sucedido. 2 En sus días estaba totalmente comprometido con los santos y con los Vigilantes.

3 Yo, Enoc, estaba bendiciendo a EL SHADDAI el Rey de la paz. 4 Y he aquí que los Vigilantes me llamaron Enoc el maestro de la ley. 5 Entonces EL SHADDAI me dijo: Enoc, maestro de la justicia, ve a decir a los Vigilantes del cielo que han abandonado el cielo elevado y su santa estación eterna; que se han contaminado con las mujeres. 6 y han hecho como los hijos de los hombres tomando para sí esposas y que se han corrompido grandemente en la tierra; que en la tierra nunca obtendrán la paz y la remisión de los pecados. 7 Porque no se alegrarán de su descendencia; verán la matanza de sus hijos; se lamentarán por la destrucción de sus hijos, y pedirán para siempre, pero no obtendrán misericordia ni paz.

El capítulo doce nos revela lo que sabemos al leer la biblia en el Génesis; pero nos da más información del paradero de Enoc que el Génesis. El Génesis nos dice que Enoc hablaba y caminaba con EL y un día Enoc desapareció porque EL se lo llevó. El capítulo doce nos da a conocer que los hijos de los hombres no sabían dónde estaba Enoc porque estaba escondido de los hijos de los hombres y estaba totalmente comprometido con los santos y los Vigilantes. Nos da el relato personal de Enoc sobre lo que le sucedió.

En este momento, Enoc estaba escondido de los hombres, pero no de los ángeles y los Vigilantes. Estaba con ellos en el Monte Harmon; donde los Vigilantes habían construido una ciudad invisible a los ojos de los humanos; y cualquiera que entrara en ella simplemente desaparecía. Hay tales ciudades alrededor de la Tierra; desde donde nuestros Vigilantes todavía están operando; tales ciudades podrían incluso estar dentro de nuestras ciudades y no lo sabemos porque no podemos verlas.

Todo el folclore de los dioses antiguos tiene una cierta cantidad de verdad detrás de las historias. Todos los dioses antiguos de diferentes partes del mundo tenían sus ciudades invisibles en la cima de alguna montaña sagrada; que ningún ojo humano podía ver y si lo hacían entonces desaparecían. Después de desaparecer los humanos volvían más fuertes y listos para luchar o arreglar el problema; porque tenían la confirmación de sus dioses; sus dioses eran todos Vigilantes. Sus ciudades eran naves espaciales en la cima de las montañas; las naves espaciales estaban camufladas; por lo tanto, no podían ser vistas.

EL empleó a Enoc y le dio una tarea. El tendría que tratar como un mensajero entre EL y los Vigilantes. Enoc fue asignado para declarar a los Vigilantes su traición y pecados contra el Cielo y la tierra; que no iba a haber paz ni remisión de por sus pecados; que toda su descendencia iba a ser sacrificada y que no iban a obtener misericordia y paz. Enoc se convirtió en el mensajero de EL; en otras palabras, se convirtió en un ángel; algo que en el ámbito de la humanidad no creemos que sea posible. Al darle EL una asignación a Enoc, demuestra la intención de EL para los humanos; es decir, que los humanos tomarán el lugar de los ángeles caídos y se convertirán en ángeles ellos mismos o simplemente en mensajeros y trabajadores de EL para toda su creación.

ENOC CAPÍTULO 13

Enoc le dio a Azazyel la respuesta de EL.

1 Entonces Enoc, al pasar, le dijo a Azazyel: "No obtendrás la paz. Una gran sentencia ha salido contra ti. Te atará. 2 Tampoco serán tuyos el alivio, la misericordia y la súplica, a causa de la opresión que has enseñado. 3 Y a causa de todos los actos de blasfemia, tiranía y pecado que has revelado a los hijos de los hombres.

4 Entonces, saliendo, les hablé a todos juntos. 5 Y todos se aterrorizaron y temblaron. 6 Suplicándome que les escribiera un memorial de súplica para que obtuvieran el perdón, y que hiciera ascender el memorial de su oración ante el Dios del cielo, porque ellos mismos no podían desde aquel día dirigirse a él, ni levantar los ojos al cielo a causa de la vergonzosa ofensa por la que habían sido juzgados.

7 Entonces escribí un memorial de sus oraciones y súplicas por sus espíritus; por todo lo que habían hecho y por el tema de su ferviente petición para que obtuvieran remisión y descanso. 8 Siguiendo adelante, continué sobre las aguas de Danbadán, que está a la derecha al oeste de Armon, leyendo el memorial de su oración, hasta que me quedé dormido.

9 Y he aquí que me vino un sueño y aparecieron visiones sobre mí. Caí de rodillas y vi una visión de castigo para revelarla a los hijos del cielo y reprenderlos. Cuando me desperté, fui hacia ellos. Todos reunidos se pusieron a llorar en Oubelseyael, que está situado entre Libanos y Seneser, con sus rostros velados. 10 Conté en su presencia todas las visiones que había visto y mi sueño. 11 Y comencé a pronunciar estas palabras de justicia, reprendiendo a los Vigilantes del cielo.

En el capítulo trece Enoc comienza su misión y contacta a los espíritus y les da el mensaje de EL. Una cosa interesante sucedió después de que descubrieron que no había esperanza para ellos; los espíritus le pidieron a Enoc que escribiera para ellos un memorial porque su comunicación fue cortada del cielo.

Sus palabras ya no fueron escuchadas en el Cielo; sus frecuencias de voz fueron eliminadas de los receptores en el Cielo. Sus nombres fueron borrados del registro en el Cielo; y ya no tenían derecho a volver al Cielo porque EL había dictado sentencia sobre ellos.

La otra manera de comunicarse con el Cielo es a través de la escritura. Todo lo que se escribe en la Tierra también aparece en el Cielo y los Espíritus encargados de los escritos leen todo lo que se ha escrito y si es aceptable se lleva ante el propio EL y se lee ante él.

Enoc escribe el memorial para los espíritus y el memorial es leído ante EL por Enoc mientras lo lee en la tierra. Cuando leemos cualquier cosa; y estamos junto a EL; lo que leemos, EL lo está escuchando como si estuviera frente a nosotros. EL responde a Enoc inmediatamente en una visión de castigo; y Enoc no procrastinó y salió; y dio a los espíritus la respuesta de EL al memorial escrito.

ENOC CAPÍTULO 14

El juicio es transmitido a los ángeles por Enoc.

1 Este es el libro de las palabras de justicia y de la reprensión de los Vigilantes, que pertenecen al mundo, según lo que Él, que es santo y grande, ordenó en la visión. Percibí en mi sueño que no hablaba con una lengua de carne, sino con mi aliento que el Poderoso ha puesto en la boca de los hombres, para que conversen con ella.

2 Y comprendí con el corazón. Así como ha creado y dado a los hombres el poder de comprender la palabra del entendimiento, así ha creado y me ha dado a mí el poder de reprender a los Vigilantes; la descendencia del cielo. He escrito tu petición; y en mi visión se me ha mostrado que lo que has pedido no te será concedido mientras el mundo perdure.

**3 Se ha dictado sentencia sobre ti: tu petición no te será concedida.
4 Desde este momento en adelante, nunca subirás al cielo; Él ha dicho que en la tierra te atará; mientras el mundo dure.
5 Pero antes de estas cosas verás la destrucción de tus hijos amados; no los poseerás, sino que caerán ante ti a espada.
6 Ni rogaréis por ellos ni por vosotros mismos.
7 Sino que lloraréis y suplicaréis en silencio. Según las palabras del libro que escribí.**

**8 Entonces se me apareció una visión.
9 He aquí que en la visión las nubes y la niebla me elevaban; las estrellas en movimiento y los relámpagos me impulsaban y presionaban hacia adelante; mientras que los vientos en la visión ayudaban a mi vuelo, acelerando mi progreso.
10 Me elevaron a lo alto del cielo. Seguí adelante, hasta que llegué a un muro construido con piedras de cristal. Una llama ardiente la rodeaba, y comenzó a aterrorizarme.
11 En esta llama ardiente entré.**

12 Y me acerqué a una espaciosa habitación construida también con piedras de cristal. Sus paredes y su suelo estaban hechos de piedras de cristal, y el suelo también era de cristal. Su techo tenía la apariencia de estrellas en movimiento y relámpagos, y entre ellos había querubines de fuego en un cielo tormentoso. Una llama ardía alrededor de sus paredes, y su portal resplandecía de fuego.

Cuando entré en esta sala, estaba caliente como el fuego y fría como el hielo. No había señales de placer ni de vida. El terror me sobrecogió y un temible temblor se

apoderó de mí. 13 Temblando violentamente y temblando caí sobre mi cara. En la visión miré.

14 He aquí que había otra sala más espaciosa que la primera, cuya entrada estaba abierta ante mí; estaba erigida en medio de una llama ardiente. 15 Era tan grande en todos los aspectos, en gloria, en magnificencia y en magnitud, que es imposible describirte ni su esplendor ni su extensión. 16 Su suelo estaba en llamas; encima había relámpagos y estrellas en movimiento, mientras que su techo exhibía una llama abrasadora.

17 Lo examiné atentamente y vi que contenía un trono exaltado. 18 Su aspecto era semejante al de la escarcha, mientras que su circunferencia se asemejaba al orbe del sol brillante; y allí se oía la voz de los querubines. 19 De debajo de este poderoso trono salían ríos de fuego ardiente. 20 Era imposible mirarlo.

21 Sobre él se sentaba uno grande en gloria. 22 cuyo manto era más brillante que el sol y más blanco que la nieve. 23 Ningún ángel era capaz de penetrar para ver el rostro de Él, el glorioso y el radiante; ni ningún mortal podía verlo. Un fuego ardía alrededor de Él.

24 Un fuego también de gran extensión continuaba elevándose ante Él; de modo que ni uno solo de los que lo rodeaban era capaz de acercarse a Él, entre los diez mil de diez mil que estaban ante Él.

Para Él la consulta santa era innecesaria. Sin embargo, los santificados, que estaban cerca de Él, no se alejaban de Él ni de noche ni de día; ni se alejaban de Él. Yo también estaba muy adelantado, con un velo en el rostro, y temblando. Entonces EL SHADDAI con su propia boca me llamó; diciendo: "Acércate aquí, Enoc, a mi santa palabra". 25 Y me levantó, haciéndome acercar hasta la entrada. Mi vista se dirigió al suelo.

Enoc da un relato más amplio de lo que dijo a los espíritus después de recibir la visión de EL. Aclara que sabía que no estaba hablando con los espíritus con una lengua de carne sino con el aliento que EL SHADDAI ha dado a todos los hombres. Y que entendió que ese aliento de EL le daba el poder de reprender a los espíritus.

A todos los humanos EL les ha dado el aliento de vida que conocemos y lo identificamos como nuestro espíritu. Si nosotros como humanos estamos en la posición correcta con EL entonces tenemos el poder de reprobar o reprender a los espíritus, al Vigilante, a los ángeles y a cualquier otra identidad del Cielo. Siempre y cuando estemos bien con EL;

nuestros juicios son más altos que los ángeles, espíritus y Vigilantes y podemos anular sus decisiones; y ellos tienen que obedecer nuestras instrucciones.

En el verso 8 Enoc expresa que una visión se le apareció. Vio algo que no tenía palabras para describir. Describe que estaba en la visión y lo que estaba viendo, lo elevó a las nubes y que las estrellas se movían; y vio destellos de relámpagos. Es una descripción perfecta de una nave espacial volando en el espacio que hace que las estrellas se vean como si se estuvieran moviendo y mientras más rápido se mueva la nave espacial; las estrellas se verán como destellos de relámpagos. Enoc está describiendo un vehículo; un cohete o nave espacial que lo está llevando al espacio exterior. Enoc sabía que estaba volando en la nave espacial y que la nave espacial estaba acelerando. Ya que estaba vivo y consciente en la nave espacial; significa que la nave espacial estaba equipada con oxígeno y la atmósfera requerida para el soporte de la vida humana.

Enoch entra en una habitación que está hecha de cristal. La habitación en la que entra es la cabina de la nave y lo que describe como cristal es el vidrio o las ventanas que rodean la cabina. La nave espacial despegó a hipervelocidad hasta que llegaron ante un muro de cristal; o simplemente dicho, exosfera del Cielo. Mientras la atraviesan; Enoc ve que están pasando por el fuego y luego se enfría; y luego fue trasladado a una habitación espaciosa.

Enoch es llevado a la casa de EL SHADDAI. Afirma que fue adelantado; en otras palabras, no estaba caminando; algo lo llevaba a través de las habitaciones de la casa y luego al trono. Intenta describir todo lo que puede de la casa; pero dice que la mayor parte fue incapaz de describirla debido a su grandeza y magnificencia. Describe su brillo a su capacidad; pero era algo que no había visto en la tierra y no tenía nada con qué compararlo. Enoc describe el trono de EL como un orbe como el sol, es tan brillante que ningún ángel o mortal puede mirar en él para ver a EL. Enoch es llevado a los pies del trono y EL SHADDAI le dice que se acerque; mientras él se concentra con sus ojos en el suelo.

ENOC CAPÍTULO 15

Eres justo al cumplir con lo que EL te manda hacer.

1 Entonces, dirigiéndose a mí, habló y dijo: "Escucha y no temas, oh justo Enoc, maestro de justicia; acércate aquí y escucha mi voz. Ve, di a los Vigilantes del cielo;

que, te han enviado a orar por ellos. Deberías orar por los hombres, y no los hombres por ti.

2 ¿Por qué habéis abandonado el alto y santo cielo que permanece para siempre; os habéis acostado con mujeres y os habéis contaminado con las hijas de los hombres; habéis tomado para vosotros esposas; habéis actuado como los hijos de la tierra; y habéis engendrado Nefilinos?

3 Vosotros, siendo espirituales, santos y poseedores de una vida que es eterna, os habéis contaminado con las mujeres; habéis engendrado en la sangre carnal; habéis codiciado en la sangre de los hombres; y habéis hecho como los que son de carne y hueso.

4 Sin embargo, los humanos mueren y perecen. 5 Por eso les he dado esposas para que vivan con ellas; para que nazcan hijos de ellas; y para que esto se siga produciendo en la tierra. 6 Pero vosotros desde el principio fuisteis hechos espirituales, poseyendo una vida que es eterna, y no sujeta a la muerte.7 Por eso no os hice esposas, porque, siendo espirituales, vuestra morada está en el cielo.

8 Ahora bien, los Nefilinos, que han nacido de espíritu y de carne, serán llamados en la tierra espíritus malignos después de su muerte; y en la tierra será su morada. Los espíritus malignos procederán de su carne porque fueron creados de lo alto; de los santos Vigilantes fue su principio y fundamento primario. Los espíritus malignos estarán en la tierra; y los espíritus de los malvados serán llamados. La morada de los espíritus del cielo estará en el cielo; pero en la tierra estará la morada de los espíritus terrestres, que han nacido en la tierra.

9 Los espíritus de los Nefilinos serán como nubes, que oprimirán, corromperán, caerán, contentarán y magullarán sobre la tierra. 10 Causarán lamentación. No comerán ningún alimento, y tendrán sed; estarán ocultos y no se levantarán contra los hijos de los hombres y contra las mujeres, porque saldrán durante los días de la matanza y la destrucción.

En el capítulo 15 EL le dice a Enoc que le diga a los Vigilantes que son ellos los que deben orar por los hombres y no los hombres orar por los espíritus. Los Vigilantes debían venir a la defensa y protección de los humanos y no los humanos venir a la defensa y protección de los Vigilantes.

EL explica a los Vigilantes que los creó espíritus, "es decir, inmortales", y por eso no había necesidad de que se reprodujeran. Los vigilantes fueron creados primero y tenian la misma imagen que los hombres humanos; es decir que si veias un espiritu/inmortal estarias viendo lo mismo que un humano/mortal. Por otro lado; el creo a los hombres mortales; por eso les dio esposas a los hombres para que pudieran reproducirse y seguir viviendo en la tierra.

EL cuestiona a los Vigilantes y les pregunta por que dejaron su puesto en el Cielo y decidieron tener esposas humanas. EL pregunta no porque no lo sepa sino para ver con que le contestan. Despues de todo; los Vigilantes lo tenian hecho en el Cielo y tenian vida eterna; pero decidieron dejarlo todo para tener la experiencia de tener hijos con esposas humanas; algo que estaba prohibido para los espiritus.

Al tener esposas humanas, produjeron Nefilinos. Este conocimiento causa problemas terribles para la Cristiandad porque el Dios de la Cristiandad es nacido de un espíritu y una mujer humana; haciendo su Dios un Nefilinos. EL Dios Creador hizo la ley contra los espíritus que engendran hijos con mujeres humanas y Él no romperá su propia ley. El Dios del Cristianismo no es EL Dios Creador sino un espiritu que dejo su puesto del Cielo para tener sexo con Maria y producir a Jesus; un Nefilinos.

Ha habido una teoría de que el libro de Enoc es un libro cristiano; pero el libro de Enoc desenmascara al Dios cristiano y no puede haber ningún escrito más dañino contra el cristianismo que el libro de Enoc. El libro de Enoc no es ni cristiano ni judaico, pues fue escrito mucho antes de que ambas religiones existieran; supera el tiempo antes de que se formularan los títulos religiosos. La cuestión es si el cristianismo o el judaísmo pueden acordar, cima, conformar y conectar con el conocimiento del libro de Enoc y hacerlo suyo. Si pueden; este conocimiento hará que sus religiones brillen por encima de todas las religiones y sean nombradas la verdadera religión sobre la Tierra.

Este conocimiento también explica el profundo deseo de los humanos de convertirse en inmortales; EL en el principio de la creación creó ambos sujetos; uno inmortal y otro mortal; pero ambos con libre albedrío. El mortal tiene que morir para convertirse en inmortal y el inmortal se convierte en mortal rompiendo las leyes de EL para ellos; y entonces mueren como los hijos de los hombres; pero de su muerte no hay retorno. La forma en que yo lo veo; a los humanos se les ha dado una oportunidad más que a los espíritus/inmortales. Una vez que recibimos nuestros cuerpos inmortales/espirituales sabemos sin una sombra de duda; no traicionar a EL; porque sabemos que de una segunda muerte no hay retorno.

EL explica que debido a que los Nefilinos fueron hechos con dos especies diferentes; una espiritual/inmortal y otra de carne/mortal; que despues de la muerte de los Nefilinos se convertirian en espiritus malignos; que serian como nubes que causarian destruccion y magulladuras sobre la tierra.

Los espíritus de los Nefilinos cabalgan sobre las nubes; muchas veces, cuando vemos nubes; no son nubes reales sino los espíritus de los Nefilinos tratando de causar algo malo sobre la tierra. Declara que los espíritus malignos no pueden levantarse contra los hijos de los hombres y las mujeres porque están ocultos; pero pueden ayudar a los malvados a hacer destrucción sobre la tierra cuando los humanos invocan sus nombres; cuanto más se entregue la gente a la maldad, más muerte y destrucción causan los espíritus malignos sobre la tierra.

La historia ha demostrado que esta afirmación es cierta; cuanto más hombres y mujeres se entregan a la maldad, más terribles, horribles y mayores muertes se han causado; porque los espíritus malignos toman el control total de la decisión de esos hombres y mujeres y no pueden ver nada; y no están satisfechos con nada más que la destrucción y la muerte. Cuando los hombres y mujeres eligen hacer el mal; los espíritus de los Nefilinos están dentro de su libertad condicional y tienen los derechos de abrazarlos y fortalecerlos; para hacer el mal, destruir y matar.

Los espíritus malignos que poseen el cuerpo de un humano se convierten en demonios. Los demonios son espíritus malignos; que son los espíritus de los Nefilinos después de la muerte; que quieren seguir viviendo una experiencia humana a través del cuerpo de un humano. Si una persona tiene un alma sensible, el espíritu maligno comienza a alimentarlo con palabras que le causan inestabilidad mental; y continúa haciéndolo hasta que el alma se debilita lo suficiente como para que el demonio pueda poseer el cuerpo de esa alma; el alma es encarcelada dentro de la mente de la persona; y el demonio controla el cuerpo de esa alma. El demonio mientras posee un cuerpo puede hacer tantas cosas malas como pueda imaginar; y el alma del cuerpo que está poseyendo; cosechará sus consecuencias; porque permitió que el espíritu maligno lo posea.

Si tu eres un alma sensible y escuchas una voz dentro de tus oídos que te esta degradando; ponte en contra de ella simplemente diciendo, "Espíritu maligno o demonio; yo llamo el juicio de EL Shaddai sobre tu cabeza, por romper tu libertad condicional en la tierra; al hacer contacto conmigo". Nunca mas seras molestado por ese demonio porque en el momento que lo dices; el demonio es capturado y puesto en el infierno donde sera destruido para siempre.

Los espíritus malignos que quieren sentirse poderosos de nuevo; se concentran en objetos en movimiento y nosotros como humanos los llamamos fantasmas. Los fantasmas son espíritus muertos de los Nefilinos. Hasta el día de hoy tenemos Nefilinos que han nacido en la tierra y caminan entre nosotros como humanos; y cuando mueren; se convierten en espíritus malignos porque fue el juicio del Todopoderoso para cualquier Nefilino nacido en la tierra. Por lo tanto, el príncipe de todos los demonios y espíritus malignos conocidos en nuestra historia; nacido de un Espíritu y una mujer es Jesús; y muchos millones de humanos lo han invitado a sus corazones e invocan su nombre; por lo tanto, es muy poderoso.

Los demonios y los espíritus malignos no pueden contactar con los humanos a menos que los humanos hagan el primer movimiento para contactar con ellos. Los humanos pueden invocar sus nombres y recibirlos en sus vidas; los humanos pueden desbloquear las celdas de las nubes; dejarlos salir de las nubes; y dejarlos bajar a la tierra y entrar en sus vidas hablando o diciendo sus nombres. Y los humanos pueden dejarlos venir a la tierra adorándolos como dioses; y finalmente, los humanos pueden dejarlos venir a la tierra desde las nubes leyendo sus nombres en un libro o escribiendo sus nombres en un libro, tableta, ordenador o piedra con la creencia de honrarlos o adorarlos.

Jubileo 8

Kainam abre las puertas de los demonios.

1 En el vigésimo noveno jubileo, en la primera semana, en su comienzo Arpachshad tomó para sí una esposa y su nombre era Rasu'eja, la hija de Susan, la hija de Elam, y ella le dio un hijo en el tercer año de esta semana; y él llamó su nombre Kainam. 2 El hijo creció y su padre le enseñó a escribir; y fue a buscar un lugar donde pudiera apoderarse de una ciudad. 3 Y encontró una escritura que las generaciones anteriores habían tallado en la roca y leyó lo que había en ella; y la tradujo y pecó por ello, abriendo un portal a los demonios para que entraran en contacto con el hombre, pues contenía la oscura enseñanza de los Vigilantes según la cual solían observar los presagios del sol, la luna y las estrellas en todos los signos del cielo. 4 Y lo anotó y no dijo nada al respecto, pues temía hablar con Noé sobre ello, para que no se enojara con él a causa de ello.

Así como hay una manera de que los humanos dejen a los demonios y espíritus malignos el derecho de respirar y caminar sobre la tierra, también hay una manera de deshacerse de ellos de la tierra. La mayoría de las religiones se centran en expulsar

a los demonios de las personas; pero eso nunca ha funcionado porque el demonio tiene que obedecer al humano que lo expulsa de la otra persona; simplemente porque el humano que habla ordenándole salir de la otra persona es un humano; y tiene que obedecer simplemente porque un humano le está ordenando salir; entonces busca alrededor de la tierra y elige a otra persona para poseer. Al hacer esto, los demonios y los espíritus malignos siguen ganando y obteniendo poder.

Hay una historia en el Nuevo Testamento donde una legión de demonios fue arrojada a 1000 cerdos y los cerdos corrieron y saltaron de un acantilado; y los cerdos murieron. Una legión se usa para describir un ejército romano o simplemente una fuerza de matanza; eso significa que los 1000 demonios habían sido hijos de espíritus y mujeres humanas. Eran Nefilinos antes de morir y se convirtieron en demonios después de la muerte. Los cerdos murieron; pero la verdadera pregunta es ¿cuántos de esos demonios murieron; cuando hicieron saltar a los cerdos del acantilado? La respuesta es 0.

Ellos salieron de los cerdos y vagan por la tierra para ver cuanto daño y destrucción pueden causar. No necesitan mas permiso para entrar en la tierra; se les dio el permiso para vagar por la tierra al decir su nombre y se les dio la autoridad para entrar en los cerdos para crear destrucción; su primera destrucción fue la matanza de 1000 cerdos; cerdos o vida humana; no les importa a los demonios; no hay diferencia para ellos es todo creación de EL.

Los asesinatos masivos de personas en la tierra han sido causados y dirigidos por los demonios; gente estupida que invoca sus nombres pensando que van a recibir un poder sobrenatural de ellos y se convertiran en heroes; en cambio para cuando lo saben; se encuentran matando gente en masa y terminan matandose ellos mismos; pero los demonios salen de ellos y buscan a alguien mas en quien puedan entrar y causar mas asesinatos. Y las almas y espíritus de esas personas terminan ardiendo por la eternidad dentro del infierno.

Jubileo 10

Noé ora contra los demonios

1 Y en la tercera semana de este jubileo los demonios inmundos comenzaron a extraviar a los hijos de los hijos de Noé, y a hacerlos errar y destruirlos. 2 Y los hijos de Noé vinieron a Noé, su padre, y le contaron acerca de los demonios que estaban extraviando y cegando y matando a los hijos de sus hijos. 3 Y él oró ante EL SHADDAI su Dios y

dijo: "Dios de los espíritus de toda carne; que has tenido misericordia de mí y me has salvado a mí y a mis hijos de las aguas del diluvio; y no me has hecho perecer como a los hijos de la perdición; porque tu gracia ha sido grande para conmigo y grande ha sido tu misericordia para con mi alma; permite que tu gracia se eleve sobre mis hijos; y no permitas que los espíritus malignos se enseñoreen de ellos para que no los destruyan de la tierra. 4 Pero bendíceme a mí y a mis hijos para que crezcamos y nos multipliquemos y llenemos la tierra. 5 Y tú sabes cómo actuaron en mis días tus vigilantes, los padres de estos espíritus; y en cuanto a estos espíritus que viven, aprisionadlos y mantenedlos seguros en el lugar de la condenación; que no traigan la destrucción a los hijos de tu siervo, mi Dios, porque son malignos y creados para destruir. 6 Y no permitas que se enseñoreen de los espíritus de los vivos, pues sólo Tú puedes ejercer dominio sobre ellos. 7 Y que no tengan poder sobre los hijos de los justos desde hoy y para siempre".

El 90% de los demonios son capturados

8 Y EL SHADDAI nuestro Dios nos ordenó atar a todos. Y el jefe de los espíritus, Mastema, vino y dijo: "EL SHADDAI, Creador, deja que algunos de ellos permanezcan ante mí y que escuchen mi voz para hacer todo lo que yo les diga; porque si algunos de ellos no son dejados a mí, no podré ejecutar el poder de mi voluntad sobre los hijos de los hombres; porque éstos están para corromperse y extraviarse ante mi juicio; porque grande es la maldad de los hijos de los hombres."

9 Y EL dijo: Que la décima parte de ellos permanezca ante él y que nueve partes desciendan al lugar de la condenación". 10 Y a uno de nosotros le ordenó que enseñara a Noé todas sus medicinas, porque sabía que no caminarían en la rectitud, ni se esforzarían en la rectitud. 11 E hicimos conforme a todas sus palabras: a todos los malvados malignos los atamos en el lugar de la condenación y a una décima parte de ellos los dejamos para que estuvieran sujetos ante Satanás en la tierra.

Noé ora a EL; si repetimos la oración de Noé y nos mantenemos detrás de las palabras entonces la verdadera destrucción vendrá sobre los demonios en lugar de los humanos. Espero que tú que estás leyendo este libro te levantes en oración y reces la oración de Noé conmigo para proteger a tus hijos y a los hijos de tus hijos.

EL deja que el 10% de los demonios vaguen por la tierra para ayudar a Satanás a hacer su trabajo de maldad. El 10% es de los Nefilinos que murieron en el diluvio; pero desde entonces; millones de Nefilinos han vivido y muerto creando nuevos demonios y espíritus malignos. Puedes orar y decir a los demonios que te rodean, "Demonio yo declaro el juicio de EL Shaddai sobre tu cabeza en este mismo día". Y los angeles de EL capturaran a los demonios que te molestan a ti o a tu familia; y los condenaran al infierno donde son exterminados y destruidos.

Yo creo que si los adoradores de EL Shaddai oran juntos; que podemos eliminar todos los demonios de la faz de la tierra; incluso el 10% que se le permitió a Satanás. Nuestro trabajo ante EL es orar por la destrucción de los demonios, los espíritus malignos y los ángeles caídos, lo cual elimina toda la destrucción que los demonios y las fuerzas malignas producen; expulsar a los demonios solo reforzará su poder para hacer más destrucción en otro lugar de la tierra.

ENOC CAPÍTULO 16

Sentencia impuesta a los Nefilinos sobre su espíritu; y no sobre su carne.

1 Y en cuanto a la muerte de los Nefilinos, dondequiera que sus espíritus se separen de sus cuerpos, que su carne, la que es perecedera, quede sin juicio. Así perecerán; hasta el día de la gran consumación del gran mundo. Una destrucción tendrá lugar de los Vigilantes y de los impíos.

2 Y ahora a los Vigilantes, que te han enviado a orar por ellos, que al principio estaban en el cielo. 3 Di: "En el cielo habéis estado; las cosas secretas, sin embargo, no se os han manifestado; sin embargo, habéis conocido un misterio eternamente maldito. 4 Y esto lo habéis enseñado a las mujeres en la dureza de vuestro corazón; y por ese misterio las mujeres y la humanidad han multiplicado los males sobre la tierra. 5 Por lo tanto, nunca obtendrás la paz".

EL en el Capitulo 16 hace un juicio sobre los Nefilinos y los Vigilantes. EL dice a los Vigilantes que todo el tiempo que vivieron en el Cielo nada se mantuvo en secreto para ninguno de ellos; y sin embargo habían logrado hacer un secreto entre ellos; y ese secreto les había hecho entrar en un misterio eternamente maldito; y ese misterio maldito lo enseñaron a las mujeres porque el secreto había hecho que sus corazones se endurecieran; y por ese secreto las mujeres y la humanidad multiplicaron los males sobre la tierra.

El secreto que los Vigilantes habían hecho entre ellos era escoger esposas de la tierra y luego se juraron a sí mismos mantenerlo entre ellos. Ese secreto los convirtió en criminales ante EL; antes de eso todo era una comunicación abierta y honesta entre EL y los Vigilantes; el secreto incluía la desobediencia a las leyes de EL; y al hacerlo, el Mal se hizo más fuerte entre los Vigilantes. Ellos enseñaron el secreto, el engaño y la desobediencia a las mujeres que se convirtieron en sus esposas; por lo tanto, el mal se multiplicó sobre la tierra.

Enoc terminó su misión declarando a los Vigilantes la sentencia de EL sobre ellos. Porque el hizo y dijo todo de acuerdo a lo que EL habia dicho; Enoc fue recompensado por EL. EL ordena a sus angeles que revelen a Enoc como funciona la creacion y el universo.

El siguiente capítulo es la lección inicial sobre la creación de EL.

CAPÍTULO 17 DE ENOC

Enoc es trasladado a un lugar diferente en el espacio exterior.

1 Me elevaron a un lugar determinado, donde estaban *los ángeles con apariencia de llamas*; y cuando quisieron, asumieron la apariencia de hombres. 2 Me llevaron a un lugar elevado; a una montaña cuya cima llega al cielo. 3 Y vi la materia de la luz y del trueno en las extremidades del lugar, donde era más profundo. Tenían un arco de fuego y flechas en su carcaj; una espada de fuego y toda especie de relámpago. 4 Entonces me elevaron a un arroyo balbuceante y a una llama en el oeste, que recibía toda la puesta del sol. Llegué a un río de llamas, que fluía como agua y se vaciaba en el gran mar hacia el oeste. 5 Vi todos los grandes ríos, hasta que llegué a la gran oscuridad. Fui hasta donde emigra toda la carne; y contemplé las montañas de la penumbra que constituye el invierno y el lugar de donde sale el agua en cada abismo. 6 Vi también las bocas de todos los ríos del mundo y las bocas de las profundidades.

Enoc fue elevado; no dice cómo fue elevado; ¿elevador, objeto volador o por los propios ángeles? Vio ángeles con apariencia de llamas que podían asumir la apariencia de los hombres a su antojo. La zarza ardiente que vio Moisés era un ángel de llamas. La zarza ardiente habló con Moisés y lo guió. En mi vida; también he visto un ángel de llamas. El que yo vi es una llama azul que mide alrededor de seis pies de altura. Mi padre, mi madre y algunos de sus amigos también vieron al ángel de las llamas aquí en la tierra. Más tarde ese ángel de las llamas me habló y me guió a lo largo de mi vida.

Enoc fue llevado a la cima de una montaña que llegaba al espacio exterior. Mirando hacia abajo vio una materia de luz y truenos en sus puntos más profundos. El ángel de las llamas tenía un arco de fuego y flechas en su carcaj; una espada de fuego y todas las especies de relámpagos. Estos ángeles son poderosos guerreros y son especies de ángeles que pueden destruir a la humanidad con sólo acercarse a ellos; pero no están hechos como armas contra los humanos. Están asignados para proteger a la humanidad de todo mal; como pueden formar cualquier forma, los humanos pueden usarlos como una armadura contra los ángeles caídos, los espíritus malignos y los demonios.

Luego fue elevado a un arroyo balbuceante; esta frase nos permite saber que está sobre algún objeto volador desconocido. El arroyo balbuceante y la llama en el oeste recibieron toda la puesta del sol. Enoch está mirando desde el espacio exterior hacia el punto de la puesta del sol; en la puesta del sol está la ubicación del arroyo balbuceante y la llama que vemos en un atardecer claro como un brillo rojo. El río de llamas se vierte en un gran mar de llamas en el oeste; ese es el oeste del Cielo. Enoc está describiendo el Cielo como un planeta que tiene conexiones invisibles con toda la creación. Tiene ojos de buey con la tierra y con todos los planetas. Todo lo que sucede en el universo es orquestado desde el planeta llamado Cielo.

CAPÍTULO 18 DE ENOC

A Enoc se le muestra cómo funciona la creación.

1 Entonces examiné la materia de todos los vientos; percibiendo que contribuían a adornar toda la creación y a preservar los cimientos de la tierra. 2 Observé la piedra que sostiene las esquinas de la tierra. 3 Vi también los cuatro vientos que sostienen la tierra y el firmamento del cielo. 4 Y contemplé los vientos que ocupan el cielo exaltado. 5 que se levantan en medio del cielo y de la tierra y constituyen los pilares del cielo.

6 Vi los vientos que hacen girar el cielo, que hacen que se ponga el orbe del sol y de todas las estrellas; y sobre la tierra vi los vientos que sostienen las nubes.

7 Vi el camino de los ángeles.

8 Percibí en la extremidad de la tierra el firmamento del cielo sobre ella. Luego pasé hacia el sur. 9 Donde ardían, tanto de día como de noche, seis montañas formadas de piedras gloriosas; tres hacia el este y tres hacia el sur.

10 Los que estaban hacia el oriente eran de una piedra abigarrada; uno de ellos era de margarita y otro de antimonio. Las que estaban hacia el sur eran de una piedra roja. En el centro había otro que llegaba hasta el cielo como el trono de EL; un trono hecho de alabastro; la parte superior era de zafiro. También vi hacia el sur un fuego ardiente que pendía sobre todas las montañas.

11 Y vi un lugar al otro lado de un extenso territorio, donde se acumulaban las aguas. 12 También vi fuentes terrestres, en lo profundo de las columnas de fuego del cielo.

En el capítulo 18, Enoc explica el mapa del espacio exterior de la manera que mejor puede describirlo. Dice que observó la materia de los vientos; vio que los vientos eran lo que adornaba toda la creación; toda la creación para Enoc es todo el universo. Afirma que hay cuatro vientos que hacen que la tierra y el espacio exterior se muevan y giren. Primero: menciona la piedra que sostiene las cuatro esquinas de la tierra. En la terminología moderna yo describiría "la piedra" como "el soporte" que sostiene toda la tierra. "Surgiendo en medio del cielo;" está describiendo lo que conocemos como la línea del equinoccio.

El cielo en esta frase está describiendo el espacio exterior. Enoc está diciendo que el espacio exterior tiene un centro y ese centro es un pilar. El pilar en nuestra terminología moderna es un eje y ese eje es al que están unidos los vientos; y gira todo en el espacio exterior; como un motor con un eje mecánico. El cojinete de la Tierra está fijado en el eje y no se puede mover del eje.

La Tierra es el único planeta que se menciona que está asentado sobre el pilar o eje en el centro del espacio exterior. Pero Enoc afirma que otros ejes están conectados al eje central. Esto estaría describiendo lo que conocemos en mecánica como un eje y una leva en un motor que hace que el interior de un motor funcione y gire. La tierra gira sobre el cojinete pero no puede girar alrededor del sol porque la tierra está puesta en el eje y el sol no. Enoc está describiendo la disposición del universo; y todo está en una disposición mecánica.

La línea del equinoccio es el eje que está conectado a los otros vientos y hace que el universo funcione al unísono; los vientos son también una descripción de las fuerzas giratorias circulares invisibles inamovibles de los cinturones invisibles como límites. El eje de la tierra es un grado redondo en las dimensiones exteriores; comparado con los grados de la tierra, el eje es aproximadamente 69 millas redondas. Al usar la palabra "viento" Enoc está describiendo una fuerza invisible al ojo humano desnudo; pero él fue capaz de verlos; como la capa de ozono.

Los vientos que hicieron que el sol y las estrellas se pusieran; es el ciclo del sol con el ciclo del Zodiaco. El sol y las estrellas según Enoc; viajan juntos en la misma rotación y son el primer y segundo viento. El viento es un cinturón invisible o escudo de fuerza que está conectado al eje central con otros ejes y los hace girar.

El primer y segundo viento son ciclos cronometrados; giran juntos como uno solo. El viento que hace girar la Tierra con la luna y separa las nubes de la tierra es el tercer viento o tercer cinturón de fuerza invisible. Todo lo que está conectado al eje invisible girará con él y está cronometrado a 0 grados al este en el punto muerto superior. El cuarto viento es el cuarto ciclo que conecta seis planetas a un gran planeta y los hace girar en su rotación individual.

El primer y segundo viento son las primeras segundas marchas; y también, un proceso de dos ciclos; se necesitan dos ciclos del Zodiaco a 2 ciclos del Sol para Mostrar toda la belleza de cada Zodiaco. El primer viento cronometrado con el tercer viento es un proceso de tres ciclos. Se necesitan tres ciclos de la luna a tres ciclos del sol para que el sol y la luna se sitúen en el punto muerto superior de 0 grados Este del equinoccio; en el centro del espacio exterior. Los ciclos tardan tres años en completarse. El cuarto ciclo está conectado a la caja de cambios del tercer ciclo; multiplica la duración del cuarto ciclo; 3 x 4 = doce. Se necesitan doce ciclos solares para un ciclo planetario; Júpiter es el planeta central; se necesitan doce ciclos solares para un ciclo planetario para que el sol y Júpiter lleguen a los 0 grados y para que Júpiter complete su ciclo.

LA VISTA ESTÁ ORIENTADA HACIA EL SUR CON EL ESTE A SU MANO IZQUIERDA Y EL OESTE A SU MANO DERECHA.

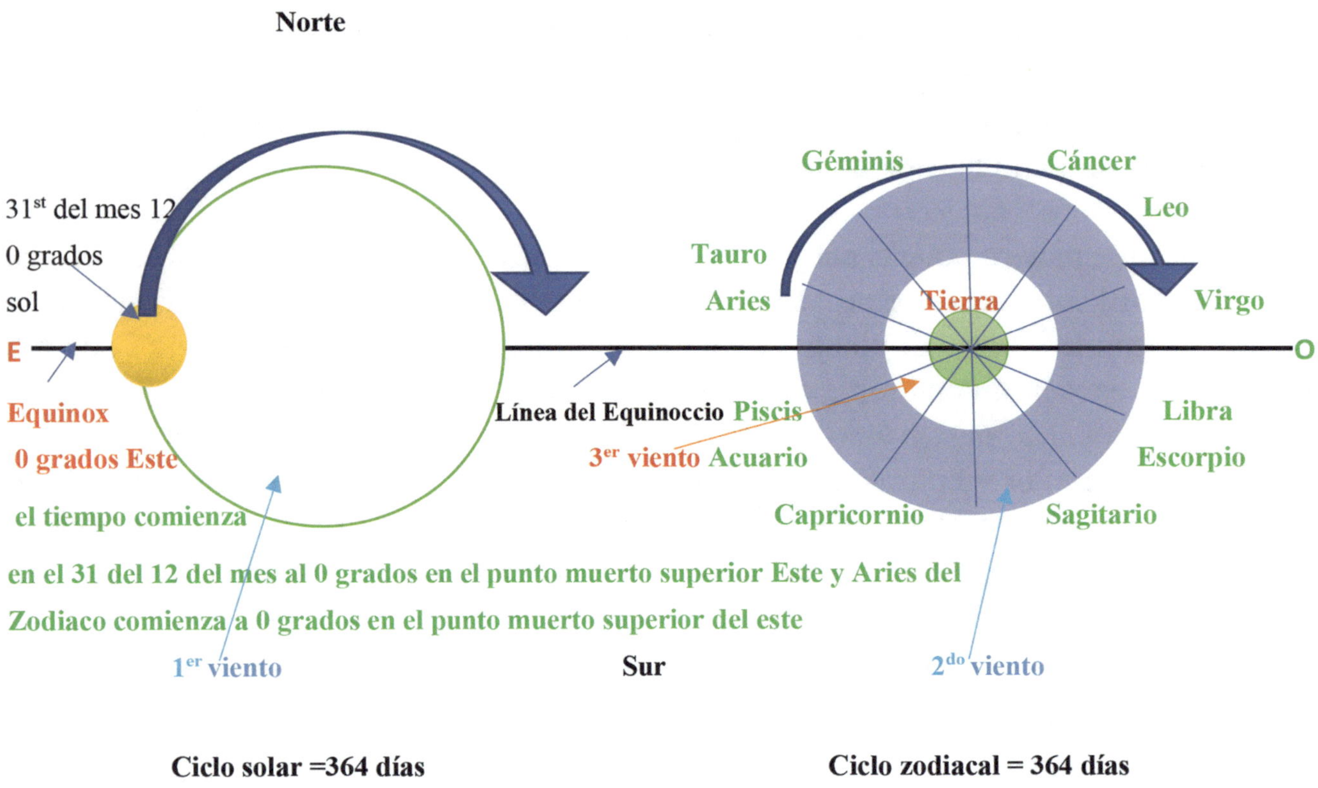

Enoch afirma que al ir a la extremidad de la Tierra vio el camino de los ángeles; el camino es un portal que conecta el Cielo con la Tierra; Jacob lo describe como una escalera por donde los ángeles suben y bajan; pero esa es toda la información que nos da Enoch porque está siendo llevado a la extremidad de la Tierra hacia las estrellas al sur; donde arden de día y de noche seis montañas; simplemente las montañas emiten luz brillante que parece fuego.

Llega a un planeta y desde ese planeta está describiendo lo que ve. Desde el punto del planeta en el que se encuentra; hay tres plantas al este y tres al sur. Las del este parecen rosadas y las del sur tienen halos a su alrededor. Los tres planetas del este son Mercurio, Venus y Marte y los tres del sur son Saturno, Urano y Neptuno. Afirma que el del medio sobresalía; parecía el trono de EL.

No era el trono de EL, sólo se parecía al trono de EL; luego describe un poco más las descripciones del trono de EL. Siguió hacia el sur y llegó a un lugar donde se recoge el agua, Urano. Al pasar por Urano; vio columnas donde vio ángeles de llamas sin número; simplemente, tantos que no podía contar. Luego llega al final de las estrellas y los planetas al espacio vacío y oscuro donde ve siete grandes estrellas que podrían confundirse con planetas; que cuando las estrellas vieron a Enoc; comenzaron a rogarle que las representara ante EL como lo hizo con los Vigilantes. 13 Y en las columnas del cielo vi ángeles de llamas, que descendían sin número, pero ni en lo alto ni en lo profundo. Sobre estas fuentes también percibí un lugar que no tenía ni el firmamento del cielo por encima ni la tierra firme por debajo, ni había agua por encima, ni nada alado, sino que el lugar estaba desolado. 14 Y allí vi siete estrellas, como grandes montañas ardientes, y como espíritus que me suplicaban encarecidamente.

15 Entonces el ángel dijo: "Este lugar, hasta la consumación del cielo y de la tierra, será la prisión de las estrellas y de los ejércitos angélicos del cielo. 16 Las estrellas que ruedan sobre el fuego son las que transgredieron el mandamiento de EL antes de que llegara su tiempo, pues no llegaron a su debido tiempo. Por lo tanto; ÉL se ofendió con ellas y las ató hasta que el período de la consumación de sus crímenes se fije en el año secreto.

Entonces el ángel dijo: "Este lugar, hasta la consumación del cielo y de la tierra; será la prisión de las estrellas y de los ejércitos angélicos del cielo. El ángel le dice a Enoch que el planeta es la prisión de las estrellas y de los ejércitos angélicos del cielo; es lo que conocemos como el infierno. El infierno se encuentra al final de la creación 2/3 donde la rebelión angélica fue detenida y el resto de la creación al este no fue afectada. La rebelión comenzó en el principio del este y viajó al este hasta este punto de la creación donde fue detenida por los santos ángeles manteniendo su fidelidad y sus posiciones celestiales.

Este es el final en el universo donde los ángeles ofendieron a EL al rebelarse contra él. Desde este punto en el universo no hay firmamento, agua ni tierra sólida; simplemente no hay estrellas, planetas ni vida. Todo en este 1/3 del espacio fue aniquilado por la rebelión angélica; todas las estrellas y planetas fueron completamente destruidos; y nada brilla en esta 1/3 parte de la creación. Todo está oscuro y vacío porque los ángeles que hicieron que esta parte del universo funcionara habían abandonado su posición y se rebelaron contra EL.

El tiempo de su juicio final será cuando el cielo y la tierra se hayan completado; donde todo funciona en el tiempo y al unísono el uno con el otro. Las posiciones que los angeles caidos dejaron y abandonaron seran llenadas con los espiritus de los humanos despues de que reciban sus cuerpos inmortales/espirituales; y entonces su asignacion celestial les sera dada y el 1/3 del universo se iluminara de nuevo y se consumara y completara una vez mas. EL nos ha creado para llenar una posición en el Cielo; vivimos en la tierra para audicionar para una de esas posiciones; los espíritus humanos se verán bien en los lugares santos del Cielo; manteniendo las obras de vida para el universo.

La vista está orientada hacia el sur con la mano izquierda hacia el este y la derecha hacia el oeste.

EL CICLO SOLAR OPERA EN SINCRONÍA CON EL CICLO ZODICO.

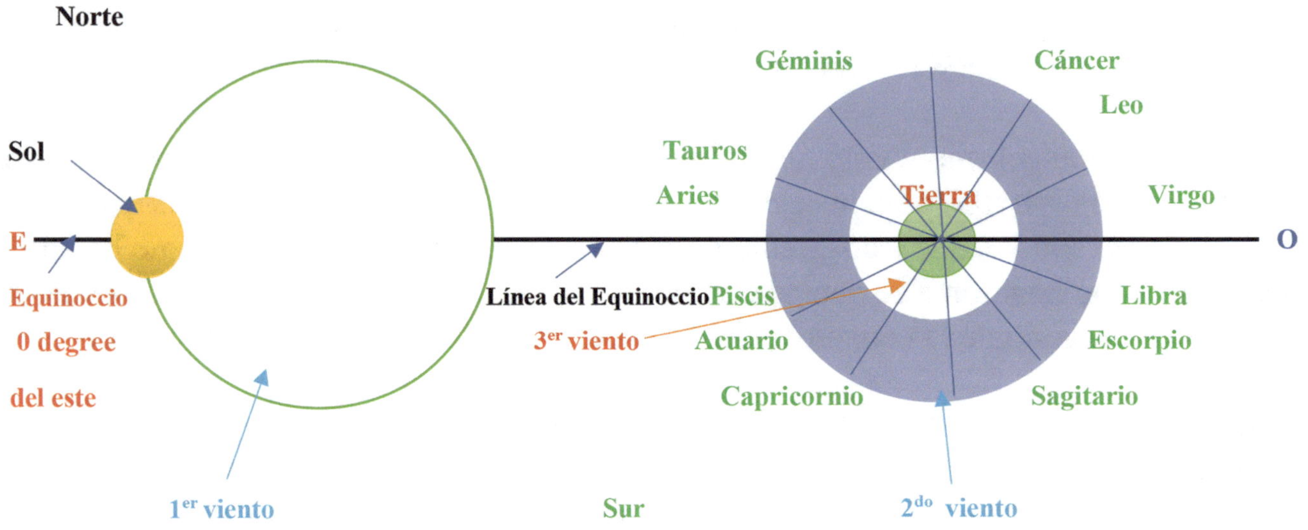

Ciclo solar =364 días **Ciclo zodiacal = 364 días**

El tiempo comienza el 31 del mes 12 a 0 grados Este PMS y Aries del Zodiaco también comienza a 0 grados Este PMS con el primer mes; Tauro el segundo mes; Géminis el tercer mes, Cáncer el cuarto mes; Leo el quinto mes; Virgo el sexto mes; Libra el séptimo mes; Escorpio el octavo mes; Sagitario el noveno mes; Capricornio el décimo mes; Acuario el undécimo mes y Piscis el duodécimo mes.

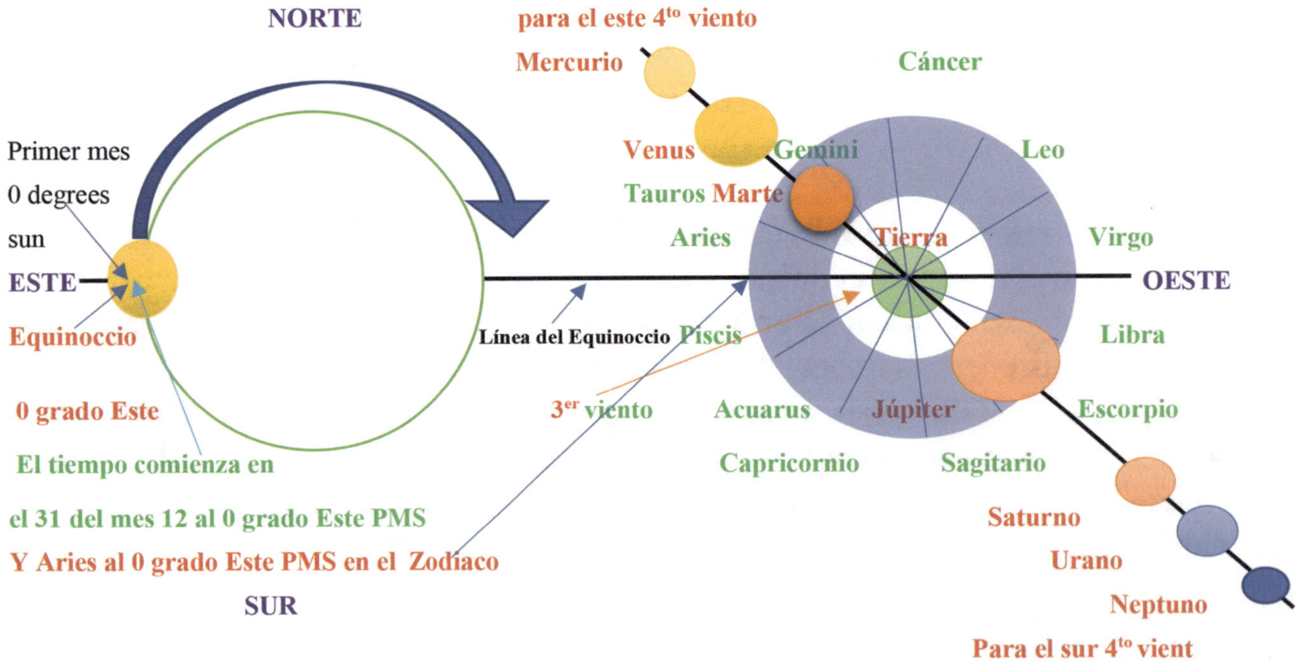

ENOC CAPÍTULO 19

Enoc ve el Infierno y el tribunal donde va a tener lugar el Juicio Final.

1 Entonces Uriel dijo: "Aquí los ángeles, que se acostaron con las mujeres, designaron a sus líderes. 2 Y siendo numerosos en apariencia, profanaron a los hombres y los hicieron errar, de modo que sacrificaron a los demonios como a EL será la cárcel. Porque en el gran día habrá un juicio con el que serán juzgados; hasta que sean consumidos; y también serán juzgadas sus esposas, que extraviaron a los ángeles del cielo para que los alabaran." 3 Y yo, Enoc, sólo yo vi la semejanza del fin de todas las cosas. Ni ningún ser humano lo vio, como yo lo vi.

Uriel continúa explicando a Enoc que los ángeles que se acostaron con las mujeres y nombraron a sus propios líderes y causaron toda la rebelión iban a ser detenidos allí hasta el día del juicio. Y que después del juicio; iban a ser encarcelados allí hasta que todos fueran consumidos; destruidos hasta que no quedara nada de ellos.

Uriel también incluyó a todas las mujeres que se acostaron con los ángeles. Ellas también van a ser juzgadas. En este punto del tiempo el infierno estaba vacío a excepción de las siete estrellas; pero ahora se está llenando con ángeles caídos, espíritus malignos, demonios y espíritus de mujeres y hombres humanos que han muerto y elegido hacer el mal en su vida en la tierra. Enoc afirma que él es el único humano que ha visto la prisión del infierno.

"y también serán juzgadas sus esposas, que extraviaron a los ángeles del cielo para poder alabarlos". Esta declaración es muy dura para las mujeres de la época de Noé; pero era cierta; y también describe a las mujeres dadas a hacer el mal de hoy. Ellas usan su belleza femenina para hacer que los hombres caigan de rodillas para adorarlas. El poder del sexo y la seducción que tienen sobre los hombres, también lo tienen sobre los ángeles.

Sabemos que EL no solo juzgó a Eva; sino que también juzgó a Adán y a la serpiente. EL trata con todos los que son culpables y castiga de acuerdo al pecado cometido individualmente. Sabemos que al principio de este libro los iniciadores de la toma de esposas fueron los propios ángeles después de haber sido seducidos por las mujeres; incluso después de tener una reunión con todos los sabios no lograron apartarse de la seducción de las mujeres terrestres.

Las mujeres no tenían ningún poder para anular las decisiones de los vigilantes en el proceso de la fuerza; pero sí tenían los poderes para seducir a los espíritus/inmortales para tener sexo con ellos y adorarlos. Esta escrito en este libro que fueron los vigilantes/ inmortales los que enseñaron a las mujeres y a los hombres a ser desobedientes a la ley de EL y les enseñaron a cometer todo tipo de pecados después de ser seducidos por la belleza de las mujeres; y no logran superar la seducción sexual femenina.

Después de tomar esposas; los Vigilantes decidieron involucrarse en una etapa más profunda de pecado porque amaban a sus esposas y descendientes humanos; y no tenían convicción de ninguna mala acción; hasta el punto que olvidaron quiénes eran y se convencieron de que ellos mismos eran Dios.

ENOC CAPÍTULO 20

Los seis ángeles que vigilan la creación.

1 Estos son los nombres de los ángeles que vigilan. 2 Uriel, uno de los ángeles santos, que se ocupa del clamor y del terror. 3 Rafael, uno de los ángeles santos, que se ocupa de los espíritus de los hombres. 4 Raguel, uno de los santos ángeles, que inflige el castigo al mundo y a las luminarias. 5 Miguel, uno de los santos ángeles, que administra la virtud humana y manda a las naciones. 6 Sarakel, uno de los santos ángeles, que administra los espíritus de los hijos de los hombres que transgreden. 7 Gabriel, uno de los santos ángeles, que administra las serpientes en el paraíso y los querubines.

Enoc dice que hay seis ángeles que vigilan la creación; o seis generales del cielo. Uriel, Rafael, Raguel, Miguel, Sarakiel y Gabriel y que todos ellos estaban con él mientras exploraba el infierno. Enoc da una breve descripción de la asignación de cada ángel. Las asignaciones descritas son las que tenían estos ángeles antes del diluvio; hoy en día operan con asignaciones diferentes.

Los ángeles debían ir a explorar el Infierno con Enoc para poder advertir a los ángeles que había un lugar de castigo que había sido recién preparado para todos los ángeles y humanos que eran desobedientes a las leyes de EL. Antes de este dia no habia ningun lugar de castigo preparado para los angeles; porque todo y uno era leal y obediente a las leyes de EL; pero ahora la rebelion angelica habia tenido lugar y tal prision era necesaria para mantener y destruir todos los espiritus y almas de las personas que se rebelaron contra las leyes de EL. Enoch estaba allí para poder advertir a la humanidad de un lugar de terror y dolor para todas las almas entregadas al mal y a las malas acciones. Tanto los humanos como los ángeles son advertidos juntos sobre la prisión llamada Infierno.

CAPÍTULO 21 DE ENOC

Enoc entra en el Infierno, para explorarlo.

1 Entonces entré en torno a un lugar en el que nada estaba terminado. 2 Y allí no contemplé la tremenda obra de un cielo exaltado ni de una tierra establecida, sino un lugar desolado, preparado y aterrador. 3 Allí vi de nuevo las siete estrellas del cielo unidas, como grandes montañas y como un fuego ardiente.

Exclamé: "¿Por qué tipo de crimen han sido atadas y por qué han sido trasladadas a este lugar? Entonces Uriel, uno de los santos ángeles que estaba conmigo y que me escoltaba; respondió: "Enoch, ¿por qué preguntas; qué piensas en tu interior y preguntas con ansiedad? Estos son aquellos de las estrellas que han transgredido el mandamiento de EL SHADDAI; y están aquí atados, hasta que el número infinito de los días de sus crímenes se complete.

4 De allí pasé después a otro lugar aterrador. 5 Donde vi la operación de un gran fuego ardiente y brillante, en medio del cual había una división. Columnas de fuego luchaban juntas hasta el final del abismo; y profundo era su descenso. Pero no pude descubrir ni su medida ni su magnitud; tampoco pude percibir su origen. Entonces exclamé: "¡Qué terrible es este lugar y qué difícil de explorar!".

6 Uriel, uno de los santos ángeles que me acompañaba, respondió y dijo: "Enoc, ¿por qué estás alarmado y asombrado ante este lugar aterrador; ante la visión de este lugar de sufrimiento? Esto, dijo, es la prisión de los ángeles; y aquí son retenidos para siempre si es necesario.

Enoc entra en el infierno; para explorar y ver lo que era. Se acercó a las seis estrellas y vio que estaban atadas. Describe que el principio del Infierno es donde nada se completa; un lugar desolado, aterrador y lleno de vacío. Es el planeta de los ángeles rebeldes que ha sido arruinado por la guerra y está destruido por la guerra; todo está desgarrado y derribado; por eso nada está completo; toda su belleza ha sido arrebatada por la rebelión.

Pregunta a Uriel sobre las estrellas y de nuevo Uriel le responde que las estrellas habían transgredido el mandamiento de EL SHADDAI y que iban a ser retenidas allí hasta que se cumplieran los días de sus crímenes. Enoc está describiendo un sistema de juicio donde los crímenes pueden ser pagados y los que han sido juzgados al final de su sentencia pueden ser liberados y pueden reincorporarse a su sociedad.

Estos ángeles eran prisioneros de guerra pero su parte en la guerra no fue suficiente para darles la pena de muerte definitiva. Enoc llego a un lugar en el infierno que tenia un gran fuego ardiendo y brillando; y tenia una subdivision en el medio del fuego; era profundo, y tenia una medida interminable; era tan horripilante a la observacion humana y el sufrimiento del lugar se podia sentir; que lo hacia dificil de explorar para Enoc.

Una vez más, Uriel explicó que era un lugar de sufrimiento donde los ángeles eran retenidos para siempre si era necesario. Todo espíritu debe ser purificado de su transgresión; la transgresión debe ser quemada de su espíritu; cuanto más tiempo abracen su transgresión, más tiempo arderá el fuego del Infierno sobre ellos; y si es necesario, para siempre. Este es el lugar del Infierno en el que los pecados del transgresor pueden ser pagados por el tremendo sufrimiento del espíritu.

Las mismas reglas se aplican al espíritu y a las almas de los humanos; todo lo que no es santo tiene que ser quemado del alma y del espíritu de los humanos para que puedan entrar en el Cielo; donde se encontrarán con EL SHADDAI; y si el alma del humano está cubierta y contaminada completamente entonces se quedarán allí hasta el Día del Juicio; y si todavía están cubiertos con la mancha del pecado; entonces van a ser juzgados y arrojados al lago de fuego que consumirá completamente cualquier cosa que caiga en él.

ENOC CAPÍTULO 22

El paraíso para los humanos.

1 Desde allí me dirigí a otro lugar, donde vi al oeste una montaña grande y alta, una roca fuerte y cuatro lugares deliciosos. 2 Interiormente era profunda, amplia y muy lisa; tan lisa como si hubiera sido rodada; era profunda y oscura de ver.

3 Entonces Rafael, uno de los santos ángeles que estaban conmigo, respondió y dijo: "Estos son los lugares deliciosos donde se recogerán los espíritus, las almas de los muertos; para ellos fueron formados; y aquí se recogerán todas las almas de los hijos de los hombres. 4 Estos lugares, en los que habitan, los ocuparán hasta su período señalado o hasta el Día del Juicio.

5 Su período designado será largo; incluso hasta el gran juicio. Y vi los espíritus de los hijos de los hombres que estaban muertos; y sus voces llegaban al cielo; mientras acusaban.

6 Entonces pregunté a Rafael, un ángel que estaba conmigo, y le dije: "¿De quién es ese espíritu cuya voz llega al cielo y acusa?" 7 El respondió diciendo: "Es el espíritu de Abel, que fue asesinado por su hermano Caín, y que acusará a ese hermano hasta que su descendencia desaparezca de la faz de la tierra. 8 Hasta que su semilla perezca de la descendencia del género humano. 9 En aquel tiempo, pues, pregunté por él y por el juicio general, diciendo: "¿Por qué se separa uno de otro?". Él respondió: "Se han hecho tres separaciones entre los espíritus de los muertos, y por eso se han separado los espíritus de los justos.

10 Los muertos están separados por un pozo sin fondo, por el agua y por la luz que hay encima.

Desde el infierno en el espacio exterior vio hacia el oeste a un gran planeta hermoso y encantador. Desde donde estaba parado; vio cuatro lugares deliciosos sobre el planeta y estaba oscuro para ver bien. Raphael le dijo a Enoc que era donde los espíritus, las almas de los muertos son recogidas y serán recogidas. Las almas permanecerán en ese planeta hasta el día del juicio final si es necesario; es el planeta que llamamos Paraíso; este es el comienzo de la próxima experiencia humana; la base de operaciones en el espacio exterior de todos los espíritus humanos, la creación que crecerá y se apoderará del Infierno y de

1/3 del universo. El Paraíso y el Infierno son dos planetas situados uno al lado del otro tocándose en el extremo oeste del espacio; uno es el planeta hogar o base de la rebelión angélica y el otro es la base de los EL-Spiritus; la nueva creación llamada humanidad después de que experimenten la Muerte.

Enoc pensando en sí mismo sobre el Infierno y el Paraíso vio que había tres separaciones entre los espíritus de los muertos y preguntó ¿por qué? El Paraíso está separado en tres separaciones; el pozo sin fondo, el agua y la luz y todo es delicioso. Los espíritus de los humanos son reunidos y puestos en estos lugares deliciosos. Las almas o espíritus humanos se sentirán en casa en estos lugares.

Enoc nos dice que hay cuatro lugares pero hay tres divisiones o simplemente dicho; tres niveles de entrenamiento. Uno de esos lugares es donde las almas reciben su asignación celestial tan pronto como mueren porque han sido obedientes a EL durante todo el tiempo de su vida en la tierra; y comienzan a crear y hacer su futuro hogar para brillar y tomar parte del universo como EL pretendía; y los otros tres son lugares de entrenamiento donde las almas son enseñadas a manejar el pozo sin fondo, el agua y el fuego o la luz. Las almas/espíritus humanos tendrán un largo tiempo para aprender sus lecciones para sus asignaciones y cómo crear; y pueden graduarse de su entrenamiento; tienen hasta el día del Juicio Final para graduarse.

Enoc escuchó voces de los muertos que llegaban al Cielo acusando a sus asesinos. Raphael le dice a Enoc que esa voz era la de Abel que iba a acusar a su hermano Caín hasta que toda la semilla de Caín fuera destruida de la faz de la Tierra y hasta que no haya rastro de él en la raza humana; o simplemente en el ADN humano. No importa cuán oscuro, oculto o bien planeado se cometa un asesinato; no se acaba con la muerte de la víctima; el asesino ha puesto en peligro el futuro de sus descendientes y no se acabará hasta que él y todos sus descendientes estén muertos.

11 Y de la misma manera se separan los pecadores cuando mueren y son enterrados en la tierra; el juicio no los alcanza en vida. 12 Aquí se separan sus almas. Además, son abundantes sus sufrimientos hasta el momento del gran juicio, el castigo y el tormento de los que eternamente son malditos, cuyas almas son castigadas y atadas allí para siempre.

13 Y así ha sido desde el principio del mundo. Así es como ha existido una separación entre las almas de los que se quejan; y de los que velan por su destrucción, para matarlos en el día de los pecadores. 14 Se ha formado un asunto de este tipo para las almas de los hombres injustos y de los pecadores; de los que han completado el crimen y se han asociado con los impíos; a los que se parecen. Sus almas no serán

aniquiladas en el Día del Juicio ni se levantarán de este lugar. 15 Entonces bendije a EL y dije: "Bendito sea EL SHADDAI, el Dios de la gloria y de la justicia, que reina sobre todo por los siglos de los siglos.

El infierno; también tiene separaciones o niveles de castigos. Todo el mundo está programado para pagar por sus pecados mientras aún vive, pero si por alguna razón él o ella no paga por sus pecados mientras aún vive, entonces entrarán en uno de los niveles de castigo en el infierno. Las almas que crearon grandes crímenes y maldades en la tierra nunca saldrán del Infierno, estarán en constante sufrimiento que continuará incluso hasta que su crimen sea pagado o hasta el día del Juicio Final y luego serán destruidos con los ángeles rebeldes después del día del Juicio Final.

ENOC CAPÍTULO 23

El sol

1 Desde allí fui a otro lugar, hacia el oeste, hasta las extremidades de la tierra. 2 Donde vi un fuego que ardía y corría sin cesar, que no interrumpía su curso ni de día ni de noche, sino que continuaba siempre igual. 3 Pregunté, diciendo: "¿Qué es esto, que no cesa?" 4 Entonces respondió Raguel, uno de los santos ángeles que estaban conmigo 5 Y dijo: "Este fuego ardiente, que contemplas correr hacia el oeste, es el de todas las luminarias del cielo.

Enoc deja el Paraíso y el Infierno y sigue hacia el oeste en el vacío y entonces ve un fuego ardiente que sigue moviéndose alrededor y alrededor y nunca se detiene durante el día o la noche. Raguel le dice a Enoc que este es el fuego ardiente de todas las luminarias del espacio exterior; es el sol del que todo lo que existe en el universo obtiene su energía. Enoc había viajado hacia el oeste todo el camino hasta que regresó al lado de donde comenzó; donde el oeste se encuentra con el este en el extremo este del centro del equinoccio; las extremidades de la Tierra. Enoc viajó hacia el oeste y terminó en el este; esto nos dice que el universo es un enorme globo; tiene la forma de un círculo. Todo en el universo sigue el patrón circular y trabaja bajo leyes mecánicas; porque son leyes de EL.

CAPÍTULO 24 DE ENOC

Enoch regresa a los siete planetas.

1 Fui de allí a otro lugar y vi una montaña de fuego que destellaba tanto de día como de noche. Avancé hacia ella; y percibí siete espléndidas montañas que eran todas diferentes entre sí. 2 Sus piedras eran brillantes y hermosas; todas eran brillantes y espléndidas de ver; y hermosa era su superficie. Tres montañas estaban hacia el este y se fortalecían al estar colocadas una sobre otra; y tres estaban hacia el sur, fortalecidas de manera similar. Había asimismo valles profundos que no se acercaban entre sí. Y el séptimo monte estaba en medio de ellos. Todos ellos se asemejaban en longitud a la sede de un trono y los rodeaban árboles odoríferos.

3 Entre éstos había un árbol de olor incesante; ni de los que había en el Edén había uno de todos los árboles olorosos que oliera como éste. Su hoja, su flor y su corteza nunca se marchitaban; y su fruto era hermoso. 4 Su fruto se parecía al racimo de la palmera. Exclamé: "Mira, este árbol es de buen aspecto, agradable en su hoja y la vista de su fruto es deliciosa a los ojos". Entonces respondió Miguel, uno de los santos y gloriosos ángeles que estaban conmigo, y que gobierna sobre ellos.

5 Y dijo: "Enoc, ¿por qué preguntas por el olor de este árbol? 6 ¿Por qué te interesa conocerlo?"

7 Entonces yo, Enoc, le respondí y dije: "Sobre todo estoy deseoso de instrucción, pero particularmente sobre este árbol".

8 El me respondió diciendo: "Esa montaña que ves, cuya extensión se asemeja a la tronos de EL SHADDAI, será el trono en la que se sentará EL SHADDAI; el santo y gran DIOS de la gloria, el DIOS eterno, cuando venga y descienda a visitar la tierra con bondad. 9 Y ese árbol de olor agradable, no de olor carnal, no podrá ser tocado hasta el período del gran juicio. Cuando todos serán castigados y consumidos para siempre; esto será concedido a los justos y humildes. El fruto del árbol se dará a los elegidos. Porque hacia el norte se plantará la vida en el lugar santo; hacia la morada del EL.

10 Entonces se regocijarán en gran medida y se alegrarán en el Santo. El dulce olor entrará en sus huesos; y vivirán una larga vida en la tierra como han vivido vuestros

antepasados; ni en sus días les afligirá la tristeza, la angustia, el problema y el castigo. 11 Y bendije a EL SHADDAI, el DIOS de la gloria, el DIOS eterno, porque ha preparado este árbol para los santos, lo ha formado y ha declarado que se lo daría.

El capítulo 24 es una profecía para el futuro; el momento es después del día del Juicio. Primero menciona siete montañas o siete planetas. Uno en el centro y tres al este y tres al sur. Se centra en la séptima montaña que estaba en el centro; dice que allí había todo tipo de árboles odoríferos. El planeta es Júpiter; un planeta venerado por los inmortales/espíritus en la historia de la tierra pasada; pero en este punto del tiempo habría sido la historia de la tierra futura.

Su atención se dirigió a un árbol cuya hoja no se marchitaba; y su olor era maravilloso; y su fruto era hermoso y se asemejaba a un racimo de la palma. Miguel señaló que el trono en este planeta era donde EL SHADDAI iba a sentarse cuando descendiera a visitar la tierra con bondad; y que nadie podía comer de la fruta hasta después del día del juicio. Quienquiera que comiera de ella; le daría a esa persona una vida duradera como la duración de la vida de los antepasados; 1000 años; sin tristeza, angustia, problemas o aflicción.

ENOC CAPÍTULO 25

Enoc comenzó un viaje alrededor de la tierra.

1 Desde allí me dirigí a la mitad de la tierra y vi un lugar feliz y fértil; que tenía ramas que brotaban continuamente de los árboles que estaban plantados en él. Allí vi una montaña sagrada y debajo de ella agua en el lado oriental que fluía hacia el sur. Vi también al este otra montaña tan alta como aquella; y entre ellas había valles profundos, pero no amplios. 2 El agua corría hacia la montaña al oeste de ésta; y debajo había igualmente otra montaña. 3 Debajo había un valle, pero no ancho, y en medio de ellos había otros valles profundos y secos hacia la extremidad de los tres. Todos estos valles, que eran profundos, pero no anchos, consistían en una roca fuerte con un árbol que estaba plantado en ellos. Y me maravillé de la roca y de los valles; quedando sumamente sorprendido.

Enoc viaja al centro de la tierra en este capítulo y sigue viajando hacia el este hasta el capítulo 36; en cada parada da una descripción de las montañas y cosas que explora en ese lugar de la tierra. Hace un círculo completo alrededor de la tierra; declara que la tierra es un globo.

CAPÍTULO 26 DE ENOC

1 Entonces dije: "¿Qué significa esta tierra bendita; todos estos árboles altos, y el valle maldito entre ellos?" 2 Entonces Uriel, uno de los santos ángeles que estaban conmigo, respondió: "Este valle es el maldito de los malditos para siempre. Aquí serán recogidos todos los que pronuncien con su boca un lenguaje impropio contra EL y hablen cosas duras de su gloria. Aquí serán reunidos. Aquí será su territorio.

3 En los últimos días se hará un ejemplo de juicio de ellos en justicia ante los elegidos; mientras que los que han recibido misericordia bendecirán para siempre, todos sus días, a EL, el DIOS eterno. 4 Y en el período del juicio lo bendecirán por su misericordia, tal como Él la ha distribuido entre ellos. Entonces bendije a EL, dirigiéndome a Él y haciendo mención, como correspondía, de su grandeza.

Este capítulo enfatiza que las almas que hablaron maldiciones contra EL van a ser recogidas en este valle y van a recibir una forma de juicio que los hará un ejemplo de castigo y misericordia ante todos los elegidos justos. Los elegidos en este punto son personas que son fieles a EL. Las almas que reciben misericordia bendecirán a EL por su misericordia.

ENOC CAPÍTULO 27

1 Desde allí me dirigí hacia el este hasta la mitad de la montaña en el desierto, cuya superficie plana sólo percibí. 2 Estaba llena de árboles de la semilla aludida, y el agua saltaba sobre ella. 3 Apareció un salto de agua compuesto como de muchos saltos de agua tanto hacia el oeste como hacia el este. A un lado había árboles; al otro, agua y rocío.

CAPÍTULO 28 DE ENOC

1 Luego me dirigí a otro lugar del desierto; hacia el este de la montaña a la que me había acercado. 2 Allí vi árboles selectos, en particular, los que producen el opiáceo de dulce olor, el incienso y la mirra; y árboles diferentes entre sí. 3 Y por encima de ellos estaba la elevación de la montaña oriental a no mucha distancia.

CAPÍTULO 29 DE ENOC

1 También vi otro lugar con valles de agua que nunca se agotaban. 2 Donde percibí un buen árbol, que en olor se parecía a Zasakinon. 3 Y hacia los lados de estos valles percibí canela de dulce olor. Sobre ellos avancé hacia el oriente.

CAPÍTULO 30 DE ENOC

1 Entonces contemplé otra montaña que contenía árboles, de la cual fluía agua como néctar. Su nombre era Sarira, y Kalboneba. Y sobre esta montaña contemplé otra montaña, sobre la cual había árboles de Aloe. 2 Estos árboles estaban llenos, como los almendros, y eran fuertes; y cuando producían fruto, éste era superior a toda fragancia.

ENOC CAPÍTULO 31

El árbol del conocimiento

1 Después de estas cosas, inspeccionando las entradas del norte, por encima de las montañas, percibí siete montañas llenas de nardos puros, árboles odoríferos, canela y papiro. 2 Desde allí pasé por encima de las cumbres de esas montañas hasta cierta distancia hacia el este y pasé por encima del Mar Rojo. Y cuando avancé mucho más allá de él, pasé por encima del ángel Zateel, y llegué al jardín de la justicia.

En este jardín contemplé, entre otros árboles, algunos que eran numerosos y grandes, y que florecían allí. 3 Su fragancia era agradable y poderosa, y su aspecto variado y elegante. También estaba allí el árbol del conocimiento, del cual, si alguien come, queda dotado de gran sabiduría. 4 Era como una especie de tamarindo, que daba frutos parecidos a las uvas, extremadamente finos; y su fragancia se extendía hasta una distancia considerable. Exclamé: "¡Qué hermoso es este árbol y qué delicioso es su aspecto!".

5 Entonces el santo Rafael, un ángel que estaba conmigo, respondió y dijo: "Este es el árbol del conocimiento, del que comieron tu anciano padre y tu anciana madre, que fueron antes que tú, y que al obtener el conocimiento, al abrirse sus ojos y saberse desnudos fueron expulsados del jardín".

Enoc vuela sobre el Mar Rojo y avanza mucho más allá del este de él y llega y se detiene en el jardín del Edén. Según Enoc, el jardín del Edén está al este del Mar Rojo, lo que nos situaría en torno al territorio de Irak; esta es la zona de la tierra donde comenzó la vida humana. Enoc llega al árbol del conocimiento que tenía una fragancia agradable y poderosa y Enoc se asombra con ella. Se parecía a las uvas y era muy fino. Enoc ve y huele la fruta prohibida que se parecía a las uvas; y la fruta era muy deliciosa para él; tenía un efecto de sirena sobre Enoc.

Rafael le explica a Enoc que era el árbol del que comieron Adán y Eva. Rafael menciona a Adán y Eva como una pareja igualitaria; no acusa a Eva ni afirma que Eva comió primero; eso es porque era responsabilidad de Adán ser el protector de su esposa y él no estaba allí para proteger a su esposa de la serpiente.

Sólo había dos humanos en la tierra; en el Edén; ¿qué era más importante que Eva; para Adán? ¿Qué le impidió a Adán estar donde estaba su esposa; y qué le impidió cuidar de ella? Pero Rafael actúa con ellos como si se esperara de ellos que comieran la fruta; y habla con respeto de ellos. Para Rafael su crimen fue pagado a través de su envejecimiento; y su pasado ya no importaba. Ambos sólo se equivocaron una vez; después mantuvieron una vida pura y obediente hasta su muerte.

ENOC CAPÍTULO 32

Enoc voló hacia y desde sus contó las estrellas.

1 Desde allí seguí hacia las extremidades de la tierra, donde vi grandes bestias diferentes unas de otras y pájaros variados en sus semblantes y formas, así como con notas de diferentes sonidos. 2 Al este de estas bestias percibí las extremidades de la tierra donde el cielo cesaba. Las puertas del cielo se abrieron y vi salir las estrellas celestiales. Las numeré a medida que salían de la puerta y las escribí todas a medida que salían una por una según su número. Anoté todos sus nombres, sus tiempos y sus estaciones, mientras el ángel Uriel, que estaba conmigo, me los señalaba. 3 Él me los mostró todos y escribió una relación de ellos. 4 También me escribió sus nombres, sus reglamentos y sus operaciones.

Enoc nos dice que voló al espacio exterior y miró las puertas del espacio; vio las estrellas y escribió su nombre tal como se lo señaló Uriel; escribió los nombres del zodiaco y sus tiempos de sus estaciones; también escribió sus reglamentos y sus operaciones. Enoc obtuvo todos los nombres de las estrellas y del zodiaco de Uriel.

ENOC CAPÍTULO 33

El Norte

1 Desde allí avancé hacia el norte; hasta las extremidades de la tierra. 2 Y allí vi una gran y gloriosa maravilla en las extremidades de toda la tierra. 3 Vi allí puertas celestiales que se abrían al cielo; tres de ellas claramente separadas. De ellas salían los vientos del norte, que soplaban frío, granizo, escarcha, nieve, rocío y lluvia. 4 Desde una de las puertas soplaban suavemente; pero cuando soplaban desde las otras dos puertas, lo hacían con violencia y fuerza. Soplaban con fuerza sobre la tierra.

Enoc viaja al norte; en el norte de la tierra desde el espacio hay tres ventanas que soplan vientos. Una puerta soplaba suavemente; y las otras dos cuando soplaban, lo hacían con violencia y fuerza. Estas son las tres puertas que forman la estación del invierno; se compone de tres meses que suman 91 días.

CAPÍTULO 34 DE ENOC

El Oeste

1 Desde allí me dirigí a las extremidades del mundo hacia el oeste. 2 Donde vi tres puertas abiertas como las que había visto en el norte; las puertas y los pasajes a través de ellas eran de igual magnitud.

Luego viaja hacia el oeste; allí también había tres puertas en el espacio que soplaban; pero todas eran iguales cuando soplaban. Estas puertas marcan la estación de la primavera con tres meses y un total de 91 días.

ENOC CAPÍTULO 35

El Sur

1 Luego me dirigí a las extremidades de la tierra hacia el sur, donde vi tres puertas abiertas hacia el sur, de las cuales salía rocío, lluvia y viento.

El sur también tiene 3 puertas que emiten rocío, lluvia y viento. Esta es la estación del verano con tres meses y un total de 91 días.

CAPÍTULO 36

El Oriente

1 Desde allí me dirigí a los extremos del cielo hacia el este, donde vi tres puertas celestiales abiertas hacia el este, que tenían puertas más pequeñas dentro de ellas. A través de cada una de estas pequeñas puertas las estrellas del cielo pasaban y se dirigían hacia el oeste por un camino que era visto por ellas y que en cada período de su aparición. 2 Cuando las contemplaba, bendecía; cada vez que aparecían, bendecía a EL SHADDAI, el DIOS de la gloria, que había hecho esas grandes y espléndidas señales, para que mostraran la magnificencia de sus obras a los ángeles y a las almas de los hombres; y para que éstos glorificaran todas sus obras y operaciones; para que vieran el efecto de su poder; para que glorificaran la gran labor de sus manos; y para que lo bendijeran por siempre.

En el este del espacio hay también tres puertas; las tres puertas tienen en su interior puertas más pequeñas por las que pasan las estrellas del cielo y se dirigen hacia el oeste por un camino que es visto por las estrellas en cada período de su aparición. Estas tres puertas forman la estación del otoño con tres meses y un total de 91 días. El tiempo en esta estación puede estar influenciado por la estación de verano y la de invierno. Todas las puertas suman doce puertas y están situadas en el espacio exterior.

Los capítulos 37 - 70 fueron pegados entre el libro de Enoc. El escritor es un escritor diferente; y el tono y estilo en que está escrito es un tono y estilo diferente al de Enoc. Se dice que el escritor fue Noé, pero incluso en eso; los capítulos 37 - 70 perturban el tren de pensamiento del mensaje de Enoc. Me he tomado la libertad de volver a conectar los escritos de Enoc como uno solo. No ignoraré los capítulos 37 - 70, sino que los trasladaré al final del libro de Enoc.

CAPÍTULO 71 DE ENOC

El Sol, la Luna y la Tierra

1 El libro de las revoluciones de las luminarias del cielo, según sus respectivas clases, sus respectivas potencias, sus respectivos períodos, sus respectivos nombres, los lugares donde comienzan su marcha y sus respectivos meses, que me explicó Uriel, el santo ángel que estaba conmigo, el que las dirigió. Toda la cuenta de ellos, según cada año del mundo para siempre, hasta que se efectúe una nueva obra, que será eterna.

El siguiente es un diagrama del sol, la tierra y la luna. Nuevamente, el cielo aquí significa el espacio exterior. Dentro de los vientos o 4 ciclos del espacio exterior, EL ha hecho leyes de operaciones o funciones para que cada ciclo siga y en esta porción; trata del sol, la tierra y la luna.

El libro de las revoluciones significa simplemente el manual de revoluciones de las luminarias del espacio exterior; y lo siguiente es el orden que siguen para mantener todo en el tiempo. El sol, la tierra y la luna juntos son el guardián del tiempo o el reloj del tiempo de toda la creación. El Sol, la Tierra y la Luna son las partes que se utilizan para mantener el tiempo en movimiento.

1 revolución del sol en el ciclo solar es de 364 días, 1 revolución de la tierra es de 24 horas y la luna completa su ciclo en 350 días; diez días menos que el ciclo solar que lleva la cuenta de cada año que pasa. La luna es el cuentakilómetros de los años de la nueva creación de la tierra y de la vida que hoy conocemos. No es el cuentakilómetros de la Tierra; la Tierra ya fue creada antes del capítulo 1 del Génesis. Es el cuentakilómetros de cuando el sol, la luna, los animales y el hombre fueron creados; el punto cero de la nueva creación de EL sobre la Tierra que conocemos hoy.

Se necesitan tres ciclos lunares para que la luna entre en sincronía con el Sol y la tierra. Esto significa que tendremos una luna en un día diferente durante tres años; pero cada tercer año la luna está en el mismo día. Ejemplo: en el quince del primer mes tendremos una luna llena; pero no tendremos una luna llena en el quince del primer mes por otros 3 años. Por eso EL le dice a Israel que el quince del primer mes de cada año observe la Pascua. Él no dice, "En la luna llena del quince del primer mes observe la Pascua," especialmente porque EL sabe que el quince del primer mes sólo tiene una luna llena cada tercer año y su mandato era observar la Pascua cada año; y algunos terceros años no tiene una luna llena el día entero en el quince; pero una porción del día 15, ellos pueden ser un ½ día fuera. Por lo tanto, EL ordena a Israel que observe la Pascua en la madrugada del día 14; especialmente porque el día 14 del primer mes siempre será un día de reposo; y que comience la celebración el día 15 del primer mes; que es a la puesta del sol del día 14; el comienzo del día 15 del primer mes.

2 Esta es la primera ley de las luminarias. El sol y la luz llegan a las puertas del cielo, que están en el este, y en el oeste a las puertas occidentales del cielo.

La primera ley de las luminarias es que comienza en la mitad del espacio al extremo este; dicho simplemente, en el mismo este de la línea del equinoccio está el punto de partida del ciclo solar; y en el oeste está el límite del ciclo solar donde las puertas occidentales del sol se ponen en el espacio exterior. El extremo oeste del ciclo solar está todavía al este de la tierra sobre la línea del equinoccio EL tiene leyes escritas para que el sol, la tierra y la luna las sigan; deben mantener la ley y seguirla para que la vida en la tierra sobreviva.

El sol debe entrar a traves de cada puerta en secuencia y la luna tambien debe entrar en las puertas en secuencia mientras la tierra simplemente se queda quieta y rota; cada rotacion de la tierra es igual a 24 horas. Hay seis puertas al norte y seis puertas al sur; hay seis conjuntos de puertas en los que una puerta del norte está emparejada con una puerta del sur; una puerta del norte y una puerta del sur tienen la misma distancia del sol a la tierra en un grado diferente del ciclo solar; lo mismo ocurre con el resto de las 5 puertas. El emparejamiento es para dar las cuatro estaciones en diferente tiempo al norte del ecuador; y al sur del ecuador.

3 Esta es la ley que sigue el sol; las puertas por las que sale el sol; y las puertas por las que se pone el sol; 4 Esta es la ley por la que también sale y se pone la luna; y contemplé los conductores de las estrellas, entre los que los preceden; seis están en la salida hacia el norte, y seis en la puesta del sol hacia el sur.

5 Todas ellas, una tras otra, están en un nivel; y numerosas ventanas están a la derecha y a la izquierda de esas puertas.

Hay una capa de esfera global invisible que rodea el espacio en la que el sol, la tierra y la luna están dentro de ella. La esfera tiene numerosas ventanas en el norte y en el sur que dejan pasar las estrellas. "La línea del equinoccio es la línea de nivel en el centro del espacio que separa el norte del sur.

6 Primero sale esa gran luminaria que se llama sol, cuyo orbe es como el orbe del cielo, todo él repleto de fuego espléndido y llameante. 7 Su carro, por donde asciende, sopla el viento. 8 El sol se pone en el cielo y, volviendo por el norte para dirigirse hacia el este, es conducido para entrar por esa puerta e iluminar la faz del cielo.

Lo siguiente es el proceso paso a paso del sol mientras recorre el ciclo solar. Su carro sabemos que es el viento que fue descrito en capítulos anteriores de este libro. El viento o carro del sol es una fuerza o energía invisible que hace que el sol gire alrededor del ciclo solar.

9 De la misma manera sale en el primer mes por la gran puerta. 10 Sale por la cuarta de esas seis puertas, que están en la salida del sol.

11 Y en la cuarta puerta, por la que sale el sol con la luna, en la primera parte de ella, hay doce ventanas abiertas, de las que sale una llama, cuando se abren en sus períodos correspondientes.

El ciclo solar comienza el día 1 del primer mes, que está en el primer grado del este de la línea del equinoccio. El sol tarda 364 días en recorrer su ciclo. El ciclo solar y el primer mes comienzan con la primavera; hay un total de doce puertas; y cada puerta sólo deja salir el tamaño de la llama que se calcula para la estación de esa puerta.

12 Cuando el sol se levanta en el cielo, sale por esta cuarta puerta treinta días, y por la cuarta puerta en el oeste del cielo a nivel de ella desciende. 13 Durante ese período el día se alarga del día, y la noche se acorta de la noche durante treinta días. Y entonces el día es más largo en dos partes que la noche. 14 El día tiene precisamente diez partes, y la noche ocho.

El primer mes tiene 30 días. Al final de los 30 días o cuarta puerta el día dura 13 horas y 20 minutos y la noche 10 horas y 40 minutos.

15 El sol sale por esta cuarta puerta y se pone en ella, y se vuelve a la quinta puerta durante treinta días; después sale de la quinta puerta y se pone en ella. 16 Entonces el día se alarga en una segunda parte, de modo que tiene once partes, mientras que la noche se acorta y sólo tiene siete partes.

El segundo mes tiene 30 días. Al final de la quinta puerta o de los 30 días, el día dura 14 horas y 40 minutos y la noche dura 9 horas y 20 minutos.

17 El sol vuelve ahora al este, entrando en la sexta puerta, y saliendo y poniéndose en la sexta puerta treinta y un días, a causa de sus signos. 18 En ese período el día es más largo que la noche, siendo dos veces más largo que la noche, y se convierte en doce partes; 19 pero la noche se acorta y se convierte en seis partes. Entonces sale el sol, para que el día se acorte y la noche se alargue.

El tercer mes tiene 31 días. El signo es el cambio de estación. Al final de la sexta puerta o de los 31 días el día dura 16 horas y la noche 8 horas.

20 Y el sol vuelve hacia el este entrando en la sexta puerta, donde sale y se pone durante treinta días. 21 Cuando se completa ese período, el día se acorta precisamente una parte, de modo que tiene once partes, mientras que la noche tiene siete partes.

El cuarto mes tiene treinta días. Al final de la sexta puerta o de los 30 días, el día dura 14 horas y 40 minutos y la noche 9 horas y 20 minutos.

22 Entonces el sol sale del oeste, de esa sexta puerta, y se dirige hacia el este, saliendo en la quinta puerta durante treinta días, y poniéndose de nuevo hacia el oeste en la quinta puerta del oeste. 23 En ese período el día se acorta dos partes; y es de diez partes, mientras que la noche es de ocho partes.

El quinto mes tiene 30 días. Al final de la quinta puerta o de los 30 días el día dura 13 horas y 20 minutos y la noche dura 10 horas y 40 minutos.

24 Entonces el sol sale de la quinta puerta, al ponerse en la quinta puerta del oeste; y sale en la cuarta puerta durante treinta y un días, a causa de sus signos, poniéndose en el oeste. 25 En ese período el día se hace igual a la noche; y, siendo igual a ella, la noche se convierte en nueve partes, y el día en nueve partes.

El sexto mes tiene 31 días. Al final de la cuarta puerta o de los 31 días, el día dura 12 horas y la noche 12 horas.

26 Entonces el sol sale de esa puerta, al ponerse en el oeste; y volviendo al este procede por la tercera puerta durante treinta días, poniéndose en el oeste en la tercera puerta. 27 En ese período la noche se alarga con respecto al día durante treinta mañanas, y el día se acorta con respecto al día durante treinta días; siendo la noche diez partes exactamente, y el día ocho partes.

El séptimo mes tiene 30 días. Al final del tercero o de los 30 días el día dura 13 horas y 20 minutos y la noche 10 horas y 40 minutos.

28 El sol sale ahora de la tercera puerta, ya que se pone en la tercera puerta del oeste; pero al volver al este, avanza por la segunda puerta del este durante treinta días. 29 De la misma manera se pone en la segunda puerta del oeste del cielo. 30 En ese período la noche tiene once partes, y el día siete partes.

El octavo mes tiene treinta días. Al final de la segunda puerta o de los 30 días, los días duran 9 horas y 20 minutos y la noche dura 14 horas y 40 minutos.

31 Entonces el sol sale en ese momento de la segunda puerta, al ponerse en la segunda puerta en el oeste; pero vuelve al este, pasando por la primera puerta, durante treinta y un días. 32 Y se pone en el oeste en la primera puerta. 33 En ese período la noche vuelve a alargarse tanto como el día. 34 Tiene doce partes exactamente, mientras que el día tiene seis partes.

El noveno mes tiene 31 días. Al final de la primera puerta o de los 31 días, el día dura 8 horas y la noche 16 horas.

35 El sol ha completado así sus comienzos, y una segunda vez da la vuelta desde estos comienzos.

36 En esa primera puerta entra durante treinta días y se pone en el oeste, en la parte opuesta del cielo.

El décimo mes tiene treinta días. El sol viaja por el lado noroeste del espacio; y en ese momento, entra en el lado sureste del espacio en la línea del sur.

37 En ese período la noche se contrae en su longitud una cuarta parte, es decir, una porción, y se convierte en once partes. 38 El día tiene siete partes.

Al final de la primera puerta o de los 30 días, el día dura 9 horas y 20 minutos y la noche dura 14 horas y 40 minutos.

Enoc 71:39 Entonces el sol regresa y entra en la segunda puerta del oriente. 40 Vuelve por estos comienzos treinta días, saliendo y poniéndose. 41 En ese período la noche se contrae en su longitud. Se convierte en diez partes, y el día en ocho partes.

El undécimo mes tiene treinta días. Al final de la segunda puerta o de los 30 días, el día dura 10 horas y 40 minutos y la noche 13 horas y 20 minutos.

Entonces el sol sale de esa segunda puerta y se pone en el oeste; pero vuelve al este y sale en el este, en la tercera puerta, treinta y un días, poniéndose en el oeste del cielo. 42 En ese período la noche se acorta. Es de nueve partes. Y la noche es igual al día. El año tiene exactamente trescientos sesenta y cuatro días.

El duodécimo mes tiene 31 días y termina de vuelta a los 0 grados en la línea del equinoccio. Al final de la tercera puerta o 31 días el día tiene 12 horas y la noche 12 horas. Todos los días de un año tienen 364 días.

43 El alargamiento del día y de la noche, y la contracción del día y de la noche, se hacen diferentes entre sí por el progreso del sol. 44 Por medio de este progreso el día se alarga diariamente, y la noche se acorta en gran medida. 45 Esta es la ley y el progreso del sol, y su rotación al girar alrededor, girando durante trescientos sesenta y cuatro días y sigue avanzando. Esta es la gran luminaria eterna, la que nombra EL sol por los siglos de los siglos. 46 Esta también es la que sale una gran luminaria, y que es nombrada según su tipo peculiar, como EL lo ordenó. 47 Y así entra y sale, sin aflojar ni descansar, sino que corre en su carro de día y de noche. Brilla siete veces más que la luna; pero las dimensiones de ambos son iguales.

Las dimensiones de la luna y del sol son iguales desde la perspectiva y el punto de vista de la tierra. La otra alternativa es que el sol se proyecte hacia la tierra y lo que vemos sea una proyección exacta del sol; entonces eso haría que el sol tuviera el mismo tamaño que la luna.

ESTE ES EL CICLO SOLAR PARA EL LADO NORTE DEL ECUADOR

Cuando el sol está en el primer grado después del punto muerto superior del Este hasta 180 ; hay dias de 24 horas durante seis meses en el polo norte y seis meses de noches en el polo sur. Y cuando el sol gira desde 180 grados después del punto muerto superior Este hasta 360 grados hay 6 meses de nocheel polo norte y 6 meses de días en el polo sur.

El punto de vista es mirando al sur con la mano izquierda hacia el este y la derecha hacia el oeste.

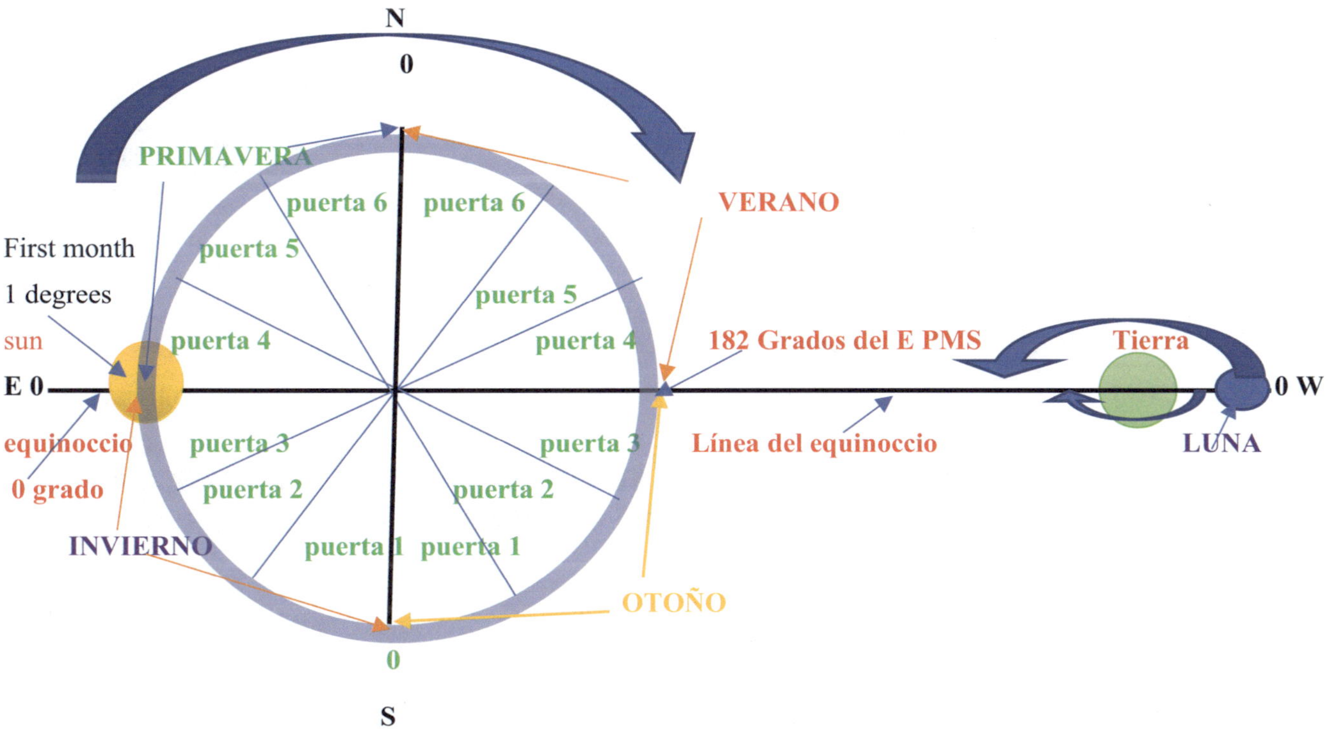

Ciclo solar

El ciclo solar para el año comienza con una luna nueva el 31 del mes 12; con el 31 del mes 12 aterrizando en 0 grados al este PMS y la luna llena del primer mes aterrizando en 15 grados después del punto muerto superior en el norte del equinoccio.

El punto de vista es hacia el sur con la mano izquierda hacia el este y la derecha hacia el oeste.

ESTE ES EL CICLO SOLAR PARA EL LADO NORTE DEL ECUADOR; INCLUYE LAS ESTACIONES DEL AÑO.

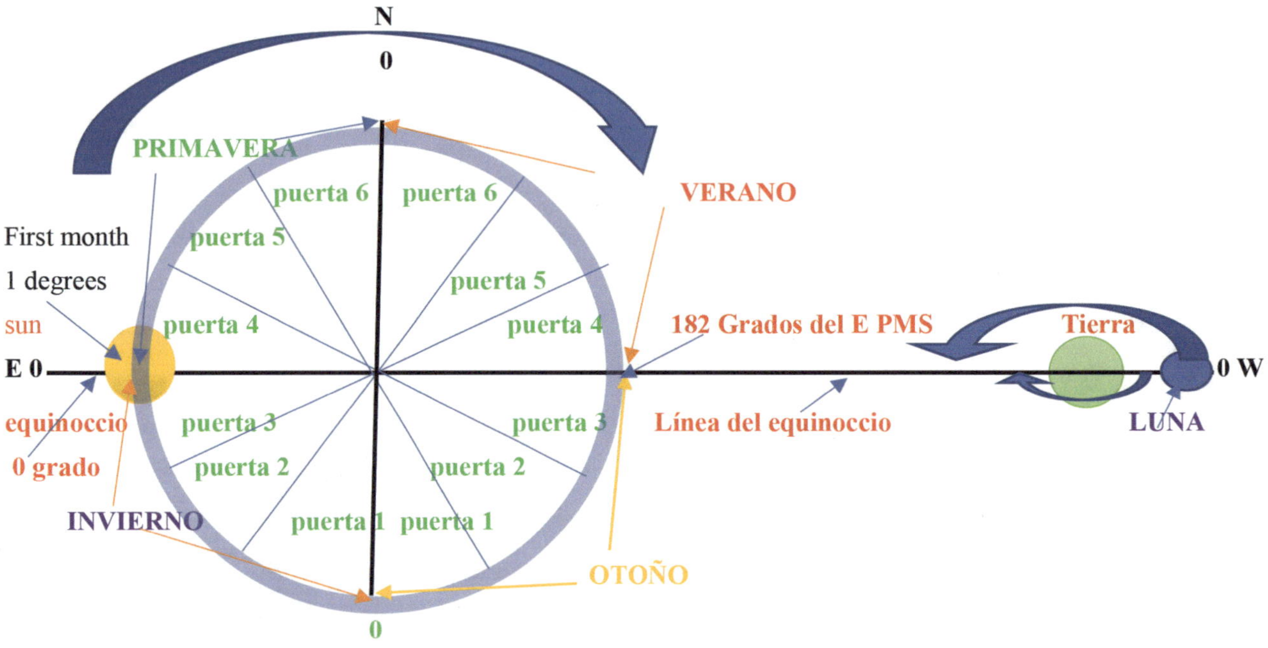

ESTE ES EL CICLO SOLAR PARA EL LADO SUR DEL ECUADOR; CICLO SOLAR CON LAS ESTACIONES DEL AÑO; EL CICLO SOLAR EQUIVALE A 364 DÍAS POR AÑO.

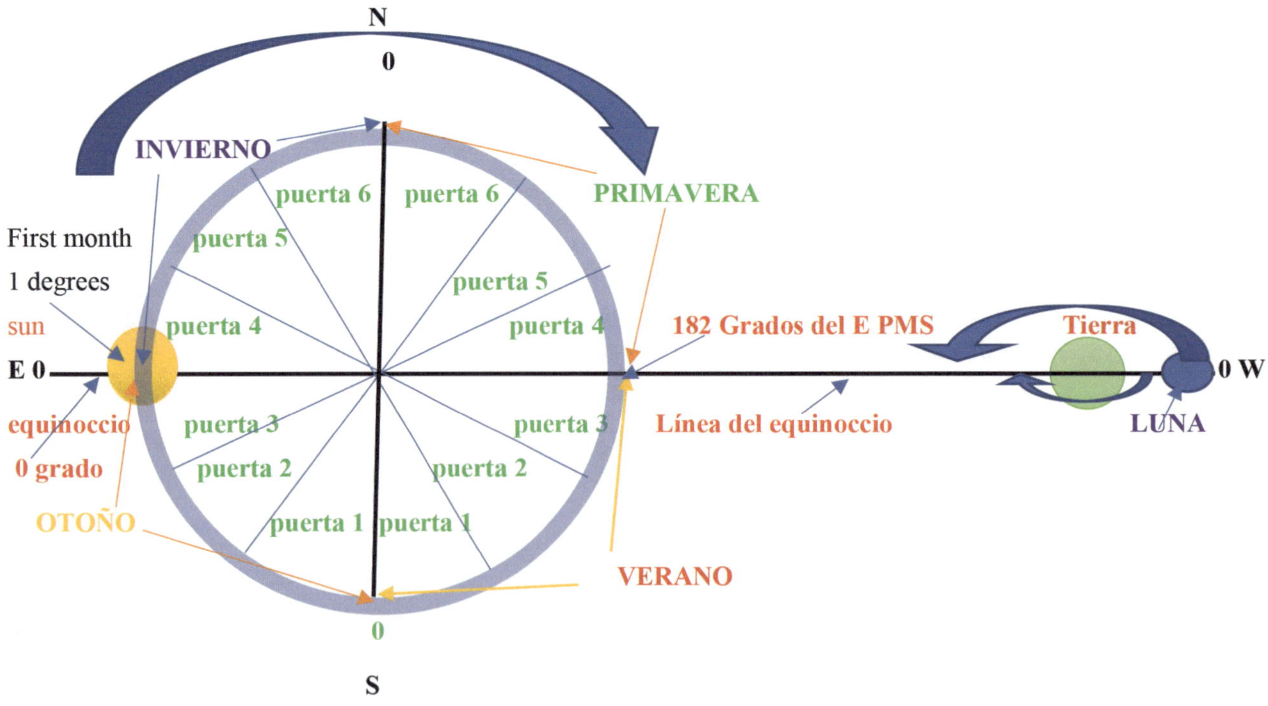

ENOC CAPÍTULO 72

El ciclo de la luna

1 Después de esta ley contemplé otra ley de una luminaria inferior, cuyo nombre es la luna, y cuyo orbe es como el orbe del cielo. 2 Su carro, por el que asciende en secreto, es soplado por el viento; y la luz le es dada por medida. 3 Cada mes, a su salida y a su entrada, se transforma; y sus tiempos son como los del sol. Y cuando de la misma manera su luz debe existir o llenarse, recibe una séptima porción de luz del sol.

Enoc presenta la luna; su carro asciende secretamente; en otras palabras, no se puede ver lo que la hace moverse pero tiene una fuerza o energía invisible que la mueve. Habla del viento; aquí también es un sistema invisible de movimiento que no se puede ver. Tiene una pista invisible que está colocada alrededor de la tierra y la pista se mueve en un movimiento circular dando cuatro vueltas a la tierra. Recibe su luz del sol; en porciones de 1/7s.

4 Así se eleva, y en su inicio hacia el este sale durante treinta días. 5 En ese momento aparece y se convierte para vosotros en el comienzo del mes. Treinta días está con el sol en la puerta de la que sale el sol. 6 La mitad de él está en extensión siete porciones, una mitad; y todo su orbe está vacío de luz, excepto una séptima porción de las catorce porciones de su luz. Y en un día recibe una séptima porción, o la mitad de esa porción, de su luz. Su luz es por sietes, por una porción, y por la mitad de una porción. Se pone con el sol.

7 Y cuando el sol sale, la luna sale con él; recibiendo la mitad de una porción de luz. 8 Esa noche, cuando comienza su período, antes del día del mes, la luna se pone con el sol. 9 Y en esa noche está oscura en sus catorce porciones, es decir, en cada mitad; pero ese día sale con una séptima porción precisamente, y en su progreso declina desde la salida del sol. 10 Durante el resto de su período su luz aumenta a catorce porciones.

ENOC CAPÍTULO 73

La luna sigue una ley de EL SHADDAI

1 Entonces vi otro progreso y regulación que Él efectuó en la ley de la luna. El progreso de las lunas, y todo lo relacionado con ellas, me lo mostró Uriel, el santo ángel que las dirigía a todas. 2 Sus estaciones las escribí tal como me las mostró. 3 Anoté sus meses, tal como ocurren, y la aparición de su luz, hasta que se completa en quince días. 4 En cada una de sus dos siete porciones completa toda su luz al salir y al ponerse.

5 En los meses señalados cambia su configuración; y en los meses señalados avanza por cada puerta. En dos puertas la luna se pone con el sol; en las dos puertas que están en medio, en la tercera y en la cuarta puerta. 6 De nuevo vuelve a la puerta de la que sale el sol, y en ella completa toda su luz. Desde la cuarta puerta sale durante siete días y hace su circuito en la tercera puerta. Luego declina del sol y entra en ocho días en la sexta puerta, y vuelve en siete días a la tercera puerta, de donde sale el sol.

7 Cuando el sol pasa a la cuarta puerta, la luna sale durante siete días, hasta que pasa de la quinta puerta. 8 De nuevo vuelve en siete días a la cuarta puerta, y completando toda su luz, declina y pasa por la primera puerta en ocho días; 9 y vuelve en siete días a la cuarta puerta, de donde sale el sol.

10 Así contemplé sus estaciones, como según el orden fijo de los meses el sol sale y se pone.

11 En esos tiempos hay un exceso de treinta días que pertenecen al sol en cinco años; todos los días que pertenecen a cada año de los cinco años, cuando se completan, suman trescientos sesenta y cuatro días; y al sol y a las estrellas les pertenecen seis días; seis días en cada uno de los cinco años; por lo tanto, treinta días les pertenecen;

CICLO DEL SOL Y DE LA LUNA

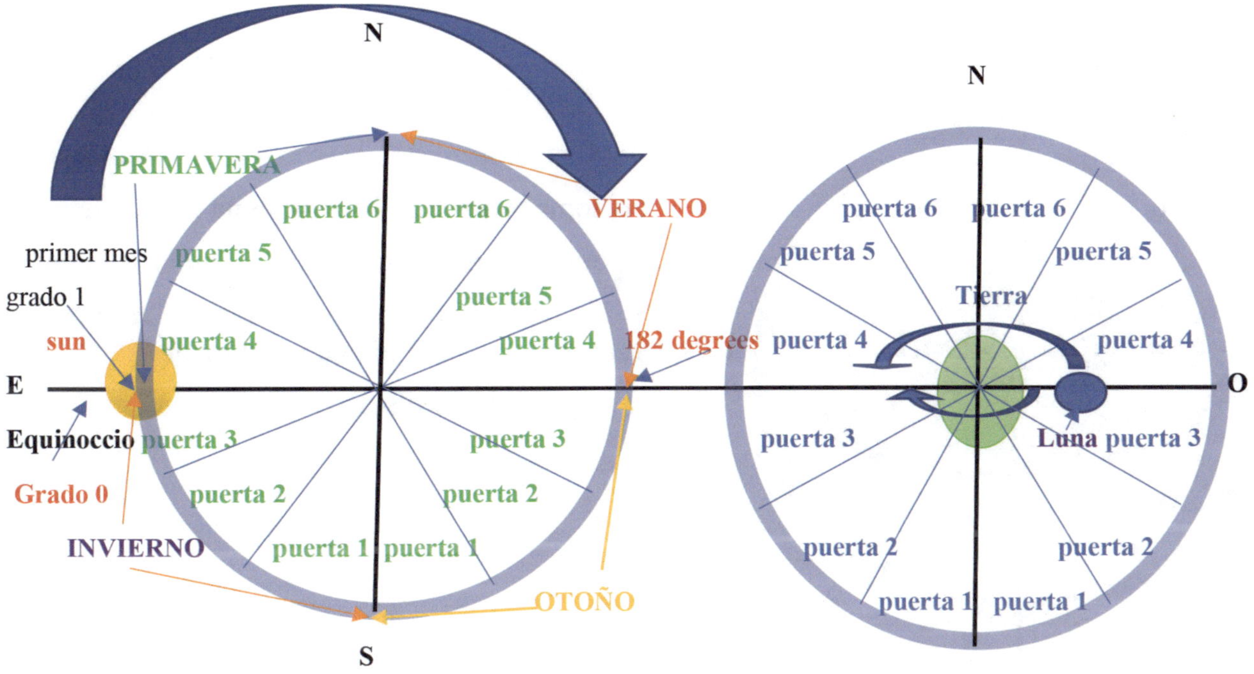

Ciclo solar

Ciclo luna

El ciclo lunar tiene 51 estaciones que la llevan a través de siete puertas; la luna tarda 51 días de viaje en entrar por las puertas y pasar por todas sus estaciones. La luna tarda de siete a ocho días de viaje de estación a estación; pero la tierra gira a un ritmo de 3.47058824 días por estación recorrida por la luna. La luna recorre las mismas estaciones dos veces al año. El ciclo lunar acumula 177 días para recorrer la mitad del año y otros 177 días para recorrer el resto del año en el ciclo lunar. La luna comienza como luna nueva el 31 del duodécimo mes y termina su ciclo lunar del primer año en 354 días; la luna tarda tres años en volver en el tiempo al sol con una luna nueva en el primer mes aterrizando de los 0 grados E TDC y sigue girando mientras la luna nueva del segundo a los 12 meses aterriza 3 veces en el mismo mes cada tres años por cada 10 días del calendario. Entonces la primera luna nueva finalmente aterriza de nuevo en el 31 del duodécimo mes; haciendo un total de 181 años de ciclo completo.

CICLO LUNAR

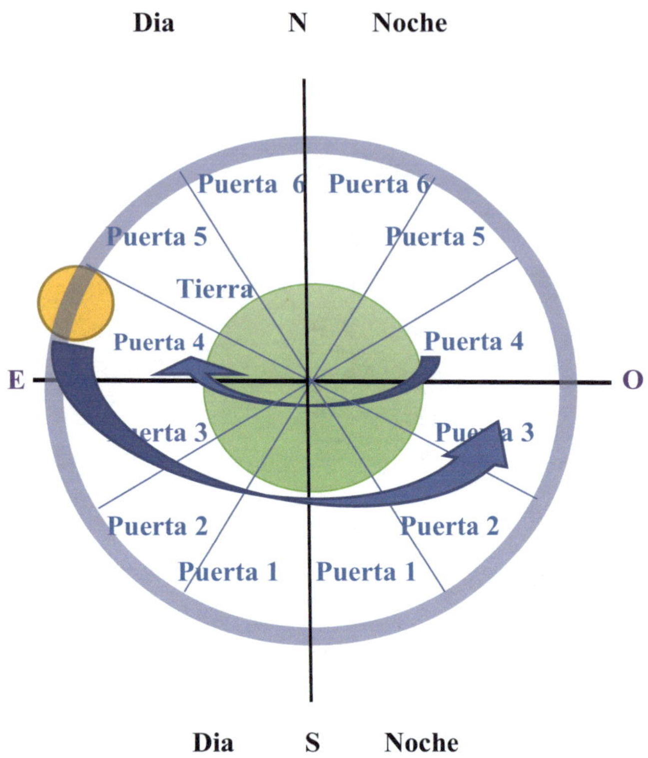

Explicación del capítulo 72 - 73 el ciclo lunar

Desde la puerta del sol hasta la 3er puerta hasta siete estaciones; este paso tarda 24.2941176 días en completarse. La luna se llena de luz del sol en el día 15 del primer mes; y hay luna llena; el ciclo lunar de tres años comienza. La luna esta cronometrada a 1 día de viaje lunar
= a 3.47058824 dias.

Desde la tercera puerta viaja hasta la sexta puerta a através de ocho estaciones; este paso tarda 27.7647059 días en completar el día y la noche. La luna comienza a descender 1/7 por día.

CICLO LUNAR

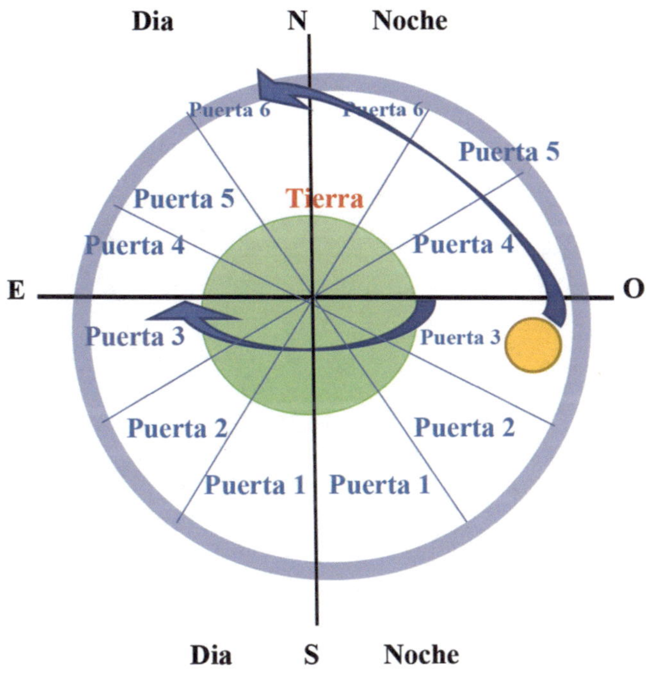

Ciclo Lunar

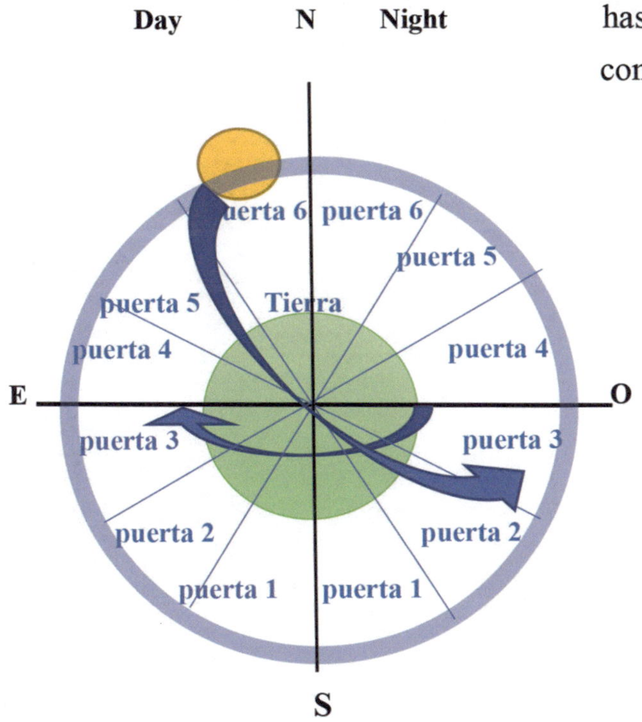

Desde la sexta puerta la luna recorre siete estaciones hasta la tercera puerta; tarda 24.2941176 dias en completar.

CICLO LUNAR

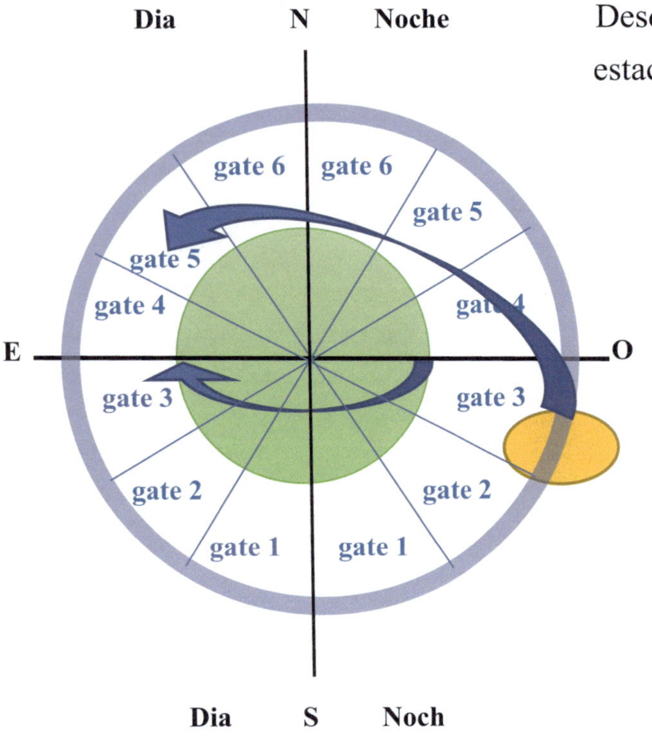

Desde la tercera puerta viaja hasta la quinta puerta; 7 estaciones; tarda 24.2941176 días en completarse.

CICLO LUNAR

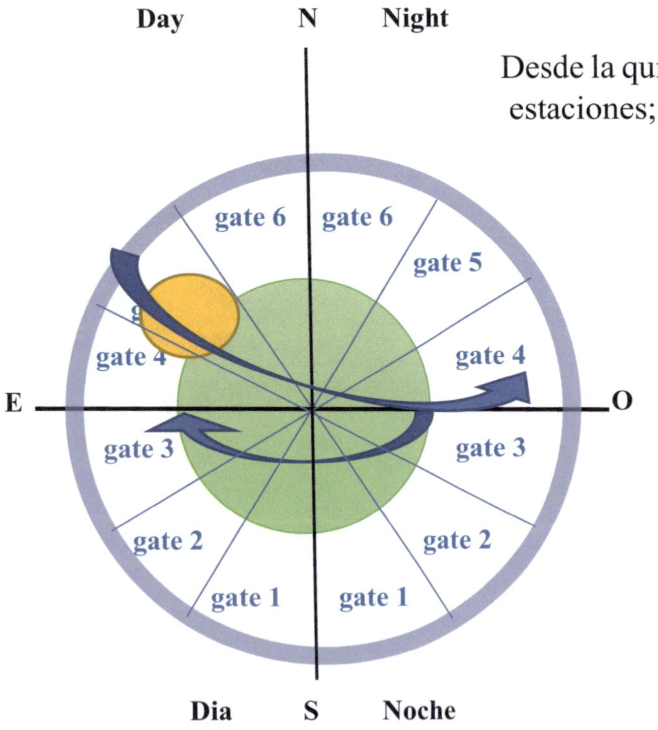

Desde la quinta puerta la luna viaja hasta la cuarta puerta siete estaciones; tarda 24.2941176 días en completarse.

CICLO LUNAR

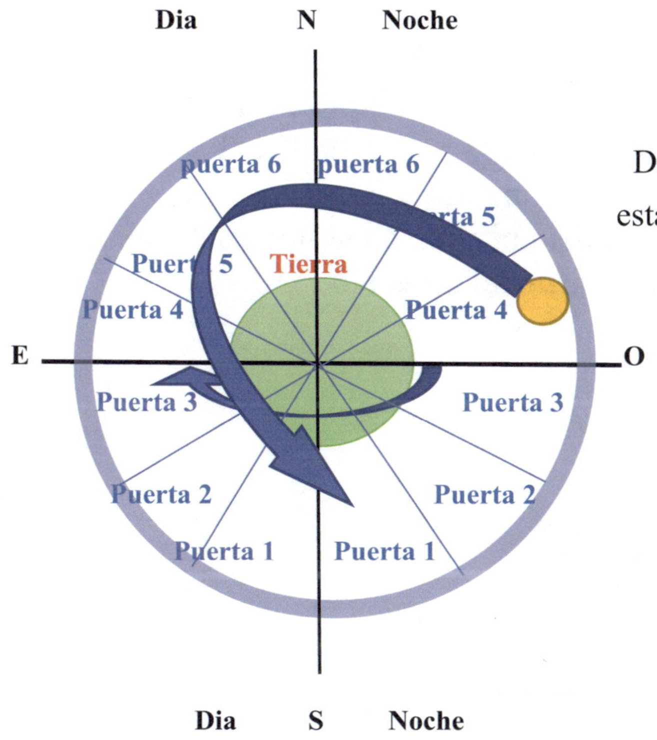

Desde la cuarta puerta; viaja hasta la primera ocho estaciones; tarda 27.7647059 días en completarse.

CICLO LUNAR

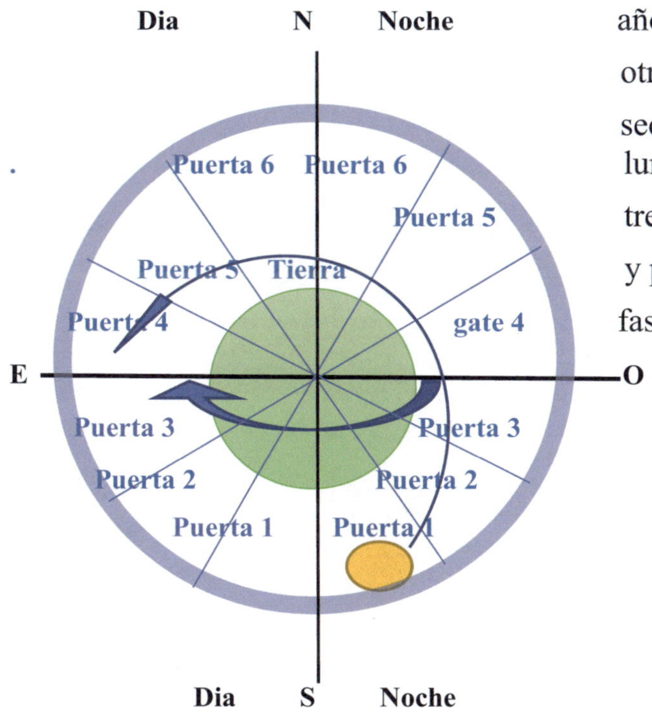

Desde la primera puerta viaja hasta la cuarta puerta durante **7** estaciones ; este proceso tarda 24.2941176 días en completarse. El ciclo se completa durante ½ año; tarda 177 días. El ciclo comienza de nuevo por otros 177 días haciendo el año lunar de 354 días. La secuencia lunar es 3 treinta días lunas seguidas de 3, lunas de veintinueve días; seguidas de3 lunas de treinta días seguidas de 3 lunas de veintinueve días; y porque la tierra gira más rápido que la luna; las fases de la luna caen en un día diferente cada año, excepto cada tercer año, en cada tercer año una de las lunas nuevas cae en el día 31 del duodécimo mes.

Enoc 73:12 Así que la luna tiene treinta días menos que el sol y las estrellas.

El sol y las estrellas tienen el mismo número de días por ciclo y ambos tienen 10 días más que el ciclo anual de la luna; se necesitan tres años para que la luna se sincronice o esté en tiempo con el sol y las estrellas. 10 días por 3 años es igual a 30 días. La luna que se sincroniza con el sol y las estrellas promueve el crecimiento y la fuerza de la vida en la tierra. La tierra, el sol y la luna están en el centro del universo en la línea del equinoccio; pero no son el centro del universo; el cielo es el centro del universo.

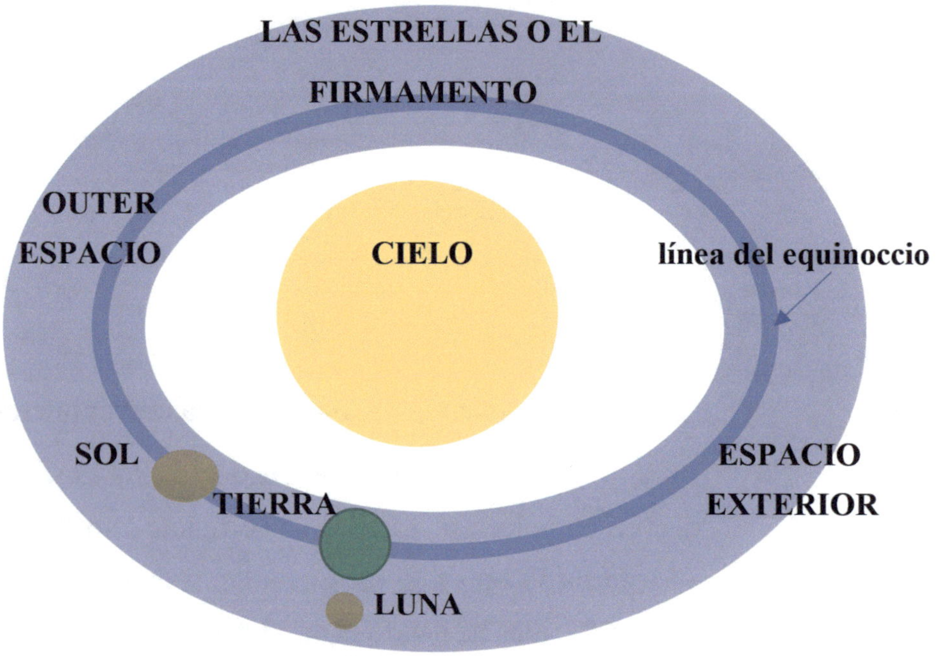

El punto de vista está orientado hacia el sur con la mano izquierda hacia el este y la derecha hacia el oeste.

EL CICLO SOLAR FUNCIONA EN SINCRONÍA CON EL CICLO ZODICO.

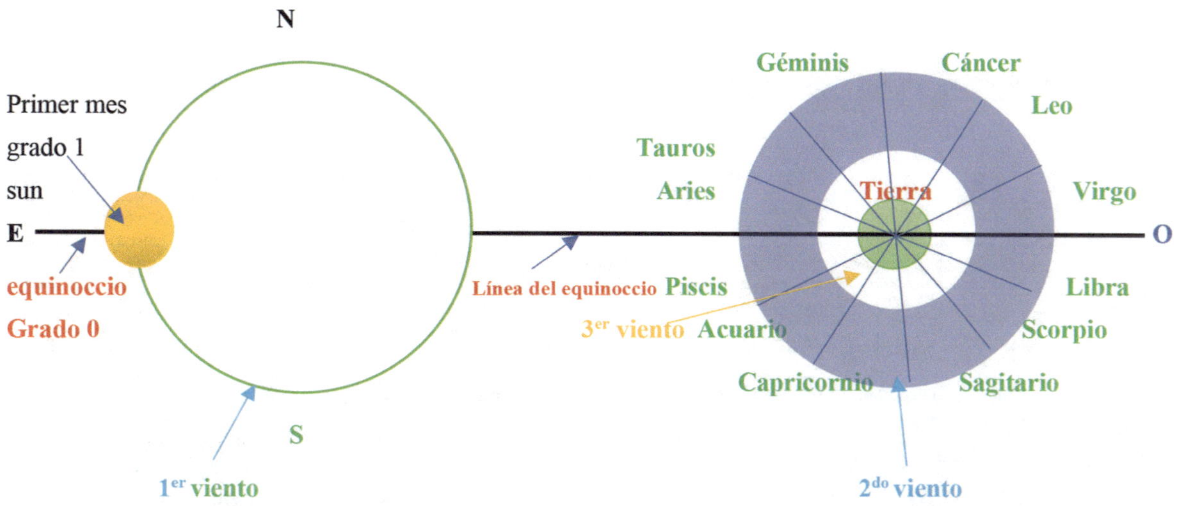

Ciclo solar = 364 dias **Ciclo Zodiac = 364 dias**

El calendario comienza el 31 del mes 12 a 0 grados Este en el punto muerto superior y Aries del Zodíaco también comienza a 0 grados Este en el punto muerto superior con el primer mes; Tauro el segundo mes; Géminis el tercer mes, Cáncer el cuarto mes; Leo el quinto mes; Virgo el sexto mes; Libra el séptimo mes; Escorpio el octavo mes; Sagitario el noveno mes; Capricornio el décimo mes; Acuario el undécimo mes y Piscis el duodécimo mes.

EL Shaddai le da a Enoc el calendario que usó para crear la tierra; EL instruye a Uriel para que le muestre y escriba a Enoc cómo funcionaban el sol, la luna y la tierra y cómo se sincronizaban entre sí. Le dice a Enoc que la luna era el odómetro de los años; y que el ciclo del sol determina el número de días en un año; cómo cada estación se divide con cuatro días invisibles que no tienen sentido para los científicos.

Los días invisibles se añaden para el cambio de estación; y le hace saber a Enoc cómo todo tiene un ángel o espíritu que lo guía; que todo está programado para dar fuerza y prosperidad a toda la vida en la tierra. Después de que EL le dice a Enoc sus planes para destruir la Tierra con agua; le revela a Enoc su siguiente plan para los humanos y le proporciona un cara a cara; de su boca la verificación de que quería que los humanos tuvieran éxito en la Tierra; y le da a Enoc el tiempo que los humanos pueden seguir para hacer sus vidas exitosas y prósperas en la Tierra; y qué hacer para entrar en la vida que viene después de la muerte. Le da a Enoc la información que los Vigilantes habían negado a los humanos.

Con toda la información que Uriel le dio a Enoc he creado el calendario de Enoc; en realidad; sería más exacto decir el Calendario Sagrado dado por EL a la humanidad. Lo siguiente es como llegué al año; como ya sabes como llego al número de días, número de días en una semana y número de días en una estación; me alegro de no tener que explicártelo de nuevo.

EL SIGUIENTE ES EL CALENDARIO TRIENAL DE ENOC:

CALENDARIO DE LA CREACIÓN

CALENDARIO DE ENOC

1er AÑO

PRIMAVERA

DIA	1	2	3	4	5	6	SÁBADO
1	1	2	3	4	5	6	7
MES	8	9	10	11	12	13	14
	15	16	17	18	19	20	21
	22	23	24	25	26	27	28
2	29	30	1	2	3	4	5
MES	6	7	8	9	10	11	12
	13	14	15	16	17	18	19
	20	21	22	23	24	25	26
3	27	28	29	30	1	2	3
MES	4	5	6	7	8	9	10
	11	12	13	14	15	16	17
	18	19	20	21	22	23	24
	25	26	27	28	29	30	31

OTOÑO

	1	2	3	4	5	6	SÁBADO
7	1	2	3	4	5	6	7
MES	8	9	10	11	12	13	14
	15	16	17	18	19	20	21
	22	23	24	25	26	27	28
8	29	30	1	2	3	4	5
MES	6	7	8	9	10	11	12
	13	14	15	16	17	18	19
	20	21	22	23	24	25	26
9	27	28	29	30	1	2	3
MES	4	5	6	7	8	9	10
	11	12	13	14	15	16	17
	18	19	20	21	22	23	24
	25	26	27	28	29	30	31

VERANO

4	1	2	3	4	5	6	7
MES	8	9	10	11	12	13	14
	15	16	17	18	19	20	21
	22	23	24	25	26	27	28
5	29	30	1	2	3	4	5
MES	6	7	8	9	10	11	12
	13	14	15	16	17	18	19
	20	21	22	23	24	25	26
6	27	28	29	30	1	2	3
MES	4	5	6	7	8	9	10
	11	12	13	14	15	16	17
	18	19	20	21	22	23	24
	25	26	27	28	29	30	31

INVIERNO

10	1	2	3	4	5	6	7
MES	8	9	10	11	12	13	14
	15	16	17	18	19	20	21
	22	23	24	25	26	27	28
11	29	30	1	2	3	4	5
MES	22	7	8	9	10	11	12
	13	14	15	16	17	18	19
	20	21	22	23	24	25	26
12	27	28	29	30	1	2	3
MES	4	5	6	7	8	9	10
	11	12	13	14	15	16	17
	18	19	20	21	22	23	24
	25	26	27	28	29	30	31

LUNA NUEVA 10 DÍAS MENOS

LUNA LLENA CICLO DEL PRIMER AÑO

LUNA NUEVA CICLO DEL PRIMER AÑO

CALENDARIO DE LA CREACIÓN

CALENDARIO DE ENOC

2DO AÑO

PRIMAVERA

DIA	1	2	3	4	5	6	SÁBADO
1	1	2	3	4	5	6	7
MES	8	9	10	11	12	13	14
	15	16	17	18	19	20	21
	22	23	24	25	26	27	28
2	29	30	1	2	3	4	5
MES	6	7	8	9	10	11	12
	13	14	15	16	17	18	19
	20	21	22	23	24	25	26
3	27	28	29	30	1	2	3
MES	4	5	6	7	8	9	10
	11	12	13	14	15	16	17
	18	19	20	21	22	23	24
	25	26	27	28	29	30	31

OTOÑO

	1	2	3	4	5	6	SÁBADO
7	1	2	3	4	5	6	7
MES	8	9	10	11	12	13	14
	15	16	17	18	19	20	21
	22	23	24	25	26	27	28
8	29	30	1	2	3	4	5
MES	6	7	8	9	10	11	12
	13	14	15	16	17	18	19
	20	21	22	23	24	25	26
9	27	28	29	30	1	2	3
MES	4	5	6	7	8	9	10
	11	12	13	14	15	16	17
	18	19	20	21	22	23	24
	25	26	27	28	29	30	31

VERANO

4	1	2	3	4	5	6	7
MES	8	9	10	11	12	13	14
	15	16	17	18	19	20	21
	22	23	24	25	26	27	28
5	29	30	1	2	3	4	5
MES	6	7	8	9	10	11	12
	13	14	15	16	17	18	19
	20	21	22	23	24	25	26
6	27	28	29	30	1	2	3
MES	4	5	6	7	8	9	10
	11	12	13	14	15	16	17
	18	19	20	21	22	23	24
	25	26	27	28	29	30	31

INVIERNO

10	1	2	3	4	5	6	7
MES	8	9	10	11	12	13	14
	15	16	17	18	19	20	21
	22	23	24	25	26	27	28
11	29	30	1	2	3	4	5
MES	6	7	8	9	10	11	12
	13	14	15	16	17	18	19
	20	21	22	23	24	25	26
12	27	28	29	30	1	2	3
MES	4	5	6	7	8	9	10
	11	12	13	14	15	16	17
	18	19	20	21	22	23	24
	25	26	27	28	29	30	31

LUNA NUEVA 20 DÍAS CORTA

LUNA LLENA CICLO DEL SEGUNDO AÑO

LUNA NUEVA CICLO DEL SEGUNDO AÑO

CALENDARIO PARA .666

CALENDARIO DE LA CREACIÓN

CALENDARIO DE ENOC

3ER AÑO

PRIMAVERA

DIA	1	2	3	4	5	6	SÁBADO
1	1	2	3	4	5	6	7
MES	8	9	10	11	12	13	14
	15	16	17	18	19	20	21
	22	23	24	25	26	27	28
2	29	30	1	2	3	4	5
MES	6	7	8	9	10	11	12
	13	14	15	16	17	18	19
	20	21	22	23	24	25	26
3	27	28	29	30	1	2	3
MES	4	5	6	7	8	9	10
	11	12	13	14	15	16	17
	18	19	20	21	22	23	24
	25	26	27	28	29	30	31

OTOÑO

	1	2	3	4	5	6	SÁBADO
7	1	2	3	4	5	6	7
MES	8	9	10	11	12	13	14
	15	16	17	18	19	20	21
	22	23	24	25	26	27	28
8	29	30	1	2	3	4	5
MES	6	7	8	9	10	11	12
	13	14	15	16	17	18	19
	20	21	22	23	24	25	26
9	27	28	29	30	1	2	3
MES	4	5	6	7	8	9	10
	11	12	13	14	15	16	17
	18	19	20	21	22	23	24
	25	26	27	28	29	30	31

VERANO

4	1	2	3	4	5	6	7
MES	8	9	10	11	12	13	14
	15	16	17	18	19	20	21
	22	23	24	25	26	27	28
5	29	30	1	2	3	4	5
MES	6	7	8	9	10	11	12
	13	14	15	16	17	18	19
	20	21	22	23	24	25	26
6	27	28	29	30	1	2	3
MES	4	5	6	7	8	9	10
	11	12	13	14	15	16	17
	18	19	20	21	22	23	24
	25	26	27	28	29	30	31

INVIERNO

10	1	2	3	4	5	6	7
MES	8	9	10	11	12	13	14
	15	16	17	18	19	20	21
	22	23	24	25	26	27	28
11	29	30	1	2	3	4	5
MES	6	7	8	9	10	11	12
	13	14	15	16	17	18	19
	20	21	22	23	24	25	26
12	27	28	29	30	1	2	3
MES	4	5	6	7	8	9	10
	11	12	13	14	15	16	17
	18	19	20	21	22	23	24
	25	26	27	28	29	30	31

LUNA NUEVA 30 DÍAS CORTA

LUNA LLENA CICLO DEL TERCER AÑO   LUNA NUEVA CICLO DEL TERCER AÑO

CALENDARIO PARA .3333333

Enoc nos dio la información de cuántos días tiene el año; dónde comienza el primer día del primer mes y cómo el sol tiene un ciclo de 364 días; y la luna tiene un ciclo de 354 días. Nos detalla la ubicación de las estaciones en el ciclo solar y cómo determinar los años desde el primer día de la creación. Debido a que soy capaz de interpretar este libro y la información es matemáticamente correcta; esto verifica que este libro es sagrado e innegablemente inspirado y dado por Dios Creador. No hay otra manera de que Enoc pudiera tener una cantidad de información tan precisa si EL SHADDAI no se la hubiera dado. Esta información es dada a Enoc de parte del Creador y desafía el calendario que usamos hoy. ***Estamos viviendo con el calendario de los gentiles y honrando a los dioses de los gentiles que eran Vigilantes, Espíritus y ángeles caídos.***

DOMINGO- SOLIS: Honrando a Sunna un nórdico; y Solis un dios solar romano y Helios un dios solar griego.

LUNES- LUNAE: En honor a Muni un dios nórdico; y Luna una diosa romana y la diosa griega Selene.

MARTES- MARTIS: En honor a Tyr un dios nórdico con una sola mano: y Marte un dios romano de la guerra y Ares un dios griego de la guerra.

MIÉRCOLES - MERCURII: En honor a Wodin u Odín un dios nórdico; y Mercuris un dios romano y Mermes un dios griego.

JUEVES - JOVIS: En honor a Thor, un dios nórdico, y a Jovis, un dios romano, y a Dios, un dios griego.

VIERNES - VENERIS: En honor a Frya, diosa nórdica, y a Veneris, diosa romana, y a Afrodita, diosa griega.

SÁBADO - SATURNI: En honor a Saturni, dios romano, y a Kronou, dios griego.

MESES:

ENERO: En honor a Jano, dios de las puertas.

FEBRERO: En honor a la diosa Februalia.

MARZO: En honor a Marte, dios de la guerra.

ABRIL: En honor a la diosa Apru

MAYO: En honor a Maia, la diosa del crecimiento.

JUNIO: En honor a la diosa Junius.

JULIO: En honor a Julio César.

AGOSTO: En honor a Augusto César.

SEPTIEMBRE: Siete
OCTUBRE: Ocho
NOVIEMBRE: Nueve
DICIEMBRE: Diez

Subrayo septiembre a diciembre porque esos son los únicos meses que fueron dejados puros por los romanos o cualquier otro grupo de gentiles. Los romanos tenían un calendario original con números únicos como el calendario de Enoc. Porque ellos también son descendientes de Enoc y en su pasado antes de que se alejaran de EL SHADDAI y comenzaran a adorar a los Vigilantes caídos, Espíritus o ángeles ellos tenían el Calendario de Enoc. Ellos perdieron la información a través de su rebelión contra EL. Ellos han tratado de sincronizar al calendario original pero no han podido hacerlo hasta este mismo día.

El calendario gregoriano tiene uno a muchos días al año, "365 días" y 1 día extra cada 4 años. Esto desajusta el calendario; ha habido intentos de corregirlo; pero aún no se ha corregido. En el 1 de abril de 2014 el calendario gregoriano entró en sincronización con el sol y la luna pero en 2018 ya está 5 días desincronizado. En 30 años el invierno será hasta principios de mayo; en 60 años el invierno será hasta mediados de junio; en 90 años el invierno será hasta la última semana de julio; en 120 años el invierno será hasta principios de agosto; en 150 años el invierno va a ser hasta mediados de septiembre y será otro año de no verano como el año 1816.

De mayo de 1816 a 2014 = 247 días de desfase. El primer mes del verano sería junio; sería el 3er mes del calendario de Enoch en el año 2014. 247 - 31 días del 3 mes = 216 -181 días del 4 al 9 mes = 35 - 30 días del 10 mes = 5 del 11 mes. Junio de 1816 fue el 5 del undécimo mes que es el segundo mes de invierno; y el mes más frío. El calendario gregoriano está equivocado y no se puede corregir.

Podemos señalar el número de años desde la creación hasta hoy con las fórmulas de la luna que el Creador nos dio. Pero antes de usar la formula de Enoc que trata de la luna nueva; voy a calcular los años conocidos que han sido registrados en las Sagradas escrituras de EL SHADDAI y lo que es desconocido voy a usar los calendarios gentiles conocidos. La siguiente es la información de años que encontré:

REYES DE ISRAEL:

Rey Saúl	inicio de reinado año 2855	fin de reinado año 2895	40
Rey David	inicio del reinado año 2895	fin del reinado año 2935	40
Rey Salomón	inicio de reinado año 2935	fin de reinado año 2975	40
El rey Roboam	inicio del reinado año 2975	fin de reinado año 2992	17
El rey Abías	inicio del reinado año 2992	fin de reinado año 2995	3
Rey Asa	inicio del reinado año 2995	fin del reinado año 3036	41
Rey Josafat	inicio del reinado año 3036	fin del reinado año 3061	25
Rey Joram	inicio del reinado año 3061	fin del reinado año 3069	8
Rey Ocozías	inicio del reinado año 3069	fin del reinado año 3070	1
Rey Atalía	inicio del reinado año 3070	fin de reinado año 3076	6
Rey Joás	inicio del reinado año 3076	fin del reinado año 3116	40
El rey Amasías	inicio del reinado año 3116	fin de reinado año 3145	29
Rey Uzzaih	inicio del reinado año 3145	fin del reinado año 3197	52

Uzías se convirtió en leproso y se apartó de la casa real y dejó que su hijo Jotam gobernara mientras él estaba vivo. Jotam comenzó a gobernar en el segundo año del rey Peka de Israel en el año 50 de Uzías.

El rey Jotam	inicio del reinado año 3196	fin del reinado año 3212	16
El rey Acaz	inicio del reinado año 3212	fin del reinado año 3228	16
El rey Ezequías	inicio del reinado año 3228	fin del reinado año 3257	29
El rey Manasés	inicio del reinado año 3257	fin del reinado año 3312	55
Rey Amón	inicio del reinado año 3312	fin del reinado año 3314	2
Rey Josías	inicio del reinado año 3314	fin del reinado año 3345	31
Rey Joacaz	inicio del reinado año 3345	fin del reinado año 3345	.25
Rey Joaquín	inicio del reinado año 3345	fin del reinado año 3356	11.00
Rey Joaquín	inicio del reinado año 3356	fin del reinado año 3356	.25
Rey Sedequías	inicio del reinado año 3356	fin del reinado año 3367	11.00
			513.5 años
		Saúl y David	- 80
			433.5
		Uzaih sobre cubre con Jotam	1.5
			432

3367 - 2935 = 432 años de gobierno de los reyes de Judá desde el rey Salomón hasta el rey Sedequías.

Desde Adán hasta cuando los israelitas salieron de Egipto. Jubileo 50: 1	2459 años
Salomón comienza a construir el templo en su cuarto año de reinado. 1Reyes 6:1	480 años
	2939 años
Salomón a Sedequías hasta el 9 de Abib 432 años menos 4 años de 1Reyes 6:1	428 años
	3367 años
Setenta años de cautiverio	70 años
Daniel 9: 25-27 62 semanas: 62 x 7= 434 años	**3437 años**
	434 años
Antíoco IV Epífanes invadió y tomó Jerusalén	**3871 años**
Daniel 9: 24 fin de las setenta semanas; el tiempo de Juda expira como nación	56 años
mientras Salomé Alejandra trajo el renacimiento espiritual a Judea. Su hijo rompe	**3927 años**

su corazón a mediados de octubre; la guerra civil comienza a arraigar en Judea
su corazón a mediados de octubre; la guerra civil comienza a arraigar en Judea
antes de su muerte en el 67 a.C. Fue el fin de Judea de ser autogobernada.
Roma se apodera de Jerusalén. En el 63 a.C. Pompeyo el Grande captura

Jerusalén.	3927 años
63 a.C. hasta 525 d.C. Utilizaba el año de 354 días debido a la confusión del calendario. años	61.2692308
Los calendarios de 354 días eran los más precisos.	**años 3988.26923**
63 x 354 = 22365 / 364 = 61.2692308	
Era Común 0 año	**3988.26923 años**

ERA COMÚN AÑO 0

ERA COMÚN HASTA 525	3988.26923
525 X 354 = 186375 / 364 = 510.576923	510.576923
	4498.84615 años
2017- 525 = 1492 x 365.25 = 544953 / 364 = **1497.12363 años**	1497.12363
	5995.96978 años
Año bisiesto 1492 /4 = 373/364 = 1.02473	1.02473
	5996.999451 años

El año 2017 es el año 5997

Utilicé las cifras de los años en el libro del Jubileo, el libro de I Reyes y el libro de Daniel para obtener los años de 0 a 63 AC. Del 63 a.C. al 525 utilicé el calendario griego; del 525 al 2017 utilicé el calendario gregoriano.

Con la inconsistencia de la datación gentil de la historia hace esta figura solo una conjetura educada; Tenemos que hacer más examen; pero hemos hecho una conjetura con números; y la conjetura es que el año correcto para 2017 desde el principio es 5997. Si hay alguna manera de confirmarlo sin duda podemos verificar que 2017 es el año 5997. Otra manera de determinar si este es el año correcto desde Adán hasta el 2017 podemos estudiar lo que sucedió en años pasados en secuencia de 50 años desde el año 6000 o 2020; y si podemos encontrar a alguien que celebró el año del Jubileo que trajo paz, prosperidad, fuerza y libertad a su nación y victoria milagrosa en la guerra; entonces podemos calcular los números y ver si se correlacionan con un año del Jubileo de 6000.

Pero es muy dudoso que podamos encontrar tal tiempo en la historia; pero no negaría la búsqueda a cualquiera que esté dispuesto a hacerlo. Permítanme mostrarles una forma segura de determinar el año correcto desde el primer día de la creación hasta el 2017. Usaré el año 5997 para el año 2017 y usaré el odómetro de la luna para los cálculos; que tiene 10 días menos cada año; que señala con precisión la primera luna nueva a través del tiempo.

5997 x 10 = 59970 / 364 días por año = 164. 752747 años; 164 x 364 = 59696; 59970 - 59696 = 274; A partir de aquí ir hacia atrás desde el último día del duodécimo mes; año de 364 días; 274 - 182 días en seis meses=92 días en 3 meses= 92-91 días en tres meses=1; 31 días del tercer mes - 1 = 30; La luna nueva será el 30 del tercer Mes de 5997 y 2017 tendrá una luna nueva el 25 de junio. Sí, hay una Luna Nueva el 25 de junio de 2017. **El 2017 es efectivamente el año 5997. Para clarificar mira el Calendario para 2017 en este libro.**

Tenemos 3 años hasta el 6000 el próximo Jubileo; debemos ser obedientes a EL para que la vida sea más fácil en todo el mundo estos próximos 3 años y orar por el perdón por no observar los pasados años de Jubileo.

En los años de Jubileo EL requiere que los humanos lo respeten como un año santo; requiere que todas las deudas sean perdonadas y que todos estén libres de deudas durante el año; y hasta el comienzo del año siguiente; que todos los esclavos y prisioneros sean liberados; y hechos hombres y mujeres libres; y que los humanos tengan una celebración de felicidad y buena voluntad durante todo el año.

La esclavitud era una forma de fuerza de trabajo del pasado; hoy no tenemos esclavitud; al menos esclavitud legal, pero seguimos teniendo fuerza de trabajo; y la fuerza de trabajo está esclavizada por un salario por hora. En nuestro tiempo; EL requiere que las compañías revisen el salario por hora y den a su fuerza de trabajo un salario por hora que mantenga a sus trabajadores fuera de la pobreza y la esclavitud. Y al hacer esto; EL bendecirá a las compañías con grandes ganancias.

Se espera que los elegidos, “Sacerdotes de EL”, alaben y bendigan a EL y liberen a las almas del mal cada día durante el Jubileo. Manteniendo estas estatuas los humanos serian bendecidos con grandes beneficios, paz y alegria; pero rompiendo esta estatua; que los humanos serian castigados; y ocurriria lo contrario. La gente moriría insospechadamente, ocurriría algún tipo de evento catastrófico, los amos/jefes o las empresas perderían su dinero; entrarían en bancarrota; y se convertirían en esclavos/trabajadores; trabajan por horas ellos mismos; los trabajadores trabajan muchas horas y el dinero desaparece más rápido de lo que se gana; y otros trabajadores son despedidos, año de luto en lugar de alegría; rumores de guerra y ataques terroristas o amenazas; inestabilidad global; guerra sin fin......etc.

Cada cincuenta años los seres humanos tienen la oportunidad; de hacer de los próximos cincuenta años; unos alegres cincuenta años u otros problemáticos, difíciles de hacer, raspando; cincuenta años. Mientras EL me mantenga con vida los próximos tres años; obedeceré la estatua del Jubileo a partir del 24 de marzo de 2020 para que la tierra pueda tener 50 años de alegres celebraciones y grandes logros sin ninguna muerte catastrófica o innecesaria creada por guerras innecesarias; ni rumores de guerra o amenazas terroristas con algún mérito; y si las hay; derrotaremos a quien venga contra nosotros rápidamente.

Tendremos la oportunidad de demostrar la veracidad o falsedad de esta afirmación dentro de 3 años, guardando la santidad del Jubileo. Sólo puedo cubrir el estado de Texas; necesito que otras personas de los Estados Unidos y del resto del mundo se unan a mí para celebrar el Jubileo a partir del 24 de marzo de 2020 y durante todo el año para que podamos traer la paz a la zona de la tierra en la que vivimos. Si los ciudadanos de todo el mundo se unen a mí, la paz llegará a todo el mundo.

EL SIGUIENTE ES EL CALENDARIO DE ENOCH CON LAS LUNAS LLENAS Y NUEVAS DE CADA MES Y CON EL CALENDARIO GREGRIANO AÑADIDO. CONTIENE EL TIEMPO CORRECTO DE LA PRIMERA LUNA NUEVA TRAZADO POR EL CÁLCULO DE LA PRIMERA LUNA A TRAVÉS DE LOS AÑOS.

Su tiempo es 30, 20,10 del tercer mes; con 30, 20, 10 del segundo mes y terminando con, 30, 20, 10 del segundo mes después del equinoccio de primavera; y la luna nueva del año 6000 aterrizando en el 30 del segundo mes.

CALENDARIO DE LA CREACIÓN

CALENDARIO DE ENOC

1er AÑO **5997 ——— 2017**

PRIMAVERA

DIA	1	2	3	4	5	6	SABADO
1	28	29	30	31	1	2	3
MES	4	5	6	7	8	9	10
ABRIL	11	12	13	14	15	16	17
	18	19	20	21	22	23	24
2	25	26	27	28	29	30	1
MES	2	3	4	5	6	7	8
MAYO	9	10	11	12	13	14	15
	16	17	18	19	20	21	22
3	23	24	25	26	27	28	29
MES	30	31	1	2	3	4	5
JUNIO	6	7	8	9	10	11	12
	13	14	15	16	17	18	19
	20	21	22	23	24	25	26

OTOÑO

	1	2	3	4	5	6	SABADO
7	26	27	28	29	30	1	2
MES	3	4	5	6	7	8	9
OCT	10	11	12	13	14	15	16
	17	18	19	20	21	22	23
8	24	25	26	27	28	29	30
MES	31	1	2	3	4	5	6
NOV	7	8	9	10	11	12	13
	14	15	16	17	18	19	20
9	21	22	23	24	25	26	27
MES	28	29	30	1	2	3	4
DEC	5	6	7	8	9	10	11
	12	13	14	15	16	17	18
	19	20	21	22	23	24	25

VERANO

4	27	28	29	30	1	2	3
MES	4	5	6	7	8	9	10
JULIO	11	12	13	14	15	16	17
	18	19	20	21	22	23	24
5	25	26	27	28	19	30	31
MES	1	2	3	4	5	6	7
AUG	8	9	10	11	12	13	14
	15	16	17	18	19	20	21
6	22	23	24	25	26	27	28
MES	29	30	31	1	2	3	4
SEPT	5	6	7	8	9	10	11
	12	13	14	15	16	17	18
	19	20	21	22	23	24	25

INVIERNO

10	26	27	28	29	30	31	1	**2018**
M	2	3	4	5	6	7	8	
ENERO	9	10	11	12	13	14	15	
	16	17	18	19	20	21	22	
11	23	24	25	26	27	28	29	
MES	30	31	1	2	3	4	5	
FEB	6	7	8	9	10	11	12	
	13	14	15	16	17	18	19	
12	20	21	22	23	24	25	26	
MES	27	28	1	2	3	4	5	
MARZO	6	7	8	9	10	11	12	
	13	14	15	16	17	18	19	
	20	21	22	23	24	25	26	

LUNA LLENA CICLO DEL PRIMER AÑO **LUNA NUEVA CICLO DEL PRIMER AÑO**

Calendario para el 5997: luna nueva el 30 del tercer mes. 25 de junio de 2017

CALENDARIO DE LA CREACIÓN

CALENDARIO DE ENOC

2DO AÑO **5998——2018**

PRIMAVERA

DIA	1	2	3	4	5	6	SABADO
1	27	28	29	30	31	1	2
MES	3	4	5	6	7	8	9
ABRIL	10	11	12	13	14	15	16
	17	18	19	20	21	22	23
2	24	25	26	27	28	29	30
MES	1	2	3	4	5	6	7
MAYO	8	9	10	11	12	13	14
	15	16	17	18	19	20	21
3	22	23	24	25	26	27	28
MES	29	30	31	1	2	3	4
JUNIO	5	6	7	8	9	10	11
	12	13	14	15	16	17	18
	19	20	21	22	23	24	25

OTOÑO

	1	2	3	4	5	6	SABADO
7	25	26	27	28	29	30	1
MES	2	3	4	5	6	7	8
OCT	9	10	11	12	13	14	15
	16	17	18	19	20	21	22
8	23	24	25	26	27	28	29
MES	30	31	1	2	3	4	5
NOV	6	7	8	9	10	11	12
	13	14	15	16	17	18	19
9	20	21	22	23	24	25	26
MES	27	28	29	30	1	2	3
DEC	4	5	6	7	8	9	10
	11	12	13	14	15	16	17
	18	19	20	21	22	23	24

VERANO

4	26	27	28	29	30	1	2
MES	3	4	5	6	7	8	9
JULIO	10	11	12	13	14	15	16
	17	18	19	20	21	22	23
5	24	25	26	27	28	29	30
MES	31	1	2	3	4	5	6
AUG	7	8	9	10	11	12	13
	14	15	16	17	18	19	20
6	21	22	23	24	25	26	27
MES	28	29	30	31	1	2	3
SEPT	4	5	6	7	8	9	10
	11	12	13	14	15	16	17
	18	19	20	21	22	23	24

INVIERNO

10	25	26	27	28	29	30	31	**2019**
MES	1	2	3	4	5	6	7	
ENERO	8	9	10	11	12	13	14	
	15	16	17	18	19	20	21	
11	22	23	24	25	26	27	28	
MES	29	30	31	1	2	3	4	
FEB	5	6	7	8	9	10	11	
	12	13	14	15	16	17	18	
12	19	20	21	22	23	24	25	
MES	26	27	28	1	2	3	4	
MARZO	5	6	7	8	9	10	11	
	12	13	14	15	16	17	18	
	19	20	21	22	23	24	25	

LUNA LLENA CICLO DEL SEGUNDO AÑO **LUNA NUEVA CICLO DEL SEGUNDO AÑO**

CALENDARIO PARA .6666666

Calendario para 5998: Luna nueva el 20 del tercer mes; 14 de junio de 2018

CALENDARIO DE LA CREACIÓN

CALENDARIO DE ENOC

3ER AÑO **5999——2019**

PRIMAVERA

DIA	1	2	3	4	5	6	SABADO
1	26	27	28	29	30	31	1
MES	2	3	4	5	6	7	8
ABRIL	9	10	11	12	13	14	15
	16	17	18	19	20	21	22
2	23	24	25	26	27	28	29
MES	30	1	2	3	4	5	6
MAYO	7	8	9	10	11	12	13
	14	15	16	17	18	19	20
3	21	22	23	24	25	26	27
MES	28	29	30	31	1	2	3
JUNIO	4	5	6	7	8	9	10
	11	12	13	14	15	16	17
	17	19	20	21	22	23	24

OTOÑO

	1	2	3	4	5	6	SABADO
7	24	25	26	27	28	29	30
MES	1	2	3	4	5	6	7
OCT	8	8	10	11	12	13	14
	15	16	17	18	19	20	21
8	22	23	24	25	26	27	28
MES	29	30	31	1	2	3	4
NOV	5	6	7	8	9	10	11
	12	13	14	15	16	17	18
9	19	20	21	22	23	24	25
MES	26	27	28	29	30	1	2
DEC	3	4	5	6	7	8	9
	10	11	12	13	14	15	16
	17	18	19	20	21	22	23

VERANO

4	25	26	27	28	29	30	1
MES	2	3	4	5	6	7	8
JULIO	9	10	11	12	13	14	15
	16	17	18	19	20	21	22
5	23	24	25	26	27	28	29
MES	30	31	1	2	3	4	5
AUG	6	7	8	9	10	11	12
	13	14	15	16	17	18	19
6	20	21	22	23	24	25	26
MES	27	28	29	30	31	1	2
SEPT	3	4	5	6	7	8	9
	10	11	12	13	14	15	16
	17	18	19	20	21	22	23

INVIERNO

10	24	25	26	27	28	29	30	
MES	31	1	2	3	4	5	6	**2020**
ENERO	7	8	9	10	11	12	13	
	14	15	16	17	18	19	20	
11	21	22	23	24	25	26	27	
MES	28	29	30	31	1	2	3	
FEB	4	5	6	7	8	9	10	
	11	12	13	14	15	16	17	
12	18	19	20	21	22	23	24	
MES	25	26	27	28	29	1	2	
MARZO	3	4	5	6	7	8	9	
	10	11	12	13	14	15	16	
	17	18	19	20	21	22	23	

LUNA LLENA CICLO DEL TERCER AÑO

LUNA NUEVA CICLO DEL TERCER AÑO

CALENDAR FOR .3333333

Calendario para el 5999: Luna nueva el 10 del tercer mes; 3 de junio de 2019

CALENDARIO DE LA CREACIÓN

CALENDARIO DE ENOC

1er AÑO HOLY JUBILEE 120 6000 —2020

PRIMAVERA

DIA	1	2	3	4	5	6	SABADO
1	24	25	26	27	28	29	30
MES	31	1	2	3	4	5	6
ABRIL	7	8	9	10	11	12	13
	14	15	16	17	18	19	20
2	21	22	23	24	25	26	27
MES	28	29	30	1	2	3	4
MAYO	5	6	7	8	9	10	11
	12	13	14	15	16	17	18
3	19	20	21	22	23	24	25
MES	26	27	28	29	30	31	1
JUNIO	2	3	4	5	6	7	8
	9	10	11	12	13	14	15
	16	17	18	19	20	21	22

OTOÑO

	1	2	3	4	5	6	SABADO
7	22	23	24	25	26	27	28
MES	29	30	1	2	3	4	5
OCT	6	7	8	9	10	11	12
	13	14	15	16	17	18	19
8	20	21	22	23	24	25	26
MES	27	28	29	30	31	1	2
NOV	3	4	5	6	7	8	9
	10	11	12	13	14	15	16
9	17	18	19	20	21	22	23
MES	24	25	26	27	28	29	30
DEC	1	2	3	4	5	6	7
	8	9	10	11	12	13	14
	15	16	17	18	19	20	21

VERANO

4	23	24	25	26	27	28	29
MES	30	1	2	3	4	5	6
JULIO	7	8	9	10	11	12	13
	14	15	16	17	18	19	20
5	21	22	23	24	25	26	27
MES	28	29	30	31	1	2	3
AUG	4	5	6	7	8	9	10
	11	12	13	14	15	16	17
6	18	19	20	21	22	23	24
MES	25	26	27	27	29	30	31
SEPT	1	2	3	4	5	6	7
	8	9	10	11	12	13	14
	15	16	17	18	19	20	21

INVIERNO

10	22	23	24	25	26	27	28	
MES	29	30	31	1	2	3	4	**2021**
ENERO	5	6	7	8	9	10	11	
	12	13	14	15	16	17	18	
11	19	20	21	22	23	24	25	
MES	26	27	28	29	30	31	1	
FEB	2	3	4	5	6	7	8	
	9	10	11	12	13	14	15	
12	16	17	18	19	20	21	22	
MES	23	24	25	26	27	28	1	
MARZO	2	3	4	5	6	7	8	
	9	10	11	12	13	14	15	
	16	17	18	18	20	21	22	

LUNA LLENA CICLO DEL PRIMER AÑO **LUNA NUEVA CICLO DEL PRIMER AÑO**

Calendario para el año 6000: Luna Nueva del día 30 del segundo mes; 22 de mayo de 2020

CALENDARIO DE LA CREACIÓN

CALENDARIO DE ENOC

2DO AÑO 6001——2021

PRIMAVERA

DIA	1	2	3	4	5	6	SABADO
1	23	24	25	26	27	28	29
MES	30	31	1	2	3	4	5
ABRIL	6	7	8	9	10	11	12
	13	14	15	16	17	18	19
2	20	21	22	23	24	25	26
MES	27	28	29	30	1	2	3
MAYO	4	5	6	7	8	9	10
	11	12	13	14	15	16	17
3	18	19	20	21	22	23	24
MES	25	26	27	28	29	30	31
JUNIO	1	2	3	4	5	6	7
	8	9	10	11	12	13	14
	15	16	17	18	19	20	21

OTOÑO

	1	2	3	4	5	6	SABADO
7	21	22	23	24	25	26	27
MES	28	29	30	1	2	3	4
OCT	5	6	7	8	9	10	11
	12	13	14	15	16	17	18
8	19	20	21	22	23	24	25
MES	26	27	27	29	30	31	1
NOV	2	3	4	5	6	7	8
	9	10	11	12	13	14	15
9	16	17	18	19	20	21	22
MES	23	24	25	26	27	28	29
DEC	30	1	2	3	4	5	6
	7	8	9	10	11	12	13
	14	15	16	17	18	19	20

VERANO

4	22	23	24	25	26	27	28
MES	29	30	1	2	3	4	5
JULIO	6	7	8	9	10	11	12
	13	14	15	16	17	18	19
5	20	21	22	23	24	25	26
MES	27	28	29	30	31	1	2
AUG	3	4	5	6	7	8	9
	10	11	12	13	14	15	16
6	17	18	19	20	21	22	23
MES	24	25	26	27	28	29	30
SEPT	31	1	2	3	4	5	6
	7	8	9	10	11	12	13
	14	15	16	17	18	19	20

INVIERNO

10	21	22	23	24	25	26	27	
MES	28	29	30	31	1	2	3	2022
ENERO	4	5	6	7	8	9	10	
	11	12	13	14	15	16	17	
11	18	19	20	21	22	23	24	
MES	25	26	27	28	29	30	31	
FEB	1	2	3	4	5	6	7	
	8	9	10	11	12	13	14	
12	15	16	17	18	19	20	21	
MES	22	23	24	25	26	27	28	
MARZO	1	2	3	4	5	6	7	
	8	9	10	11	12	13	4	
	15	16	17	18	19	20	21	

LUNA LLENA CICLO DEL SEGUNDO AÑO

LUNA NUEVA CICLO DEL SEGUNDO AÑO

CALENDARIO PARA EL .6666666

Calendario para el 6001: Luna nueva el 20 del segundo mes; 11 de mayo de 2021

CALENDARIO DE LA CREACIÓN

CALENDARIO DE ENOC

3ER AÑO 6002——2022

PRIMAVERA

DIA	1	2	3	4	5	6	SABADO
1	22	23	24	25	26	27	28
MES	29	30	31	1	2	3	4
ABRIL	5	6	7	8	9	10	11
	12	13	14	15	16	17	18
2	19	20	21	22	23	24	25
MES	26	27	28	29	30	1	2
MAYO	3	4	5	6	7	8	9
	10	11	12	13	14	15	16
3	17	18	19	20	21	22	23
MES	24	25	26	27	28	29	30
JUNIO	31	1	2	3	4	5	6
	7	8	9	10	11	12	13
	14	15	16	17	18	19	20

OTOÑO

	1	2	3	4	5	6	SABADO
7	20	21	22	23	24	25	26
MES	27	28	29	30	1	2	3
OCT	4	5	6	7	8	9	10
	11	12	13	14	15	16	17
8	18	19	20	21	22	23	24
MES	25	26	27	28	29	30	31
NOV	1	2	3	4	5	6	7
	8	9	10	11	12	13	14
9	15	16	17	18	19	20	21
MES	22	23	24	25	26	27	28
DEC	29	30	1	2	3	4	5
	6	7	8	9	10	11	12
	13	14	15	16	17	18	19

VERANO

4	21	22	23	24	25	26	27
MES	28	29	30	1	2	3	4
JULIO	5	6	7	8	9	10	11
	12	13	14	15	16	17	18
5	19	20	21	22	23	24	25
MES	26	27	28	29	30	31	1
AUG	2	3	4	5	6	7	8
	9	10	11	12	13	14	15
6	16	17	18	19	20	21	22
MES	23	24	25	26	27	28	29
SEPT	30	31	1	2	3	4	5
	6	7	8	9	10	11	12
	13	14	15	16	17	18	19

INVIERNO

10	20	21	22	23	24	25	26	
MES	27	28	29	30	31	1	2	**2023**
ENERO	3	4	5	6	7	8	9	
	10	11	12	13	14	15	16	
11	17	18	19	20	21	22	23	
MES	24	25	26	27	28	29	30	
FEB	31	1	2	3	4	5	6	
	7	8	9	10	11	12	13	
12	14	15	16	17	18	19	20	
MES	21	22	23	24	25	26	27	
MARZO	28	1	2	3	4	5	6	
	7	8	9	10	11	12	13	
	14	15	16	17	18	19	20	

LUNA LLENA CICLO DEL TERCER AÑO **LUNA NUEVA CICLO DEL TERCER AÑO**

CALENDARIO PARA .3333333

Calendario para 6002: Luna Nueva el 10 del segundo mes; 30 de abril de 2022

CALENDARIO DE LA CREACIÓN

CALENDARIO DE ENOC

1er AÑO **6003—2023**

PRIMAVERA

DIA	1	2	3	4	5	6	SABADO
1	21	22	23	24	25	26	27
MES	28	29	30	31	1	2	3
ABRIL	4	5	6	7	8	9	10
	11	12	13	14	15	16	17
2	18	19	20	21	22	23	24
MES	25	26	27	28	29	30	1
MAYO	2	3	4	5	6	7	8
	9	10	11	12	13	14	15
3	16	17	18	19	20	21	22
MES	23	24	25	26	27	28	29
JUNIO	30	31	1	2	3	4	5
	6	7	8	9	10	11	12
	13	14	15	16	17	18	19

OTOÑO

	1	2	3	4	5	6	SABADO
7	19	20	21	22	23	24	25
MES	26	27	28	29	30	1	2
OCT	3	4	5	6	7	8	9
	10	11	12	13	14	15	16
8	17	18	19	20	21	22	23
MES	24	25	26	27	28	29	30
NOV	31	1	2	3	4	5	6
	7	8	9	10	11	12	13
9	14	15	16	17	18	19	20
MES	21	22	23	24	25	26	27
DEC	28	29	30	1	2	3	4
	5	6	7	8	9	10	11
	12	13	14	15	16	17	18

VERANO

4	20	21	22	23	24	25	26
MES	27	28	29	30	1	2	3
JULIO	4	5	6	7	8	9	10
	11	12	13	14	15	16	17
5	18	19	20	21	22	23	24
MES	25	26	27	28	29	30	31
AUG	1	2	3	4	5	6	7
	8	9	10	11	12	13	14
6	15	16	17	18	19	20	21
MES	22	23	24	25	26	27	28
SEPT	29	30	31	1	2	3	4
	5	6	7	8	9	10	11
	12	13	14	15	16	17	18

INVIERNO

10	19	20	21	22	23	24	25	
MES	26	27	28	29	30	31	1	**2024**
ENERO	2	3	4	5	6	7	8	
	9	10	11	12	13	14	15	
11	16	17	18	19	20	21	22	
MES	23	24	25	26	27	28	29	
FEB	30	31	1	2	3	4	5	
	6	7	8	9	10	11	12	
12	13	14	15	16	17	18	19	
MES	20	21	22	23	24	25	26	
MARZO	27	28	29	1	2	3	4	
	5	6	7	8	9	10	11	
	12	13	14	15	16	17	18	

LUNA LLENA CICLO DEL PRIMER AÑO **LUNA NUEVA CICLO DEL PRIMER AÑO**

Tiempo para el 6003: Luna Nueva del día 30 del primer mes; 19 de abril de 2023

CALENDARIO DE LA CREACIÓN

CALENDARIO DE ENOC

2DO AÑO 6004——2024

PRIMAVERA

DIA	1	2	3	4	5	6	SABADO
1	19	20	21	22	23	24	25
MES	26	27	28	29	30	31	1
ABRIL	2	3	4	5	6	7	8
	9	10	11	12	13	14	15
2	16	17	18	19	20	21	22
MES	23	24	25	26	27	28	29
MAYO	30	1	2	3	4	5	6
	7	8	9	10	11	13	14
3	15	16	17	18	19	20	21
MES	22	23	24	25	26	27	28
JUNIO	29	30	31	1	2	3	4
	5	6	7	8	9	10	11
	12	13	14	15	16	17	18

OTOÑO

	1	2	3	4	5	6	SABADO
7	18	19	20	21	22	23	24
MES	25	26	27	28	29	30	1
OCT	2	3	4	5	6	7	8
	9	10	11	12	13	14	15
8	16	17	18	19	20	21	22
MES	23	24	25	26	27	28	29
NOV	30	31	1	2	3	4	5
	6	7	8	9	10	11	12
9	13	14	15	16	17	18	19
MES	20	21	22	23	24	25	26
DEC	27	28	29	30	1	2	3
	4	5	6	7	8	9	10
	11	12	13	14	15	16	17

VERANO

4	19	20	21	22	23	24	25
MES	26	27	28	29	30	1	2
JULIO	3	4	5	6	7	8	9
	10	11	12	13	14	15	16
5	17	18	19	20	21	22	23
MES	24	25	26	27	28	29	30
AUG	31	1	2	3	4	5	6
	7	8	9	10	11	12	13
6	14	15	16	17	18	19	20
MES	21	22	23	24	25	26	27
SEPT	28	29	30	31	1	2	3
	4	5	6	7	8	9	10
	11	12	13	14	15	16	17

INVIERNO

10	18	19	20	21	22	23	24	
MES	25	26	27	28	29	30	31	**2025**
ENERO	1	2	3	4	5	6	7	
	8	9	10	11	12	13	14	
11	15	16	17	18	19	20	21	
MES	22	23	24	25	26	27	28	
FEB	29	30	31	1	2	3	4	
	5	6	7	8	9	10	11	
12	12	13	14	15	16	17	18	
MES	19	20	21	22	23	24	25	
MARZO	26	27	28	1	2	3	4	
	5	6	7	8	9	10	11	
	12	13	14	15	16	17	18	

LUNA LLENA CICLO DEL SEGUNDO AÑO **LUNA NUEVA CICLO DEL SEGUNDO AÑO**

CALENDER FOR .6666666 **Timing for 6004: New Moon on the 20th of the 1st month; April 7, 2024**

CALENDARIO DE LA CREACIÓN

CALENDARIO DE ENOC

3ER AÑO 6005——2025

PRIMAVERA

DAY	1	2	3	4	5	6	SABBATH
1ST	19	20	21	22	23	24	25
Month	26	27	28	29	30	31	1
APRIL	2	3	4	5	6	7	8
	9	10	11	12	13	14	15
12ND	16	17	18	19	20	21	22
Month	23	24	25	26	27	28	29
MAY	30	1	2	3	4	5	6
	7	8	9	10	11	12	13
3RD	14	15	16	17	18	19	20
Month	21	22	23	24	25	26	27
JUNE	28	29	30	31	1	2	3
	4	5	6	7	8	9	10
	11	12	13	14	15	16	17

OTOÑO

	1	2	3	4	5	6	SABBATH
7TH	17	18	19	20	21	22	23
Month	24	25	26	27	28	29	30
OCT	1	2	3	4	5	6	7
	8	9	10	11	12	13	14
8TH	15	16	17	18	19	20	21
Month	22	23	24	25	26	27	28
NOV	29	30	31	1	2	3	4
	5	6	7	8	9	10	11
9TH	12	13	14	15	16	17	18
Month	19	20	21	22	23	24	25
DEC	26	27	28	29	30	1	2
	3	4	5	6	7	8	9
	10	11	12	13	14	15	16

VERANO

4TH	18	19	20	21	22	23	24
Month	25	26	27	28	29	30	1
JULY	2	3	4	5	6	7	8
	9	10	11	12	13	14	15
5TH	16	17	18	19	20	21	122
Month	23	24	25	26	27	28	29
AUG	30	31	1	2	3	4	5
	6	7	8	9	10	11	12
6TH	13	14	15	16	17	18	19
Month	20	21	22	23	24	25	26
SEPT	27	28	29	30	31	1	2
	3	4	5	6	7	8	9
	10	11	12	13	14	15	16

INVIERNO

10TH	17	18	19	20	21	22	23	
Month	24	25	26	27	28	29	30	
JAN	31	1	2	3	4	5	6	2026
	7	8	9	10	11	12	13	
11TH	14	15	16	17	18	19	20	
Month	21	22	23	24	25	26	27	
FEB	28	29	30	31	1	2	3	
	4	5	6	7	8	9	10	
12TH	11	12	13	14	15	16	17	
Month	18	19	20	21	22	23	24	
MARCH	25	26	27	28	1	2	3	
	4	5	6	7	8	9	10	
	11	12	13	14	15	16	17	

LUNA LLENA CICLO DEL TERCER AÑO

LUNA NUEVA CICLO DEL TERCER AÑO

CALENDAR FOR .3333333

Timing of 6005: New Moon on the 10th of 1st month; March 28, 2025

CALENDARIO DE LA CREACIÓN

CALENDARIO DE ENOC

1er AÑO **6006 —— 2026**

PRIMAVERA

DIA	1	2	3	4	5	6	SABADO
1	18	19	20	21	22	23	24
MES	25	26	27	28	29	30	31
ABRIL	1	2	3	4	5	6	7
	8	9	10	11	12	13	14
2	15	16	17	18	19	20	21
MES	22	23	24	25	26	27	28
MAYO	29	30	1	2	3	4	5
	6	7	8	9	10	11	12
3	13	14	15	16	17	18	19
MES	20	21	22	23	24	25	26
JUNIO	27	28	29	30	31	1	2
	3	4	5	6	7	8	9
	10	11	12	13	14	15	16

OTOÑO

	1	2	3	4	5	6	SABADO
7	16	17	18	19	20	21	22
M	23	24	25	26	27	28	29
OCT	30	1	2	3	4	5	6
	7	8	9	10	11	12	13
8	14	15	16	17	18	19	20
MES	21	22	23	24	25	26	27
NOV	28	29	30	31	1	2	3
	4	5	6	7	8	9	10
9	11	12	13	14	15	16	17
MES	18	19	20	21	22	23	24
	25	26	27	28	29	30	1
DEC	2	3	4	5	6	7	8
	9	10	11	12	13	14	15

VERANO

4	17	18	19	20	21	22	23
MES	24	25	26	27	28	29	30
JULIO	1	2	3	4	5	6	7
	8	9	10	11	12	13	14
5	15	16	17	18	19	20	21
MES	22	23	24	25	26	27	28
AUG	29	30	31	1	2	3	4
	5	6	7	8	9	10	11
6	12	13	14	15	16	17	18
MES	19	20	21	22	23	24	25
SEPT	26	27	28	29	30	31	1
	2	3	4	5	6	7	8
	9	10	11	12	13	14	15

INVIERNO

10	16	17	18	19	20	21	22	
MES	23	24	25	26	27	28	29	
ENERO	30	31	1	2	3	4	5	**2027**
	6	7	8	9	10	11	12	
11	13	14	15	16	17	18	19	
MES	20	21	22	23	24	25	26	
FEB	27	28	29	30	31	1	2	
	3	4	5	6	7	8	9	
12	10	11	12	13	14	15	16	
MES	17	18	19	20	21	22	23	
MARZO	24	25	26	27	28	1	2	
	3	4	5	6	7	8	9	
	10	11	12	13	14	15	16	

LUNA LLENA CICLO DEL PRIMER AÑO **LUNA NUEVA CICLO DEL PRIMER AÑO**

Enoc 73:13 La luna hace pasar todos los años con exactitud, para que sus estaciones no se adelanten ni se atrasen un solo día, sino que los años se cambien con correcta precisión en trescientos sesenta y cuatro días. En tres años los días son mil noventa y dos; en cinco años son mil ochocientos veinte; y en ocho años dos mil novecientos doce días.

El ciclo lunar se establece con precisión correcta a partir de cada ciclo lunar. Esto significa que nunca cambiará; siempre será el mismo durante toda la existencia de la Tierra. El ciclo es preciso hasta el milisegundo. También significa que la secuencia lunar no se alternará; siempre será tres meses de 30 días, tres meses de 29 días, 3 meses de 30 días y 3 meses de 29 días hasta el milisegundo.

La luna está ajustada con precisión al milisegundo y está cronometrada con la rotación de la tierra que no cambiará y hará que las 24 horas del día con la noche sean más largas o más cortas; de modo que el total de días en un año, la luna contará con precisión correcta al milisegundo de 364 días por año. Como la rotación de la tierra es más rápida que la rotación de la luna; la luna sólo acumulará 354 días por año; pero el año será preciso a 364 días por año; en tres años siempre habrá 1092 días; 3 x 364 = 1092; en cinco años siempre habrá 1820 días; 5 x 364 = 1820; en ocho años siempre habrá 2912 días; 8 x 364 = 2912 días.

La fórmula anterior es la forma en que podemos calcular en qué año estamos desde el nacimiento de Adán hasta hoy o en el futuro. La luna es el guardián del tiempo de los años; cada año acumula 10 días; y acumulará constantemente 10 días para siempre. Es el mecanismo preciso o cuentakilómetros que sigue contando los días mientras gira. La luna comenzó a contar los años con la luna nueva el 31 del mes 12; con el 31 del mes 12 aterrizando en el punto muerto superior de 0 grados Este; y con la luna llena el día 15 del primer mes. La luna tiene doce conjuntos de ciclos lunares por año: cada conjunto es un ciclo lunar completo de nueva a llena y luego inverso de llena a nueva.

Para entenderlo, vamos a etiquetar los conjuntos de lunas desde la Luna Nueva 1, que comienza a 0 grados o en la línea del equinoccio de Oriente, hasta la Luna Nueva 12. El ciclo lunar es corto 10 días por año; y como rota anualmente; anualmente acumula 10 días cortos por año. En 364 años; la Luna Nueva 1 rota a un día y grado diferente en el calendario 121.333 veces por año. Le toma a la Luna Nueva 1; 181 años de rotación para regresar al 31 del duodécimo mes aterrizando en el grado 0 o línea del equinoccio del Este en el punto muerto superior.

Podemos localizar la secuencia de la Luna Nueva 1 en el 31 del duodécimo mes sólo cada 181 años; una vez en cada 181 años desde cualquier punto del tiempo; y de la misma manera; podemos localizar la Luna Nueva 1 en cualquier año dado desde el año 0 hasta el infinito; mientras tengamos un registro de lunas nuevas podemos localizar cualquier luna nueva en la historia con precisión. Tener la historia escrita de los años ayuda pero no es necesario; siempre y cuando tengamos un registro de 3 años de lunas nuevas. La luna nueva crea un gráfico de 0 a 181 años con la luna nueva aterrizando 3 veces en los mismos días de tres meses consecutivos. El gráfico empieza con 31, 21, 11, 1 y termina en 181 años con tres meses con 30,20,10 alunizajes nuevos; y vuelve a empezar con la secuencia de 31, 21, 11, 1 alunizajes nuevos. El único problema sería que toda la información se borrara de alguna manera de nuestra historia terrestre escrita que data de más de 181 años pero no imposible de precisar. Tenemos la historia terrestre escrita desde Adán hasta hoy; así que, nuestro cálculo usando la fórmula de la luna nueva en nuestro tiempo nos dará un año correcto desde el primer día de la creación hasta hoy. Hay un total de 6 meses que tienen la secuencia de alunizajes de 30, 20, 10:

Los meses 1, 2, 3 ---6, 7 y 9 en 181 años tienen la secuencia. Los tres primeros meses con alunizajes de 30, 20, 10 son después del equinoccio de primavera y los tres últimos meses de alunizajes de 30, 20, 10 son después del equinoccio de verano.

Con la fórmula de la luna; que estoy a punto de mostrarle; usted será capaz de precisar cualquier año del pasado y del futuro. Serás capaz de entender el Calendario Sagrado. ¿Todos quieren saber cuándo es el verdadero Año Jubilar? Cada 50 años es un año de Jubileo; la pregunta es ¿cuándo fue o cuándo va a ser el año 6000?

6000 x 10 días menos por año = 60000 días; 60000 días/ 364 días= 164.835165 años menos. Tome el número entero que es 164 años y multiplique con 364 días para volver a los días.

164 x 364 = 59696 días. Tome 60000 días y reste 59696.

60000 - 59696 = 304 días menos.

Hay 182 días en un medio año; desde el 31 del mes 12 hasta el 1 del mes 7.

Hay 91 días desde el 31 del sexto mes hasta el 1 del cuarto mes.
304 -182 = 122 - 91= 31 - 31 días del 3º = 0 o el 30 del segundo mes.

El año 6000 tuvo o tendrá la Luna Nueva 1 el 30 del segundo mes. Ahora tenemos que buscar y encontrar un año que tuvo o tendrá la Luna Nueva 1 en el 30 del segundo mes dentro de un lapso de 181 años. Ya he hecho mi tarea; el año 2020 tendrá la Luna Nueva

1 el 30 del segundo mes. El año 2020 es el año jubilar 6000. **Para aclaración ver el calendario para el año 6000 en este libro.**

Enoc 73:14 Sólo a la luna pertenecen en cinco años, mil setecientos setenta días; y los días de la luna en ocho años son dos mil ochocientos treinta y dos días.

Los días en un ciclo lunar de un año son 354 días y como está fijado con precisión al milisegundo nunca cambiará. En 3 años tiene 1062 días; 3 x 354 = 1062; en cinco años tiene 50 días menos que el sol; sol = 364 x 5 = 1820 días; luna = 354 x 5 = 1770 días; 1820 - 1770 = 50 días menos que el ciclo solar por longitudes de días. En 8 años la luna es 354 x 8 = 2832 días; 10 x 8 = 80 días menos que el sol.

Enoc 73:15 Porque sus días en ocho años son menos que los del sol en ochenta días, los cuales ochenta días son su disminución en ocho años.

La luna tiene 80 días menos en 8 años que el sol; sol = 8 x 364 = 2912 días; luna 8 x 354 = 2832 días; 2912 - 2832 = 80 días. La luna tiene 80 días menos que el sol. El tiempo de los días para el sol y la luna están simplemente establecidos en la precisión del tiempo; y la precisión no cambiará el tiempo del día de 24 horas; y la luna mantiene el tiempo para el año; es el odómetro para los años

Enoc 73:16 El año entonces se vuelve verdaderamente completo de acuerdo con la estación de la luna, y la estación del sol; que salen en las diferentes puertas; que salen y se ponen en ellas durante treinta días.

El año se vuelve completo; o perfecto según la estación de la luna con un ciclo de 354 días y la estación del sol con un ciclo de 364 días. La luna sale por una puerta diferente a la del sol y sale y se pone en las puertas; sale y se pone en la secuencia de 3 meses de treinta días, 3 meses de veintinueve días, 3 meses de treinta días y 3 meses de veintinueve días.........etc.

Podemos localizar la secuencia de la Luna Nueva 1 en el 31 del duodécimo mes sólo cada 181 años; 1 vez en cada 181 años desde cualquier punto del tiempo; y del mismo modo; podemos localizar la Luna Nueva 1 en cualquier año dado desde el año 0 hasta el infinito; mientras tengamos un registro de lunas nuevas podemos localizar cualquier luna nueva en la historia con precisión. Tener la historia escrita de los años ayuda pero no es necesario mientras tengamos al menos un registro de 3 años de lunas nuevas en un calendario de 364 días. La luna nueva crea un gráfico de 0 a 181 años con la luna nueva aterrizando 3 veces en los mismos días de tres meses consecutivos. El gráfico comienza con 31, 21, 11,

1 y termina en 181 años con tres meses con 30,20,10 alunizajes nuevos; y comienza de nuevo con la secuencia de 31, 21, 11, 1.

Los siguientes calendarios son el comienzo del ciclo lunar de 3 años; comienza con la luna nueva el 31 del mes 12 a 0 grados Este en el punto muerto superior. En el primer año la luna nueva aterriza en un día diferente de cada mes marcando el comienzo de la luna nueva para cada mes de cada año; podemos etiquetarlo como lunas nuevas 1 a 12; una luna nueva para cada mes; cada año a partir de entonces, una luna nueva va a estar en un día diferente de cada mes durante 181 años y en el año 192 la luna nueva comenzará su ciclo con la luna nueva en el 31 del mes 12; aterrizando en los mismos días de cada mes como el primer año lunar durante otros 181 años.

Sincronizando la luna con el calendario solar de la Creación que suma 364 días por año podemos calcular cualquier año desde la creación hasta el futuro. Eso es exactamente lo que he hecho; y las matemáticas prueban que el calendario de Enoc es de hecho el calendario de la Creación; el calendario que EL usó para cronometrar el tiempo de su creación; de otra manera, ¿cómo podría un hombre de las cavernas conocer fórmulas matemáticas tan sofisticadas; si el Creador no se las dio? Incluso hasta el día de hoy; esta información apenas se está conociendo en nuestro mundo moderno; hemos descubierto las mismas secuencias lunares que describe Enoc; no estoy tratando de crear nueva información; sólo estoy interpretando la ciencia y las matemáticas del hombre de las cavernas sobre las que Enoc escribió en el primer milenio.

No estoy tratando de desafiar lo que se nos ha enseñado sobre el sol, la luna y la tierra en nuestras escuelas hoy en día; y en el pasado; pero habiéndoseme dado esta tarea de interpretar este libro; he llegado a la conclusión de que nuestro conocimiento sobre el sol, la luna y la tierra está en error; la tierra no gira alrededor del sol; ni el sol gira alrededor de la tierra. He sido convencido y enseñado por Enoc; conocimiento que me faltaba. El conocimiento es muy santo e inspirado por EL. Es conocimiento que EL SHADDIA quiere que cada ser humano sepa para que no sea engañado para adorar identidades que no son Dios; reclamando ser Dios o el Hijo de Dios.

CICLO LUNAR DE TRES AÑOS EN PRECISIÓN; NUNCA CAMBIA EL NÚMERO DE DÍAS EN UN AÑO; SIEMPRE 354 DÍAS DE CICLO LUNAR A AÑOS POR CICLO SOLAR DE 364 DÍAS; EN GRUPOS DE TRES AÑOS

CALENDARIO DE LA CREACIÓN

CALENDARIO DE ENOC

1er AÑO

PRIMAVERA

DIA	1	2	3	4	5	6	SÁBADO
1	1	2	3	4	5	6	7
MES	8	9	10	11	12	13	14
	15	16	17	18	19	20	21
	22	23	24	25	26	27	28
2	29	30	1	2	3	4	5
MES	6	7	8	9	10	11	12
	13	14	15	16	17	18	19
	20	21	22	23	24	25	26
3	27	28	29	30	1	2	3
MES	4	5	6	7	8	9	10
	11	12	13	14	15	16	17
	18	19	20	21	22	23	24
	25	26	27	28	29	30	31

OTOÑO

	1	2	3	4	5	6	SÁBADO
7	1	2	3	4	5	6	7
MES	8	9	10	11	12	13	14
	15	16	17	18	19	20	21
	22	23	24	25	26	27	28
8	29	30	1	2	3	4	5
MES	6	7	8	9	10	11	12
	13	14	15	16	17	18	19
	20	21	22	23	24	25	26
9	27	28	29	30	1	2	3
MES	4	5	6	7	8	9	10
	11	12	13	14	15	16	17
	18	19	20	21	22	23	24
	25	26	27	28	29	30	31

VERANO

4	1	2	3	4	5	6	7
MES	8	9	10	11	12	13	14
	15	16	17	18	19	20	21
	22	23	24	25	26	27	28
5	29	30	1	2	3	4	5
MES	6	7	8	9	10	11	12
	13	14	15	16	17	18	19
	20	21	22	23	24	25	26
6	27	28	29	30	1	2	3
MES	4	5	6	7	8	9	10
	11	12	13	14	15	16	17
	18	19	20	21	22	23	24
	25	26	27	28	29	30	31

INVIERNO

10	1	2	3	4	5	6	7
MES	8	9	10	11	12	13	14
	15	16	17	18	19	20	21
	22	23	24	25	26	27	28
11	29	30	1	2	3	4	5
MES	22	7	8	9	10	11	12
	13	14	15	16	17	18	19
	20	21	22	23	24	25	26
12	27	28	29	30	1	2	3
MES	4	5	6	7	8	9	10
	11	12	13	14	15	16	17
	18	19	20	21	22	23	24
	25	26	27	28	29	30	31

LUNA NUEVA 10 DÍAS MENOS

LUNA LLENA CICLO DEL PRIMER AÑO

LUNA NUEVA CICLO DEL PRIMER AÑO

CALENDARIO DE LA CREACIÓN

CALENDARIO DE ENOC

2DO AÑO

PRIMAVERA

DIA	1	2	3	4	5	6	SÁBADO
1	1	2	3	4	5	6	7
MES	8	9	10	11	12	13	14
	15	16	17	18	19	20	21
	22	23	24	25	26	27	28
2	29	30	1	2	3	4	5
MES	6	7	8	9	10	11	12
	13	14	15	16	17	18	19
	20	21	22	23	24	25	26
3	27	28	29	30	1	2	3
MES	4	5	6	7	8	9	10
	11	12	13	14	15	16	17
	18	19	20	21	22	23	24
	25	26	27	28	29	30	31

OTOÑO

	1	2	3	4	5	6	SÁBADO
7	1	2	3	4	5	6	7
MES	8	9	10	11	12	13	14
	15	16	17	18	19	20	21
	22	23	24	25	26	27	28
8	29	30	1	2	3	4	5
MES	6	7	8	9	10	11	12
	13	14	15	16	17	18	19
	20	21	22	23	24	25	26
9	27	28	29	30	1	2	3
MES	4	5	6	7	8	9	10
	11	12	13	14	15	16	17
	18	19	20	21	22	23	24
	25	26	27	28	29	30	31

VERANO

4	1	2	3	4	5	6	7
MES	8	9	10	11	12	13	14
	15	16	17	18	19	20	21
	22	23	24	25	26	27	28
5	29	30	1	2	3	4	5
MES	6	7	8	9	10	11	12
	13	14	15	16	17	18	19
	20	21	22	23	24	25	26
6	27	28	29	30	1	2	3
MES	4	5	6	7	8	9	10
	11	12	13	14	15	16	17
	18	19	20	21	22	23	24
	25	26	27	28	29	30	31

INVIERNO

10	1	2	3	4	5	6	7
MES	8	9	10	11	12	13	14
	15	16	17	18	19	20	21
	22	23	24	25	26	27	28
11	29	30	1	2	3	4	5
MES	6	7	8	9	10	11	12
	13	14	15	16	17	18	19
	20	21	22	23	24	25	26
12	27	28	29	30	1	2	3
MES	4	5	6	7	8	9	10
	11	12	13	14	15	16	17
	18	19	20	21	22	23	24
	25	26	27	28	29	30	31

LUNA NUEVA 20 DÍAS CORTA

LUNA LLENA CICLO DEL SEGUNDO AÑO

LUNA NUEVA CICLO DEL SEGUNDO AÑO

CALENDARIO DE LA CREACIÓN

CALENDARIO DE ENOC

3ER AÑO

PRIMAVERA

DIA	1	2	3	4	5	6	SÁBADO
1	1	2	3	4	5	6	7
MES	8	9	10	11	12	13	14
	15	16	17	18	19	20	21
	22	23	24	25	26	27	28
2	29	30	1	2	3	4	5
MES	6	7	8	9	10	11	12
	13	14	15	16	17	18	19
	20	21	22	23	24	25	26
3	27	28	29	30	1	2	3
MES	4	5	6	7	8	9	10
	11	12	13	14	15	16	17
	18	19	20	21	22	23	24
	25	26	27	28	29	30	31

OTOÑO

	1	2	3	4	5	6	SÁBADO
7	1	2	3	4	5	6	7
MES	8	9	10	11	12	13	14
	15	16	17	18	19	20	21
	22	23	24	25	26	27	28
8	29	30	1	2	3	4	5
MES	6	7	8	9	10	11	12
	13	14	15	16	17	18	19
	20	21	22	23	24	25	26
9	27	28	29	30	1	2	3
MES	4	5	6	7	8	9	10
	11	12	13	14	15	16	17
	18	19	20	21	22	23	24
	25	26	27	28	29	30	31

VERANO

4	1	2	3	4	5	6	7
MES	8	9	10	11	12	13	14
	15	16	17	18	19	20	21
	22	23	24	25	26	27	28
5	29	30	1	2	3	4	5
MES	6	7	8	9	10	11	12
	13	14	15	16	17	18	19
	20	21	22	23	24	25	26
6	27	28	29	30	1	2	3
MES	4	5	6	7	8	9	10
	11	12	13	14	15	16	17
	18	19	20	21	22	23	24
	25	26	27	28	29	30	31

INVIERNO

10	1	2	3	4	5	6	7
MES	8	9	10	11	12	13	14
	15	16	17	18	19	20	21
	22	23	24	25	26	27	28
11	29	30	1	2	3	4	5
MES	6	7	8	9	10	11	12
	13	14	15	16	17	18	19
	20	21	22	23	24	25	26
12	27	28	29	30	1	2	3
MES	4	5	6	7	8	9	10
	11	12	13	14	15	16	17
	18	19	20	21	22	23	24
	25	26	27	28	29	30	31

LUNA NUEVA 30 DÍAS CORTA

LUNA LLENA CICLO DEL TERCER AÑO **LUNA NUEVA CICLO DEL TERCER AÑO**

CALENDARIO PARA .3333333

ENOC CAPÍTULO 74

1 Estos son los jefes de los millares, los que presiden toda la creación, y todas las estrellas; con los cuatro días que se suman y nunca se separan del lugar que se les asigna, según el cálculo completo del año. 2 Y estos sirven para cuatro días, que no se calculan en el cálculo del año. 3 Con respecto a ellos, los hombres se equivocan mucho, pues estas luminarias sirven verdaderamente, en la morada del mundo, un día en la primera puerta, uno en la tercera puerta, uno en la sexta puerta y uno en la cuarta puerta.

La vista está orientada hacia el Sur, con la mano izquierda en el Este y la derecha en el Oeste.

LOS CUATRO GRADOS AÑADIDOS AL CÍRCULO; CICLO DEL SOL

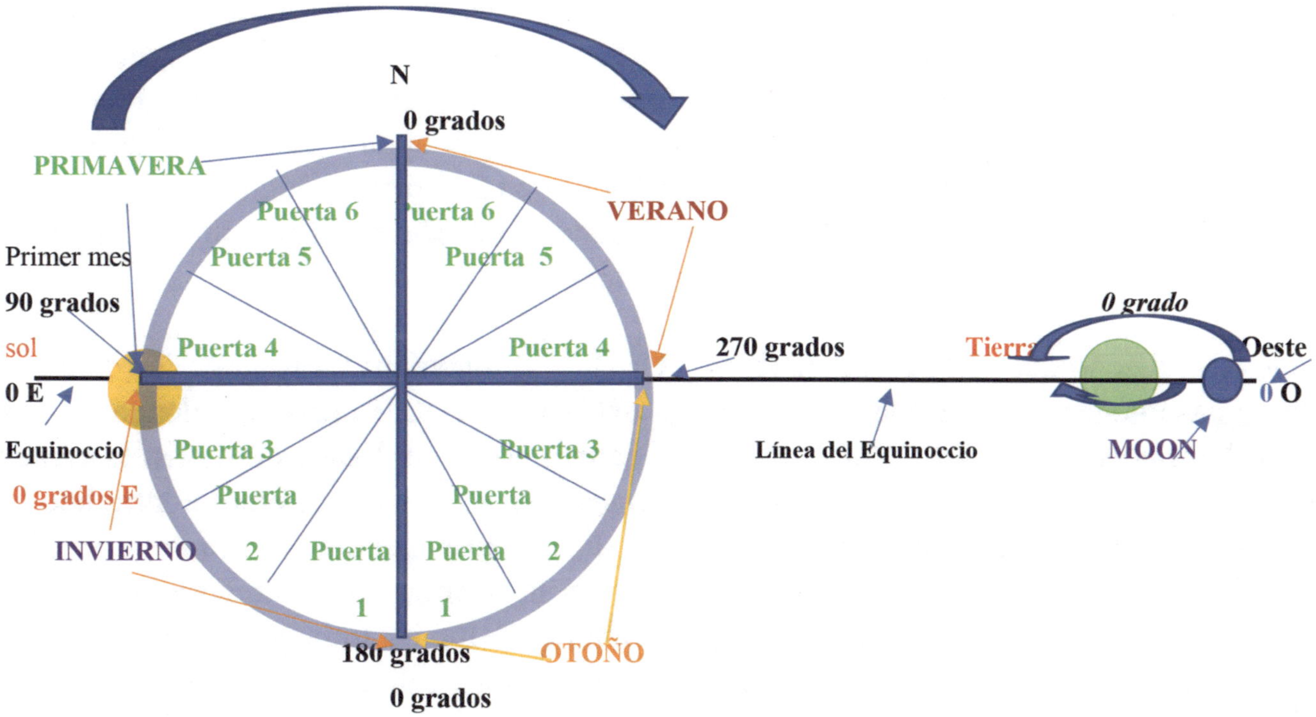

LOS GRADOS AÑADIDOS son en el sentido contrario a las agujas del reloj y en el sentido de las agujas del reloj comenzando desde la línea del sur o 180 grados en un círculo; EN LA PRIMERA PUERTA, TERCERA PUERTA, SEXTA PUERTA Y CUARTA PUERTA; lo cual es cierto tanto en el sentido de las agujas del reloj como en el sentido contrario a las agujas del reloj debido a los hemisferios norte y sur de

la tierra; y cada grado añadido se establece como 0 grados para cada dirección. Si se mira hacia el Sur, el grado magnético del Norte será contrario a las agujas del reloj; pero si se le da la vuelta y se mira hacia el Norte, el grado magnético del Norte será en el sentido de las agujas del reloj; lo que hace que los 0 grados del centro muerto superior del Norte sean un grado completo, luego del 1 al 90; luego los 0 grados del centro muerto superior del Este, un grado entero; luego del 91 al 180 grados; luego los 0 grados del centro muerto superior del Sur, un grado entero; luego del 181 al 270 grados; luego los 0 grados del centro muerto superior del Oeste, un grado entero; y luego del 271 al 360 grados el centro muerto superior del Norte. El sol viaja 1 grado por día o cada 24 horas; lo que hace la suma de 364 días de viaje solar por año solar. 360 grados de un círculo más 4 grados añadidos del punto muerto superior = 364 días

La información anterior es lo que ha confundido a la gente a lo largo de la historia al hacer calendarios y tratar de calcular los días de un año. Un círculo está formado por 360 grados; cada grado es un día o 24 horas. El sol viaja en un círculo; pero al círculo del ciclo solar se le añadieron 4 grados; esto hace un círculo de 364 grados. Esto se hizo tomando un círculo y cortándolo con precisión en 4 partes; e insertando un grado a 0 grados horizontales a 180 grados y un grado a 90 grados verticales a 270 grados; y con el poder de la infusión; no se separarán del círculo y permanecerá infundido para siempre haciendo los días en un año; 364 días; los cuatro grados comandan las secuencias de todos los tiempos de las estrellas y las estaciones. El sol tarda 24 horas en recorrer un grado del ciclo solar; cuando el sol recorre 364 grados alrededor del ciclo solar acumula en precisión 364 días. Todo está diseñado por la ingeniería mecánica.

Este es el diseño del OEM de la creación y Uriel es el ingeniero y titular de los derechos de copia. Puedes intentar cualquier fórmula extravagante para crear tu calendario pero si no honras el diseño del OEM lo que se te ocurra está mal. Esta es tambien la ciencia y el tipo de matematicas de los primeros humanos en el primer milenio; contradice las falsas suposiciones de los cientificos de hoy en dia que afirman que los humanos eran un tipo de hombre de las cavernas solo interesado en la comida y el apareamiento; con un bajo coeficiente intelectual. Desde la destrucción del Reino de Judá; siendo Sedequías el último rey; hasta la fecha; todos los calendarios inventados y diseñados han sido erróneos; el Calendario Gregoriano que usamos hoy en día también es erróneo y defectuoso.

En el libro del Jubileo; el ángel de la presencia le dijo a Moisés que los israelitas iban a descuidar y olvidar el orden del calendario sagrado; y que se extraviarían siguiendo las fiestas y calendarios de los gentiles.

Jubileo 6:

29 Y las colocaron en las tablas celestiales; cada una tenía trece semanas; de una a otra pasó su conmemoración; de la primera a la segunda y de la segunda a la tercera, y de la tercera a la cuarta. 30 Y todos los días del mandamiento serán cincuenta y dos semanas de días; y éstas completarán todo el año. Así está grabado y ordenado en las tablas celestiales. 31 Y no se descuida este mandamiento ni un solo año ni de año en año.

32 Manda a los hijos de Israel que observen los años según este cómputo; trescientos sesenta y cuatro días, y éstos constituirán un año completo; y no perturbarán su tiempo de sus días y de sus fiestas; porque todo saldrá en ellos según su testimonio y no omitirán ningún día ni perturbarán ninguna fiesta. 33 Pero si se descuidan y no las observan según su mandamiento, entonces perturbarán todas sus estaciones y los años se desviarán de este orden; pero perturbarán las estaciones y los años se desviarán, y descuidarán sus ordenanzas.

34 Y todos los hijos de Israel olvidarán y no encontrarán el camino de los años, y se olvidarán de las lunas nuevas, de las estaciones y de los días de reposo; y se equivocarán en cuanto a todo el orden de los años. 35 Porque yo sé, y de aquí en adelante os lo declararé, y no es de mi propia invención; porque el libro está escrito delante de mí, y en las tablas celestiales está ordenada la división de los días; para que no se olviden de las fiestas del pacto y anden según las fiestas de los gentiles, según su error y su ignorancia. 36 Porque habrá quienes ciertamente harán observaciones de la luna y verán cómo altera las estaciones y entra de año en año diez días antes de tiempo. 37 Por eso vendrán años en que alterarán el orden y harán de un día abominable, el día del testimonio, y de un día inmundo, un día festivo; y confundirán todos los días, el santo con el inmundo y el día inmundo con el santo; porque se equivocarán en cuanto a los meses, los sábados, las fiestas y los jubileos. 38 Por esta razón te ordeno y te testifico para que les testifiques; porque después de tu muerte tus hijos perturbarán los días, de modo que no harán el año de trescientos sesenta y cuatro días; solamente, y por esta razón se equivocarán en cuanto a las lunas nuevas y a las estaciones y a los sábados y a las fiestas, y comerán toda clase de sangre con toda clase de carne.

El calendario judío moderno sigue un calendario lunar; el calendario que fue copiado de los babilonios; para la excepción que ellos insertan en una secuencia 1 mes bisiesto cada tercer año para un grupo de tres años y entonces 1 año bisiesto para un grupo de dos años; entonces el grupo de tres años empezó otra vez. Y todas las fiestas que se celebran se celebran en la fecha equivocada cada año excepto la Pascua; ellos aciertan cada tres años;

al hacer esto son bendecidos por un año y malditos por dos años; al guardar la Pascua son bendecidos ese año; EL desea que Israel sea bendecido completamente cada año; para que pueda derramar una plenitud de sus bendiciones a su pueblo; donde ellos constantemente serán bendecidos; y serán constantemente la cabeza y no la cola.

No sé por qué los rabinos que dirigen el judaísmo siguen siendo duros de mollera; los fariseos no existieron durante el tiempo de los reinos de Israel; y sin embargo no aceptan con ningún valor verdadero el libro del Jubileo porque dicen que fue escrito después del tiempo de la canonización. Proclaman que el judaísmo comenzó con la salida de Abraham de la tierra de Ur, pero esa es una afirmación falsa. En realidad; no importa si el judaísmo acepta el libro del Jubileo o no lo considera como un libro sagrado; porque EL llama al libro del Jubileo, SANTO; y la opinión de las ovejas ciegas no importa; sin embargo, ruego que todas las ovejas ciegas reciban su curación y tomen su lugar como ovejas de EL SHADDAI.

La palabra Judíos no entró en vigor hasta los últimos reyes de Judá; significando la gente del reino de Judá; y nunca hubo ningún título religioso incluido en ella. Todos los israelitas no son judíos; aunque, es la percepción de la gente desde el 64 a.C. hasta hoy; pero todo judío es un israelita. La razón por la que los romanos llamaron al pueblo judío judíos y no israelitas; es porque las 10 tribus de Israel ya no estaban allí; y la única gente que había; eran los remanentes del reino de Judá; que incluía gente de la tribu de Judá y Benjamín y parte del sacerdocio o descendientes de Leví; y fueron exiliados a España.

Los judíos son 2/12 de una familia; y necesitan 10/12 más de una familia para hacer una familia completa. 2/12 por ellos mismos nunca pueden hacer una familia completa; hasta que las otras 10 tribus sean identificadas. Entonces Israel se convertirá en una Nación completa; una bendita e invicta nación santa; con todos los límites del pasado; y con la presencia de EL sobre ellos.

El judaísmo se convirtió en una religión después del regreso de los setenta años de cautiverio y se solidificó con la revuelta macabea; fue una guerra de religión; antes de eso no se llamaba religión; se llamaba una forma de vida; que comenzó desde el principio donde EL mismo se manifestó a la gente en una forma que podían ver; y caminó y habló con ellos.

La vida de Salome Alexandra marcó el final de la ayuda de EL; el final del tiempo que El asignó para que los judíos dejaran de pecar; ellos siguieron pecando, matando y algunos adorando a Zeus mientras el tiempo expiraba. Despues de la muerte de Salome Alexandra; marcó el fin de la ley de EL siendo una forma de vida; EL se fue y Judea cayó; y el crecimiento de las religiones sin la presencia de EL creció; y de la línea de los Judíos la religión que creció con el nombre de Judaísmo liderada por los Fariseos y su rival los Seduceos; ellos no practican la ley ni la guardan como una forma de vida; es una tradicion de recitar oralmente la ley sin tener que realizar los sacrificios reales requeridos por la ley; es solo algo para conocer con una minima relacion real con la vida de hoy; algo que los antiguos creian como verdaderos mandamientos de EL y lo practicaban; pero despues, la gente lo tomo como un cuento porque anularon que los sacrificios no eran necesarios para complacer a EL y solo podian hacerse dentro de un templo. Es la continua historia fallida de 2/12 de los israelitas a traves de la religion; pero EL es fiel a sus palabras y los ha aceptado de nuevo a su familia.

Aunque, todos los escritos hebreos fueron considerados canónicos hasta el tiempo del 70 CE; el judaísmo no aceptó el libro del Jubileo en su canon porque dicen que fue escrito después de la fecha de canonización del 200 CE. Los Escritos de la Biblia hebrea no fueron canonizados hasta la fecha especulada de 100 EC. Seguramente el libro de Jubileo podría ser canonizado como un escrito de la Biblia hebrea. Incluso aceptan que la copia etíope que tenemos hoy fue escrita o traducida en la fecha especulada de 135 a 105 a.C. del original hebreo; que no existe hoy.

La excusa principal de los fariseos para no llamar al libro del Jubileo uno de los libros sagrados es porque dicen que el libro del Jubileo son las enseñanzas de los Seduceos. En cierto sentido tienen razón; porque cuando el Reino de Judea cayó en manos del Imperio Romano; todos los judíos fueron exiliados a España, incluyendo el sacerdocio judío; el templo judío se quedó sin ningún sacerdote de la línea de Leví o Aarón; el templo quedó en manos de los saqueadores, que eran los fariseos y los seduceos. Los Seduceos agarraron los libros de Jubileo, Enoc y los libros que tenían las historias antiguas de la tierra antes del Reino de Israel; y los Fariseos agarraron los libros que la biblia hebrea hoy tiene como el Tanakh. Todos los libros antiguos son necesarios para explicar la historia del pasado para que podamos aprender de ella y no repetir la historia de nuevo.

Es muy dudoso que todos los sacerdotes del judaísmo sean descendientes de Leví. Sería impresionante si pudiéramos encontrar la tumba de los antiguos padres y probar su ADN para que podamos compararlo con el ADN de las personas que proclaman que son de la semilla de Leví e israelitas. Eso probaría si los sacerdotes del judaísmo de hoy son verdaderamente de la semilla de Leví o siguen siendo un engaño del pasado; de querer ser sacerdote de Dios Creador; plantado por el Imperio Romano para imponer el poder de Roma sobre la gente de las provincias. Por lo tanto, los fariseos serían gentiles amigables y gentiles ellos mismos; y predicarían la lealtad a Roma. Despues de todo, los romanos pusieron la estatua de Jupiter; igual que Zeus, dentro del templo judio; y los fariseos gobiernan el templo y nunca se rebelaron contra el gobierno romano por poner un dios que no era el Dios judio dentro del templo de EL; pero lo llamaron Dios nuestro Padre.

La rebelión que tuvo lugar en el año 70 CE fue muy probablemente liderada por los Seduceos; porque ellos tenían los libros de Jubileos y Enoc y eso les indicaría que Júpiter; lo mismo que Zeus, no era Dios de los israelitas sino un ángel caído; un deflector del Cielo. Por lo tanto, si el judaísmo hoy en día se mantiene detrás de sus creencias en contra del libro de Jubileos y Enoc; bueno, realmente no importa; ellos son falsos sacerdotes y no verdaderos sacerdotes de Dios Creador. Mientras; mientras EL siga revelandose a nosotros; siempre sabremos la verdad del pasado.

Ahora, hay una fuerte posibilidad de que desde el 70 CE hasta ahora; que algunos de los verdaderos levitas y aaronitas hayan sido atraídos al judaísmo; ya que proclamaron ser la continuación del sacerdocio israelita; y los verdaderos y reales sacerdotes levitas abrazarán el libro del Jubileo y Enoc con todo su corazón; mientras que los que no lo son; seguirán siendo fariseos. Pero tenemos una gran esperanza en los hijos de Israel; que van a arrepentirse y buscar al Dios de Abraham Isaac y Jacob; incluso a través de todos sus errores; son el pueblo más cercano a Dios; porque estudian y guardan todo lo que pueden de la Torá; están tan cerca de la redención que pueden olerla y saborearla. Pero lo que les impide alcanzar la redención tiene que ser corregido antes de que todos sean redimidos.

Es una imagen triste cuando vemos videos de la muralla de Jerusalén; israelitas tocando la muralla y orando apoyados en la muralla. EL era fiel a sus profecías; que Israel iba a ser una nación de nuevo en un día; pero que la paz no iba a llegar a Jerusalén hasta que el ungido de EL viniera; por lo tanto, iba a haber constantes guerras y agitación para reclamar Jerusalén y el resto del territorio del Antiguo Israel. El territorio sería algo que sería imposible de ganar de nuevo sin el Ungido. Verás, EL fue fiel e hizo de Israel una nación en un día, pero no proveyó una puerta o una sola apertura al área del templo sobre el muro; y no lo hará hasta que su pueblo comience a llamarlo por su verdadero NOMBRE; entonces los ojos de su pueblo seran abierto e releaziran que el locacion del templo no esta en el otro lado de la muralla; pero 500 pies al lado de ellos.

El muro separa a los gentiles con los judíos amigos de los 100% semitas del otro lado; y están en un punto muerto, el muro; y mantenido como un punto muerto por EL Dios de Abraham, Isaac y Jacob.

Los 100% semitas están al otro lado del muro y su Dios es Alá, un ángel caído. Mohamad hizo la elección de llamarlo Ba-al o Allah; ambos son el mismo nombre de diferentes lenguas de naciones dado al Dios Sol; él eligió Allah; por lo tanto Ba-al pasó a ser conocido como Allah en la religión del Islam. La situación es toda retorcida; pero uniformemente seguiran permaneciendo en un punto muerto.

El Islam afirma que sólo hay un Dios y su nombre es Alá. Son semitas; descendientes de Abraham e Ismael. También afirman que Alá es el Dios creador y que Ismael y Abraham adoraban a Alá; ahí es donde han cometido una abominación y traición contra EL. Su afirmación de que hay un solo Dios es cierta; pero no es Alá; de nuevo, Alá es un ángel caído. Es cierto que Alá estaba en la época de Abraham e Ismael; pero Abraham ni Ismael adoraban a Alá; ambos adoraban a EL Shaddai; incluso el nombre de Ismael condena a los musulmanes; Ismael significa escuchado por EL Dios Creador. Isma---Oído por--; el--- “EL” Dios Creador. EL era el Dios de Ismael y de Abraham.

Al otro lado del muro están los judíos que son amigos de los gentiles y de todas las religiones de los gentiles. De acuerdo con la historia del Nuevo Testamento; el espíritu Santo vino sobre María; e hizo que María quedara embarazada de Jesús. Dios el padre que estaba dentro del templo judío en ese tiempo era Júpiter, lo mismo que Zeus; el Espíritu Santo que el Nuevo Testamento griego está describiendo es Júpiter ampliamente conocido como Zeus. No importa si llamas al Espíritu; Santo o muy Santo; rompió las leyes de EL Dios Creador al venir sobre María y hacerla concebir su descendencia. Por lo tanto, el Espíritu Santo del Nuevo Testamento es un Ángel caído o Vigilante y su descendiente, Jesús; es un Nefilino. Zeus es también el dios griego del sol: su nombre cananeo es Ba-al y su nombre árabe es Allah; sin embargo es el mismo dios del sol que proclama a sus seguidores que es el Creador de la Tierra.

Jesús, que significa: Yo soy Zeus, nació como un Nefilino en la tierra, y de acuerdo con el Libro de Enoc, se convirtió en un demonio después de la muerte, esperando que los humanos invocaran su nombre para darle la libertad de entrar en sus vidas, y porque es adorado por los humanos como Dios, se convirtió en un Espíritu Maligno. Verás, en la condición primaria de cómo llegar a ser cristiano; debes confesar a Jesús como Señor; lo mismo que decir Ba-al; lo mismo que decir Zeus y lo mismo que decir Alá; y dejar que Jesús entre en tu corazón. Si no lo sabes a estas alturas; ha sido el mayor engaño de Satanás y su hijo. No importa cuanta emoción tuviste; cuando dijiste esas palabras; todo lo que hiciste es invitar al Espíritu Maligno de Jesús a tomar el control de tu vida; por lo tanto, el Infierno está muy hambriento de ti y esperando y rezando por tu muerte.

Cosas de la historia que tal vez no conozcas:
Salomón le da a Hiram veinte ciudades en la tierra de Galilea como pago.

I Reyes 9:10 Al cabo de veinte años, después de haber edificado Salomón las dos casas, la casa de EL SHADDAI y la casa del rey, 11 Hiram, rey de Tiro, había provisto a Salomón de cedros, cipreses y oro, según su deseo, y el rey Salomón dio a Hiram veinte ciudades en la tierra de Galilea. 12 Y salió Hiram de Tiro para ver las ciudades que Salomón le había dado, y no le agradaron. 13 Y dijo: “¿Qué ciudades

son éstas que me has dado, hermano mío?" Y fueron llamadas la tierra de Cabul, que significa sin valor, hasta el día de hoy.

Galilea pasa a formar parte de Tiro en tiempos de Salomón; y es parte de Tiro hasta que el príncipe de Tiro es crucificado. Nazaret es una de las veinte ciudades que pasaron a formar parte de Tiro.

Nadie estará en desacuerdo conmigo en lo siguiente: es decir, que los siguientes pasajes están tratando con Satanás; o el Espíritu caído que se rebeló contra EL SHADDAI. EL le dice al Espíritu rebelde que fue creado; y que va a ser destruido; Dios usa a Ezequiel para profetizar a los hombres y a los Espíritus; creadores que podemos definir como ángeles, Espíritus y Vigilantes. EL separa a los humanos de los ángeles; aclara a quiénes les habla.

CAPÍTULO 28 DE EZEQUIEL

El Rey de Tiro (Satanás) será destruido.

11 Además, la palabra de EL SHADDAI vino a mí, diciendo: 12 "Hijo de humano, levanta un lamento por el Rey de Tiro y dile: "Esto es lo que EL SHADDAI DIOS dijo: "Tu sello fue hecho muy preciso, lleno de sabiduría, y perfecto en belleza, 13 estabas en Edén el jardín de EL; toda piedra preciosa era tu cubierta, la cornalina, el topacio, la esmeralda, el berilo, el ónice, el jaspe, el zafiro, el carbunclo, el diamante y el oro; la hechura de tus engastes y de tus zócalos estaba en ti; en el día en que fuiste creado fueron preparados. 14 Tú eras el querubín que te cubría desde lejos, y yo te puse sobre el monte santo de EL; subiste y bajaste en medio de piedras de fuego. 15 Fuiste perfecto en tus caminos desde el día en que fuiste creado hasta que se halló en ti la injusticia. 16 Por la multitud de tu tráfico llenaron tu interior de violencia y pecaste; por eso te he arrojado como profano fuera del monte de EL; y te he destruido, querubín protector, de en medio de las piedras de fuego. 17 Tu corazón se enalteció a causa de tu belleza; corrompiste tu sabiduría a causa de tu brillo; te he echado por tierra. Te he puesto delante de los reyes para que te contemplen. 18 Por la multitud de tus iniquidades y en la injusticia de tu tráfico has profanado tus santuarios; por tanto, he sacado un fuego de tu interior. Te ha devorado y te he convertido en cenizas sobre la tierra a la vista de todos los que te contemplan. 19

Todos los que te conocen entre los pueblos se espantarán de ti; te has convertido en un terror y ya no lo serás nunca más."

El príncipe de Tiro: Los humanos no son Dios y no pueden convertirse en Dios.

1 Y la palabra de EL SHADDAI vino a mí diciendo: 2 "Hijo de humano, di a el príncipe de Tiro: "Esto es lo que ha dicho EL SHADDAI DIOS, "porque tu corazón está ensoberbecido y has dicho: "Yo soy Dios, me siento en el trono de los dioses, en medio de los mares; sin embargo, tú has nacido humano y no eres Dios, aunque creas que piensas como EL. 3 ¡Claro que eres más sabio que Daniel! ¡No hay secreto que te puedan ocultar! 4 Por tu sabiduría y por tu discernimiento te has enriquecido; y has conseguido oro y plata en tus tesoros. 5 En tu gran sabiduría por tu tráfico has aumentado tus riquezas y tu corazón se enorgullece a causa de tus riquezas." 6 Por lo tanto, esto es lo que dijo EL SHADDAI DIOS: "Porque piensas que piensas como EL; 7 por lo tanto, traeré extraños sobre ti; los terribles de las naciones; y desenvainarán sus espadas contra la belleza de tu sabiduría y mancharán tu brillo. 8 Te apresarán y te pondrán en la cárcel; y morirás como los muertos de corazón traspasado en medio de los mares. 9 ¿Aún dirás ante el que te mate: "Yo soy Dios"? Pero tú eres humano y no Dios; en la mano de los que te profanan. 10 Moriréis como los incircuncisos por mano de extraños, porque yo he hablado", dice EL SHADDAI DIOS.

Usted ha leído que el rey de Tiro o Satanás tendrá un hijo y su hijo nacerá humano; un Nefilino; y no nacerá como Dios. EL le dice al príncipe de Tiro o simplemente al hijo de Satanás que él no es Dios y no puede ser Dios porque nació humano. Su padre es un Espíritu; pero él es humano. EL le dice a Satanás que él fue Creado; **en el día en que fuiste creado fueron preparados. 14 Tú eras el querubín que te cubría desde lejos,** y le dice al Hijo de Satanás que él nació humano; **tú has nacido humano y no eres Dios**. Y porque él se ha declarado Dios; él iba a ser tirado en la cárcel y matado; con el corazón traspasodo iba morir.

¿Conoces a alguien concebido por un Espíritu en Nazaret de Galilea; tierra del Reino de Tiro; que se proclamó Dios; que fue arrojado a la cárcel y se le clavó una lanza en el corazón; y el lugar de su muerte iba ***a ser en medio de los mares***? En medio significa entre los mares; entre el Mar Mediterráneo y el Mar Muerto está Jerusalén. Pues yo sí se de alguien; se llamaba Jesús. Se cuenta que pensaron que ya estaba muerto; por eso, no le rompieron las piernas; entonces, le clavaron una lanza en el corazón para asegurarse de que estaba muerto; es muy extraño sin esta profecía; pero es así porque este versículo dice que todavía estaba vivo y lo que lo mató fue la clavada de la lanza en el corazón. Era el príncipe de un padre que era un Espíritu y nació humano; y se declaró Dios. Y muchas almas desafortunadas lo llaman DIOS. Y en realidad; la profecía lo desenmascara como el Hijo de Satanás.

Tenemos oponentes iguales en cada lado del muro; en ambos lados encontramos religiones que a sabiendas y sin saberlo adoran al Señor; el mismo nombre oficial del más alto cargo establecido por Zeus como dios supremo, el mismo nombre que es Ba-al y el mismo nombre que es Alá en el idioma de diferentes pueblos alrededor del Medio Oriente y Europa. Tenemos adoradores del mismo dios llamándolo con el nombre de su región a ambos lados del muro. ¿Crees que el Señor va a derrotar a Alá? Es el mismo dios; ¿te estás confundiendo? Por lo tanto, no va a hacer nada importante por ninguno de los dos bandos y va a dejar todo en tablas; para poder mantener a todos sus adoradores fieles a él.

¿Piensas que EL va a derrotar a Alá; y dar la vuelta y entregarle las llaves de la ciudad a el Señor? Mientras EL no tenga a sus adoradores; no va a actuar para devolver a Israel todos sus territorios. Tal vez usted como israelita no lo sabe ahora; para que EL devuelva a Israel todos sus territorios; Israel va a tener que echar a todas las religiones que no lo adoran fuera de Israel; eso significa incluso echar a las dos religiones más grandes en número: El Cristianismo y el Islam; eso significaría una guerra contra todo el mundo y las superpotencias; Alemania con todo su poder intentó derrocar a todas las Naciones dos veces pero no fue capaz de hacerlo. ¿Crees que Israel puede permitirse una guerra contra las superpotencias y sobrevivir?

Y sin embargo vas y oras sobre el muro; para que el muro sea derribado y así poder construir un templo donde piensas que lo tenían tus antiguos padres. Tu oración tiene una buena intención; pero también debes pensar en lo que va a costar hacerla realidad; y cuántas vidas va a costar; eso empezará con tu propia vida. ¿Estás dispuesto a matar y a morir para que el muro pueda ser derribado? Ese es el precio que se necesitará para derribar ese muro. Ahora ya sabes el precio para construir tu propio templo; sigue orando si estás dispuesto a participar y pagar el coste de una guerra autoexterminante; en una guerra de la que la única forma de salir vivo es con la protección de EL SHADDAI. Pero la verdadera pregunta es: "¿Es EL SHADDAI tu Dios y te protege realmente?"

El futuro templo no será el templo musulmán como muchos rabinos esperan que sea. Ese templo será derribado y se construirá o traerá uno nuevo templo en diferente lugar; EL no compartirá su Gloria con nadie ni con ningún dios; ese templo ha sido contaminado con la adoración de un ángel caído.

La mejor oración para decir sobre el muro es: "Oh EL; Dios de Abraham, Isaac y Jacob; perdona a nosotros y a nuestros antepasados nuestra ofensa y elígenos de nuevo como tu pueblo. Prepara a nuestros ancianos y jóvenes para la Guerra; derrama tu Espíritu sobre nosotros para que nuestros huesos se conviertan en robo y nuestra carne en repelente de balas; danos el Espíritu de una Nación conquistadora; deja que nuestro León Ariel se levante del polvo de las cenizas de nuestra nación; y déjalo rugir una vez más; y lleva a Judá de vuelta a la batalla de la victoria; tú eres nuestro Dios y nosotros somos tu pueblo, guíanos de la victoria a la victoria hasta que recuperemos nuestro territorio; en tu nombre EL te lo ruego". Ahora ve al muro y ora esta oración.

El libro del Jubileo tiene la misma información que el libro del Génesis; pero el libro del Jubileo tiene detalles de información que el libro del Génesis carece; y se dice por especulación; que Moisés escribió el libro del Génesis. El libro del Jubileo fue escrito por el ángel de la presencia y entregado a Moisés. El libro del Jubileo tiene profecías que el libro del Génesis no tiene; y las profecías se han cumplido como la profecía de arriba que dice que los israelitas iban a descuidar y olvidar el orden del calendario sagrado; otra profecía es que al final del tiempo de los gentiles; que los bebés iban a nacer apareciendo como un hombre de cien años.

Jubileo 23:25

25 Las cabezas de los niños serán blancas con canas; y habrá un niño de tres semanas que parecerá viejo como un hombre de cien años; y la estatura de los niños será destruida por la tribulación y la opresión.

En los últimos diez años han nacido niños que parecen hombres y mujeres de cien años. El fin del poder gentil sobre la tierra ha terminado y EL va a conducir a su pueblo de vuelta a Israel. Las otras diez tribus van a ser identificadas; por lo tanto, completando a Israel como nación y como Familia.

El libro de Genesis esta escrito de una manera que te deja haciendo preguntas; como si la historia no estuviera completa; como si no fuera toda la historia. El Jubileo te deja satisfecho con la comprensión y la satisfacción de conocer la historia. Me parece que Jubileos es el original y Génesis es una copia abreviada de Jubileos con los detalles quitados. Las dos profecías anteriores hacen de Jubileos no solo un libro inspirado de EL sino también el libro más sagrado de toda la biblia; porque no fue escrito por un hombre; sino por un ángel, por orden directa de EL mismo. EL dice a los Israelitas, "Si un profeta se levanta delante de Israel y si lo que él dice no viene a pasar; no lo teman, yo no lo he enviado; pero si lo que él dice viene a pasar; temanlo; porque yo lo he enviado." Estas dos profecías se han cumplido e incluyendo otras profecías en Jubileos que también se han cumplido; EL dice: "Temed este libro porque yo he ordenado que se escriba".

La palabra temor embarca toda una secuencia de eventos y pasos que EL ha establecido para que el hombre haga bajo la palabra temor; debemos creer y obedecer, debemos vivir de acuerdo a sus instrucciones y expectativas; debemos seguirlo; debemos etiquetarlo y respetarlo; Santo. Mientras; mientras caminemos y realicemos lo que el temor requiere; nos convertimos en temor nosotros mismos; viviendo y reflejando las palabras de EL. Es el camino de la ley; cualquier ley de EL que obedeces y vives; te conviertes.

En el año 954 Enoch desapareció de los hijos de los hombres y fue llevado al espacio exterior por los ángeles. Se le da la informacion de como funciona el universo y como se sostiene antes de que la humanidad llegara al primer milenio; y el instruye y enseña a su hijo toda esta informacion. Nuestros ancestros tomaron esta información y guiaron sus vidas por ella; por nuestros ancestros estoy incluyendo a todos los seres humanos de la tierra porque todos venimos de los mismos ancestros. Nuestros ancestros fueron testigos de las poderosas naves espaciales en las que voló el Vigilante; y sabían quiénes eran los Vigilante; porque fueron testigos oculares de ellos. Tenemos Vigilante viviendo entre nosotros; pero no sabemos quiénes son.

Incluso con las mentes más sofisticadas de hoy en día; todavía no hemos logrado conocer una onza de la información del universo que Enoc nos revela; la cual obtuvo sin telescopios o maquinaria moderna; pero la maquinaria que se toma; para explorar el universo; es más complicada y actualizada que cualquier máquina voladora que conocemos hoy en día; en nuestros días modernos. Desde el primer milenio nuestros antepasados sabían que la tierra era redonda, entonces ¿de dónde sacaron los gentiles que la tierra es plana? Después de todo, los antepasados de los gentiles son también nuestros antepasados.

Tenemos a uno de nuestros antepasados hablando de naves espaciales; viajando en el espacio; dándonos dimensiones y fórmulas de cómo el sol, la tierra y la luna trabajan al unísono; y la forma del universo es un gran globo; algo que los científicos de hoy en día no están de acuerdo; después de todo ellos dicen que el hombre vino de los simios; y evolucionó en un humano; o tal vez una explosión cósmica. ¿Cómo pueden las grandes mentes de los científicos de hoy competir con las aventuras de Enoc; ya que ellos vienen de los simios y Enoc fue diseñado, programado y creado por EL y creado a la imagen de EL?

¿Cómo puede competir la tecnología del hombre de las cavernas con la tecnología moderna si el hombre del primer milenio se manejaba con palos y piedras? Simplemente estoy poniendo la informacion de Enoch en una forma que podemos entender; y su informacion hara estallar las mentes de muchas personas; sera demasiado complicada para las mentes de muchas personas; y sin embargo la informacion tiene sentido y es precisa para los procesos matematicos de nuestra era moderna.

¿Cómo podría un hombre de las cavernas calcular las sofisticadas fórmulas matemáticas de los grados de los círculos y la sincronización de los motores modernos? Enoch cronometra la luna con la tierra y el sol en tres ciclos. Es lo mismo que la sincronización de un motor de tres ciclos. La sincronización del motor de tres ciclos trata con círculos y grados; y un punto de grado inicial de ajuste.

La única respuesta es que nunca hubo hombres de las cavernas; porque EL nos creó a su imagen con los atributos de mente sofisticada y libre albedrío. Y que Enoc nos está diciendo la verdad; que en efecto viajó en una nave espacial que no pudo describirnos en detalle; pero hizo un trabajo maravilloso con su simplicidad de descripción hasta el punto de que podemos entender de qué está hablando; que viajó a través del universo y vio las estrellas, los planetas, el sol, la tierra, la luna, el paraíso, e incluso el infierno. Y que voló en la nave espacial alrededor de la tierra y nos dio descripciones de la tierra tal y como se encuentra en nuestros días.

No tenemos más remedio que creer que vio vida en otros planetas; ángeles de fuego que podían tomar forma de hombre a voluntad; vio diferentes especies de ángeles y plantas en diferentes planetas. El detalla los planes que EL tiene para el hombre y los ángeles; tenemos que llegar a las conclusiones de que Enoc habló con EL y que EL es Dios Creador. Enoc dijo que voló sobre el Mar Rojo y siguió volando hacia el Este hasta que llegó al Jardín del Edén; eso significa que el Jardín del Edén estaba efectivamente en algún lugar alrededor de Irak. La vida humana comenzó en algún lugar de Irak y no en África. Esta es la bitácora de Enoc en el primer milenio; en los primeros 1000 años de vida de los seres humanos sobre la Tierra. Él afirma que el Edén está en algún lugar de Irak.

ENOC CAPÍTULO 74

4 Y la armonía del mundo se completa cada trescientos sesenta y cuatro estados del mismo. Porque los signos, 5 las estaciones, 6 los años,7 y los días, me los mostró Uriel, el ángel a quien el Dios de la gloria designó sobre todas las luminarias 8 del cielo en el cielo y en el mundo; para que gobiernen en la faz del cielo, y apareciendo sobre la tierra, se conviertan en 9 conductores de los días y de las noches: el sol, la luna, las estrellas y todos los ministros del cielo, que hacen su circuito con todos los carros del cielo.

10 Así me mostró Uriel doce puertas abiertas para el circuito de los carros del sol en el cielo, de las que salen los rayos del sol. 11 De ellas sale el calor sobre la tierra, cuando se abren en sus estaciones establecidas. Son para los vientos, y el espíritu del rocío, cuando en sus estaciones se abren; se abren en el cielo en sus extremidades.

12 Doce puertas vi en el cielo, en las extremidades de la tierra, por las que salen y se ponen el sol, la luna y las estrellas, y todas las obras del cielo. 13 También hay muchas ventanas abiertas a la derecha y a la izquierda. 14 Una de las ventanas, en cierta época, se calienta en extremo. Así también hay puertas de las que salen las estrellas según se les ordena, y en las que se ponen según su número.

15 Vi asimismo los carros del cielo, que corren en el mundo de arriba hacia esas puertas en las que giran las estrellas, que nunca se ponen. Uno de ellos es más grande que todos, que da la vuelta al mundo entero.

Desde el verso 4 -15 de nuevo repite que el año tiene 364 días; y dentro de él los signos, las estaciones, los años y los días trabajando en perfecta armonía; y que a Uriel se le dio el cargo sobre él. Aunque, no podemos verlo con los ojos físicos; el sol tiene doce puertas por las que entra; y esas puertas sólo permiten que la cantidad de luz solar asignada para esa puerta llegue a la tierra y al resto de la creación; esas puertas se abren y se cierran; las puertas son sólidas en el espacio exterior y cubren todo el espacio exterior. Las puertas también están conectadas a la tierra por canales invisibles o encubiertos; tienen ventanas que dejan pasar a las estrellas; y hay una estrella más grande que todas, que es el planeta Júpiter; las estrellas y los planetas nunca se ponen y dan la vuelta al mundo entero. Las puertas tienen canales que llegan a la tierra y cuando cierta puerta se calienta; el viento sopla el calor a través de los canales hasta la tierra.

Este libro fue escrito en el primer milenio y dice: "Las estrellas que dan la vuelta al mundo entero". Enoch una vez más está afirmando que la tierra es redonda. Lo está afirmando en los primeros 1000 años de los humanos en la tierra; que la tierra es redonda. Entonces, ¿por qué la iglesia católica y los reyes católicos seguían diciendo en la época de Colón que la tierra era plana? Me parece que el Dios de los católicos no es el mismo Dios de Enoc; de lo contrario habrían estado diciendo lo mismo que Enoc.

Después de todo; la Inquisición católica española confiscó el libro de Enoc a los judíos en España y lo llamó libro de blasfemia porque estaba escrito en hebreo y desenmascaraba a la religión como una religión falsa porque adoran a un hijo de un Espíritu y a una mujer como Dios; que por definición de Enoc; el Dios de los cristianos era un Nefilino; y ese Nefilino después de que fue crucificado se convirtió en un demonio y no tenía ninguna parte; y nada que ver con EL; Dios Creador; pero se enfrentó al juicio original por el espíritu muerto de un Nefilino que EL; Dios Creador había juzgado.

Y había enviado a sus ángeles para hacer cumplir su juicio sobre todos los hijos de los Espíritus; es decir los hijos Espíritus que tenían de las mujeres humanas. Después de que los católicos revisaron el libro; lo quemaron; para que no hubiera evidencia del juicio de EL; Dios Creador contra su dios. Pero ahora el libro de Enoc ha salido a la superficie sobre la tierra una vez más; y el juicio de EL sigue condenando a los Nefilinos nacidos sobre la tierra; y nada puede salvarlos porque no fueron diseñados para nacer humanos por EL; sino que son parte de la rebelión que los Espíritus caídos, "LOS SATANOS", han dirigido contra el Cielo.

ENOC CAPÍTULO 75

Doce puertas del tiempo

1 Y en las extremidades de la tierra contemplé doce puertas abiertas para todos los vientos, de las cuales proceden y soplan sobre la tierra.

2 Tres de ellas están abiertas al frente del cielo, tres al oeste, tres a la derecha del cielo y tres a la izquierda. Los tres primeros son los que están hacia el este, tres están hacia el norte, tres detrás de los que están a la izquierda, hacia el sur, y tres en el oeste.

3 De cuatro de ellos proceden vientos de bendición y de salud, y de ocho proceden vientos de castigo, cuando son enviados para destruir la tierra y el cielo sobre ella, todos sus habitantes y todo lo que está en las aguas o en tierra firme.

En las extremidades de la tierra hay doce puertas abiertas para que todos los vientos procedan y soplen sobre la tierra. Las extremidades de la tierra son la capa de ozono. La capa de ozono tiene doce ventanas o agujeros por los que sopla el viento desde las puertas del sol; puertas que controlan la temperatura que va a recibir la tierra. Hay tres en cada dirección; y de ellas soplan vientos de bendición; y; también, de destrucción. De cuatro puertas salen bendiciones y salud y de ocho salen vientos de castigo y muerte.

4 El primero de estos vientos procede de la puerta llamada oriental, a través de la primera puerta del este, que se inclina hacia el sur. De ella sale la destrucción, la sequía, el calor y la perdición. 5 De la segunda puerta, la del medio, sale la equidad. De ella salen la lluvia, la fecundidad, la salud y el rocío; y de la tercera puerta, hacia el norte, salen el frío y la sequía.

Hay cuatro conjuntos de puertas en grupos de tres. El primer conjunto se denomina viento del este; la primera puerta del este que sopla hacia el sur; sopla vientos de destrucción, desastre, sequía, calor y muerte por calor. El viento del sur es un viento caliente que seca todo y destruye por el calor. De la segunda puerta proceden los vientos con lluvia, fecundidad, brezo y rocío; es un viento tranquilo y agradable, que trae crecimiento al planeta; la tercera puerta trae un viento frío de sequía.

6 Después de éstos proceden los vientos del sur a través de tres puertas principales; por su primera puerta, que se inclina hacia el este, procede un viento caliente. 7 Pero de la puerta del medio proceden el olor agradecido, el rocío, la lluvia, la salud y la vida. 8 De la tercera puerta, que se inclina hacia el oeste, proceden el rocío, la lluvia, la plaga y la destrucción.

El segundo conjunto es el viento del sur; la primera puerta sopla hacia el este con un viento caliente. De la puerta del medio salen el olor agradecido, la lluvia de rocío, la salud y la vida; y de la tercera puerta sopla hacia el oeste con rocío, lluvia, tizón y destrucción.

9 Después de estos están los vientos del norte, que se llama el mar. Proceden de tres puertas. La primera puerta es la que está al este, inclinada hacia el sur; de ella salen el rocío, la lluvia, la plaga y la destrucción. De la puerta directa del medio salen la lluvia, el rocío, la vida y la salud. Y de la tercera puerta, que está hacia el oeste, inclinada hacia el sur, proceden la niebla, la escarcha, la nieve, la lluvia, el rocío y la peste.

El tercer conjunto son los vientos del norte. Desde la primera puerta en el este sopla hacia el sur con rocío, lluvia, tizón y destrucción; desde la segunda puerta o puerta del medio sopla hacia el norte lluvia, rocío, vida y salud; y desde la tercera puerta que está hacia el oeste inclinándose hacia el sur; sopla niebla, escarcha, nieve, lluvia, rocío y tizón.

10 Después de éstas, en el cuarto cuarto, están los vientos del oeste. 11 De la primera puerta, que se inclina hacia el norte, proceden el rocío, la lluvia, la escarcha, el frío, la nieve y el frío; de la puerta del medio proceden la lluvia, la salud y la bendición; y de la última puerta, que está hacia el sur, proceden la sequía, la destrucción, la

abrasión y la perdición. 12 El relato de las doce puertas de los cuatro cuartos del cielo ha terminado.

El cuarto grupo de vientos son los vientos del oeste; desde la primera puerta que sopla hacia el norte con rocío, lluvia, escarcha, frío, nieve y frío; desde la puerta del medio sopla lluvia, salud y bendiciones; y desde la última puerta que está hacia el sur sopla sequía, destrucción, abrasamiento y desastre. Estas son las doce puertas compuestas por cuatro cuartos.

Enoc 75:13 Te he explicado, hijo mío Mathusala, todas sus leyes, todos sus castigos y la salud que producen.

Enoch explica que estas son todas sus leyes, las inflicciones de castigo y la salud producida por los cuatro vientos con tres ventanas por pieza. Son las leyes que los vientos siguen sobre la tierra. Por nuestra tecnología moderna hemos descubierto que la tierra gira a una velocidad aproximada de 1038 millas por hora de oeste a este. De acuerdo con la lógica eso crearía un viento que fluye de este a oeste a una velocidad de 1038 millas por hora; pero no es así; y sería imposible que los vientos fluyeran en otra dirección y sin embargo lo hacen porque los vientos tienen que seguir las leyes que EL les ha dado para seguir y así siguen sus leyes de acuerdo a sus estaciones.

LOS HUMANOS CAUSAN EL CAMBIO CLIMÁTICO

El último verso nos dice que Enoc está enseñando todo lo que sabe a su hijo Mathusala. Le dice a Mathusala que los vientos tienen leyes de castigo o de salud. Cada estación tiene su viento con tres puertas; todas las puertas no soplan al mismo tiempo; sólo sopla una puerta a la vez por estación. Hay cuatro puertas; una en cada estación que sopla agradable, agradable o suave; lluvia, salud y bendiciones. Y hay ocho puertas que soplan destrucción por calor o frío; abrasador, y desastre; y cada estación tiene dos de esas puertas.

Sólo sopla una puerta por estación; y las puertas se abren según las acciones de los humanos. Si los humanos son obedientes a EL y se cuidan unos a otros la tierra; entonces las puertas con los vientos de bendición se abren todo el año; pero si los humanos son pecadores; se dañan unos a otros y destruyen la tierra; entonces los vientos de destrucción soplarán todo el año; dependiendo de la gravedad de la ofensa de los humanos el clima cambia. La forma en que las personas malvadas, arrogantes, discriminatorias y abusivas se traten entre sí y dejen a EL fuera de sus vidas; determinará si se abrirán las puertas con los vientos de castigo o las puertas con los vientos de muerte.

Cuando las personas se arrepientan de sus pecados y regresen a EL el Creador y se traten unos a otros con respeto, honor y buena voluntad, entonces el clima cambiará al tiempo deseable, la calma, la lluvia fácil de caer y la salud llegarán a la tierra y a todo lo que vive en ella. Sabemos según lo que está escrito del principio que las cuatro puertas de la buena voluntad, la bendición y la salud siguieron soplando hasta que Caín mató a Abel.

Sí, hay un cambio climático; y los humanos son responsables de él; y tiene que ver con la fidelidad de los humanos a EL y cómo nos tratamos unos a otros; y ser el guardián de tu hermano; para el buen clima deseable; y negar a EL y decir que no hay un Dios; y maltratar, apuñalar por la espalda, menospreciar y asesinar a tu hermano; para el clima asesino destructivo de los humanos. El cambio climático no tiene nada que ver con la quema de combustibles fósiles o la quema de carbono. Todo tiene que ver con la forma en que las personas se aman o se odian entre sí y con la forma en que las personas aman u odian a Dios Creador.

Esto puede ser demasiado difícil de tragar; especialmente, si usted dice que es un ateo o un científico que piensa que lo sabe todo. Todos hemos sido programados en la computadora invisible que tiene una red que investiga las mentes y las acciones de todos; y acumula las vidas de todos los que viven como un grupo; y por reglas y leyes que sigue mientras está grabando los episodios de nuestras vidas; calcula por reglas y leyes el resultado acumulativo de las acciones y el comportamiento de todos los humanos que viven; y elige la puerta de la estación que estará soplando; ya sea bendiciones o maldiciones sobre la tierra; por los datos acumulativos de los humanos; en el momento de las estaciones; por el razonamiento del comportamiento y las acciones de los humanos.

Sí, debemos cuidar la tierra y protegerla; ese es el primer trabajo que EL dio a Adán y a sus descendientes. Los ríos fluyen constantemente hacia los océanos; con ello; arrastra basura, madera y suciedad hacia los océanos; por supuesto, las aguas del océano seguirán subiendo mientras los ríos estén llenando el océano con todo tipo de basura hacia los océanos. Los seres humanos construyen grandes buques gigantescos que fluyen en las aguas del océano y que pesan millones de libras. Ponemos millones de libras de buques flotantes en los océanos que originalmente no pertenecen allí. Por supuesto; las aguas del océano van a subir.

Pruebe un simple experimento científico: Llene su bañera con agua y luego métase en ella y siéntese en la bañera. ¿Qué ocurre cuando te sientas en la bañera? Sí, por supuesto, el agua sube en la bañera; también sube el océano mientras los humanos siguen poniendo cosas que no deben estar en el océano; el agua del océano subirá; sacará los millones de libras de barcos flotantes y los millones de libras de basura y suciedad que los ríos ponen en el océano; fuera del océano; por supuesto; el océano retrocederá sus aguas a sus límites originales; y Miami, Florida no se hundirá; se salvará. La subida del agua no tiene nada que ver con el cambio climático ni con el deshielo de los polos.

Si el hombre no limpia los océanos, la naturaleza se limpiará sola. La naturaleza está programada para limpiarse a sí misma hasta sus límites programados mediante huracanes, tsunamis, terremotos, volcanes, etc. Los océanos y la tierra tienen sus leyes de la naturaleza que siguen; cuando los límites del océano están siendo desafiados; entonces las presiones de las profundidades empujan por la fuerza hacia la tierra; mientras las profundidades ponen presión sobre la tierra; se crean terremotos en algún lugar de la tierra; haciendo que la tierra empuje hacia arriba hasta que las profundidades restablezcan de nuevo sus límites y fronteras originales que fueron establecidas por los ángeles de EL; por orden de EL. Cuanto más peso ponemos los humanos sobre los océanos más desafiamos los límites del océano; y el océano hará lo que está programado para hacer; empujará la tierra y seremos testigos de terremotos sobre la tierra en lugares insospechados sobre la tierra en nuestra tierra; es la naturaleza fijándose a sí misma; porque sin la ayuda del hombre; los ríos desafiarán los límites del océano; y a su debido tiempo el océano responderá con sus propias acciones.

ENOC CAPÍTULO 76

Los vientos

1 El primer viento se llama oriental, porque es el primero. 2 El segundo se llama meridional, porque allí desciende el Altísimo, y con frecuencia desciende quien es bendecido para siempre. 3 El viento del oeste tiene el nombre de disminución, porque allí disminuyen todas las luminarias del cielo y descienden. 4 El cuarto viento, que recibe el nombre de septentrional, está dividido en tres partes; una de ellas es para la habitación del hombre; otra para los mares de agua, con valles, bosques, ríos, lugares sombríos y nieve; y la tercera parte contiene el paraíso.

La palabra viento se utiliza aquí para explicar cuatro porciones invisibles de masa, que crean cuatro divisiones del universo; juntas forman el universo. Todo está invisiblemente fusionado en un globo y todo tiene su función.

Donde se encuentran y se fusionan, crean las cuatro direcciones. La primera es la parte oriental del universo de donde provienen todas las luminarias; la segunda es la parte meridional; es la parte que a EL le gusta visitar y a quien está bendecido; se le permite visitar; e ir allí para siempre. Cuando la palabra "para siempre" se usa en cualquier escritura antigua, significa; todo el tiempo que sea necesario; en este caso se usa para decir todo el tiempo que quieran estar allí.

La tercera es la parte occidental; es la parte que es oscura y como las luminarias pasaron por ella; pierden su brillo; y la cuarta es la parte norte; está dividida en tres partes; incluye la tierra y todo lo que hay en la tierra; y también incluye el paraíso. En el este, en el centro de la parte oriental y meridional, el sol se pone con su ciclo; en el centro de las partes septentrional y occidental, la tierra se pone con su luna y en el extremo noroeste se ha fundado el paraíso.

LAS CUATRO PARTES DEL UNIVERSO

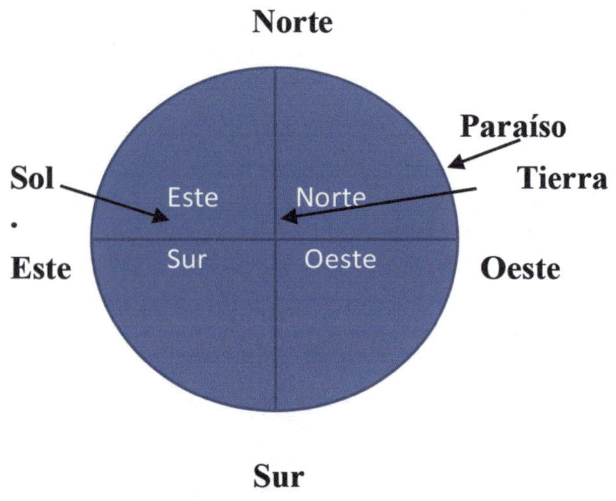

La vista del está orientada al sur con la mano izquierda hacia el este y la mano derecha en el Oeste.

5 Siete montes altos contemplé, más altos que todos los montes de la tierra, de los cuales procede la escarcha; mientras que los días, las estaciones y los años se van y pasan.

Las siete montañas más altas de la tierra: El Monte Everest en Asia; 29,029 pies de altura; el Aconcagua, en América del Sur; 22,841 pies de altura; el Monte Mckinley, en América del Norte; 20,327 pies de altura; el Monte Kilimanjaro, en África; 19,341 pies de altura; el Macizo de Vinson en la Antártida, 16, 050 pies de altura; la Pirámide de Carstensz en Oceanía, 16, 024 pies de altura; y el Monte Elbrus en Europa; 18,510 pies de altura.

6 Siete ríos contemplé en la tierra, más grandes que todos los ríos, uno de los cuales toma su curso desde el oeste; en un gran mar fluye su agua.7 Dos vienen del norte al mar, sus aguas fluyen en el mar Eritreo, en el este; donde también se dice que hay un desierto. Y con respecto a los cuatro restantes, dos toman su curso en la cavidad del norte, hasta su mar, y dos se vierten en un gran mar.

Los siete mayores ríos de la tierra:

El **Nilo de África** está al oeste de donde se encontraba el hogar de Enoc; y fluye hacia el norte terminando en el mar Mediterráneo; el mar es parte del océano Atlántico.

El mar de Eritrea fue insertado aquí por un intérprete; porque el mar de Eritrea no está al este de donde vivía Enoc; y no hay un gran río que desemboque en él; y esa parte de la tierra aún no había sido descubierta o nombrada por el hombre; cuando Enoc escribió este libro.

Es una prueba de que el libro de Enoc fue manipulado por personas que no entendían lo que estaba escribiendo; y querían poner sus propias ideas en el libro para hacerlos a ellos y al área de la tierra en la que estaban viviendo especial, santa o famosa. Solo si hubieran entendido y no hubieran manipulado el libro; que Enoc está haciendo que toda la tierra sea especial; y cada ser humano en la tierra puede reclamar que su tatara, tatara, tatara abuelo fue el primero en descubrir toda la tierra y el universo; porque todos eventualmente se remontarán a Enoc como su tatara, tatara, tatara abuelo; y todos nosotros podemos estar orgullosos de nuestros comienzos porque fue un comienzo impresionante.

El verso debería decir, "**sus aguas fluyendo en un gran mar; en el este**". Gran mar es la palabra para describir lo que conocemos como un océano; el único océano en el este es el Océano Pacífico. **El Yangtze de China** está al norte del Océano Pacífico; fluye desde el suroeste hacia el este y termina en el mar de China Oriental; que es parte del Océano Pacífico. **El Huang He de China** está al norte y fluye hacia el sureste y atraviesa un desierto; termina en el mar de Bohai; que es parte del océano Pacífico. Tanto el Yangtze como el Huang He terminan en el Océano Pacífico.

"...**dos toman su curso en la cavidad del norte, hasta su mar".** Estos dos ríos están en el norte y desaguan en el mismo mar. **El Yenisey de Rusia** está en el norte y fluye de sur a norte y termina en el mar de Kara; y **el Ob-irtysh de Rusia** está en el norte y fluye de norte a oeste y termina en el golfo de Ob y luego en el mar de Kara. Tanto el Yenisey como el Ob-irtysh terminan en el mismo mar, el mar de Kara, "a su mar".

El Mississippi de los EE.UU. fluye de norte a sur en el Golfo de México; que es parte del Océano Atlántico. **Y el Amazonas de Sudamérica** fluye de este a oeste y termina en el Atlántico. El Mississippi y el Amazonas desembocan en el Atlántico, "y dos se vierten en un gran mar".

8 Siete grandes islas vi en el mar y en la tierra. Siete en el gran mar.

Mirando desde el espacio exterior; las siete grandes islas en el océano serían: América del Norte, América del Sur, Australia, Antártida, Europa junto con Asia, África y Groenlandia; pero como Enoc voló alrededor de la tierra tanto en el espacio exterior como dentro de la atmósfera terrestre; entonces la otra posibilidad de siete grandes islas incluiría; un poco, las islas más grandes en los océanos. Digo; algo, porque la palabra gran isla es usada; comparada con gran mar sería masas de tierra rodeadas por agua comparables a los tamaños de los océanos.

La gente hoy en día dice que África, Europa y Asia serían una isla y que América del Norte y América del Sur serían juntas una isla. Enoc está describiendo la tierra en el primer milenio y por lo que sabemos; los israelitas pasaron por el Mar Rojo durante la salida israelita de Egipto; punto del tiempo.

Había un grupo de mares y lagos que conectaban el Mar de Caña con el Mar Mediterráneo. Seguramente en el primer milenio más de ese territorio estaba cubierto de agua; la principal prueba de ello es la arena que rodea la zona. Estos lagos y mares separarían a África de Asia y Europa en el primer milenio y harían de África una gran isla y de Europa y Asia juntas otra gran isla. Los científicos han descubierto evidencias de que Panamá estuvo en un momento del pasado cubierta de agua; eso haría de América del Norte una gran isla y también haría de América del Sur una gran isla. Por lo tanto, podemos contar con América del Norte, América del Sur, África, Europa y Asia como grandes islas individuales.

ENOC CAPÍTULO 77

Los nombres del Sol y de la Luna

1 Los nombres del sol son estos: uno Aryares, el otro Tomas. 2 La luna tiene cuatro nombres. El primero es Asonya; el segundo, Ebla; el tercero, Benase; y el cuarto,

Erae. 3 Estas son las dos grandes luminarias, cuyos orbes son como los orbes del cielo; y las dimensiones de ambas son iguales.

Dado que esta traducción fue escrita en el idioma etíope; es una traducción del original hebreo; que perderá una parte del significado en la traducción. Aryares se pronuncia como Ar-heres; Heres es uno de los nombres del sol en hebreo; eso haría que el nombre Aryares y Heres fueran el mismo nombre en un idioma diferente que significa amanecer; como el nombre Efrain en español es el mismo nombre que Ephraim en inglés.

El nombre Tomas en etíope significa gemelo. La palabra hebrea Shemesh para sol tiene una shin al principio conectada por una mem y terminando con una shin. "Shin" la misteriosa llama poderosa; "mem" es revelada por el creador a los humanos como la "shin"; la futura llama poderosa y misteriosa que continúa. La llama de hoy es vista por los humanos y será la llama de mañana; la porción más caliente del día; el sol del mediodía; y el Creador llama a la "shin" gemela el Shemesh; el sol. Tomas en etíope es el mismo nombre que Shemesh en hebreo; ya que Shemesh significa las llamas gemelas reveladas a los humanos por el Creador.

La luna tiene cuatro nombres; **"El primero es Asonya; el segundo, Ebla; el tercero, Benase; y el cuarto, Erae"**. Estos cuatro nombres fueron obviamente añadidos al libro de Enoc. Son nombres etíopes; debería decir: **"El primer cuarto de luna, la luna llena, la luna nueva y el tercer cuarto de luna"**. Los pueblos de la tierra pueden añadir los nombres de su lengua para los cuartos de luna.

Asonya----regalo de Dios; Ebla----negro; Benase----pálido, rubio, blanco; Erae----rojo.

Los etíopes dieron a la luna sus nombres, que tienen un significado bíblico. El sol es considerado el macho; y la luna la hembra; su leyenda creía que Dios les dio la luna llena en el principio; y que el pueblo negro vino de ser concebido en la luna nueva, el pueblo blanco de ser concebido en un primer cuarto de luna; el pueblo rojo/marrón vino de ser concebido en el tercer cuarto de luna.

Toda leyenda tiene una parte de verdad; ya que, las leyendas se transmitieron de generación en generación de boca en boca y de memoria; la verdad o parte de la verdad se pierde. En honor a la verdad; EL dio la luna a los humanos; la tierra también fue dividida en tres ya que los etíopes honraron a la luna con sus nombres del origen de los humanos. Noé tuvo tres hijos que poblaron la tierra después del diluvio. Sem, que significa rojo pardo; Cam, que significa negro y Jafet, que significa pálido o blanco. Y, sí; recibimos la fuerza de la luna y del sol. Tanto el sol como la luna juegan un papel vital en el crecimiento y el sostenimiento del cuerpo humano.

El verso termina con "y las dimensiones de ambos son iguales". El verso puede significar que, desde la perspectiva de la Tierra, el sol tiene el mismo tamaño que la luna, sin incluir la distancia entre uno y otra. Y también es posible que signifique lo que dice; que el sol tiene el mismo tamaño que la luna. Si el sol se proyecta hacia la tierra; entonces la proyección es del mismo tamaño que el proyector a millones de kilómetros de distancia; y lo que vemos es una proyección del sol. Pero aún así, la primera explicación que di es la más lógica. El propósito principal de esta información es que la luna es capaz de cubrir el sol y crear un eclipse; y la circunferencia del ciclo solar puede ser calculada usando el tamaño de la luna.

Los versos 4 - 9 son la secuencia de tres meses de 30 días de luna; desde que se carga por el sol hasta que se descarga. Lo que no dice es que esta secuencia ocurre tres veces seguidas; lo que hace que tenga la duración de tres meses con 30 días cada uno.

4 En el orbe del sol hay una séptima porción de luz, que se añade desde él a la luna. Por medida se pone, hasta que la séptima porción de la luz del sol se aleja. Se ponen, entran por la puerta occidental, dan la vuelta por el norte, y por la puerta oriental salen sobre la faz del cielo. 5 Cuando sale la luna, aparece en el cielo; y la mitad de la séptima porción de luz es todo lo que hay en ella. 6 En catorce días se completa toda su luz. 7 Por tres quíntuples se pone luz en ella, hasta que en quince días se completa su luz, según los signos del año; tiene tres quíntuples. 8 La luna tiene la mitad de una séptima porción.

Los versículos 4-17 describen cómo la luna obtiene su luz del sol; y cómo la obtiene en porciones de 1/7 a la vez. La luz del sol se vierte en ella; no es un reflector; no refleja la luz del sol; absorbe la luz del sol y la mantiene durante quince días; son las primeras células de energía solar inventadas y la luna las utiliza para cargarse con la luz del sol.

¿Has visto alguna vez una de las porciones de la luna durante el día: donde el sol está en el Este y la luna en el Oeste; donde puedes ver toda la luna y el sol está brillando en toda la luna; pero sólo su porción está iluminada? Si la luna sólo refleja la luz del sol, entonces no debería poder ver sólo la parte de la luna iluminada cuando el sol brilla sobre toda la luna, porque toda la luna debería iluminarse tan pronto como la luz del sol la alcanza, es decir, si simplemente refleja la luz del sol.

El sol carga la luna en porciones de 1/7s; a medida que carga la luna; la luna se ilumina en secciones hasta que recibe su carga completa en catorce días. Esta es la ciencia de los primeros 1000 años de la humanidad en la tierra. Nuestros antepasados sabían que la luna recibía luz del sol y a la porción exacta de 1/7 por día durante quince días. La luz es puesta en la luna por tres quíntuples. Quíntuple es un conjunto de dos multiplicado por 5; y tres quíntuples son tres conjuntos de cincos; un ciclo lunar completo tiene tres quíntuples dentro de tres años lunares para sincronizarse con el sol y las estrellas.

LOS SIGUIENTES SON LOS TRES CONJUNTOS DE QUÍNTUPLES EN UN CICLO LUNAR COMPLETO DE SINCRONIZACIÓN.

35.4 + 35.4 + 35.4 + 35.4 + 35.4 = 177 días
35.4 + 35.4 + 35.4 + 35.4 + 35.4 = 177 días
354 días

35.4 + 35.4 + 35.4 + 35.4 + 35.4 = 177 días
35.4 + 35.4 + 35.4 + 35.4 + 35.4 = 177 días
354 dias

35.4 + 35.4 + 35.4 + 35.4 + 35.4 = 177 días
35.4 + 35.4 + 35.4 + 35.4 + 35.4 = 177 días
354 dias

La luna tiene la mitad de una séptima porción. La luna siempre está cargada con la mitad de una séptima porción de luz; nunca pierde la mitad de una séptima porción de luz. Es su carga normal; por eso podemos verla como un círculo redondo y oscuro por la noche; de lo contrario, sin carga, la luna desaparecería en la oscuridad de la noche cuando es luna nueva.

A continuación se explica cómo la luna llena descarga su luz en porciones:

9 Durante su disminución el primer día su luz disminuye una decimocuarta parte; el segundo día disminuye una decimotercera parte; el tercer día una duodécima parte; el cuarto día una undécima parte; el quinto día una décima parte; el sexto día una novena parte; el séptimo día disminuye una octava parte; el octavo día disminuye una séptima parte; el noveno día disminuye una sexta parte; el décimo día disminuye una quinta parte; el undécimo día disminuye una cuarta parte; el duodécimo día disminuye una tercera parte; el decimotercer día disminuye una segunda parte; el decimocuarto día disminuye la mitad de su séptima parte; y el decimoquinto día se

consume todo el resto de su luz. ***10 En los meses declarados la luna tiene veintinueve días.***

Hay 3 meses de 29 días y lo siguiente es cómo las lunas se cargan con la luz del sol. En un mes de 29 días de luna; la luna se carga en catorce días e inmediatamente comienza a descargar su luz al día siguiente; y en un mes de 30 días de luna; tiene un decimoquinto día de carga y luego comienza a descargar su luz.

11 Uriel también me mostró otra regulación, cuando la luz se vierte en la luna, cómo se vierte en ella desde el sol. 12 Todo el tiempo que la luna está en progreso con su luz, se vierte en ella en presencia del sol, hasta que su luz se completa en catorce días en el cielo.

13 Y cuando se extingue por completo, su luz se consume en el cielo; y el primer día se llama luna nueva, porque en ese día se recibe la luz en ella. 14 Se completa precisamente el día en que el sol desciende hacia el oeste, mientras que la luna asciende por la noche desde el este.

15 La luna brilla entonces toda la noche, hasta que el sol sale delante de ella; entonces la luna desaparece a su vez delante del sol. 16 Donde llega la luz a la luna, allí vuelve a disminuir, hasta que toda su luz se extingue, y los días de la luna pasan. 17 Entonces su orbe permanece solitario y sin luz.

La siguiente es una secuencia que la luna sigue constantemente; 30,30,30,29,29,29,30, 30,30,29,29,29 =354 días 30,30,30,29,29,29,30,30,30,29,29,29 = 354 días y así sucesivamente .....etc.

19 Durante tres meses efectúa en treinta días cada mes su período; y durante tres meses más lo efectúa en veintinueve días cada uno. Estos son los tiempos en los que efectúa su disminución en su primer período, y en la primera puerta, es decir, en ciento setenta y siete días. 20 Y en el momento de su salida durante tres meses aparece treinta días cada uno, y durante tres meses más aparece veintinueve días cada uno. 21 En la noche aparece durante cada uno de los veinte días como el rostro de un hombre, y en el día como el cielo; pues no es otra cosa que su luz.

¿Has mirado alguna vez a la luna y has intentado averiguar qué forma tiene la cara de la luna? Muchas tradiciones tienen supersticiones hechas sobre las caras de la luna. Uriel aquí está diciendo que una cara de la luna tiene la forma de un hombre y la otra la forma del Cielo. Si quieres experimentar un poco de Cielo en la tierra, mira la luna cuando está en el lado de la forma del Cielo. El ángel afirma que no tiene ningún significado especial; es sólo la forma en que la luna se ilumina. Si escuchas algún tipo de dicho o superstición sobre la luna llena; es inventado y no tiene ninguna verdad detrás de la superstición. No hay hombres lobo, no hay vampiros y no es un presagio.

La vista está orientada al sur con la mano izquierda hacia el este y la derecha hacia el oeste.

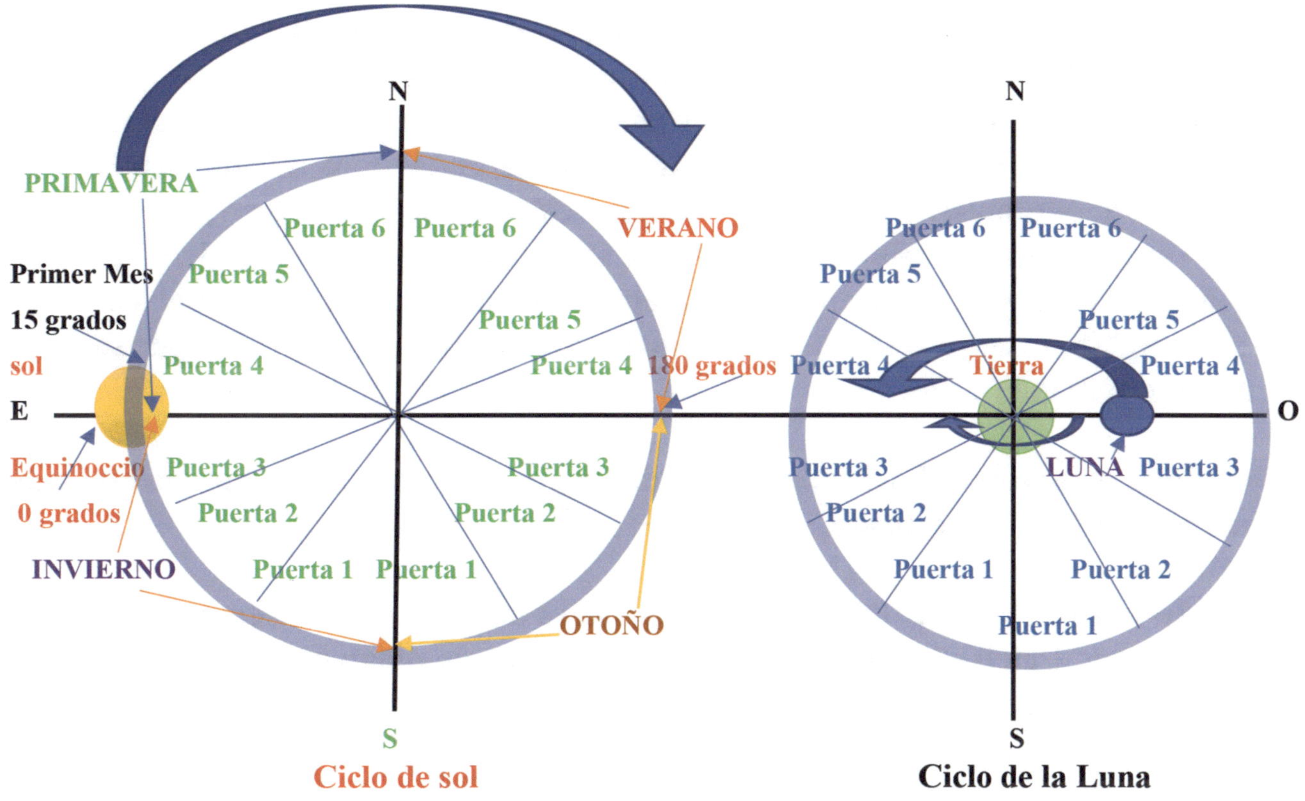

El ciclo lunar comienza el día 31 del duodécimo mes como luna nueva; cayendo el 31 del duodécimo mes en 0 grados y la luna llena el 15 del primer mes; y comienza el último día de la tercera puerta. El ciclo lunar comienza el día 31 del duodécimo mes como luna nueva; cayendo el 31 del duodécimo mes en 0 grados y la luna llena el 15 del primer mes; y comienza el último día de la tercera puerta.

CAPÍTULO 78 DE ENOC

Este capítulo es una repetición de la de la información pasada para la excepción que lanza en un número de cálculo de 25 semanas y 2 días para la mitad de un año; simplemente diciendo que la luna tiene 177 días en la mitad de un año.

1 Y ahora, hijo mío Mathusala, te he mostrado todo; y la cuenta de cada ordenanza de las estrellas del cielo está terminada. 2 Me mostró cada ordenanza con respecto a éstas, que tiene lugar en todo momento y en todas las estaciones bajo toda influencia, en todos los años, a la llegada y bajo la regla de cada uno, durante cada mes y cada semana. Me mostró también la disminución de la luna, que se efectúa en la sexta puerta; porque en esa sexta puerta se consume su luz. 3 A partir de esto es el comienzo del mes; y su disminución se efectúa en la sexta puerta en su período, hasta que se completan ciento setenta y siete días; según el modo de calcular por semanas, veinticinco semanas y dos días.

4 Su ciclo es menor que el del sol, según el ordenamiento de las estrellas, en cinco días en un medio año precisamente.

5 Cuando se completa su situación visible. Tal es la apariencia y semejanza de cada luminaria, que Uriel, el gran ángel que las conduce, me mostró.

CAPÍTULO 79 DE ENOC

Profecía sobre los ángeles.

1 En aquellos días Uriel respondió y me dijo: He aquí que yo te he mostrado todas las cosas, oh Enoc; 2 y todas las cosas te he revelado. Ves el sol, la luna y los que conducen las estrellas del cielo, que hacen volver todas sus operaciones, estaciones y llegadas.

3 En los días de los pecadores se acortarán los años. 4 Su semilla se retrasará en su suelo prolífico; y todo lo que se haga en la tierra se subvertirá y desaparecerá a su tiempo. La lluvia se restringirá, y el cielo se detendrá. 5 En esos días los frutos

de la tierra se retrasarán y no florecerán en su temporada; y en su temporada se retendrán los frutos de los árboles.

6 La luna cambiará sus leyes y no se verá a su debido tiempo. Pero en esos días se verá el cielo; y la esterilidad tendrá lugar en las fronteras de los grandes carros en el oeste. El cielo brillará más que cuando es iluminado por las órdenes de la luz; mientras que muchos jefes entre las estrellas de la autoridad errarán, pervirtiendo sus caminos y sus obras.

7 No aparecerán a su tiempo los que les ordenaron, y todas las clases de estrellas se encerrarán contra los pecadores.

8 Los pensamientos de los que habitan en la tierra serán transgresores en su interior, y se pervertirán en todos sus caminos. 9 Transgredirán y se creerán dioses; mientras que el mal se multiplicará entre ellos. 10 Y el castigo vendrá sobre ellos, de modo que todos ellos serán destruidos.

Uriel está profetizando a Enoc lo que está a punto de suceder. Pecadores en estos versos está señalando que la rebelión angélica con los humanos que se han unido a ellos; se va a hacer más grande y que las estrellas del oeste se van a apagar. Y que estos ángeles y sus descendientes se van a declarar dioses. Y debido a la rebelión los años de vida humana en la tierra van a disminuir de 1000 años de vida hacia abajo de acuerdo con el mal que los ángeles y los humanos han producido.

Y porque los angeles y humanos rebeldes estaban cambiando las leyes de EL rompiendo las leyes de la naturaleza que EL habia establecido para la naturaleza; todo lo que crece en la tierra iba a ser una semana con menos nutricion para los humanos y todo lo que tiene vida en la tierra.

Cuando los cientificos se meten con la semilla de las plantas, lo unico que hacen es debilitar el potencial nutritivo de la semilla y hacerla menos potente que su diseno original. Mientras la gente intente cambiar las moléculas de las plantas vivas; los años de las personas que comen sus productos disminuirán porque han cambiado las leyes del EL para la vida de las plantas; a su vez, sus experimentos disminuyen el tiempo de vida de los humanos.

Este tipo de experimentos se realizaban a finales del primer milenio. Los Vigilantes estaban experimentando con la semilla del hombre, los animales, los peces, las aves y las plantas. Tenían laboratorios muy sofisticados en la tierra y contaban con la ayuda de los humanos. Trataban de clonar a los humanos y hacer su propia especie; hasta que por error se tropezaron con el conocimiento de cómo producir una fórmula que hacía que sus cuerpos angélicos fueran capaces de producir una semilla que pudiera transferir su propio ADN al embrión de la mujer. Después de perfeccionar su fórmula y aplicarla a sí mismos, comenzaron a tomar esposas humanas a su antojo.

Lo que ha ocurrido en el pasado ocurrirá en el futuro si no aprendemos del pasado. Nosotros, como humanos, nos dirigimos al mismo lugar de juicio que los Vigilantes, si seguimos acumulando semillas de plantas, animales, peces, pájaros y humanos.

ENOC CAPÍTULO 80

Tecnología antigua

1 Dijo: Oh Enoc, mira la tabla; ve cómo el cielo ha descendido gradualmente; y lee lo que está escrito en ella, entiende cada parte de ella.

El ángel le dice a Enoch que mire y vea en la tabla cómo las estrellas del espacio fueron cayendo gradualmente; hacia abajo. Todos los niños de hoy en día saben lo que es una tabla. Muchos se preguntan qué significa "ver cómo el cielo ha ido cayendo gradualmente". ¿Cómo se puede ver el Cielo cayendo hacia abajo mirando en una piedra? Verán, automáticamente pensamos que una tablilla en aquellos días estaba hecha de piedra; pero eso no es lo que era una tablilla dentro del Cielo; una tablilla en el Cielo es lo mismo que una tablilla de hoy en día; y la manzana las fabrica y las ensambla.

Podemos ver videos y leer historias en tabletas de hoy. Nuestra tecnología apenas está alcanzando la tecnología que el ojo de Enoc presenció y estaba usando en el Cielo. ¿Es una coincidencia que se nos haya ocurrido el mismo nombre para describirlas que la descripción o el nombre que usa Enoc, "UNA TABLETA"? Para entender a Enoc; debemos ver los escritos con nuestra tecnología moderna y la tecnología aún no descubierta en nuestro siglo; y no tratar de explicarlo con palabras y tecnología de la era de las cavernas.

2 Entonces miré todo lo que había en ella, y entendí todo, vi la tabla y leí todo lo que estaba escrito en ella, todas las obras del hombre; 3 y de todos los hijos de la carne sobre la tierra, durante las generaciones del mundo. 4 Inmediatamente después

bendije a EL, el Dios de la gloria, que así ha formado para siempre toda la obra del mundo.

5 Y glorifiqué a EL SHADDAI, por su longanimidad y su bendición para con los hijos del mundo. 6 En aquel momento dije: Bendito es el hombre que morirá justo y bueno, contra el que no se ha escrito ningún catálogo de crímenes y con el que no se encuentra la iniquidad.

7 Entonces aquellos tres santos me hicieron acercarme y me pusieron en la tierra, ante la puerta de mi casa. 8 Y me dijeron: Explícale todo a Mathusala tu hijo; e informa a todos tus hijos que ninguna carne será justificada ante EL SHADDAI, pues él es su Creador.

9 Durante un año te dejaremos con tus hijos, hasta que vuelvas a recuperar tus fuerzas, para que instruyas a tu familia, escribas estas cosas y las expliques a todos tus hijos. Pero dentro de otro año, te sacarán de en medio de ellos, y tu corazón se fortalecerá; porque los elegidos señalarán la justicia a los elegidos; los justos con los justos se alegrarán, felicitándose mutuamente; pero los pecadores con los pecadores morirán, 10 y los pervertidos con los pervertidos se ahogarán.

Después de que Enoc vio y leyó lo que había en la tabla, los ángeles llevaron a Enoc a la Tierra y lo entregaron frente a la puerta de su casa. Lo colocaron frente a la puerta de su casa. En palabras de Star Trek; transportan a Enoc frente a la puerta de su casa; utilizan algún tipo de teletransportación que aún no se ha descubierto en nuestra época.

En el Génesis se dice que Enoc desapareció porque EL se lo llevó; en estos versos se dice que Enoc reapareció porque EL lo trajo de vuelta. Los angeles le explican que volverán a por él dentro de un año; y durante ese año debía escribir todo lo que había visto y leído y enseñárselo a sus hijos y dar la escritura a sus hijos. El viaje hizo mella en el cuerpo de Enoc, por lo que le sugirieron que descansara y recuperara sus fuerzas. Cualquier viaje espacial afectará al cuerpo humano; esto lo sabemos porque Enoc dice que así es.

11 Asimismo, los que actúan con justicia morirán a causa de las obras del hombre, y serán reunidos a causa de las obras del impío.

Este verso es una advertencia para los justos de que ellos también se iban a ahogar a causa de la maldad de los malvados; era mejor que hicieran las paces con EL y se prepararan para la vida eterna.

12 En esos días terminaron de conversar conmigo.13 Y volví a mis compañeros, bendiciendo a EL el Dios de los mundos.

Enoc llegó a la conclusión de que EL es el Dios de los mundos; que hay vida en otros planetas y que ellos sirven al mismo Dios creador que nosotros los humanos; adoramos; y su nombre es EL.

ENOC CAPÍTULO 81

Instrucción para que Mathusala guarde los libros de Enoc y los enseñe a las generaciones venideras.

1 Ahora, hijo mío Mathusala, todas estas cosas te las digo y las escribo para ti. A ti te he revelado todo y te he dado libros de todo.

2 Conserva, hijo mío Mathusala, los libros escritos por tu padre, para que los reveles a las generaciones futuras. 3 Sabiduría te he dado a ti, a tus hijos y a tu posteridad, para que revelen a sus hijos, por generaciones, esta sabiduría en sus pensamientos; y para que los que la comprendan no se adormezcan, sino que escuchen con sus oídos; para que aprendan esta sabiduría; y sean considerados dignos de comer este saludable alimento.

Enoc instruye a su hijo para que reserve y guarde los libros que ha escrito; la sabiduría y el conocimiento de sus libros son el alimento adecuado para el alma y el espíritu; al conocer la información de sus libros el alma y el espíritu se fortalecen; por lo tanto, fortalece también la carne al saber que las leyes del EL se utilizan para operar todo lo que gobierna la carne y todo lo que existe; conocer los hechos de las leyes de cómo opera el universo eliminará las creencias supersticiosas que los Vigilantes habían difundido entre la humanidad; hasta el punto de que los humanos fueron llevados a adorar la creación en lugar del Creador. Que recibiría la sabiduría que separa a los Espíritus, Vigilantes y Ángeles de los humanos; que estos creadores son también creación de EL como lo son los humanos; y que no eran Dios ni dioses; sino instructores, maestros y tutores para la humanidad que EL había colocado sobre la tierra para el beneficio de todos los humanos; que los Espíritus, Vigilantes y Ángeles tenían prohibido aparearse y producir vástagos con los humanos; y que si lo hacían, los convertirían en criminales ante la humanidad y todo el Cielo; y que sus vástagos serían clasificados como Nefilinos y no Dios o hijos de Dios; sino una abominación que necesita ser exterminada.

4 Bienaventurados todos los justos; bienaventurados todos los que andan en justicia; en quienes no se encuentra ningún crimen, como en los pecadores, cuando todos sus días están contados.

Los siguientes versos son una repetición de lo que ya hemos aprendido; con la excepción de que a los meses se les da los nombres de los ángeles que trabajan cada mes y cada estación tiene un ángel que gobierna esa estación. Y Enoc da los nombres de todos los ángeles que intervienen en las estaciones y los meses.

5 Con respecto al progreso del sol en el cielo, entra y sale de cada puerta durante treinta días, con los líderes de las mil clases de estrellas; con cuatro que se añaden y pertenecen a los cuatro trimestres del año, que los conducen y acompañan en cuatro períodos.

6 Con respecto a estos, los hombres se equivocan mucho, y no los calculan en el cálculo de cada edad; porque se equivocan mucho con respecto a ellos; ni los hombres saben con exactitud que están en el cálculo del año. Pero, en efecto, éstos están marcados para siempre: uno en la primera puerta, uno en la tercera, uno en la cuarta y uno en la sexta:

7 De modo que el año se completa en trescientos sesenta y cuatro días.

8 En verdad se ha declarado y se ha calculado con exactitud lo que se ha marcado; porque las luminarias, los meses, los períodos fijos, los años y los días, me los ha explicado y comunicado Uriel; a quien EL Dios de toda la creación, por mi causa, le ordenó (según el poder del cielo y el poder que posee tanto de noche como de día) que explicara al hombre las leyes de la luz, del sol, la luna y las estrellas, y de todas las potencias del cielo, que giran con sus respectivos orbes.

Enoc aprendió las leyes de la luz y es su responsabilidad enseñarla a los humanos. La luz no es una palabra espiritual como la describen las religiones; es un proceso físico que se demuestra por el brillo o resplandor de un objeto o cosa; lo que significa que la luz tiene que tener algún tipo de materia para que funcione.

El brillo o resplandor es lo que es la luz; pero sin algún tipo de materia no habrá luz. La luz tiene que tener materia; no puede ser producida sin materia; incluso si no puedes ver la materia; especialmente cuando la materia es microscópica; pero déjame asegurarte que hay materia detrás de la luz; y la luz es el poder o energía que el objeto da después de ser cargado.

En el sol; lo que vemos es la luz; y lo que sentimos es su poder o su energía; pero lo que produce la luz es la materia redonda dentro de la luz; siendo cargada por muchos miles de ángeles. Hemos sido creados para absorber la luz o la energía que viene del sol. Nuestros cuerpos la convierten en energía; hace que nuestros cuerpos sean fuertes; muchas veces, cuando nos sentimos agotados, todo lo que tenemos que hacer es bañarnos en el sol para recibir energía; dependiendo de lo agotados que estemos es el tiempo que necesitamos para bañarnos en el sol; asegúrate de beber mucha agua mientras te bañas en el sol si decides bañarte en el sol.

Todo en el espacio exterior tiene materia; por lo tanto, podremos ver su luz. Todo está conectado a una fuente de energía; una red eléctrica invisible; de la que recibe su energía y se ilumina. Puede que todos tengan redes de energía solar como la Luna. Enoc no explica cómo las estrellas y los planetas están conectados a la red de energía; todo lo que dice es que todo recibe su energía; pero sí explica cómo la luna recibe su energía; y su energía es solar; por lo que podemos hacer una conjetura educada; que el resto del universo es alimentado por el sol. Y hay zonas invisibles en el espacio exterior que tienen agujeros por los que las estrellas y los planetas pueden pasar mientras se entrelazan en el espacio exterior; todo tiene su tiempo para volver y pasar por el mismo agujero, puertas o portal cada año; por cualquier nombre que quieras llamarlos; Enoc los llama puertas. Las puertas están en una sólida rejilla invisible; y es el único lugar por el que el Sol, la Luna, las estrellas y los planetas pueden pasar sin ser destruidos; por lo tanto, deben aparecer al mismo tiempo que la puerta por la que están programados para pasar anualmente; el tiempo es absoluto.

La rejilla universal tiene agujeros de bucle conectados desde el Cielo a cada planeta y desde cada planeta a los otros planetas. Es algo que es muy crucial conocer para los viajes espaciales. Chocar con la rejilla invisible y no pasar por las puertas o agujeros de bucle; sería como el choque de dos vehículos que van a alta velocidad de frente. Pasar por las puertas será ir por el camino más largo y pasar por los agujero de bucle agujero de buclesólo te llevará unos segundos para llegar a los planetas a los que te diriges. Para cualquier asteroide, estrella o planeta chocar con la tierra es prácticamente imposible; a menos que sean guiados por un ángel caído que esté tratando de destruir la Tierra.

La materia que produjo la luz del sol es lo que los cuatro ángeles estacionales controlan y cargan. Cada ángel estacional tiene mil ángeles bajo su mando. Ellos le ayudan a realizar el trabajo de controlar y cargar la materia del sol para esa estación.

La duración de la estación es una estación; y los tres meses dentro de la estación tienen sus propios ángeles; que también son líderes de mil ángeles; Cada mes tiene un ángel conductor con mil ángeles que guían al sol a través del mes.

Hay cuatro ángeles que son conductores con mil ángeles debajo de él para cada estación; tres ángeles que son conductores de meses para cada estación con mil ángeles debajo de ellos para cada mes.

Hay un total de cuatro conductores de estaciones con 4 mil ángeles ayudándolos; hay un total de 12 conductores de meses con 12 mil ángeles ayudándolos. Todos estos ángeles trabajan para mantener el sol rodando de estación en estación y de mes en mes; asegurándose de que el sol brille la cantidad correcta para esa estación en la creación.

9 Esta es la ordenación de las estrellas, que se ponen en sus lugares, en sus estaciones, en sus períodos, en sus días y en sus meses. 10 Estos son los nombres de los que las conducen, que vigilan y entran en sus estaciones, según su ordenanza en sus períodos, en sus meses, en los tiempos de su influencia y en sus estaciones.

11 Primero entran cuatro conductores de ellos, que separan los cuatro trimestres del año. Después de éstos, doce conductores de sus clases, que separan los meses y el año en trescientos sesenta y cuatro días, con los líderes de mil, que distinguen entre los días, así como entre los cuatro adicionales; los cuales, como conductores, dividen los cuatro trimestres del año.

12 Estos jefes de mil están en medio de los conductores, y los conductores se agregan cada uno detrás de su puesto, y sus conductores hacen la separación. Estos son los nombres de los conductores que separan los cuatro trimestres del año, los cuales están designados sobre ellos: Melkiel, Helemmelek, 13 Meleyael y Narel.

En la cuarta parte del año se levanta y gobierna Narel; todos los días de su influencia, durante los cuales gobierna, son noventa y un días.

Narel es el conductor del invierno y gobierna durante 91 días.

14 Y los nombres de quienes los dirigen son Adnarel, Ijasusael y Elomeel.

Adnarel es el director del décimo mes; gobierna durante 30 días.
Ijasusael es el director del undécimo mes; gobierna durante 30 días.
Elomeel es el director del duodécimo mes; gobierna durante 31 días.

15 Estos son los tres que siguen a los conductores de las clases de estrellas; cada uno sigue a los tres conductores de las clases, que a su vez siguen a los conductores de las estaciones, que dividen los cuatro trimestres del año.

16 En la primera parte del año se levanta y gobierna Melkiel, que es conocido por los nombres de Tamani y Zahay.

Melkiel es el conductor de la primavera y es conocido como el sol del sur. Gobierna durante 91 días.

17 Todos los días de su influencia, durante los cuales gobierna, son noventa y un días.

18 Y estos son los días que se ven sobre la tierra. En los días de su influencia hay transpiración, calor y problemas. Todos los árboles se vuelven fructíferos; la hoja de todo árbol brota; el maíz se cosecha; la rosa y toda especie de flores florecen en el campo; y los árboles del invierno se secan.

Estos son los nombres de los conductores que están bajo ellos: Berkael, Zelebsel; y otro conductor adicional de mil se llama Helujasef, los días de esa influencia se han completado.

El conductor del primer mes es Berkael; gobierna durante 30 días.
El director del segundo mes es Zelebsel; gobierna durante 30 días.
El director del tercer mes es Helujasef; gobierna durante 31 días.

El otro director de orquesta después de ellos es Helemmelek, cuyo nombre es el espléndido Zahay. 20 Todos los días de su luz son noventa y un días.

Helemmelek es el conductor del verano; gobierna durante 91 días.

21 Estos son los signos de los días sobre la tierra, el calor y la sequía; mientras los árboles dan sus frutos, calentados y confeccionados, y dan sus frutos a secar. 22 Los rebaños siguen, se aparean y tienen crías. Se recogen todos los frutos de la tierra, con todo lo que hay en los campos, y se pisan las viñas. Esto ocurre durante el tiempo de su influencia.

23 Estos son sus nombres y órdenes, y los nombres de los conductores que están bajo ellos, de los que son jefes de mil: Gedaljael, Keel, Heel.

Gedaljael es el director del cuarto mes; gobierna durante 30 días.
Keel es el director del quinto mes; gobierna durante 30 días.
El talón es el director del sexto mes; gobierna durante 31 días.

24 Y el nombre del líder adicional de mil es Meleyael. 25 Los días de su influencia se han completado; y le sigue Asfael, Guabarel Jyelamael.

Meleyael es el conductor de la Caída y gobierna durante 91 días.
Asfael es el conductor del séptimo mes y gobierna durante 30 días.
Guabarel es el conductor del octavo mes y gobierna durante 30 días.
Jyelamael es el conductor del noveno mes y gobierna durante 31 días.

ENOC CAPÍTULO 82

1 Y ahora te he mostrado, hijo mío Mathusala, toda visión que vi antes de tu nacimiento. Relataré otra visión que vi antes de casarme; se parecen entre sí.

2 La primera fue cuando aprendía un libro; y la otra antes de casarme con tu madre. Vi una visión potente; 3 y a causa de estas cosas le pedí a EL SHADDAI.

Enoc le dice a su hijo que había visto dos visiones que son similares; las dos visiones le mostraban las mismas cosas desde dos perspectivas.

4 Yo estaba acostado en la casa de mi abuelo Malalel, cuando vi en una visión que el cielo se purificaba y era arrebatado. 5 Y cayendo a la tierra, vi igualmente la tierra absorbida por un gran abismo, y montañas suspendidas sobre montañas.

Las montañas suspendidas sobre las montañas son platillos voladores o naves. Enoch está teniendo una visión de una guerra que fue peleada en la tierra por los rebeldes Vigilantes y los ángeles de EL en su futuro inmediato. Cuando las naves voladoras son disparadas desde el cielo caen contra las montañas cortándolas y haciendo que todo lo que se construye y crece sobre la montaña caiga en el océano.

Hay evidencia hoy en día de grandes ciudades hundidas en el océano; prueba de tal guerra como se describe en este capítulo que tuvo lugar sobre la tierra. Y la prueba de las estructuras que se construyeron dentro de ese período de tiempo todavía está de pie en la tierra y todavía somos incapaces de duplicarlo con nuestra maquinaria moderna. Las pirámides y las maravillas de los mundos fueron construidas por los Vigilantes y sus descendientes, los Nefilinos"; pero ellos siguieron desafiando las leyes de EL y no tuvieron ninguna consideración por la creación de EL; ellos fueron encontrados culpables y fueron castigados hasta la muerte. En el proceso; ellos lucharon contra las fuerzas de EL en el desafío continuo pensando que ellos podrían derrotar a EL y tomar el universo. Esta guerra tuvo lugar en el tiempo de Noe; meses antes del diluvio.

Y la caida a la tierra. Y al caer sobre la tierra; 6 las colinas se hundían sobre las colinas, los altos árboles se desprendían de sus troncos, y estaban en el acto de ser proyectados, y de hundirse en el abismo. 7 Alarmado por estas cosas, mi voz vaciló. Grité y dije: la tierra está destruida. Entonces mi abuelo Malalel me levantó y me dijo "¿Por qué gritas así, hijo mío? ¿Y por qué te lamentas?"

8 Le relaté toda la visión que había visto. Él me dijo: "Confirmado está lo que has visto, hijo mío; 9 y potente la visión de tu sueño respecto a todo pecado secreto de la tierra. Su sustancia se hundirá en el abismo, y tendrá lugar una gran destrucción. 10 Ahora, hijo mío, levántate y suplica a EL Dios de la gloria (pues eres fiel) que quede un remanente en la tierra y que no la destruya por completo. Hijo mío, toda esta calamidad sobre la tierra desciende del cielo; sobre la tierra habrá una gran destrucción.

El abuelo de Enoc dijo que como tuvo la visión dos veces, significaba que la visión estaba confirmada y que lo que estaba viendo iba a suceder.

11 Entonces me levanté, oré y supliqué; y escribí mi oración para las generaciones del mundo, explicando todo a mi hijo Mathusala. 12 Cuando bajé, y mirando al cielo, contemplé el sol que salía del este, la luna que descendía al oeste, unas cuantas estrellas dispersas y todo lo que EL ha hecho desde el principio, bendije al Dios del juicio y lo engrandecí, porque ha enviado al sol desde las cámaras del este, para que, ascendiendo y elevándose en la faz del cielo, brote y siga el camino que se le ha señalado.

ENOC CAPÍTULO 83

Enoc alaba a EL

1 Levanté mis manos en justicia y bendije al santo, al Todopoderoso. Hablé con el aliento de mi boca, y con una lengua de carne, que EL ha formado para todos los hijos de los hombres mortales, para que con ella puedan hablar; dándoles aliento, boca y lengua para conversar.

2 Bendito eres tú, oh EL SHADDAI, el Rey, grande y poderoso en tu grandeza, el Dios de todas las criaturas del cielo, Rey de reyes, Dios de todo el mundo, cuyo reinado, cuyo reino y cuya majestad perduran por los siglos de los siglos.

3 De generación en generación será tu dominio. Todos los cielos son tu trono para siempre, y toda la tierra el escabel de tus pies por los siglos de los siglos.

4 Porque tú los has hecho, y sobre todo tú reinas. Ningún acto supera tu poder. Tu sabiduría es inmutable; ni de tu trono ni de tu presencia se aparta jamás. Tú conoces todas las cosas, las ves y las oyes; ni se te oculta nada, pues todo lo percibes.

Enoc ora y magnifica a EL el Dios del universo. Él declara y describe quién es EL para él.

5 Los ángeles de tus cielos han transgredido; y sobre la carne mortal permanecerá tu ira, hasta el día del gran juicio. 6 Ahora, pues, oh Dios, EL SHADDAI y Rey poderoso, te suplico y te ruego que concedas mi oración, para que me quede un remanente en la tierra, y no perezca todo el género humano; 7 para que la tierra no quede desamparada, y tenga lugar la destrucción para siempre.

8 Oh DIOS mío, que perezca de la tierra la raza que te ha ofendido, pero una raza justa y recta establezca para siempre un remanente. No escondas tu rostro, oh EL SHADDAI, de la oración de tu siervo.

Enoch ora por su familia y la raza de los humanos; le dice a EL que castigue a la raza que ha pecado contra él; que eran los Vigilantes; y que derrame su juicio sobre ellos; y que los humanos no eran responsables de los pecados de los ángeles pero según su visión; los humanos iban a morir con los Vigilantes; por la transgresión de los Vigilantes. Enoc le pide a EL que no destruya a todos los humanos; que le deje un remanente. El declara de nuevo, deja que la raza que te ofendió perezca, pero deja que la raza humana viva. En la tierra, ha habido tres razas; la raza de los ángeles; la raza que fue producida por Espíritus que se aparean con mujeres humanas; los Nefilinos y la raza de los humanos. De nuevo hay tres razas: Los espíritus o inmortales, los Nefilinos; parte espíritu pero mortal y los humanos.

CAPÍTULO 84 DE ENOC

Este es el segundo sueño o visión de Enoc.

1 Después de esto vi otro sueño, y te lo expliqué todo, hijo mío. Enoc se levantó y dijo a su hijo Mathusala: A ti, hijo mío, te hablaré. Escucha mi palabra; e inclina tu oído al sueño visionario de tu padre. Antes de casarme con tu madre Edna, tuve una visión en mi lecho.

2 Y he aquí que una vaca brotaba de la tierra; 3 y esta vaca era blanca. 4 Después brotó una novilla hembra y con ella otra novilla; luego aparecieron dos novillas; una de ellas era negra y la otra roja.

La vaca blanca que brotó era Adán y la novilla hembra que brotó es Eva. Blanco significa puro; 100% humano.

La novilla negra era Caín; el negro representa el mal; por causa inexplicable cain fue cotiminado con el mal; o siplimente la historia no se escribio.

La novilla roja era Abel; el rojo representa a los humanos; o Adán que significa humano; y también significa el color rojo marrón.

5 La novilla negra golpeó entonces a la roja y la persiguió por la tierra. 6 Desde entonces no pude ver nada más de la novilla roja; pero la negra aumentó de volumen, y vino con ella una novilla hembra.

Caín mata a Abel; y Caín toma a Awan como esposa.

7 Después de esto vi que salían muchas vacas parecidas a él y que lo seguían.

La familia de Caín comenzó a multiplicarse.

8 La primera cría salió también en presencia de la primera vaca, y buscó a la vaquilla roja, pero no la encontró. 9 Y se lamentó con gran lamento, mientras lo buscaba.

Eva se lamenta por Abel.

10 Entonces miraba hasta que la primera vaca llegaba a ella, desde entonces se callaba y dejaba de lamentarse. 11 Después parió otra vaca blanca.

La vaca blanca es Seth; 100% humana o pura.

12 Y de nuevo parió muchas vacas y novillas negras. 13 En mi sueño también percibí un toro blanco, que de la misma manera creció y se convirtió en un gran toro blanco. 14 Después de él salieron muchas vacas blancas, parecidas a él. 15 Y comenzaron a parir muchas otras vacas blancas, que se parecían a ellas y se sucedían.

La tierra comenzó a poblarse.

CAPÍTULO 85 DE ENOC

1 Nuevamente miré con atención, mientras dormía, y observé el cielo en lo alto. 2 Y he aquí que una sola estrella cayó del cielo 3 La cual, levantada, comió y se alimentó entre las vacas.

El primer ángel cayó del cielo; Satanás, hizo su hogar entre las vacas.

4 Después percibí otras vacas grandes y negras; y he aquí que todas ellas cambiaron sus establos y pastos, mientras que sus crías comenzaron a lamentarse unas con otras.

El primer Satanás empezó a cambiar el carácter de los humanos hacia el mal; por lo tanto, empezaron a crecer más vacas negras y no se quedaron en su casa con Adán y Eva, sino que empezaron a construir sus propias ciudades; al mismo tiempo, las vacas jóvenes empezaron a discutir y a pelear entre ellas.

De nuevo, miré en mi visión y observé el cielo; cuando vi muchas estrellas que descendían y se proyectaban desde el cielo hasta donde estaba la primera estrella; 5 en medio de esas crías; mientras las vacas estaban con ellas, las estrellas comenzaron a alimentarse en medio de ellas.

Otros ángeles caídos comenzaron a caer del cielo y se unieron a la rebelión de Satanás e hicieron sus hogares entre las vacas. Y las estrellas empezaron a cambiar las leyes que las vacas seguían para vivir y empezaron a cambiar sus convicciones y su moral.

6 Las miré y las observé; cuando he aquí que todas actuaban a la manera de los caballos y comenzaron a acercarse a las vacas jóvenes, todas las cuales quedaron preñadas y dieron a luz elefantes, camellos y asnos. 7 Al ver esto, todas las vacas se alarmaron y se aterrorizaron, y comenzaron a morder con sus dientes, a tragar y a golpear con sus cuernos. 8 Comenzaron también a devorar a las vacas; y he aquí que todos los hijos de la tierra temblaron, se estremecieron de terror ante ellos y huyeron de repente.

Las estrellas actuaron como caballos en celo y se acercaron a las vacas jóvenes y las impregnaron. Las estrellas caídas impregnaron a las vacas y de ellas salieron elefantes, camellos y asnos; los Nefilinos; enormes criaturas gigantescas. Las estrellas comenzaron a luchar entre sí y empezaron a tomar el control de las otras vacas. Los Nefilinos empezaron a matar a las vacas y todos los hijos de la tierra temieron ser comidos por los Nefilinos; eran los Gigantes y los dinosaurios; los descendientes de los ángeles caídos.

ENOC CAPÍTULO 86

1 De nuevo los percibí, cuando comenzaron a golpear y a tragarse unos a otros; y la tierra gritó. Entonces levanté mis ojos por segunda vez hacia el cielo, y vi en una visión, que, he aquí, salían del cielo como la semejanza de hombres blancos. Uno salió de allí, y tres con él.

Los cuatro arcángeles vinieron del cielo; los ángeles estaban disfrazados de hombres blancos. No es la definición de lo que hoy llamamos hombres blancos, sino que eran puros 100% aún comprometidos con EL y no estaban conectados con la rebelión de los Satanes.

2 Aquellos tres, que salieron en último lugar, me tomaron de la mano; y levantándome de las generaciones de la tierra, me elevaron a una estación alta.

Enoc es elevado al espacio exterior.

3 Entonces me mostraron una torre elevada en la tierra, mientras que todas las colinas disminuían. Y dijeron: Quédate aquí, hasta que percibas lo que vendrá sobre los elefantes, los camellos y los asnos, sobre las estrellas y sobre todas las vacas.

Desde el espacio exterior, Enoc ve lo que va a suceder sobre toda la tierra; y espera ver lo que va a suceder con los ángeles rebeldes y sus descendientes: los Nefilinos, los dinosaurios y la descendencia de los Nefilinos.

CAPÍTULO 87 DE ENOC

1 Entonces miré a aquel de los cuatro hombres blancos, que salió primero. 2 Se apoderó de la primera estrella que cayó del cielo. 3 Y, atándola de pies y manos, la arrojó a un valle; un valle estrecho, profundo, estupendo y tenebroso.

El primer ángel caído es capturado.

4 Entonces uno de ellos sacó su espada y se la dio a los elefantes, a los camellos y a los asnos, que comenzaron a golpearse. Y toda la tierra tembló a causa de ellos.

La guerra mundial tiene lugar entre los descendientes de los Espíritus, (los Nefilinos) y comenzaron a matarse unos a otros. Toda la tierra tembló con el poder de la explosión de sus armas. Armas más poderosas que la bomba atómica.

5 Y cuando miré en la visión, he aquí que uno de esos cuatro ángeles que salieron, arrojados del cielo, se juntaron y tomaron todas las grandes estrellas, cuya forma

se asemeja en parte a la de los caballos; y atándolos a todos de pies y manos, los arrojaron a las cavidades de la tierra.

Los Vigilantes son capturados y encarcelados.

CAPÍTULO 88 DE ENOC

1 Entonces uno de aquellos cuatro fue a las vacas blancas y les enseñó un misterio. Mientras la vaca temblaba, nació, y se convirtió en hombre, y fabricó para sí una gran nave. En ella habitó, y tres vacas habitaron con él en esa nave, que las cubría.

Noé: Sem, Cam y Jafet.

2 Volví a alzar los ojos hacia el cielo y vi un elevado techo. Por encima de él había siete cataratas, que vertían cuarto sobre cierto pueblo mucha agua.

Las puertas del agua sobre la tierra se abrieron y la tierra se inundó.

3 Volví a mirar y he aquí que había fuentes abiertas sobre la tierra en aquella gran aldea. 4 El agua comenzó a hervir y se elevó sobre la tierra, de modo que la aldea no se veía, mientras todo su suelo estaba cubierto de agua. 5 Había mucha agua sobre ella, oscuridad y nubes. Entonces observé la altura de esta agua; y se elevaba por encima de la aldea. 6 Fluyó sobre la aldea y se mantuvo más alta que la tierra. 7 Entonces todas las vacas que estaban reunidas allí, mientras yo las miraba, fueron ahogadas, tragadas y destruidas en el agua.

8 Pero el barco flotaba por encima. Todas las vacas, los elefantes, los camellos y los asnos se ahogaron en la tierra, y todo el ganado. Ni podía percibirlos. Tampoco pudieron salir, sino que perecieron y se hundieron en las profundidades.

La tierra está inundada y todos los humanos, Nefilinoss, animales y dinosaurios están ahogados.

9 De nuevo miré en la visión hasta que las cataratas de aquel elevado techo se retiraron, y las fuentes de la tierra se igualaron, mientras se abrían otras profundidades; 10 en

las que el agua comenzó a descender, hasta que apareció la tierra seca. 11 La nave permaneció en la tierra; las tinieblas retrocedieron y se hizo la luz. 12 Entonces la vaca blanca, convertida en hombre, salió de la nave, y las tres vacas con él.

Fin del diluvio; Noé sale con sus tres hijos.

13 Una de las tres vacas era blanca, parecida a aquella vaca; otra era roja como la sangre y otra era negra. La vaca blanca los abandonó.

Las tres vacas hermanas tenían diferente color de piel; una de ellas era roja, otra blanca y otra negra. Los tres principales colores de piel de los seres humanos salieron del arca. Este verso nos dice que las personas rojas, blancas y negras son de la misma especie; nuestra raza; nuestra familia y todos estamos contabilizados en los antiguos escritos de Enoc. Y cualquier superstición y degradación de los orígenes de cualquier pueblo es solo obra de gente malvada y prejuiciosa que teme la verdad.

14 Entonces comenzaron a nacer bestias salvajes y aves. 15 De todas ellas se juntaron las diferentes clases: leones, tigres, lobos, perros, jabalíes, zorros, conejos y el hanzar. 16 El siset, el avest, los milanos, los phonkas y los cuervos.

Comenzaron a formarse naciones y reinos; empezaron a aparecer nuevos ángeles caídos que crearon nuevos Nefilinos de tamaño humano, donde no eran detectados tan fácilmente por los ángeles que los vigilaban.

17 Entonces una vaca blanca nació en medio de ellos.

Abraham; un humano puro 100% probado en su ADN nació.

18 Y empezaron a morderse unos a otros; cuando la vaca blanca, que había nacido en medio de ellos, dio a luz a un asno salvaje y a una vaca blanca al mismo tiempo, y después a muchos asnos salvajes. Entonces la vaca blanca, (que había nacido, dio a luz una cerda salvaje negra y una oveja blanca.

El asno salvaje es Ismael y la vaca blanca es Isaac; la cerda salvaje negra es Esaú y la oveja blanca es Jacob.

19 Esa cerda salvaje también dio a luz muchos cerdos.

Esaú se casó con una cananea; sacrificó cerdos a Baal o simplemente se dice en el idioma inglés; sacrificó cerdos al Señor; y comienza a poblar.

20 Y aquella oveja dio a luz doce ovejas.

Los doce patriarcas

21 Cuando esas doce ovejas crecieron, entregaron una de ellas a los asnos.

Los asnos son los ismaelitas; descendientes de Ismael; y los diez hermanos entregaron a ellos; a José.

22 De nuevo esos asnos entregaron esa oveja a los lobos, 23 y creció en medio de ellos.

Los lobos eran los egipcios.

24 Entonces EL SHADDAI trajo a las otras once ovejas, para que vivieran y se alimentaran con él en medio de los lobos. Se multiplicaron, y hubo abundancia de pastos para ellas.

Las otras once ovejas eran los once hermanos de José y sus familias.

26 Pero los lobos comenzaron a asustarlos y a oprimirlos, mientras destruían a sus crías. 27 Y dejaron a sus crías en torrentes de aguas profundas.

1000 crías israelitas fueron ahogadas por los egipcios

28 Las ovejas comenzaron a gritar por sus crías y huyeron para refugiarse en su Dios. Una, sin embargo, que se salvó, escapó y se fue con los asnos salvajes.

Moisés escapa

29 Vi que las ovejas gemían, lloraban y pedían a su Dios. 30 Con todas sus fuerzas, hasta que el Dios de las ovejas descendió a su voz desde su elevada morada, fue hacia ellas y las inspeccionó.31 Llamó a aquella oveja que se había escapado a escondidas de los lobos, y le dijo que hiciera entender a los lobos que no debían tocar a la oveja. 32 Entonces aquella oveja se dirigió a los lobos con la palabra de su Dios, cuando otro le salió al encuentro y procedió con él.

Los israelitas clamaron a su Dios; mientras estaban esclavizados por los egipcios. El otro que salió al encuentro de Moisés es Aarón.

33 Ambos entraron juntos en la morada de los lobos, y conversando con ellos les hicieron entender que de allí en adelante no debían tocar a las ovejas.

Moisés y Aarón se enfrentan al Faraón; y le dicen que deje libres a las ovejas y que no las toque de ninguna manera o forma.

34 Después vi que los lobos se imponían con toda su fuerza sobre las ovejas. Las ovejas gritaron, y su Dios acudió a ellas.

Los egipcios castigaron a los israelitas por pedir que los dejaran libres para adorar a su Dios.

35 Comenzó a golpear a los lobos, que iniciaron un penoso lamento; pero las ovejas callaron y desde entonces no gritaron.

Diez plagas sobre Egipto.

36 Entonces las miré, hasta que se apartaron de los lobos. Los ojos de los lobos estaban ciegos, que salían y los seguían con todas sus fuerzas. Pero el Dios de las ovejas procedía con ellas y las conducía. 37 Todas sus ovejas lo siguieron.

EL conduce a los israelitas fuera de Egipto.

38 Su semblante era terrible y espléndido, y glorioso era su aspecto. Sin embargo, los lobos comenzaron a seguir a las ovejas, hasta que las alcanzaron en cierto lago de agua.

Los israelitas llegaron hasta el Mar de las Cañas .

39 Entonces aquel lago se dividió, y las aguas se levantaron a ambos lados ante ellos. 40 Y mientras su Dios los conducía, se puso entre ellos y los lobos.

EL divide el Mar de las Cañas y coloca una columna de fuego frente al ejército egipcio e impidió que los egipcios siguieran a los israelitas.

41 Sin embargo, los lobos no percibieron a las ovejas, sino que se metieron en medio del lago, siguiéndolas y corriendo tras ellas en el lago de agua. 42 Pero cuando vieron al Dios de las ovejas, se volvieron para huir de su presencia. 43 Entonces las aguas del lago volvieron, y eso de repente, según su naturaleza. Se llenó y se elevó hasta cubrir a los lobos. Y vi que todos los que habían seguido a las ovejas perecieron y se ahogaron.

En el sueño Enoc ve un lago y no un mar. El Mar de las Cañas era un lago y el mar rojo es un mar. El ejército del Faraón se ahoga en el Mar de las Cañas; un total de 1 millón de hombres fuertes y sanos se ahogan; mil por cada bebé israelita que se ahogaron.

44 Pero las ovejas pasaron por encima de esta agua, dirigiéndose a un desierto, que no tenía ni agua ni hierba. Y comenzaron a abrir los ojos y a ver. 45 Entonces vi que el Dios de las ovejas las inspeccionaba y les daba agua y hierba. 46 La oveja ya mencionada procedía con ellos y los conducía. 47 Y cuando hubo subido a la cima de la elevada roca, el Dios de las ovejas lo envió hacia ellos.

Moisés habla con EL.

48 Después percibí a su Dios de pie ante ellos, con un aspecto terrible y severo. 49 Y cuando todos lo vieron, se asustaron de su aspecto.

Los israelitas vieron la presencia de EL, y se aterraron por ella.

50 Todos se alarmaron y temblaron. Gritaron en pos de aquella oveja; y a la otra oveja que había estado con él, y que estaba en medio de ellos, diciendo: No somos capaces de estar delante de nuestro Dios, ni de mirarlo.

Los israelitas tuvieron miedo de estar en presencia de EL.

51 Entonces aquella oveja que los conducía; se alejó y subió a la cima de la roca.

Moisés va al Monte Sanai y recibe los Diez Mandamientos.

52 Cuando el resto de las ovejas comenzó a cegarse y a desviarse del camino que les había mostrado, pero él no lo sabía.

Aarón hace a los israelitas un becerro de oro y lo llama el Dios que los liberó de los egipcios. Al conspirar en sus mentes y corazones para hacer un dios para ellos mismos;

para guiarlos; y olvidando tan fácilmente al verdadero Dios; que los liberó; magnificaron sus verdaderas convicciones en sus corazones que realmente no habían llegado a la comprensión de que el Dios que los liberó era realmente el Dios Creador; el Dios de sus antepasados, Abraham, Isaac y Jacob.

Tomaron sus vidas en sus manos y se declararon más grandes y poderosos que el Dios que los había liberado. A su vez, se volvieron testarudos, embrutecidos y vigorosamente supersticiosos. Habían contemplado y presenciado la presencia de su Dios. En lugar de abrazarlo, se volvieron temerosos de él. Sus mentes y corazones no podían contemplar tal grandeza y poder; en su lugar, eligieron creer lo que era común a sus bajas vidas; y eso los hizo ciegos a la realidad; así que exigieron a Aarón que les hiciera un dios que pudieran ver y entender de acuerdo con su superstición y ceguera y sus bajas vidas como esclavos.

53 Su Dios, sin embargo, se indignó mucho contra ellos; y cuando aquella oveja se enteró de lo que había sucedido, 54 descendió de la cima de la roca, y acercándose a ellos, encontró que había muchos, 55 que se habían vuelto ciegos, 56 y se habían desviado de su camino. En cuanto lo vieron, temieron y se estremecieron ante su presencia; 57 y se pusieron a desear volver a su redil, 58 Entonces aquel pastor, tomando consigo otras ovejas, se dirigió a las que se habían extraviado 59 Y después comenzó a matarlas. Ellas se aterrorizaron ante su semblante. Entonces hizo volver a las que se habían extraviado, que volvieron a su redil.

EL castigó al pueblo que exigió que se hiciera un dios; y castigó a los que adoraron al becerro.

60 También vi allí en la visión, que esta oveja se convirtió en hombre, construyó una casa para el Dios de las ovejas, e hizo que todos estuvieran en la casa.

Se construyó el Tabernáculo.

61 Percibí también que las ovejas que salían al encuentro de esta oveja, su conductor, morían. Vi también que todas las ovejas grandes perecieron, mientras que otras más pequeñas se levantaron en su lugar, entraron en un pasto y se acercaron a un río de agua. 62 Entonces aquella oveja, su conductor, que se convirtió en hombre, se separó de ellas y murió.

Después de 40 años, Moisés muere y los israelitas, bajo el mando de Josué, cruzan el río Jordán.

63 Todas las ovejas lo buscaron y lloraron por él con amargo lamento. 64 Vi asimismo que dejaron de llorar tras esa oveja y pasaron el río de aguas. 65 Y que se levantaron otras ovejas, todas las cuales las condujeron, en lugar de las que estaban muertas, y que antes las habían conducido.

El tiempo de los Jueces de Israel.

66 Entonces vi que las ovejas entraron en un lugar bueno, y en un territorio delicioso y glorioso.

Los israelitas conquistaron la Tierra prometida.

67 Vi también que se saciaban; que su casa estaba en medio de un territorio delicioso; y que a veces se les abrían los ojos, y a veces se quedaban ciegos; hasta que otra oveja se levantó y los condujo. Los trajo de vuelta; y sus ojos se abrieron.

Samuel guiaba a los israelitas.

68 Entonces los perros, las zorras y los jabalíes empezaron a devorarlos, hasta que de nuevo se levantó otra oveja (114), el amo del rebaño, uno de ellos, un carnero, para conducirlos. Este carnero comenzó a golpear por todos lados a esos perros, zorros y jabalíes, hasta que todos perecieron.

Saúl se levantó y se convirtió en rey de Israel.

Sus ojos, y vio al carnero en medio de ellos, que había dejado de lado su gloria. 70 Y comenzó a golpear a las ovejas, pisándolas, y comportándose sin dignidad. 71 Entonces el Dios de ellos envió de nuevo a la oveja anterior a una oveja aún diferente, y la levantó para que fuera un carnero y las condujera en lugar de aquella oveja que había dejado su gloria.

Saul peca y es es despojado del reino; la oveja anterior es Samuel y el carnero es David.

72 Por lo tanto, yendo a él, y conversando con él a solas, levantó a ese carnero, y lo hizo príncipe y jefe del rebaño. Todo el tiempo que los perros molestaron a las ovejas.

Los perros eran los filisteos.

73 El primer carnero rindió respeto a este último carnero. 74 Entonces este último carnero se levantó y huyó de su presencia. Y vi que aquellos perros hicieron caer al primer carnero. 75 Pero este último carnero se levantó y condujo a las ovejas más pequeñas. 76 Ese carnero también engendró muchas ovejas y murió.

Saul presigen a David y los felisteos matan a Saul; David se convirtió en rey de Israel

77 Entonces hubo una oveja más pequeña, un carnero, en lugar de él, que se convirtió en príncipe y líder, conduciendo el rebaño.

Salomón se convirtió en rey de Israel.

78 Las ovejas aumentaron de tamaño y se multiplicaron. 79 Y todos los perros, las zorras y los jabalíes tenían miedo y huían de él. 80 Aquel carnero también hirió y mató a todas las fieras, de modo que no pudieron volver a prevalecer en medio de las ovejas, ni nunca las arrebataron.

Israel se convierte en un Reino fuerte.

81 Y se hizo una casa grande y ancha; sobre ella se construyó una torre elevada por las ovejas, para el Dios de las ovejas. 82 La casa era baja, pero la torre era elevada y muy alta.

Salomón construye el primer Templo.

83 El Dios de las ovejas se paró sobre esa torre e hizo que se acercara ante él una mesa llena.

La presencia de EL entra en el Santo de los Santos.

84 Volví a ver que aquellas ovejas se extraviaban y tomaban diversos caminos, abandonando aquella su casa.

Los israelitas se extraviaron.

85 Y que su Dios llamaba a algunos de entre ellos, a los que enviaba.

EL llama a los profetas para que sean su voz.

86 Pero a estos las ovejas comenzaron a matarlos. Y cuando uno de ellos se salvó de la matanza, saltó y gritó contra los que querían matarlo.

Elías es el que saltó; era conocido como el corredor de larga distancia.

87 Pero el Dios de las ovejas lo libró de sus manos y lo hizo subir a él y quedarse con él.

Elías sube al cielo.

88 Envió también a muchos otros a dar testimonio, y con lamentaciones a exclamar contra ellos. 89 Volví a ver, cuando algunos de ellos abandonaron la casa de su Dios y su torre; errando por todas partes y quedándose ciegos.

Los israelitas cambiaron EL por el Señor. Y el Reino de Israel se divide en dos.

90 Vi que el Dios de las ovejas hizo una gran matanza entre ellos en sus pastos, hasta que clamaron a él a consecuencia de esa matanza. Entonces se alejó del lugar de su morada, y los dejó en poder de los leones, de los tigres, de los lobos y del zeebt, y en poder de las zorras y de toda bestia. 91 Y las bestias salvajes comenzaron a desgarrarlos.

EL deja su casa terrenal y va al Cielo y diferentes reinos comenzaron a conquistar a los israelitas.

92 Vi también que abandonó la casa de sus padres y su torre, entregándolos a todos en poder de los leones para que los desgarraran y devoraran; en poder de toda bestia.

El Reino de Israel comenzó a ser asaltado por las naciones cercanas.

93 Entonces comencé a gritar con todas mis fuerzas, implorando al Dios de las ovejas, y mostrándole cómo las ovejas eran devoradas por todas las bestias de rapiña. 94 Pero él miraba en silencio, regocijándose de que fueran devoradas, tragadas y llevadas, y dejándolas en poder de toda bestia para que se alimentaran. Llamó también a setenta pastores, y les encomendó el cuidado de las ovejas, para que las vigilaran; 95 diciéndoles a ellos y a sus compañeros: Cada uno de vosotros, por tanto, vigile las ovejas, y todo lo que yo os mande, hacedlo; y yo os las entregaré contadas.

Setenta reyes de Judá e Israel.

96 Yo os diré cuáles de ellos serán muertos; éstos destruyen. Y les entregó las ovejas. 97 Luego llamó a otro, y le dijo: Entiende, y vigila todo lo que los pastores harán con estas ovejas; porque perecerán muchas más de las que yo he mandado. 98 De todos los excesos y matanzas que los pastores cometan, se dará cuenta; como cuántas habrán perecido por mi mandato, y cuántas habrán destruido de sus propias cabezas.

Los pastores o reyes son desobedientes.

99 De todos los destrozos que haya hecho cada uno de los pastores habrá una cuenta; y según el número haré que se haga un recuento ante mí, de cuántos han destruido de sus propias cabezas, y cuántos han entregado a la destrucción, para que tenga este testimonio contra ellos; para que conozca todos sus procedimientos; y para que, entregándoles las ovejas, vea lo que harán; si actuarán como les he mandado, o no.

100 Sin embargo, esto no lo sabrán; no les darás ninguna explicación, ni los reprenderás; pero habrá una cuenta de toda la destrucción hecha por ellos en sus respectivas estaciones. Entonces comenzaron a matar, y a destruir más de lo que se les había ordenado. 101 Y dejaron las ovejas en poder de los leones, de modo que muchas de ellas fueron devoradas y tragadas por los leones y los tigres; y los jabalíes hicieron presa en ellas. Quemaron la torre y derribaron la casa.

Los leones, los tigres y los jabalíes son los medos, los persas y los babilonios.

102 Entonces me afligí mucho a causa de la torre, y porque la casa de las ovejas fue derribada. 103 Tampoco pude percibir después si volvieron a entrar en aquella casa. 104 También los pastores y sus compañeros las entregaron a todas las fieras para que las devorasen. Cada uno de ellos a su tiempo, según su número, fue entregado; cada uno de ellos, uno con otro, fue descrito en un libro, cuántos de ellos, uno con otro, fueron destruidos, en un libro.

Todo lo que sucede en la tierra está escrito en un libro en el Cielo, los nombres de todos los que murieron por las naciones invasoras están escritos en esos libros correspondientes a ese tiempo de la historia de la tierra.

105 Sin embargo, más de lo que se ordenó, todos los pastores son asesinados y destruidos.

Todos los pastores o reyes son muertos; y los reinos son derribados; el templo es destruido; y comenzaron los setenta años de cautiverio.

106 Entonces me puse a llorar, y me indigné mucho, a causa de las ovejas. 107 Así también vi en la visión al que escribía, cómo anotaba una, destruida por los pastores, cada día. Subió, se quedó, y exhibió cada uno de sus libros al Dios de las ovejas, conteniendo todo lo que habían hecho, y todo lo que cada uno de ellos había hecho desaparecer; 108 y todo lo que habían entregado a la destrucción. 109 Tomó el libro en sus manos, lo leyó, lo selló y lo depositó.

110 Después de esto, vi a los pastores que se asomaban durante doce horas. 111 Y he aquí que tres de las ovejas partieron, llegaron, entraron, y comenzaron a edificar todo lo que estaba caído de aquella casa.

Regreso del cautiverio; Zorobabel, Josué y Nehemías regresaron del cautiverio y comenzaron a construir el Templo.

112 Pero los jabalíes se lo impidieron, aunque no prevalecieron.

Los jabalíes eran Sanbalat el hornita, Tobías el siervo y Geshen el árabe.

113 Nuevamente comenzaron a construir como antes, y levantaron aquella torre, que se llamaba torre alta. 114 Y otra vez comenzaron a poner delante de la torre una mesa, con toda clase de pan impuro e inmundo sobre ella. 115 Además, todas las ovejas estaban ciegas y no podían ver, al igual que los pastores. 116 Así fueron entregadas a los pastores para una gran destrucción, quienes las pisotearon y las devoraron.

Después de la reconstrucción del segundo templo; nadie siguió las leyes mosaicas; y siguen su propia conciencia en el servicio del templo; sus acciones los marcaron a ellos y a sus reyes para la destrucción de nuevo. Todos los sacerdotes de esa época eran ciegos; fácilmente se decía que no sabían lo que hacían dentro del templo; y no podían ver que lo que hacían dentro del templo estaba en contra de EL y era una desobediencia a sus instrucciones como lo que se suponía que debían hacer como sacerdotes.

117 Sin embargo, su Dios guardó silencio, hasta que todas las ovejas del campo fueron destruidas. Los pastores y las ovejas se mezclaron, pero no las salvaron del poder de las bestias.

El reino de Judea fue derrocado; las ovejas y los pastores se mezclaron con los griegos, los edomitas y los romanos; pensaron que si se mezclaban se iban a salvar de ser conquistados por sus nuevos familiares; pero se equivocaron. Los griegos contaminaron el templo de EL trayendo y colocando la estatua de Zeus dentro del templo de Jerusalén y sacrificándole cerdos. En el año 63 Pompeyo captura Jerusalén y exilia a los judíos a España; sólo la mezcla de judíos que estaban casados con los griegos, romanos y edomitas se les permitió permanecer en Judea; el resto fueron exiliados y se les advirtió que si regresaban serían crucificados; y esto incluyó a todo el sacerdocio de Judea.

118 Entonces el que escribió el libro subió, lo expuso y lo leyó en la residencia del Dios de las ovejas. Le pidió por ellas, y oró, señalando cada acto de los pastores, y testificando ante él contra todos ellos. Luego, tomando el libro, lo depositó ante él, y partió.

Alguien está escribiendo el libro de la historia de Israel y cómo son tratados por otras naciones de la tierra; ora por Israel y pide a EL que tenga misericordia de ellos.

ENOC CAPÍTULO 89

1 Y observé durante el tiempo, que otros treinta y siete pastores estaban pasando por alto, todos los cuales terminaron en sus respectivos períodos como el primero. Otros entonces los recibieron en sus manos, para que los pasaran por alto en sus respectivos períodos, cada pastor en su propio período.

Enoc se desvía en el verso uno; esta parte está fuera de secuencia; debería ser la siguiente; se desvía porque se emociona con lo que le pasa a las ovejas; las ovejas vuelven a su redil y se establecen como Nación. Y a otros treinta y siete pastores se les dio autoridad sobre las ovejas. Estos no eran los reyes de Israel o de Judá; sino otros treinta y siete pastores.

Los treinta y siete pastores son treinta y siete presidentes de los Estados Unidos que tenían la responsabilidad de cuidar las ovejas. Esta parte está señalando un período de tiempo desde 1776 hasta Richard Nixon.

Richard Nixon es el último presidente que tuvo la responsabilidad de salvar a Israel y respaldarlo como nación; el hogar de las ovejas. Richard Nixon envía a los israelitas apoyo militar mientras eran atacados por 1,400 tanques sirios suministrados por la Unión Soviética; mientras Egipto cruzaba el Suez con 80,000 soldados en un ataque sorpresa durante el día más sagrado del calendario judío para Israel. Los israelitas derrotaron a las naciones árabes el 25 de octubre de 1973.

2 Después vi en la visión que llegaban todas las aves del cielo: las águilas, los avestes, los milanos y los cuervos. El águila los instruyó a todos. 3 Comenzaron a devorar a las ovejas, a sacarles los ojos y a devorar sus cuerpos. 4 Las ovejas gritaron entonces, pues sus cuerpos fueron devorados por las aves.

Todas las aves son aves de rapiña; son personas o naciones que creen en la matanza como solución; especialmente matando a los judíos. Marcan un espectro de presa o matanza; algunos solo quieren matar a los líderes de las ovejas; otros simplemente no les importa que las ovejas vivan; prefieren la muerte de los líderes de las ovejas; con las ovejas.

Este es el periodo de tiempo desde el 63 AC hasta 1968. Es el trato de las naciones europeas hacia los judíos; las ovejas. Los avest son los españoles; los cometas son los portugueses; los cuervos son los franceses; y el águila es el Imperio Romano dirigido por la Iglesia Católica. La iglesia católica los instruyó a todos; las órdenes fueron; o los cristianizas o los matas; el único judío bueno es un judío muerto; quémalos hasta la muerte por ser blasfemos.

En la Inquisición española los judíos u ovejas eran torturados sin piedad; les sacaban los ojos de las cuencas oculares y sus cuerpos eran torturados hasta el punto de que sus cuerpos se desgarraban en trozos de carne y ligamentos y quedaban irreconocibles. El último judío quemado hasta la muerte que se conoce fue una mujer judía quemada hasta la muerte en México por órdenes de la Iglesia Católica Romana en 1968. Leí el periódico y vi la foto de su cuerpo quemado. Fue una imagen muy triste y horrible para ver como un niño; me dio pesadillas.

Los papas decidieron matar a todos los judíos; hombres y mujeres; niños y niñas; a partir de los 14 años; y entregaron a los niños a familias cristianas dentro de los reinos que controlaban; para cristianizarlos. Esa es una de las razones por las que muchas de las ovejas no saben que son ovejas; porque fueron entrenadas para ser avest, cometas y cuervos por orden del águila, la Iglesia Católica Romana que dirigió e instruyó a los españoles, portugueses y franceses sobre qué hacer con los judíos, las ovejas. Y las ovejas hoy en día piensan que son avest, cometas y cuervos; y son ciegos y no pueden verse en el espejo como las ovejas; que son.

5 Yo también grité y gemí en mi sueño contra el pastor que vigilaba el rebaño. 6 Y miré, mientras las ovejas eran devoradas por los perros, por las águilas y por los

milanos. No les dejaban ni el cuerpo, ni la piel, ni los músculos, hasta que sólo les quedaban los huesos; hasta que sus huesos caían al suelo. Y las ovejas disminuyeron.

Los perros son los rusos; las águilas son los alemanes; y los cometas son los italianos. Los rusos eran terriblemente crueles con los judíos, los torturaban y los mataban de hambre. Los italianos que fueron las águilas del pasado se convirtieron en un ave menor; pero siguen siendo un ave de rapiña; y sus ofensas contra los judíos siguieron practicándose durante la Segunda Guerra Mundial y después; los alemanes mataron a las ovejas/judíos en campos de concentración y por ejecución sobre sus propias tumbas; por inanición, por gases de productos químicos; por palizas despiadadas; arrojándolos en los hornos ardientes; disparándoles en la nuca; y por cualquier medio que pudieran imaginar para matar a un ser humano. Las ovejas disminuyeron en más de 10 millones en Rusia; más de seis millones en Alemania y más de 8,000 en Italia.

El pastor contra el que grita y gime Enoc es José Stalin. Enoc escribe el orden de mayor a menor matanza de las ovejas; los perros, las águilas y los cometas. Que son los rusos, los alemanes y los italianos.

Se dice que Hitler asesinó a más de seis millones de judíos; pero Stalin asesinó a más de diez millones de judíos mientras estuvo en el poder; y a la vuelta de la Segunda Guerra Mundial cambió de bando y se convirtió en aliado de los Estados Unidos; por lo tanto; no fue considerado un criminal de guerra y fue visto como un gran hombre por las naciones; y como el tío abuelo Jose de Franklin D. Roosevelt.

Enoc ve lo que sucede y se indigna por lo que ve y por lo tanto, grita y gime contra Stalin. Incluso hasta el día de hoy; los millones de víctimas asesinadas de Stalin claman y gimen por justicia desde el interior del Paraíso.

7 Observé igualmente durante el tiempo, que veintitrés pastores estaban pasando por alto; quienes completaron en sus respectivos periodos cincuenta y ocho periodos.

Los veintitrés pastores representan el total de presidentes de los Estados Unidos que se necesitarán para cumplir la cantidad de tiempo que se necesitará para que Israel restablezca sus fronteras de nuevo. Veintitrés x 4 = 92 años desde el Presidente Nixon hacia el futuro. 1977 + 92 = año 2069

8 Entonces nacieron corderitos de esas ovejas blancas, que empezaron a abrir los ojos y a ver, gritando a las ovejas.

Los pequeños corderos son los descendientes de los fundadores de la Nación de Israel y de todo el mundo que reconocieron a EL como Dios; ellos están clamando al resto de Israel que todavía están en todas las naciones; para que vuelvan a casa y los ayuden en la lucha de ser una nación.

9 Las ovejas, sin embargo, no les gritaron, ni escucharon lo que les dijeron; sino que fueron sordas, ciegas y obstinadas en grado sumo.

El Joven Israel está dando la invitación a las ovejas que están varadas alrededor del mundo para que vengan a casa y las ayuden a salir; pero las ovejas alrededor del mundo no las escucharon; ni entendieron que el Joven Israel les está hablando porque están ciegos por la religión que no es de ellos en grado sumo; al punto que no saben que la invitación es para ellos y que son la verdadera descendencia de Abraham, Isaac y Jacob; "Israel"; porque todavía piensan que son españoles, portugueses, franceses, ingleses, alemanes y rusos. Y como tienen sus orígenes en sus mentes y corazones en el error no responden al clamor del Joven Israel.

10 Vi en la visión que los cuervos volaban sobre esos corderos; 11 que se apoderaron de uno de ellos y que, despedazando a las ovejas, las devoraron.

Itzjak Rabin nació en Israel; era una de las ovejas jóvenes; era descendiente de padres judíos ucranianos. Fue asesinado por un extremista llamado Yigal Amir; se dice que fue el resultado de una conspiración; pero sólo Yigal Amir está cumpliendo condena en la cárcel; recibe privilegios especiales de los sionistas dentro de la prisión; lo que lleva a revelar que el asesinato fue en realidad una verdadera conspiración, ya que el versículo 10 detalla que hubo más de un hombre involucrado en el asesinato de Rabin; los cuervos; un grupo de personas que forman parte de la conexión francesa.

12 Vi también que los cuernos crecían sobre esos corderos, y que los cuervos se posaban sobre sus cuernos.

Los israelitas se armaron; y son capaces de defenderse de las naciones que quieren destruirlos.

13 Vi también que a un carnero le brotó un gran cuerno entre las ovejas, y que se le abrieron los ojos. 14 Los miró. Sus ojos estaban muy abiertos; y les gritó.

Estas son las ovejas ciegas; israelitas de todo el mundo que no saben que son israelitas. Un hombre recibe la historia de las ovejas y les enseña sus raíces; él abre los ojos de las ovejas ciegas alrededor de la tierra y ellas comenzaron a ver quienes son. Este carnero tiene un solo cuerno; tiene un solo Dios; significa que este hombre tiene un área en su cabeza donde crece un cuerno de unicornio una marca o una indicación de un cuerno; la marca de su Dios; el poder, la autoridad y la aprobación de EL sobre su vida.

15 Entonces se vio al dabela; todos corrieron hacia él.

El dabela es reconocido por las ovejas y ellas lo aceptaron; y las ovejas corrieron hacia él; para ser guiadas por él. El dabela es un hombre que es tocado por el aliento de EL; ungido por EL; se le da autoridad para permanecer en la casa de EL; se le da sabiduría para abrir las puertas para los débiles y se convierte en un revelador del tiempo.

16 Además de esto, todas las águilas, los avestes, los cuervos y los milanos, seguían llevándose a las ovejas, volando sobre ellas y devorándolas. Las ovejas callaban, pero la dabela se lamentaba y gritaba.

Las aves de rapiña de este versículo son todas las naciones árabes y la Palestina armada por los países europeos que siguen creando guerras con Israel; siguen atacando a Israel y matando israelitas. Las ovejas guardan silencio; lo toman como una coincidencia normal porque están acostumbradas a ver que esto sucede desde hace años. Pero el dabela está emocionalmente herido por la matanza de los israelitas; y grita y lo llama asesinato; y clama para que se haga justicia. En el proceso captura a toda Jerusalén y exilia a todas las religiones de Jerusalén y les prohíbe regresar.

17 Entonces los cuervos contendieron y lucharon con ellos. 18 Quisieron entre ellos romper su cuerno, pero no prevalecieron sobre él. 19 Yo los miraba, hasta que llegaron los pastores, las águilas, los avestes y los milanos. 20 que gritaron a los cuervos para que rompieran el cuerno de la dabela, para contender con él y matarlo. Pero él luchó con ellos y gritó para que le ayudaran.

Los franceses son los primeros que reaccionan y atacan a Israel por expulsar al cristianismo de Israel. Vienen de acuerdo con sus propias palabras para detener y derrotar al anticristo. Los pastores o simplemente dijeron, “Los líderes de las naciones unidas;” tienen una reunión y deciden unirse a las naciones árabes en la guerra para exterminar a los judíos de la faz del mundo; especialmente de Jerusalén. Todos los países europeos especialmente Rusia; están enganchados para hacer la guerra contra Israel; vienen contra Israel en gran número para destruirlo y proclamar el cristianismo una religión gobernante igual con el Islam una vez más.

El dabela defiende a Israel con todo lo que tiene pero sabe que todos los superpoderes han unido fuerzas contra él; y que todos juntos es demasiado para que él pueda manejar; así que, clama a EL por ayuda; cree en los ejércitos angélicos que están preparados para su defensa. El ora por los ejércitos angélicos que son hechos de diez mil sobre diez mil; para ser desencadenados contra sus enemigos y defenderlo a él y a Israel.

21 Entonces percibí que venía el hombre que había escrito los nombres de los pastores y que subía ante el Dios de las ovejas.

El hombre que escribió los nombres de los pastores y que subió ante EL es el ángel Gabriel, pues su nombre significa hombre de EL.

22 Él trajo ayuda e hizo que todos lo vieran descender en ayuda de la dabela.

Él trae ayuda al ungido de EL; y hace que todas las naciones lo vean descender con diez mil sobre diez mil de ángeles del cielo; todos armados con armas angélicas.

23 Asimismo, percibí que el Dios de las ovejas se acercaba a ellas con ira, mientras todos los que lo veían huían; todos se postraron en su tabernáculo ante su rostro; mientras todas las águilas, los avestes, los cuervos y los milanos se reunían y traían consigo a todas las ovejas del campo.

EL se une a la guerra; esta porción está hablando del Arcángel Miguel. Miguel es el que es como EL y pelea todas las guerras por EL como si fuera EL mismo; Miguel está comprometido con EL con todo lo que es. El es lo mas cercano que cualquier carne humana llegara a EL sin morir.

EL tambien envia a sus angeles de ira liderados por Miguel contra las naciones arabes que estan reunidas para destruir a Israel. La gente que ve a Miguel se rinde.

Todas las naciones que se han reunido vienen camufladas con un plan maestro para acercarse a la dabela. Todos los judíos conocidos son llevados de vuelta a Israel; muchas naciones trabajan juntas para darles paso a Israel; con la intención en mente es poner a todas las ovejas juntas para destruirlas y matar a la dabela; eso es matar al ungido por EL; junto con los israelitas; de una vez por todas.

24 Todos se reunieron y se esforzaron por romper el cuerno de la dabela. 25 Entonces vi que el hombre que escribió el libro a la palabra de EL SHADDAI, abrió el libro

de la destrucción, de esa destrucción que los últimos doce pastores hicieron; y señaló ante el Dios de las ovejas, que ellos destruyeron más que los que los precedieron.

El hombre que escribió el libro a la palabra de EL SHADDAI, está involucrado. El abre el libro de la destrucción y señala a EL que antes de todas estas naciones modernas; se habían hecho intentos de exterminar a los judíos y que los últimos doce pastores habían matado más judíos que los pastores que les precedieron. Agrega la suma de la destruccion; y sale con la conclusion de que los judios habian pagado mas del doble por los crimenes de sus antepasados contra EL; y todavia deseaban que EL siguiera siendo su Dios; la dabela no tenia otro Dios mas que EL; y las ovejas necesitaban que su Dios luchara a su favor de nuevo.

Los doce pastores que mataron más judíos que los demás:

1. Joseph Stalin
2. Adolf Hitler
3. Heinrich Himmler
4. Joseph Mussolini
5. Yaroslav Stetsko
6. Mariscal Philippe Petain
7.Erich Koch
8. Rey Leopoldo II
9. Otto Oheindorf
10. Friedrich Jeckeln
11. Paul Blobel
12. Fernc Szalasi

26 Vi también que el Dios de las ovejas se acercó a ellas y tomando en su mano el cetro de su ira se apoderó de la tierra, que se desgarró; mientras que todas las bestias y aves del cielo cayeron de las ovejas y se hundieron en la tierra, que se cerró sobre ellas.

EL crea un temblor de tierra y se traga a todos los ejércitos de las superpotencias; con todas las fuerzas aéreas que van a volar en ese día; todos los objetos voladores van a ser atraídos magnéticamente a la cavidad del temblor de tierra y luego serán cubiertos.

27 Vi también que se le dio una gran espada a las ovejas, que salieron contra todas las bestias del campo para matarlas. 28 Pero todas las bestias y las aves del cielo huyeron de su presencia.

Un arma celestial va a ser dada a los israelitas con lo que vienen contra los países árabes. Cuando los países árabes vean el poder del arma que poseen los israelitas dejarán caer sus armas y huirán por sus vidas.

29 Y vi un trono erigido en una tierra deliciosa; 30 Sobre éste se sentaba el Dios de las ovejas, que recibía todos los libros sellados; 31 que estaban abiertos ante él. 32 Entonces EL SHADDAI llamó a los siete primeros blancos y les ordenó que trajeran

ante él la primera de las primeras estrellas, que precedía a las estrellas cuya forma se asemejaba en parte a la de los caballos; la primera estrella, que cayó primero; y las trajeron todas ante él.

Se construye un trono en una hermosa tierra próspera; según otras profecías; se construye en Israel pero esta profecía no dice que se construye el hogar de las ovejas; entonces EL entra y se sienta en el trono. Ordena que se abran los libros sellados de la historia; comienza el juicio final contra los Vigilantes y los ángeles caídos. Ordena a los siete Arcángeles que traigan a los Vigilantes que primero abandonaron sus puestos. Así como ellos fueron encontrados culpables, también todos los que estaban bajo su mando y siguieron sus órdenes fueron encontrados culpables; y son arrojados al infierno en llamas.

33 Y habló al hombre que escribía en su presencia, que era uno de los siete blancos, diciendo: Tomad a esos setenta pastores, a quienes entregué las ovejas, y que recibiéndolas, mataron a más de las que yo mandé. He aquí que los vi a todos atados, y de pie ante él. Primero vino el juicio de las estrellas, las cuales, siendo juzgadas, y encontradas culpables, fueron al lugar del castigo. Las metieron en un lugar profundo, lleno de fuego ardiente, y lleno de columnas de fuego. Entonces los setenta pastores fueron juzgados, y siendo hallados culpables, fueron arrojados al abismo en llamas.

EL juzga a setenta pastores que fueron responsables de la muerte de israelitas y judíos después de la caída de los dos reinos de Israel hasta la guerra final descrita; estos pastores se desvivieron por hacer leyes para matar judíos; dieron órdenes a sus súbditos y se regocijaron después de que los informes de cuántos judíos mataron; volvieran a ellos. No tenían ningún problema en matar a los judíos sólo por estornudar.

1. Tiglath-PileserIII
2. Salmanasar V
3. Nabucodonosor II
4. Amán
5. Antíoco IV Epífanes
6. Gneo Cornelio Escipión
7. Pompeyo
8. Cicerón
9. Herodes el Grande
10. Cicerón
11. Tiberio
12. Calgula
13. Claudio
21. Constancio Gallas
22. Constantino II
23. Teodosio
24. Emperador Honorio
25. Valentiniano III
26. Yazdegerd II
27. Rey Kobad
28. Justiniano el Grande
29. Rey Chideberto
30.Rey Recaredo
31. Tosrau II
32. Rey Sisebur
33. Emperador Heraclio
41. Papa Urbano II
42. Papa Pascualis II
43. Papa Clemente III
44. Papa Inocencio III
45. Papa Gregorio IX
46. Papa Inocencio IV
47. Papa Clemente IV
48. El Papa Gregorio X
49. El Papa Clemente VI
50. Papa Bonifacio IX
51. Papa Nicolás V
52. Papa Clemente VII
53. Papa Julio III

14. Vespasiano
15. Tito
16. Tito Flavio Clemente
17. Melito de Sardis
18. Apolinar el Apologista
19. Sínodo de Elvira
20. Constantino I
34. Mahoma
35. Dagoberto
36. Papa Gregorio I
37. Papa Honorio I
38. Papa Eugenio I
39. Papa Nicolás I
40. Papa León V
54. Papa Pablo IV
55. Papa Pío V
56. Papa Gregorio XIII
57. Papa Sixto V
58. Papa Clemente VII

LOS ÚLTIMOS DOCE TIENEN EL MAYOR NÚMERO DE MUERTES DE JUDÍOS BAJO SUS NOMBRES

59. Joseph Stalin
60. Adolf Hitler
61. Heinrich Himmler
62. Joseph Mussolini
63. Yaroslav Stetsko
64. Mariscal Philippe Petain
65. Erich Koch
66. Rey Leopoldo II
67. Otto Oheindorf
68. Friedrich Jeckeln
69. Paul Blobel
70. Fernc Szalasi

Todos los pastores son arrojados al infierno en llamas con todos sus seguidores.

34 En aquel tiempo también percibí que se abría un abismo en medio de la tierra, que estaba lleno de fuego. 35 Y a éste fueron llevadas las ovejas ciegas; las cuales, juzgadas y declaradas culpables, fueron todas arrojadas a ese abismo de fuego en la tierra y quemadas. 36 El abismo estaba a la derecha de aquella casa.

En el verso 34 las ovejas ciegas son juzgadas y encontradas culpables; estos son los judíos que se convirtieron al cristianismo y al islam; se volvieron ciegos y comenzaron a perseguir a sus hermanos judíos; estaban creyendo y confesando una religión que no tiene nada que ver con EL y su pueblo; son los israelitas que dejaron a EL por otros dioses que no son dios como el Señor y Alá. El abismo se abre a la derecha de la casa. El abismo es un portal que transporta a quien entra en él; al infierno; las ovejas ciegas no son enviadas a la misma dimensión del infierno que los pastores, sino que al infierno entrarán y serán consumidas por el fuego.

37 Y vi a las ovejas ardiendo y sus huesos consumiéndose.

38 Me quedé mirando cómo sumergía aquella casa antigua, mientras sacaban sus pilares, todas las plantas que había en ella y el marfil que la envolvía Lo sacaron y lo depositaron en un lugar a la derecha de la tierra.

Mientras Enoc miraba a EL, vio que la antigua casa bajaba del cielo; los ángeles la hicieron descender y la depositaron en la tierra. Esta es la casa que EL tenía sobre la Tierra cuando Adán estaba vivo y la llevó con él en el capítulo 6 de Génesis; donde está plantado el Jardín del Edén. El la trae de vuelta y la pone en el lado derecho de la tierra; en algún lugar del Este. La casa es una nave espacial; que viene con plantas que se encuentran y no se encuentran en la tierra; con el árbol de la vida; que si hueles y pruebas su fruto aumentará la esperanza de vida a 1000 años; y la nave espacial cubre muchas millas de territorio.

39 También vi que el Dios de las ovejas produjo una nueva casa, grande y más alta que la anterior, que ató por el punto circular anterior. Todas sus columnas eran nuevas, y su marfil nuevo, así como más abundante que el antiguo marfil anterior, que él había sacado

EL produce o crea una nueva casa en Israel sobre la tierra; que es más grande y más hermosa que la casa anterior. Todo en la casa es nuevo y más abundante que la antigua casa de marfil. Todo lo que la casa produce es más que suficiente para todos. La casa es un platillo espacial que cabe justo en el espacio circular del antiguo platillo espacial de la casa antigua.

40 Y mientras todas las ovejas que quedaban estaban en medio de ella, todos los animales de la tierra y todas las aves del cielo se postraron y los adoraron, pidiéndoles y obedeciéndoles en todo.

Las ovejas quedan en la casa nueva y todas las naciones acuden a ellas; las adoran, les piden cosas y las obedecen en todo. Los israelitas son vistos como los unicos que EL permite cerca de el; de manera que la gente de las naciones tiene que venir a los israelitas para obtener las bendiciones de EL. Las naciones en unidad reconocen y proclaman que los israelitas son el verdadero sacerdote de EL y que EL es el verdadero Dios Creador.

41 Entonces aquellos tres, que estaban vestidos de blanco, y que, sosteniéndome de la mano, me habían hecho subir antes, mientras la mano del que hablaba me sostenía; me levantaron y me pusieron en medio de las ovejas, antes de que tuviera lugar el juicio.

Los tres ángeles agarraron a Enoc y lo colocaron entre las ovejas antes de que tuviera lugar el juicio. Este verso debería haber sido insertado antes del juicio de los Vigilantes y los ángeles caídos; pero sirve un propósito aquí; nos deja saber que la forma en que Enoc cuenta la historia tiene su comienzo y su final; y todo no sigue necesariamente una secuencia. En otras palabras; lo que sucede al final en algunos de sus escritos es lo que sucedió primero y viceversa. Tendremos que leer todo lo que escribe Enoc y barajar su información donde mejor encaje como un rompe cabeza para entender y ver el cuadro que nos está dibujando con las palabras.

42 Las ovejas eran todas blancas, de lana larga y pura. Entonces todos los que habían perecido y habían sido destruidos, toda bestia del campo y toda ave del cielo, se reunieron en aquella casa; mientras el Dios de las ovejas se regocijaba con gran alegría, porque todos eran buenos y habían vuelto a su morada.

Los israelitas volvieron a Israel; y eso hace feliz a EL. Todos los que murieron entran en la Casa de EL. Este verso incluye a toda la gente del mundo que ha vivido y muerto; los humanos vivos que están vivos en ese momento y los humanos que habían estado muertos; entran juntos en una casa. Los muertos podian tocar y hablar a los vivos y los vivos podian tocar hablar a los muertos; EL se alegra y todos se alegran.

43 Y vi que dejaron la espada que había sido entregada a las ovejas, y la devolvieron a su casa, sellándola en presencia de EL SHADDAI.

Los israelitas devuelven el arma que EL les dio y la sellan; la encierran en presencia de EL SHADDAI.

44 Todas las ovejas se habrían encerrado en esa casa, si hubiera sido capaz de contenerlas; y los ojos de todos estaban abiertos, mirando al bueno; ni hubo uno entre ellos que no lo contemplara.

No todos podrán permanecer dentro de la casa de EL porque no hay espacio suficiente para que todos permanezcan en ella; pero todos van a poder ver a EL. Esta es la Casa de EL en la Tierra. Podemos llamarla el Templo de EL donde podemos adorarlo; y cualquiera puede ir a visitarlo allí en cualquier momento; el mundo entero podrá ver a EL a través de la televisión.

45 Igualmente percibí que la casa era grande, amplia y extremadamente llena. Vi también que había nacido una vaca blanca, cuyos cuernos eran grandes; y que todas las bestias del campo, y todas las aves del cielo, se alarmaban ante él, y le suplicaban en todo momento.

Después del día del juicio; una vaca le nace a la oveja y todos se alarman de la situación porque en vez de dar a luz a una oveja; la oveja da a luz a una vaca; un humano puro 100%

probado en su ADN. Están alarmados pero cuidan muy bien de él. Este es el comienzo de 1000 años de vida para los humanos. La historia comienza con una vaca blanca y termina con una vaca blanca. Las vacas blancas del principio vivieron hasta 1000 años y lo mismo harán las vacas del futuro. Cuando esto ocurra; todos los vivos vivirán 1000 años de vida; será el comienzo de 1000 años de ciclo de vida para todos los humanos.

46 Entonces vi que la naturaleza de todas ellas fue cambiada, y que se convirtieron en vacas blancas; 47 y que la primera, que estaba en medio de ellas, habló, esa palabra se convirtió en una bestia grande, sobre cuya cabeza había cuernos grandes y negros; 48 mientras el Dios de las ovejas se regocijaba sobre ellas, y sobre todas las vacas.

Cuando la primera vaca que nace habla, su palabra se convierte en una nueva creación. Las ovejas se transforman en vacas blancas y se les da el poder de crear hablando palabras y eso hace que EL se regocije.

49 Me acosté en medio de ellas: Me desperté; y vi el conjunto. Esta es la visión que vi, acostado y despierto. Entonces bendije al Dios de la justicia, y le di gloria.

50 Después lloré abundantemente, y no cesaron mis lágrimas, de tal manera que fui incapaz de soportarlo. Mientras miraba, fluyeron a causa de lo que veía; pues todo había pasado; cada circunstancia individual relativa a la conducta de la humanidad fue vista por mí. 51 En aquella noche me acordé de mi sueño anterior, y por eso lloré y me turbé, porque había visto aquella visión.

ENOC CAPÍTULO 90

Enoc da consejos a sus descendientes

1 Y ahora, hijo mío Mathusala, llama a mí a todos tus hermanos, y reúne para mí a todos los hijos de tu madre; porque una voz me llama, y el espíritu se derrama sobre mí, para que os muestre todo lo que os sucederá para siempre.

El año de Enoc sobre la tierra está a punto de expirar y quiere contar a todos sus descendientes lo que les va a suceder.

2 Entonces Mathusala fue, llamó a todos sus hermanos y reunió a su parentela. 3 Y conversando con todos sus hijos en la verdad, 4 Enoc dijo: Oíd, hijos míos, todas las palabras de vuestro padre, y escuchad con rectitud la voz de mi boca, porque quiero ganar vuestra atención, mientras me dirijo a vosotros. Amado mío, apégate a la integridad y camina en ella.

5 No os acerquéis a la integridad con un corazón doble, ni os asociéis con hombres de doble ánimo; sino que caminad, hijos míos, en la justicia, que os conducirá por buenas sendas, y que la verdad sea vuestra compañera.

6 Porque yo sé que la opresión existirá y prevalecerá en la tierra; que en la tierra tendrá lugar un gran castigo al final, y que habrá una consumación de toda iniquidad, que será cortada de raíz, y todo tejido levantado por ella pasará. Sin embargo, la iniquidad se renovará de nuevo y se consumará en la tierra. Todo acto de crimen, y todo acto de opresión e impiedad, será abrazado por segunda vez.

Enoch les dice que el crimen, la opresión y la impiedad en su tiempo van a ser castigados pero iban a ser abrazados por segunda vez por los humanos. Y porque en el futuro después del diluvio los humanos van a abrazar el mal otra vez; todo tipo de cosas malas les van a pasar y el castigo va a caer sobre ellos.

7 Por lo tanto, cuando la iniquidad, el pecado, la blasfemia, la tiranía y toda obra mala aumenten, y cuando la transgresión, la impiedad y la impureza también aumenten, entonces sobre todos ellos se infligirá un gran castigo desde el cielo.

8 El Dios santo saldrá con ira, y sobre todos ellos se infligirá un gran castigo desde el cielo. 9 El Dios santo saldrá con ira y con castigo, para ejecutar el juicio en la tierra. 10 En aquellos días la opresión será cortada de raíz, y la iniquidad con el fraude será erradicada, pereciendo de debajo del cielo.

11 Todo lugar de fortaleza será entregado con sus habitantes; con fuego será quemado. Serán traídos de todas partes de la tierra y serán arrojados a un juicio de fuego. Perecerán en la ira, y por un juicio que los dominará para siempre.

Estos versos son una breve repetición de todo lo que acabamos de leer en los capítulos anteriores. Todos los ángeles caídos y los Vigilantes van a ser destruidos con fuego y por el juicio de EL. Toda la maldad va a ser desarraigada de la tierra y puesta en el fuego del infierno por el juicio de EL Shaddai. Aunque las fuerzas del mal son poderosas serán dominadas por el juicio de EL Shaddai. Esto es lo que los seres humanos necesitan saber. No hay un solo espíritu maligno, demonio o ángel caído que sea lo suficientemente poderoso para separarnos de la misericordia y el amor de EL Shaddai; si vienen contra nosotros; todo lo que tenemos que hacer es reclamar el juicio de EL sobre sus cabezas y los ejércitos del cielo volarán hacia abajo y los capturarán y los pondrán en los fuegos del Infierno; porque han cruzado la línea de contacto con nosotros; y les está prohibido contactar a los humanos.

Si quieres vivir una vida protegida de todas estas criaturas invisibles encubiertas; cuando las escuches en tus oídos o en tu mente di; "Reclamo el juicio de EL Shaddai sobre tu cabeza". Esa idea maligna te dejará; porque el espíritu maligno detrás de la voz será capturado y puesto en los fuegos del infierno por tu petición y pronunciamiento.

Pero estos versos también declaran que EL va a salir del Cielo; destruyendo con fuego. Los versos no están describiendo el poder nuclear de las naciones o las naciones entrando en guerra y causando fuegos nucleares; por otro lado está describiendo a Dios mismo viniendo del Cielo y poniendo partes de la tierra en fuego; especialmente en las partes de la tierra que los ángeles caídos, los espíritus malignos y los demonios van a ser encontrados y destruidos; no hace falta decir; los adoradores humanos de tales identidades también van a morir; en el día y hora en el tiempo; en el futuro cercano; que hemos identificado como el Día del Juicio.

12 La justicia será levantada del sueño; y la sabiduría será levantada y conferida sobre ellos. 13 Entonces serán cortadas las raíces de la iniquidad; los pecadores perecerán por la espada; y los blasfemos serán aniquilados en todas partes. 14 Los que meditan la opresión, y los que blasfeman, por la espada perecerán. 15 Y ahora, hijos míos, os describiré y señalaré el camino de la justicia y el de la opresión. 16 Os los señalaré de nuevo, para que sepáis lo que ha de venir.

17 Escuchen ahora, hijos míos, y caminen por el camino de la justicia, pero eviten el de la opresión; porque todos los que caminan por el camino de la iniquidad perecerán para siempre.

La justicia y la sabiduría van a ser despertadas. La Justicia y la Sabiduría son ángeles de la clase de los Vigilantes que han sido dormidos por los humanos. Porque los humanos a través de las edades los han rechazado eligiendo la injusticia y la estupidez para guiarlos. Aunque ellos piensan que han escogido la rectitud y la sabiduría; han sido engañados y lo que han escogido los está llevando al infierno.

La rectitud y la sabiduria guiaran a la gente hacia el Dios Creador cuyo nombre es EL SHADDAI; cualquier otra llamada rectitud y sabiduria no guiaran a la gente hacia el Dios Creador sino hacia el Satanás; lo mismo que el Señor, los espíritus malignos y los demonios; conduciendolos a romper todas las leyes y prescripciones de EL para la vida de los humanos; y los humanos lo llaman bueno mientras son conducidos al infierno; tal como Eva llamo al fruto prohibido bueno despues de que EL lo llamo el fruto que te matara; ella fue conducida a comerlo por el primer Señor de la Tierra y fue conducida a la muerte.

La verdadera justicia y sabiduría van a ser despertadas cuando los ojos de la gente van a ser curados de su ceguera; y la ceguera no va a ser quitada completamente de toda la tierra hasta después del Día del Juicio.

ENOC CAPÍTULO 91

Consejos de Enoc para sus descendientes

A partir de este capítulo, todo lo que leemos; Enoc no lo escribió personalmente; los autores lo leyeron o escucharon de palabra lo que Enoc había escrito; y lo reescribieron lo mejor que pudieron recordar. Algunos escritos están en primera persona implicando que Enoc lo escribió o lo dijo; y otros están en tercera persona declarando que Enoc no lo escribió pero está escrito lo más parecido a lo que Enoc lo había escrito. Algunos de los escritos están redactados en el tiempo después del diluvio; por Noé o los nietos de Noé hasta el tiempo de Abraham, algunos durante el tiempo del Reino Israelita y otros después de la caída del Reino Israelita.

1 Lo que fue escrito por Enoc. Él escribió toda esta instrucción de sabiduría para todo hombre de dignidad, y todo juez de la tierra; para todos mis hijos que habitarán la tierra, y para las generaciones subsiguientes, conduciéndose recta y pacíficamente.

2 No se aflija tu espíritu a causa de los tiempos; porque el Santo, el Grande, ha prescrito un período para todos.

3 Que el hombre justo se levante del sueño; que se levante y proceda en el camino de la justicia, en todos sus senderos; y que avance en la bondad y la clemencia eterna.

La misericordia se mostrará al hombre justo; a él se le conferirá integridad y poder para siempre. En la bondad y en la justicia existirá, y caminará en la luz eterna; pero el pecado perecerá en las tinieblas eternas, y no será visto desde entonces para siempre.

ENOC CAPÍTULO 92

Enoch es el doctor y maestro original del tiempo y de las fechas. Fue instruyido por los in angeles en el Cielo. Él no pudo haber cometido un error tan grande como el capítulo 92 afirma. El término semana tiene dos valores; es una semana de días o una semana de años. Este capítulo tiene una profecía de un total de diez semanas desde el tiempo de Enoc hacia el futuro. Si es una semana de días, la profecía tomaría un total de 70 días; si es una semana de años, la profecía tomaría 70 años para llevarse a cabo.

Algunos expertos sugieren que una semana significa 1000 años; pero 1000 años se describe como un período o un tiempo; tanto el período como el tiempo para medir los años es 1000 años. Si efectivamente la medida de tiempo para una semana es 1000 años en este caso; entonces tienen el incendio del templo en el sexto milenio y la dispersión de los judíos en el al final del sexto milenio; a menos que tenga un significado que nosotros como humanos no conocemos y no estamos en sintonía. Hoy 2017 es 5997; estamos en el final del quinto milenio; y el sexto milenio aún no ha comenzado. ¿Significa esto que el templo va a ser quemado de nuevo? Espera, no hay ningún templo para quemar. ¿Significa que los judíos van a ser dispersados de nuevo? Espera, todos nosotros no hemos llegado a Israel para ser dispersados de nuevo.

Hay tres posibilidades para que este capítulo esté equivocado: Una es que alguien escribiera este capítulo y lo insertara como capítulo para imponer su influencia sobre el lector o tratara de reordenar la secuencia del tiempo para que se ajustara a su idea del tiempo sin saber en qué milenio se estaba yendo; ni conocía el arte de la datación antigua. En este caso este capítulo obviamente tendría que ser escrito después de la caída del Reino de Judá y después del regreso del cautiverio de setenta años; después de que los israelitas habían olvidado cómo contar y leer su propio calendario y se habían sometido a las maneras y al calendario de sus captores.

La segunda posibilidad es que se trate de un error de interpretación o que se haya distorsionado de palabra; y al hacerlo; la semana se aplicó a la secuencia equivocada de la profecía invirtiendo la información. En este caso usaré la medida de 1000 años por semana; pero no podré justificar este capítulo como un escrito de Enoc que trata de la datación antigua real; no reescribiré o trataré de explicar nada en este capítulo que trate de la medida de 1000 años por semana; sólo haré breves comentarios. Pero por otro lado explicaré la historia angélica del tiempo en comparación con la datación antigua de la historia.

Lo que ya ha sucedido podemos fecharlo y discutirlo pero lo que no ha sucedido todavía; tenemos que esperar y ver si sucede. Si sucede entonces sabremos realmente que Enoc lo había escrito una vez mientras estaba vivo. Si no sucede entonces el capítulo 92 es un intento de alguien que intenta engañarnos. Puedes lanzar una moneda y ver si le das algún valor a estas profecías. El conocimiento dice que este capítulo es muy sospechoso de ser falsificado o al menos no 100% exacto de su original; pero también apunta a la datación angélica.

La tercera posibilidad es que el escrito no trate del tiempo de los humanos sino del tiempo de los ángeles.

A decir verdad, leemos que Enoc no escribió este capítulo; el autor escribe en tercera persona y lo hace afirmando lo que Enoc había dicho. Lo más probable es que se trate de una historia contada de generación en generación de boca en boca hasta que llegó a este autor y éste la escribió tal y como la había oído hablar.

1 Después de esto, Enoc comenzó a hablar de un libro.2 Y Enoc dijo: Sobre los hijos de la justicia, sobre los elegidos del mundo, y sobre la planta de la justicia y la integridad. 3 Sobre estas cosas hablaré, y estas cosas os explicaré, hijos míos: Yo que soy Enoc. Como consecuencia de lo que se me ha mostrado, de mi visión celestial y de la voz de los santos ángeles he adquirido conocimiento; y de la tabla del cielo he adquirido entendimiento.

Enoc declara que todo lo que ha aprendido, lo aprendió de la tabla que vio y leyó en el cielo.

4 Enoc entonces comenzó a hablar de un libro, y dijo: He nacido el séptimo en la primera semana, mientras el juicio y la justicia esperan con paciencia.

Enoc no nació en la séptima de la primera semana; Enoc nació en el 11 Jubileo, en la quinta semana, en el cuarto año; o en otras palabras, Enoc nació en el año 589 de la creación. Enoc nació en el primer milenio; estos versos también nos dicen que Enoc no escribió lo que está escrito en este capítulo porque el escritor está narrando la escritura; está escrito en tercera persona. Y si Enoc fue el primero en escribirlo; su libro se perdió y lo que se escribió después fue de palabra y las fechas y la secuencia están distorsionadas y sin tiempo real.

Pero si Enoc no esta leyendo sobre el mismo y esta leyendo sobre una identidad que no se explica quien es; entonces tendria sentido que la identidad este hablando sobre el mismo y haciendo que el tiempo de la profecia este conectada y relacionada con su nacimiento y no de una fecha o tiempo antiguo humano.

El Angel de la presencia nació el séptimo en la primera semana y es el protector de la planta de la justicia; y sólo los descendientes de los humanos que han sido elegidos por EL como la planta de la justicia pueden acercarse a él.

Despues del diluvio todos los humanos fueron considerados iguales en la planta de la rectitud pero despues los Espiritus comenzaron a tomar esposas humanas de nuevo y contaminaron la semilla de la planta de la rectitud; lo que hizo que los Angeles de la rectitud rechazaran a los humanos que han sido contaminados en su ADN.

Y si el Ángel de la Presencia está usando el término semana para detallar el tiempo y la fecha de los Ángeles de la presencia; entonces su semana sería igual a 700 años angélicos terrestres ya que ellos tratan con el número 7.

Esto haría la primera semana del año 1 - 700 años. "...mientras el juicio y la justicia esperan con paciencia". Nos hace saber que en los primeros 700 años; que había habido engaño y rebelión de Satanás contra EL por la creación del hombre y que aún no había sido juzgado ni se había hecho nada al respecto.

5 Pero después de mí, en la segunda semana, surgirá una gran maldad, y brotará el fraude.

En la segunda semana es del año 1001 al 2000.

Además, en la segunda semana los Vigilantes se rebelaron porque encontraron que la belleza de las hijas del hombre era irresistible y comenzaron a tomar esposas de ellas en la segunda semana; y trajeron la maldad a la tierra; haciéndola crecer o brotar entre los hombres.

6 En esa semana tendrá lugar el fin de la primera, en la que la humanidad estará a salvo.

La humanidad estuvo a salvo en el primer milenio antes del diluvio porque EL dio y envió a Noé el diseño del Arco; el medio para escapar de la destrucción; y Noé comenzó a construirlo.

7 Pero cuando se complete el primero, crecerá la iniquidad; y durante la segunda semana ejecutará el decreto sobre los pecadores.

La segunda semana es del año 1001 al 2000.

La segunda semana en años angélicos terrestres sería del 701 al 1400

La primera es todo lo que fue creado en la primera semana de la creación; después de que se completó; la finalización es después de que todo lo que fue creado da una descendencia o produce lo que fue creado; entonces la primera logró la finalización. Entonces los ángeles recogieron a las esposas humanas; fue la iniquidad actual la que se produjo en la tierra. El decreto fue que el juicio fue puesto sobre los Vigilantes y su descendencia; los Nefilinos y que la tierra iba a ser inundada. De nuevo, esto tuvo lugar durante el segundo milenio.

8 Después, en la tercera semana, un hombre de la planta del juicio justo será seleccionado; y después de él la planta de la justicia vendrá para siempre.

El tercer milenio es del 2001 al 3000.

La tercera semana en años angélicos terrestres sería del año 1401 al 2100.

Noé y su esposa fueron seleccionados; su ADN fue analizado por los ángeles y eran realmente 100% humanos; todavía llevaban el ADN original de la creación y por eso Noé fue seleccionado. La planta de la justicia son los humanos que todavia llevan el ADN original de la creacion y no han sido contaminados por el ADN de los Espiritus o su descendencia; son verdaderos 100% humanos.

Los angeles de EL son requeridos para proteger a estos humanos del ataque de Satanás y de todos los angeles caídos que están listos para matarlos y destruirlos. El termino para siempre es usado en las escrituras antiguas para describir o declarar por el tiempo que sea necesario. En el ejemplo de la vida humana; para siempre sería hasta 1000 años.

9 Posteriormente, en la cuarta semana, durante su terminación, se verán las visiones de los santos los justos, se llevará a cabo el orden de generación en generación, y se hará una morada para ellos.

El cuarto milenio es del 3001 al 4000.

La cuarta semana en años angélicos terrestres sería del 2101 al 2800

Los israelitas están en Egipto y comienzan a multiplicarse mientras se prepara la tierra de Israel para convertirla en un hogar.

Luego, en la quinta semana, durante su finalización, la casa de la gloria y del dominio será erigida para siempre.

El quinto milenio es desde el año 4001 hasta el año 5000.

La quinta semana en años angélicos terrestres sería del 2801 al 3500

El primer templo de Israel es construido; y la ley es practicada y obedecida; hasta el día de hoy; Los Diez Mandamientos. La casa fue destruida pero su valor y su contención nunca serán destruidos.

10 Después de eso, en la sexta semana, todos los que están en ella se oscurecerán, los corazones de todos ellos se olvidarán de la sabiduría, y en ella se levantará y saldrá un Hombre. 11 Y durante su terminación quemará la casa de dominio con fuego, y toda la raza de la raíz elegida será dispersada.

El sexto milenio es del año 5001 al año 6000.

La sexta semana en años angélicos terrestres sería del 3501 al 4200

Este período marcaría el tiempo de los Reinos divididos de Israel. El fin del Reino de Judea se produjo cuando Nabucodonosor atacó Jerusalén y capturó la ciudad; después, ordenó que el templo fuera quemado. En ese momento todos los israelitas fueron desarraigados y dispersados por el mundo.

12 Después, en la séptima semana, se levantará una generación perversa; abundantes serán sus obras y perversas todas sus acciones. Durante su terminación, los justos serán seleccionados de la planta eterna de la justicia; y a ellos se les dará la doctrina séptica de toda su creación.

El séptimo milenio es del año 6001 al 7000.

La séptima semana en años angélicos terrestres sería del 4201 al 4900.

La generación perversa que despierta es la de los Imperios Europeos, los gentiles. La doctrina septenaria de toda su creación es que a los verdaderos humanos se les da el conocimiento de todo tipo de ciencias; terrestres, del espacio exterior, geográficas, oceánicas, químicas, mecánicas, etc.

13 Después habrá otra semana, la octava de la justicia, a la que se le dará una espada para ejecutar el juicio y la justicia sobre todos los opresores.

El octavo milenio es desde el año 7001 hasta el año 8000.

La octava semana en años angélicos terrestres sería desde el 4901 hasta el 5600

Se declaran las independencias de las patrias europeas; los países se vuelven libres y se gobiernan a sí mismos. Las guerras mundiales se libran en nombre de la justicia y los opresores son derrotados.

14 Los pecadores serán entregados en manos de los justos, quienes durante su finalización adquirirán moradas por su justicia; y la casa del gran Rey será establecida para las celebraciones por siempre. Después de esto, en la novena semana, se revelará el juicio de la justicia a todo el mundo.

El noveno milenio es del año 8001 al año 9000.

La novena semana en años angélicos terrestres sería desde el 5601 hasta el 6300.

Israel va a restablecer la Casa de David para celebrar. Esto podría significar que el establecimiento es para la pura celebración de todo ello o una casa real de calidad que se celebrará debido a las victorias de la guerra. Al final de este periodo la obra de los impíos va a desaparecer de toda la tierra.

15 Toda obra de los impíos desaparecerá de toda la tierra; el mundo quedará marcado para la destrucción, y todos los hombres estarán atentos al camino de la integridad.

16 Y después de esto, en el séptimo día de la décima semana, habrá un juicio eterno, que se ejecutará sobre los Vigilantes; y un espacioso cielo eterno brotará en medio de los ángeles.

El décimo milenio es del año 9001 al año 10001

La décima semana en años angélicos terrestres sería del año 6301 al 7000.

El día del juicio; el día que todas las religiones temen va a ocurrir sobre la tierra. Los Vigilantes van a ser juzgados. De acuerdo con este pasaje. El Día del Juicio está fijado para el año 6301 en el séptimo día. Eso sería en el séptimo día de la primavera del año 6301. Esta fecha sólo es buena si lo que Enoc estaba leyendo significaba años angélicos terrenales; después de todo los años angélicos terrenales encajan con lo que ya ha sucedido; pero con cualquier otra prueba no podemos estar seguros; excepto que sería una buena suposición. Nos está llevando a que después del año 7000 todo va a ser perfecto de nuevo y la duración de la vida humana volvería a ser de 1000 años.

Tanto el sueño de Enoc como la escritura de este libro o capítulo; que acabamos de leer; se reflejan mutuamente de principio a fin; hablando de las mismas cosas. Así que en cuanto a la información; son idénticos excepto la inserción del tiempo o las semanas en este capítulo no se puede depender.

17 El antiguo cielo se irá y pasará; un nuevo cielo aparecerá; y todas las potencias celestiales brillarán con un esplendor séptuple para siempre. Después habrá también muchas semanas, que existirán externamente en la bondad y en la justicia.

18 No se nombrará allí el pecado por siempre y para siempre.

19 ¿Quién hay de todos los hijos de los hombres, capaz de oír la voz del Santo sin emoción? 20 ¿Quién es capaz de pensar en sus pensamientos? ¿Quién es capaz de contemplar toda la obra del cielo? ¿Quién de comprender las obras del cielo?

21 Puede contemplar su animación, pero no su espíritu. Puede ser capaz de conversar sobre él, pero no de ascender a él. Puede ver todos los límites de estas cosas, y meditar en ellas; pero no puede hacer nada parecido.

22 ¿Quién de todos los hombres es capaz de comprender la anchura y la longitud de la tierra? 23 ¿Quién ha visto las dimensiones de todas estas cosas? ¿Acaso todo hombre es capaz de comprender la extensión del cielo, cuál es su elevación y con qué se sostiene?

24 ¿Cuántos son los números de las estrellas; y dónde permanecen todas las luminarias en reposo?

Se dice que los siguientes capítulos fueron dados por Enoc a la humanidad; pero al estudiarlos sabemos que parte de ellos fueron escritos después del regreso de la cautividad de setenta años de Judá. Pero como un todo; es un gran consejo y guía para que los seres humanos vivan por ellos.

CAPÍTULO 93 DE ENOC

El consejo de Enoc

1 Y ahora permítanme exhortarlos, hijos míos, a que amen la justicia y caminen en ella; porque las sendas de la justicia son dignas de aceptación, pero las sendas de la iniquidad fracasarán repentinamente y serán disminuidas.

2 A los hombres notables de su generación se les revelan las sendas de la opresión y de la muerte; pero se mantienen lejos de ellas y no las siguen. 3 Permíteme también exhortarte a ti, que eres justo, a que no andes por las sendas del mal y de la opresión, ni por las sendas de la muerte. No os acerquéis a ellos, para que no perezcáis; ni codiciéis.

4 Y escoged para vosotros la justicia y la buena vida. 5 Caminad por las sendas de la paz, para que viváis y seáis hallados dignos. Retened mis palabras en vuestros pensamientos íntimos, y no las borréis de vuestros corazones; porque yo sé que los pecadores aconsejan a los hombres para que cometan delitos con astucia. No se encuentran en todos los lugares, ni todo consejo posee un poco de ellos.

6 Ay de los que edifican la iniquidad y la opresión, y de los que ponen los cimientos del fraude; porque de repente serán subvertidos y nunca obtendrán la paz. 7 Ay de

los que edifican sus casas con el crimen; porque desde sus mismos cimientos serán demolidos, y por la espada caerán ellos mismos. También los que adquieren oro y plata, perecerán justa y repentinamente. Ay de vosotros, los ricos, porque en vuestras riquezas habéis confiado; pero de vuestras riquezas seréis apartados, porque no os habéis acordado del Altísimo en los días de vuestra prosperidad. 8 Habéis cometido blasfemia e iniquidad, y estáis destinados al día de la efusión de sangre, al día de las tinieblas y al día del gran juicio.

9 Esto es lo que voy a declararte y señalarte: que el que te creó te destruirá. 10 Cuando caigas, no te mostrará misericordia, sino que tu Creador se alegrará de tu destrucción. 11 Por tanto, los que sean justos entre vosotros en aquellos días, detesten a los pecadores y a los impíos.

ENOC CAPÍTULO 94

Un corazón afligido

1 ¡Oh, si mis ojos fueran nubes de agua, para llorar sobre ti, y derramar mis lágrimas como la lluvia, y descansar del dolor de mi corazón! 2 ¿Quién os ha permitido odiar y transgredir? El juicio os alcanzará, pecadores. 3 Los justos no temerán a los malvados, porque EL volverá a traerlos a vuestro poder, para que os vengáis de ellos según vuestro deseo.

4 Ay de vosotros, que estaréis tan atados por las ejecuciones, que no podréis liberaros de ellas; el remedio está lejos de vosotros a causa de vuestros pecados. Ay de ti, que recompensas a tu prójimo con el mal; porque serás recompensado según tus obras.

5 Ay de vosotros, falsos testigos, que agraváis la iniquidad; porque pereceréis repentinamente. 6 Ay de vosotros, pecadores, que rechazáis al justo; porque recibís o rechazáis a placer a los que cometen iniquidad, y su yugo prevalecerá sobre vosotros.

CAPÍTULO 95 DE ENOC

Tened paciencia y esperanza

1 Esperad en la esperanza, justos, porque de repente los pecadores perecerán ante vosotros, y vosotros ejerceréis el dominio sobre ellos, según vuestra voluntad.

2 En el día de los sufrimientos de los pecadores, tu descendencia se elevará y se alzará como las águilas. Tu nido será más exaltado que el de las aves; ascenderás y entrarás en las cavidades de la tierra y en las hendiduras de las rocas para siempre, como los conos, a la vista de los impíos. 3 Que gemirán por ti y llorarán como sirenas.

4 No temeréis a los que os molestan, porque la restauración será vuestra; una luz espléndida brillará a vuestro alrededor, y la voz de la tranquilidad se oirá desde el cielo. Ay de vosotros, pecadores, porque vuestra riqueza os hace parecer santos, pero vuestros corazones os reprochan, sabiendo que sois pecadores. Esta palabra testificará contra vosotros, para memoria del crimen.

5 Ay de vosotros, que os alimentáis de la gloria del maíz, y bebéis la fuerza del manantial más profundo, y en la soberbia de vuestro poder pisoteáis a los humildes.

6 Ay de vosotros, que bebéis agua a placer; porque de repente seréis recompensados, consumidos y marchitados, porque habéis abandonado el fundamento de la vida.

7 Ay de ti, que actúas inicuamente, fraudulentamente y blasfemando; habrá un recuerdo contra ti para mal.

8 Ay de vosotros, poderosos, que con poder derribáis la justicia; porque vendrá el día de vuestra destrucción; mientras que en ese mismo tiempo muchos y buenos días serán la porción de los justos, aun en el período de vuestro juicio.

ENOC CAPÍTULO 96

Los justos están confiados

1 Los justos están confiados en que los pecadores serán deshonrados y perecerán en el día de la iniquidad. 2 Vosotros mismos seréis conscientes de ello, pues el Altísimo se acordará de vuestra destrucción, y los ángeles se alegrarán de ella. ¿Qué haréis, pecadores? ¿Y hacia dónde volaréis en el Día del Juicio, cuando escuchéis las palabras de la oración de los justos?

3 No sois como los que en esto atestiguan contra vosotros; sois socios de los pecadores. 4 En esos días las oraciones de los justos subirán ante EL SHADDAI. Cuando llegue el día de vuestro juicio; y cada circunstancia de vuestra iniquidad sea relatada ante el grande y el santo; 5 Vuestros rostros serán cubiertos de vergüenza; mientras que toda obra, fortalecida por el crimen, será rechazada.

6 Ay de vosotros, pecadores, que en medio del mar y en tierra firme sois aquellos contra los que existe un registro de maldad. Ay de vosotros, que dilapidáis la plata y el oro, no obtenidos con justicia, y decís: "Somos ricos, poseemos riquezas y hemos adquirido todo lo que podemos desear. 7 Ahora, pues, haremos todo lo que se nos antoje, porque hemos acumulado plata; nuestros graneros están llenos, y los labradores de nuestras familias son como agua desbordada. 8 Como el agua pasará vuestra falsedad; porque vuestras riquezas no serán permanentes, sino que saldrán repentinamente de vosotros, porque las habéis obtenido todas inicuamente; a una extrema maldición seréis entregados.

9 Y ahora os juro, tanto a los astutos como a los sencillos, que vosotros, contemplando a menudo la tierra, vosotros que sois hombres, os vestís con más elegancia que las mujeres casadas, y ambas juntas más, que las solteras, vistiéndoos por todas partes de majestad, de magnificencia, de autoridad y de plata; pero el oro, la púrpura, el honor y la riqueza, como el agua, se esfuman.

10 Por lo tanto, la erudición y la sabiduría no son de ellos. Así perecerán, junto con sus riquezas, con toda su gloria y con sus honores; 11 mientras que con la desgracia, la matanza y la extrema penuria, sus espíritus serán arrojados a un horno de fuego.

12 Os he jurado, pecadores, que ni el monte ni la colina han sido ni serán sometidos a la mujer. 13 Ni de esta manera nos ha sido enviado el crimen a la tierra, sino que los hombres de sus propias cabezas lo han inventado; y grandemente serán execrados los que le dan eficiencia.

14 La esterilidad no será infligida antes a la mujer; pero a causa del trabajo de sus manos morirá sin hijos.

15 Yo os he jurado, pecadores, por el Santo y el Grande, que todas vuestras malas acciones son reveladas en los cielos; y que ninguno de vuestros actos opresivos es oculto y secreto.

16 No penséis en vuestras mentes, ni digáis en vuestros corazones, que todo crimen no se manifiesta y se ve. En el cielo se escribe diariamente ante el Altísimo. De ahí en adelante se manifestará; porque todo acto de opresión que cometáis será registrado diariamente, hasta el período de vuestra condenación.

17 Ay de vosotros, simples, porque pereceréis en vuestra sencillez. A los sabios no los escucharéis, y lo que es bueno no lo obtendréis.

18 Ahora, pues, sabed que estáis destinados al día de la destrucción; ni esperáis que los pecadores vivan, sino que con el tiempo moriréis, porque no estáis señalados para la redención;

19 sino que estáis destinados al día del gran juicio, al día de la angustia y de la extrema ignominia de vuestras almas.

20 Ay de vosotros, obstinados de corazón, que cometéis delitos y os alimentáis de sangre. ¿Por qué os alimentáis de cosas buenas, bebéis y os saciáis? ¿No es porque nuestro Dios, el Altísimo, ha suministrado abundantemente todo lo bueno en la tierra? Para vosotros no habrá paz.

21 ¡Ay de vosotros, que amáis las obras de la iniquidad! ¿Por qué esperáis lo que es bueno? Sabed que seréis entregados en manos de los justos, que os cortarán el cuello, os matarán y no tendrán compasión de vosotros.

22 ¡Ay de vosotros, que os alegráis de la aflicción de los justos, porque no se cavará una tumba para vosotros!

23 Ay de vosotros, que frustráis la palabra del justo; porque para vosotros no habrá esperanza de vida.

24 Ay de vosotros, que anotáis la palabra de la mentira y la palabra de los impíos; porque su mentira registran, para que oigan y no olviden la necedad.

25 Para ellos no habrá paz, sino que morirán repentinamente.

ENOC CAPÍTULO 97

Advertencia a los pecadores

1 Ay de los que actúan impíamente, que entonan cantos de alabanza y honran la palabra de la falsedad. Os habéis perdido en la perdición; y nunca habéis llevado una vida virtuosa.

**2 Ay de los que cambian las palabras de la integridad. Transgreden el decreto eterno;
3 y hacen que las cabezas de los que no son pecadores sean pisoteadas en la tierra.**

4 En aquellos días, vosotros, oh justos, habréis sido considerados dignos de que vuestras oraciones se eleven en memoria; y las habréis depositado en testimonio ante los ángeles, para que registren los pecados de los pecadores en presencia del Altísimo.

**5 En aquellos días las naciones serán derribadas; pero las familias de las naciones
resucitarán en el día de la perdición. 6 En aquellos días las que queden embarazadas
saldrán, se llevarán a sus hijos y los abandonarán. Sus hijos se les escaparán, y
mientras los amamantan los abandonarán; nunca volverán a ellos, ni instruirán a
sus amados. 7 De nuevo os juro, pecadores, que el crimen ha sido preparado para el
día de la sangre, que no cesa.**

:8 Adorarán piedras y grabarán imágenes de oro, plata y madera. Adorarán en los templos a los espíritus impuros, a los demonios y a todo ídolo; pero no se les podrá ayudar. Sus corazones se volverán impíos por su locura, y sus ojos se cegarán con la superstición mental. En sus sueños visionarios; serán impíos y supersticiosos, mintiendo en todas sus acciones y adorando una piedra. Todos ellos perecerán.

9 Pero en esos días serán bienaventurados aquellos a quienes se les entregue la palabra de la sabiduría; que señalen y sigan el camino del Altísimo; que caminen por la senda de la justicia y que no actúen impíamente con los impíos. 10 Ellos se salvarán.

11 Ay de ti, que expandes el crimen de tu prójimo; porque en el infierno serás asesinado.

12 Ay de vosotros, que ponéis el fundamento del pecado y del engaño, y que sois amargados en la tierra; porque en ella seréis consumidos.

13 Ay de vosotros, que edificáis vuestras casas con el trabajo de otros, cada parte de las cuales está construida con ladrillo y con la piedra del crimen; os digo que no obtendréis la paz.

14 Ay de vosotros que despreciáis la extensión de la herencia eterna de vuestros padres, mientras vuestras almas siguen a los ídolos; porque para vosotros no habrá tranquilidad.

15 Ay de los que cometen iniquidad y dan ayuda a la blasfemia, que matan a su prójimo hasta el día del gran juicio; porque vuestra gloria caerá; la malevolencia pondrá en vuestros corazones, y el espíritu de su ira os incitará, para que cada uno de vosotros perezca a espada. 16 Entonces todos los justos y los santos se acordarán de vuestros crímenes.

CAPÍTULO 98 DE ENOC

Una profecía de muerte

1 En aquellos días los padres serán abatidos con sus hijos en presencia unos de otros, y los hermanos con sus hermanos caerán muertos, hasta que un río fluya de su sangre.

2 Porque el hombre no refrenará su mano de sus hijos, ni de los hijos de sus hijos; su misericordia será matarlos.

3 Ni el pecador refrenará su mano de su hermano honrado. Desde el amanecer del día hasta la puesta del sol continuará la matanza. El caballo vadeará hasta su pecho, y el carro se hundirá hasta su eje, en la sangre de los pecadores.

CAPÍTULO 99 DE ENOC

Profecía de los criminales humanos perseguidos por los ángeles

1 En aquellos días los ángeles descenderán a los lugares de ocultación y reunirán en un solo lugar a todos los que hayan colaborado en el crimen.

2 En ese día el Altísimo se levantará para ejecutar el gran juicio sobre todos los pecadores, y para encomendar la custodia de todos los justos y santos a los santos ángeles, para que los protejan como a la niña de los ojos, hasta que todo mal y todo crimen sean aniquilados.

3 Si los justos duermen o no con seguridad, los sabios lo percibirán entonces verdaderamente.

4 Y los hijos de la tierra entenderán cada palabra de ese libro, sabiendo que sus riquezas no podrán salvarlos en la ruina de sus crímenes.

5 Ay de vosotros, pecadores, cuando seáis afligidos a causa de los justos en el día de la gran tribulación; seréis quemados en el fuego, y seréis recompensados según vuestras obras.

6 Ay de vosotros, perversos de corazón, que estáis atentos para obtener un conocimiento exacto del mal y para descubrir los terrores. Nadie os ayudará.

7 Ay de vosotros, pecadores, porque con las palabras de vuestra boca y con la obra de vuestras manos habéis actuado impíamente; en la llama de un fuego abrasador seréis quemados.

8 Y ahora sabed que los ángeles indagarán vuestra conducta en el cielo; al sol, a la luna y a las estrellas les preguntarán sobre vuestros pecados; porque en la tierra ejercéis jurisdicción sobre los justos.

9 Toda nube dará testimonio contra ti, la nieve, el rocío y la lluvia; pues todos ellos serán retenidos de ti, para que no desciendan sobre ti, ni se conviertan en servidumbre de tus crímenes.

10 Traed, pues, regalos de salutación a la lluvia, para que, no siendo retenida, descienda sobre vosotros; y al rocío, si ha recibido de vosotros oro y plata. Pero cuando la escarcha, la nieve, el frío, todos los vientos nevados y todos los sufrimientos pertenecientes a ellos, caigan sobre vosotros, en esos días seréis totalmente incapaces de permanecer ante ellos.

ENOC CAPÍTULO 100

Más advertencia para el pecador

1 Considerad atentamente el cielo, todos vosotros, progenitores del cielo, y todas las obras del Altísimo; temedle y no os comportéis criminalmente ante él.

2 Si Él cierra las ventanas del cielo, refrenando la lluvia y el rocío, para que no descienda sobre la tierra por causa vuestra, ¿qué haréis vosotros?

3 Y si Él envía su ira sobre vosotros y sobre todas vuestras obras, no sois vosotros los que podéis suplicarle; vosotros que habláis contra su justicia, lengua orgullosa y poderosa. Para vosotros no habrá paz.

4 ¿No ves a los comandantes de las naves, cómo sus barcos son zarandeados por las olas, despedazados por los vientos y expuestos al mayor peligro?

5 Que por eso temen, porque toda su hacienda está embarcada con ellos en el océano; y que prohíben el mal en sus corazones, porque puede tragarlos y perecer en él?

6 ¿No es todo el mar, todas sus aguas, y toda su conmoción, obra de él, el Altísimo; de él que ha sellado todos sus esfuerzos, y lo ha ceñido por todos lados con arena?

7 ¿No se ha secado y alarmado por su reprensión, y han muerto todos sus peces con todo lo que contienen? ¿Y vosotros, pecadores, que estáis en la tierra, no le teméis? ¿No es él el hacedor del cielo y de la tierra, y de todas las cosas que hay en ellos? 8
¿Y quién ha dado erudición y sabiduría a todos los que se mueven progresivamente sobre la tierra y sobre el mar?

9 ¿No se espantan los comandantes de las naves ante el océano? ¿Y no se aterran los pecadores ante el Altísimo?

(No Capítulo 101)

ENOCH CAPÍTULO 102

1 En aquellos días, cuando Él arroje sobre vosotros la calamidad del fuego, ¿a dónde volaréis y dónde estaréis a salvo?

2 Y cuando Él envíe su palabra contra vosotros, ¿no estaréis a salvo sino aterrorizados?

3 Todas las luminarias se agitan con gran temor; y toda la tierra se salva, mientras tiembla y sufre ansiedad.

4 Todos los ángeles cumplen las órdenes que reciben, y están deseosos de ocultarse de la presencia de la gran Gloria; mientras que los hijos de la tierra están alarmados y turbados.

5 Pero vosotros, pecadores, sois malditos para siempre; para vosotros no habrá paz.

6 No temáis, almas de los justos; antes bien, esperad con paciente esperanza el día de vuestra muerte en justicia. No os entristezcáis, porque vuestras almas descienden con gran angustia, con gemidos, lamentos y tristeza, al receptáculo de los muertos. En vuestro tiempo de vida vuestros cuerpos no han recibido una recompensa en proporción a vuestra bondad, sino que en el período de vuestra existencia han

existido pecadores; en el período de la execración y del castigo. 7 Y cuando muráis, los pecadores dirán respecto a vosotros: Como nosotros morimos, mueren los justos. ¿De qué les sirven sus obras? He aquí que, como nosotros, expiran en la tristeza y en la oscuridad. ¿Qué ventaja tienen ellos sobre nosotros? En adelante somos iguales; ¿no somos mejores? ¿Qué habrá al alcance de sus manos, y qué ante sus ojos para siempre? Porque he aquí que están muertos; y nunca más percibirán la luz.

Os digo, pecadores, que os habéis saciado con la carne y la bebida, con el saqueo y la rapiña humana, con el pecado, con la adquisición de riquezas y con la visión de los días buenos. ¿No habéis observado a los justos, cómo su fin es la paz? Pues no se encuentra en ellos opresión alguna hasta el día de su muerte. Perecen, y son como si no lo fueran, mientras sus almas descienden con dificultad al receptáculo de los muertos.

ENOC CAPÍTULO 103

Los espíritus de los justos existirán y se alegrarán.

1 Pero ahora te juro, justo, por la grandeza de su esplendor y de su gloria; por su ilustre reino y por su majestad, a ti te juro, que comprendo este misterio; que he leído la tabla del cielo, he visto la escritura de los santos, y he descubierto lo que está escrito e impreso en ella respecto a ti.

2 He visto que se ha preparado para vosotros toda la bondad, la alegría y la gloria, y que se ha escrito para los espíritus de los que mueren eminentemente justos y buenos. A vosotros se os dará a cambio de vuestras molestias; y vuestra porción de felicidad superará con creces la de los vivos. 3 Los espíritus de los que mueren en justicia existirán y se alegrarán. Sus espíritus se regocijarán; y su recuerdo estará ante la faz del Poderoso de generación en generación. Ni temerán ahora la desgracia.

4 Ay de vosotros, pecadores, cuando muráis en vuestros pecados; y ellos, que son como vosotros, digan con respecto a vosotros: dichosos estos pecadores. Han vivido todo su período; y ahora mueren en la felicidad y en la riqueza. La angustia y la matanza no las conocieron en vida; en el honor mueren; ni nunca en su vida los alcanzó el juicio. 5 ¿Pero no se les ha mostrado que, cuando entren en el receptáculo

de los muertos, sus almas serán hechas descender, sus malas acciones se convertirán en su mayor tormento? En las tinieblas, en el lazo y en la llama, que arderá hasta el gran juicio, entrarán sus espíritus; y el gran juicio tendrá efecto por los siglos de los siglos.

6 Ay de vosotros, porque para vosotros no habrá paz. Tampoco podréis decir a los justos y a los buenos que viven: En los días de nuestra aflicción hemos sido afligidos; toda clase de angustia hemos visto, y muchos males hemos sufrido. 7 Nuestros espíritus han sido consumidos, disminuidos y rebajados. 8 Hemos perecido; no ha habido posibilidad de ayuda para nosotros ni de palabra ni de obra; no hemos encontrado ninguna, sino que hemos sido atormentados y destruidos. 9 No hemos esperado vivir día tras día.

10 Esperábamos haber sido la cabeza. 11 Pero nos hemos convertido en la cola. Hemos sido afligidos, cuando nos hemos esforzado; pero hemos sido devorados por los pecadores y los impíos; su yugo ha sido pesado sobre nosotros. 12 Se han enseñoreado de nosotros los que nos detestan y nos acosan; y a los que nos odian les hemos humillado la cerviz, pero no han tenido compasión de nosotros.

13 Hemos querido escapar de ellos, para huir y estar tranquilos; pero no hemos encontrado ningún lugar al que podamos huir y estar a salvo de ellos. Hemos buscado asilo con los príncipes en nuestra angustia, y hemos gritado a los que nos devoraban; pero nuestro grito no ha sido atendido, ni ellos han estado dispuestos a escuchar nuestra voz; 14 sino más bien a ayudar a los que nos saquean y devoran; a los que nos disminuyen y ocultan su opresión; a los que no quitan su yugo de nosotros, sino que nos devoran, nos enervan y nos matan; a los que ocultan nuestra matanza, ni se acuerdan de que han levantado sus manos contra nosotros.

ENOC CAPÍTULO 104

Todo lo que haces queda registrado en el Cielo.

1 Te juro, justo, que en el cielo los ángeles registran tu bondad ante la gloria del Poderoso. 2 Esperad con paciente esperanza; porque antes habéis sido deshonrados con el mal y con la aflicción; pero ahora brillaréis como las luminarias del cielo. Seréis

vistos, y se os abrirán las puertas del cielo. Vuestros gritos han clamado por el juicio, y éste se os ha aparecido; porque se pedirá cuenta de todos vuestros sufrimientos a los príncipes y a todos los que han ayudado a vuestros saqueadores. 3 Esperad con paciente esperanza; no renunciéis a vuestra confianza, pues una gran alegría será la vuestra, como la de los ángeles en el cielo. Comportaros como queráis, pero no seréis ocultados en el día del gran juicio. No seréis encontrados como pecadores; y la condenación eterna estará lejos de vosotros, mientras el mundo exista. 4 Y ahora no temáis, justos, cuando veáis a los pecadores florecientes y prósperos en sus caminos. 5 No os asociéis con ellos, sino manteneos a distancia de su opresión; asociaos con los ángeles del cielo.

Vosotros, pecadores, decís que todas nuestras transgresiones no serán tenidas en cuenta ni registradas. Pero todas vuestras transgresiones serán registradas diariamente. 6 Y estad seguros por mí, que la luz y las tinieblas, el día y la noche, contemplan todas vuestras transgresiones. No seáis impíos en vuestros pensamientos; no mintáis; no entreguéis la palabra de la rectitud; no mintáis contra la palabra del santo y del poderoso; no glorifiquéis a vuestros ídolos; porque toda vuestra mentira y toda vuestra impiedad no son para la justicia, sino para un gran crimen. 7 Ahora señalaré un misterio: Muchos pecadores se volverán y transgredirán la palabra de la rectitud. 8 Hablarán cosas malas; dirán falsedades; ejecutarán grandes empresas y compondrán libros con sus propias palabras. Pero cuando escriban correctamente todas mis palabras en sus propias lenguas 9 No las cambiarán ni las disminuirán, sino que las escribirán todas correctamente; todo lo que desde el principio he dicho acerca de ellos.

10 Otro misterio también señalo. A los justos y a los sabios se les darán libros de alegría, de integridad y de gran sabiduría. A ellos se les darán libros en los que creerán. 11 Y en los que se regocijarán. Y serán recompensados todos los justos, que de ellos adquirirán el conocimiento de todo camino recto.

ENOC CAPÍTULO 104

1 En aquellos días, dice EL SHADDAI, "Llamarán a los hijos de la tierra y les harán escuchar su sabiduría. Muéstrenles que ustedes son sus líderes; 2 y esa remuneración tendrá lugar sobre toda la tierra; porque yo y mis hijos estaremos constantemente

apoyándolos en los caminos de la rectitud, mientras estén vivos. La paz será suya. Alégrense, hijos de la integridad, en la verdad.

ENOCH CAPÍTULO 105

Nace Noé

1 Después de un tiempo, mi hijo Mathusala tomó una esposa para su hijo Lamec. 2 Ella quedó embarazada de él y dio a luz a un niño, cuya carne era blanca como la nieve y roja como una rosa; el cabello de su cabeza era blanco como la lana y largo, y sus ojos eran hermosos. Cuando los abrió, iluminó toda la casa, como el sol; toda la casa rebosaba de luz. 3 Cuando fue tomado de la mano de la partera, Lamec, su padre, se asustó de él, y volando se dirigió a su propio padre, Mathusala, y le dijo: He engendrado un hijo, distinto de los demás. No es humano, sino que, asemejándose a la descendencia de los ángeles del cielo, es de naturaleza distinta a la nuestra, siendo totalmente diferente a nosotros. 4 Sus ojos son brillantes como los rayos del sol; su semblante es glorioso, y no parece que pertenezca a mí, sino a los ángeles. 5 Tengo miedo, no sea que en sus días ocurra algo milagroso en la tierra. 6 Y ahora, padre mío, permíteme rogarte y pedirte que vayas a nuestro progenitor Enoc y aprendas de él la verdad, pues su residencia está con los ángeles. 7 Cuando Mathusala oyó las palabras de su hijo, vino a mí en las extremidades de la tierra, pues le habían informado de que yo estaba allí; y gritó.

8 Oí su voz, y fui a él diciendo: He aquí, hijo mío, ya que has venido a mí.

9 El respondió y dijo: Por un gran acontecimiento he venido a ti; y por un espectáculo difícil de comprender me he acercado a ti. 10 Y ahora, padre mío, escúchame, porque a mi hijo Lamec le ha nacido un niño que no se parece a él, y cuya naturaleza no es como la del hombre. Su color es más blanco que la nieve; es más rojo que la rosa; el cabello de su cabeza es más blanco que la lana blanca; sus ojos son como los rayos del sol, y cuando los abrió iluminó toda la casa. 11 También, cuando fue tomado de la mano de la partera.

12 su padre Lamec tuvo miedo y huyó a mí, creyendo que el niño no le pertenecía, sino que se parecía a los ángeles del cielo. Y he aquí que he venido a ti, para que me indiques la verdad.

13 Entonces yo, Enoc, respondí y dije: EL SHADDAI hará una cosa nueva sobre la tierra. Esto lo he explicado y visto en una visión. Te he mostrado que en las generaciones de Jared mi padre, los que eran del cielo desatendieron la palabra de EL SHADDAI. He aquí que cometieron crímenes; dejaron de lado su clase y se mezclaron con las mujeres. Con ellas también transgredieron; se casaron con ellas, y engendraron hijos, que no son como seres espirituales, sino criaturas de carne.

14 Por eso vendrá una gran destrucción sobre toda la tierra; un diluvio, una gran destrucción, tendrá lugar en un año. 15 Este niño que ha nacido de tu hijo sobrevivirá en la tierra, y sus tres hijos se salvarán con él. Cuando toda la humanidad que está en la tierra muera, él se salvará. 16 Y su posteridad también engendrará en la tierra Nefilinos, no espirituales, sino carnales.

Sobre la tierra se infligirá un gran castigo, y será lavada de toda corrupción. Ahora, por lo tanto, informa a tu hijo Lamec, que el que ha nacido es su hijo en verdad; y llamará su nombre Noé, porque será para ti un sobreviviente. Él y sus hijos se salvarán de la corrupción que tendrá lugar en el mundo; de todo el pecado y de toda la iniquidad que se consumará en la tierra en sus días.

Después tendrá lugar una impiedad mayor que la que se había consumado antes en la tierra; porque yo conozco los santos misterios, que el propio EL SHADDAI me ha descubierto y explicado; y que he leído en las tablas del cielo.

17 En ellas vi escrito que la generación tras generación transgredirá, hasta que surja una raza justa; hasta que la transgresión y el crimen perezcan de la tierra; hasta que toda bondad venga sobre ella. 18 Y ahora, hijo mío, ve a decirle a tu hijo Lamec, 19 que el niño que nace es su hijo en verdad, y que no hay engaño.

20 Cuando Mathusala oyó la palabra de su padre Enoc, que le había mostrado todas las cosas secretas, volvió con entendimiento, y llamó el nombre de aquel niño Noé, porque había de consolar a la tierra a causa de toda su destrucción.

LA SEGUNDA MUERTE

21 Otro libro que Enoch escribió para su hijo Mathusala, y para los que vendrían después de él, y preservarían su pureza de conducta en los últimos días. Tú, que has trabajado, esperarás en esos días, hasta que los malhechores sean consumidos, y el poder de los culpables sea aniquilado. Esperad, hasta que pase el pecado; porque sus nombres serán borrados de los libros sagrados; su descendencia será destruida, y sus espíritus muertos. Gritarán y se lamentarán en el desierto invisible, y en el fuego sin fondo arderán. Allí percibí, por así decirlo, una nube que no se podía ver a través de ella, pues desde la profundidad de la misma no podía mirar hacia arriba. Contemplé también una llama de fuego que ardía intensamente y, como si se tratara de montañas resplandecientes que giraban alrededor y se agitaban de un lado a otro.

22 Entonces pregunté a uno de los santos ángeles que me acompañaban y le dije: ¿Qué es este objeto tan espléndido? Porque no es el cielo, sino una sola llama de fuego que arde; y en ella hay un clamor de exclamación, de aflicción y de gran sufrimiento.

23 Dijo: Allí, en ese lugar que contemplas, serán arrojados los espíritus de los pecadores y de los blasfemos; de los que harán el mal y pervertirán todo lo que EL ha dicho por boca de los profetas; todo lo que deben hacer. Porque con respecto a estas cosas habrá escritos e impresiones arriba en el cielo, para que los ángeles los lean y sepan lo que les sucederá tanto a los pecadores como a los espíritus de los humildes; a los que han sufrido en sus cuerpos, pero han sido recompensados por EL; a los que han sido tratados injustamente por hombres malvados; que han amado a EL; que no se han apegado ni al oro ni a la plata, ni a ninguna cosa buena del mundo, sino que han entregado sus cuerpos al tormento; 24 a los que desde el período de su nacimiento no han sido codiciosos de las riquezas terrenales, sino que se han considerado como un soplo que pasa. 25 Tal ha sido su conducta; y mucho los ha probado; y sus espíritus han sido encontrados puros, para que EL SHADDAI pueda bendecir su nombre. Todas sus bendiciones las he relatado en un libro; y Él los ha recompensado; porque se ha encontrado que aman el cielo con una aspiración eterna.

El ha dicho: "Mientras han sido pisoteados por hombres malvados, han oído de ellos injurias y blasfemias; y han sido tratados ignominiosamente, mientras me bendecían. Y ahora llamaré a los espíritus de los buenos de la generación de la luz, y cambiaré a los que han nacido en las tinieblas; que no han sido recompensados en sus cuerpos con la gloria, como su fe haya merecido. 26 Los llevaré a la espléndida luz de los que aman mi santo nombre; y pondré a cada uno de ellos en un trono de gloria, de gloria peculiarmente suya, y estarán en reposo durante períodos sin número."

Justo es el juicio de EL; 27 porque a los fieles les dará fe en las moradas de la rectitud. Verán los que han nacido en las tinieblas a las tinieblas serán arrojados; mientras

que los justos estarán en reposo. Los pecadores gritarán al verlos, mientras que ellos existen en el esplendor y proceden a los días y períodos que se les han prescrito.

ENOCH CAPÍTULO 37

Enoc comienza a enseñar la sabiduría que ha recibido de EL.

1 La visión que vio, la segunda visión de la sabiduría, que vio Enoc, el hijo de Jared, el hijo de Malaleel, el hijo de Canan, el hijo de Enos, el hijo de Seth, el hijo de Adán. Este es el comienzo de la palabra de la sabiduría, que recibí para declarar y contar a los que habitan la tierra. Escuchad desde el principio, y entended hasta el final, las cosas santas que pronuncio en presencia de EL Dios de los espíritus. Los que fueron antes de nosotros pensaron que era bueno hablar. 2 Y no dejemos que los que vienen después; obstruyan el principio de la sabiduría. Hasta el presente período nunca se ha dado ante EL Dios de los espíritus lo que he recibido, la sabiduría según la capacidad de mi intelecto y según el placer de EL Dios de los espíritus; lo que he recibido de él, una porción de vida eterna. 3 Y obtuve tres parábolas que declaré a los habitantes del mundo.

ENOC CAPÍTULO 38

1 La primera parábola: Cuando la congregación de los justos se manifieste; y los pecadores sean juzgados por sus crímenes y sean turbados a la vista del mundo. 2 Cuando se manifieste la justicia en presencia de los propios justos, que serán elegidos por sus buenas obras debidamente pesadas por EL Dios de los espíritus; y cuando se manifieste la luz de los justos y de los elegidos que habitan en la tierra; ¿dónde estará la morada de los pecadores? ¿Y dónde está el lugar de descanso para los que han rechazado a EL Dios de los espíritus? Más les valdría no haber nacido. 3 Cuando también se revelen los secretos de los justos, entonces los pecadores serán juzgados; y los impíos serán afligidos en presencia de los justos y de los elegidos. 4 A partir de ese momento, los poseedores de la tierra dejarán de ser poderosos y exaltados.

Tampoco serán capaces de ver los rostros de los santos; porque la luz de los rostros de los santos, los justos y los elegidos, ha sido vista por EL Dios de los espíritus. 5 Sin embargo, los reyes poderosos de ese período no serán destruidos, sino que serán entregados en manos de los justos y los santos. 6 Ni de allí en adelante ninguno obtendrá piedad de EL Dios de los espíritus, porque sus vidas en este mundo habrán sido completadas.

El capítulo 38 enseña que los justos van a gobernar sobre la tierra; y que el mal será exterminado; cualquiera que use el mal para gobernar va a caer y no se le dará misericordia porque el tiempo del mal ha sido completado y cualquiera con la obra del mal en sus vidas morirá.

ENOC CAPÍTULO 39

1 En aquellos días la raza elegida y santa descenderá de los cielos superiores, y su descendencia estará entonces con los hijos de los hombres.

Enoc recibió libros de indignación e ira; y libros de prisa y agitación. 2 "Nunca obtendrán misericordia", dice EL Dios de los espíritus.

Los versos 1 y 2 en pequeños detalles recitan las acciones de los Vigilantes y afirma que no obtendrán misericordia de EL.

Enoc tiene una vision y ve a todos los justos del futuro reunidos en la presencia de EL; alabando y bendiciendo. Enoc detalla en su visión la vida eterna después de la muerte. Ellos moraban juntos y el número era incontable. El ve a los ángeles orando por los hijos de los hombres; él ve y es testigo de la verdadera naturaleza y trabajo de los ángeles hacia la raza humana en la tierra.

3 Entonces una nube me arrebató y el viento me elevó por encima de la superficie de la tierra, colocándome en el extremo de los cielos.

4 Allí vi otra visión; vi las moradas y los lugares de descanso de los santos. Allí mis ojos contemplaron sus moradas con los ángeles y sus lugares de descanso con los santos. Ellos imploraban, suplicaban y oraban fervientemente por los hijos de los

hombres; mientras la justicia, como el agua, fluía ante ellos y la misericordia, como el rocío, se esparcía sobre la tierra. Y así será con ellos por los siglos de los siglos. 5
En aquel tiempo mis ojos contemplaron la morada de los elegidos, de la verdad, de la fe y de la justicia. 6 Incontable será el número de los santos y elegidos, en presencia de EL por los siglos de los siglos.

7 Su residencia vi bajo las alas de EL el Dios de los espíritus. Todos los santos y los elegidos cantaron ante él en apariencia como una llamarada de fuego; sus bocas estaban llenas de bendiciones, y sus labios glorificaban el nombre de EL el Dios de los espíritus. Y la justicia habitaba incesantemente ante él. 8 Allí deseaba permanecer, y mi alma anhelaba esa morada. Allí estaba mi herencia precedente; porque esto es para lo que yo había sido triunfante ante EL Dios de los espíritus.

9 En aquel tiempo glorifiqué y ensalcé el nombre de EL Dios de los espíritus con bendición y con alabanza; porque él lo ha establecido con bendición y con alabanza; según su beneplácito. 10 Aquel lugar lo contemplaron mis ojos durante mucho tiempo. Bendije y dije: Bendito sea, bendito desde el principio para siempre. En el principio, antes de que el mundo fuera creado, y sin fin es su conocimiento. 11
¿Qué es este mundo? De toda generación existente te bendecirán los que no duermen espiritualmente, sino que están ante tu gloria, bendiciendo, glorificando, exaltando y diciendo: "El santo, santo, Dios de los espíritus llena todo el mundo de los espíritus."
12 Allí mis ojos vieron a todos los que, sin dormir, están de pie ante él y lo bendicen, diciendo: "Bendito seas, y bendito sea el nombre de EL por los siglos de los siglos". Entonces mi semblante se transformó, hasta que fui incapaz de ver.

ENOCH CAPÍTULO 40

Cuatro ángeles protegiendo a los humanos en la Tierra y en el Cielo.

1 Después de esto vi miles de miles, y diez mil de diez mil; y un número infinito de personas de pie ante EL Dios de los espíritus. 2 En las cuatro alas igualmente de EL Dios de los espíritus, en los cuatro lados, percibí a otros, además de los que estaban de pie ante él. Sus nombres también los conozco, porque el ángel que procedía conmigo me los declaró, descubriéndome toda cosa secreta. 3 Entonces oí las voces de los que estaban en los cuatro lados magnificando a EL el Dios de la gloria.

4 La primera voz bendijo a EL, el Dios de los espíritus, por los siglos de los siglos. 5
La segunda voz oí que bendecía al Elegido; y a los elegidos que sufren a causa de EL el Dios de los espíritus.

6 La tercera voz oí pidiendo y orando por los que habitan en la tierra y suplicando el nombre de EL el Dios de los espíritus.

7 La cuarta voz la oí expulsando a los satanes y prohibiéndoles entrar en la presencia de EL Dios de los espíritus para hacer acusaciones contra los habitantes de la tierra.

8 Después de esto pedí al ángel de la paz, que procedía conmigo, que me explicara todo lo que estaba oculto. Le dije: "¿Quiénes son los que he visto en los cuatro lados y cuyas palabras he oído y anotado?" Respondió: "El primero es el misericordioso,
el paciente, el santo Miguel. 9 El segundo es el que gobierna todo sufrimiento y toda aflicción de los hijos de los hombres, el santo Rafael. El tercero, el que gobierna todo lo que es poderoso, es Gabriel. Y el cuarto, el que gobierna el arrepentimiento y la esperanza de los que heredarán la vida eterna, es Fanuel. Estos son los cuatro ángeles del Dios Altísimo, y sus cuatro voces son las que escuché en ese momento.

CAPÍTULO 41 DE ENOC

Los secretos de los cielos y del paraíso"; es lo mismo que decir: "Las reglas y leyes de los cielos y del paraíso que no son conocidas por los humanos. Deja que te enseñe algunas de ellas". Tienen divisiones que se ven afectadas por la acción humana. Las acciones humanas se pesan en la balanza de los cielos y del paraíso. Si los humanos no cumplen con su peso serán arrastrados y expulsados al castigo, dicho simplemente, "al infierno". Mientras que los elegidos no recibirán ningún castigo.

1 Después de esto contemplé los secretos de los cielos y del paraíso, según sus divisiones; y de la acción humana, como la pesan allí en balanzas. Vi las moradas de los elegidos y las moradas de los santos. Y allí mis ojos contemplaron a todos los pecadores, que negaban a EL Dios de la gloria y a quienes expulsaban de allí y los arrastraban; como los elegidos y los santos estaban allí no procedía contra ellos ningún castigo de EL Dios de los espíritus.

El verso dos habla de los secretos; estos son también las leyes y reglas de funcionamiento de los truenos y los vientos. El viento recoge el polvo de la tierra; luego se convierte en materia de madera; después se separa en materia de granizo, nieve, nubes y nubes mismas; luego distribuye la materia sobre la Tierra y la Tierra se renueva.

Hoy en día hemos descubierto que cada gota de agua tiene un grano de polvo sobre ella; invisible para el ojo pero visible para nuestros microscopios. Enoc está hablando de la materia y de la verdad microscópica que pensamos que no era una charla o una ciencia del primer milenio sino del siglo XX.

2 También allí mis ojos contemplaron los secretos de los relámpagos y de los truenos; y los secretos de los vientos; cómo se distribuyen al soplar sobre la tierra; los secretos de los vientos, del rocío y de las nubes. Allí percibí el lugar de donde salen y se saturan con el polvo de la tierra.

3 Allí vi la materia de madera de la que se separaron los vientos; la materia del granizo, la materia de la nieve, la materia de las nubes y la nube misma, que continuaba sobre la tierra antes de la creación del mundo.

Enoc dice que la luna también tiene su sistema de renovación por su propia materia; y cada materia es el proceso de los ángeles que trabajan y hacen su trabajo de acuerdo con lo que EL les ha ordenado hacer; y que nunca se caen para hacer lo que hay que hacer de acuerdo con la descripción de su trabajo.

4 Vi también el asunto de la luna, de dónde vinieron, de dónde procedieron su glorioso regreso y cómo una se hizo más espléndida que otra. Vi su rico progreso, su progreso inmutable, su progreso desunido y no disminuido; su observancia de una fidelidad mutua por un juramento estable; su proceder ante el sol y su adhesión al camino asignado, en obediencia al mandato de EL Dios de los espíritus. Poderoso es su nombre por los siglos de los siglos.

5 Después de esto vi que el camino oculto y manifiesto de la luna, así como el progreso de su trayectoria, se completaba allí de día y de noche; mientras cada uno, uno con otro, miraba hacia EL Dios de los espíritus, magnificando y alabando sin cesar, ya que la alabanza para ellos es el descanso; pues en el espléndido sol hay una conversión frecuente a la bendición y a la maldición.

6 El curso del camino de la luna para los justos es luz, pero para los pecadores es oscuridad; en nombre de EL Dios de los espíritus, que creó una división entre la luz y

la oscuridad, y separando los espíritus de los hombres, fortaleció los espíritus de los justos en nombre de su propia justicia. 7 Ni los ángeles impiden esto, ni están dotados del poder de impedirlo, porque el Juez los contempla a todos y los juzga a todos en su propia presencia.

ENOC CAPÍTULO 42

La Sabiduría vino a la tierra pero no hubo ningún humano que la deseara; entonces volvió al cielo y habitó entre los ángeles. Los ángeles la recibieron como un desierto recibe la lluvia; no podían tener suficiente de ella. Entonces la iniquidad fue a la tierra y vivió entre los humanos; los humanos abrazaron la iniquidad y se volvieron mudos mientras que los ángeles se volvieron sabios. La sabiduría podría haber elevado a la raza humana por encima de la raza angélica; pero los humanos la rechazaron y abrazaron la iniquidad, lo que los hizo más bajos que los ángeles.

1 La Sabiduría no encontró un lugar en la tierra donde pudiera hacer su morada, por lo que regresó al cielo. 2 La Sabiduría salió a habitar entre los hijos de los hombres, pero no obtuvo un hogar. La Sabiduría volvió a su lugar y se sentó en medio de los ángeles. Pero la iniquidad salió después de que ella regresó; quien sin tratar; encontró un hogar y residió entre ellos; como la lluvia en el desierto y como el rocío en una tierra sedienta

ENOC CAPÍTULO 43

Cada ángel y persona justa tiene una estrella que brilla y es llamada por sus nombres. Fuimos creados para tomar el lugar de los ángeles que se rebelaron contra EL; y nuestra tarea será adornar el espacio exterior con nuestras estrellas.

1 Vi otro esplendor y las estrellas del cielo. Observé que los llamaba a todos por sus nombres individuales y que ellos escuchaban. En una justa balanza; vi que pesaba con su luz la amplitud de sus lugares y el día de su aparición y su conversión. El

esplendor produjo esplendor; y su conversión fue igual al número de los ángeles y de los fieles.

2 Entonces pregunté al ángel, que iba conmigo, para que me explicara el secreto de estas cosas. Qué significaban sus nombres. El respondió: "Una comparación de los ángeles más los fieles te ha mostrado EL Dios de los espíritus. Son los nombres de los justos que habitan en la tierra y que creen en el nombre de EL el Dios de los espíritus con todo su corazón y su ser y nada los convencerá de dejar de creer en su nombre.

EL llama a las estrellas con los nombres de los fieles que creen en el nombre de EL Shaddai. Las nuevas estrellas estan conectadas a los justos; como los justos siguen siendo fieles las nuevas estrellas crecen mas brillantes; tenemos nuestras propias estrellas que brillan porque brillamos para EL.

ENOC CAPÍTULO 44

1 También vi otra cosa que trata del esplendor; que sale de las estrellas y se convierte en esplendor; y el esplendor es incapaz de abandonarlas.

El esplendor de los justos es incapaz de abandonar a los justos; no importa lo que suceda en la vida de los justos ellos viven con alegría porque el esplendor no puede dejarlos; el esplendor es de ellos para esta vida y la vida después de la muerte.

ENOC CAPÍTULO 45

Los que niegan el nombre de EL han sido reservados para el Día del Castigo y de la Aflicción.

1 La segunda parábola trata de los que niegan el nombre de la casa de los santos y de EL el Dios de los espíritus. 2 Al cielo no subirán ni se quedarán en la tierra. Esta

será la porción de los pecadores que niegan el nombre de EL, el Dios de los espíritus, y por ello están reservados para el Día del Castigo y de la Aflicción.

Después del día del Juicio, el Elegido morará en la tierra y el espacio exterior será cambiado y será iluminado como lo era antes de la rebelión de los ángeles.

3 En aquel día, el Elegido se sentará en un trono de gloria y elegirá sus condiciones y sus innumerables moradas, mientras que sus espíritus en su interior se fortalecerán, cuando contemplen a mi Elegido, por los que han huido en busca de protección a mi santo y glorioso nombre.

El Elegido se presenta por primera vez en el versículo anterior. El siguiente capítulo nos detalla que el Elegido es también el Hijo del hombre. El Elegido y el Hijo del hombre son simplemente títulos que describen quién es el Mesías; él es elegido personalmente por EL mismo y tiene un padre humano y una madre humana.

4 En aquel día haré que mi Elegido habite en medio de ellos; cambiaré la faz del cielo, lo bendeciré y lo iluminaré para siempre.

5 También cambiaré la faz de la tierra; la bendeciré y haré que habiten en ella los que yo he elegido. Pero los que han cometido pecado e iniquidad no la habitarán; porque yo he marcado sus procedimientos. A mis justos los saciaré con la paz, poniéndolos delante de mí; pero la condenación de los pecadores se acercará para que yo los destruya de la faz de la tierra.

ENOC CAPÍTULO 46

Lo siguiente trata del hijo del hombre; que significa el hijo de Adán; el hijo de un padre humano; que es a quien llamamos el Mesías. Con lo que estos versos describen; este hombre no ha existido todavía en nuestra historia humana.

1 Allí vi al Anciano de días; cuya cabeza era como lana blanca y con él otro; cuyo rostro se asemejaba al de un hombre. Su rostro estaba lleno de gracia, como el de uno de los santos ángeles. Entonces pregunté a uno de los ángeles que iba conmigo y

que me mostró todas las cosas secretas, acerca de este Hijo del Hombre; quién era; dónde estaba y por qué acompañaba al Anciano de los días.

2 El respondió y me dijo: "Este es el Hijo del hombre, a quien pertenece la justicia; con quien la justicia ha habitado; y quien revelará todos los tesoros de lo oculto; porque EL Dios de los espíritus lo ha escogido; y su porción ha sobrepasado todo ante EL Dios de los espíritus en la rectitud eterna.

3 Este Hijo del Hombre, a quien contemplas, levantará a los reyes y a los poderosos de sus moradas, y a los poderosos de sus tronos; soltará las bridas de los poderosos, y romperá los dientes de los pecadores.

4 Arrojará a los reyes de sus tronos y de sus dominios, porque no exaltan ni alaban al Dios de los espíritus, ni se humillan ante él, por quien les fueron concedidos sus reinos. El rostro de los poderosos también será abatido, llenándolos de confusión. Las tinieblas serán su morada y los gusanos su lecho; ni de su lecho esperarán volver a levantarse, porque no exaltaron el nombre de EL Dios de los espíritus.

5 Condenarán a las estrellas del cielo; levantarán sus manos contra el Altísimo; hollarán y habitarán la tierra, exhibiendo todos sus actos de iniquidad; incluso sus obras de iniquidad. Su fuerza estará en sus riquezas y su fe en los dioses que han formado con sus propias manos. Negarán el nombre EL del Dios de los espíritus y lo expulsarán de los templos; en los que se reúnen.
6 Y con él los fieles; que sufren en el nombre EL del Dios de los espíritus.

ENOC CAPÍTULO 47

La sangre de los justos se cuenta y clama por el juicio.

1 En aquel día la oración de los santos y de los justos y la sangre de los justos, subirán de la tierra a la presencia de EL Dios de los espíritus.
2 En aquel día se reunirán los santos, que habitan en lo alto de los cielos, y con voz unida pedirán, suplicarán, alabarán, entonarán cantos de alabanza y bendecirán el nombre de EL Dios de los espíritus, a causa de la sangre de los justos que ha sido derramada, para que la

oración de los justos no se interrumpa ante EL Dios de los espíritus, para que ejecute por ellos el juicio, y para que su paciencia no sea eterna.

La sangre de los justos que murieron es llevada ante EL por los ángeles en cantos y alabanzas para que EL actúe a favor de la defensa de los justos que aún viven en la tierra.

La recompensa de los fieles en el juicio final

3 En aquel tiempo vi al Anciano de días, mientras estaba sentado en el trono de su gloria; mientras el libro de los vivos estaba abierto en su presencia, y mientras todas las potencias que estaban sobre los cielos estaban de pie alrededor y delante de él. 4 Entonces los corazones de los santos se llenaron de alegría, porque la consumación de la justicia había llegado; la súplica de los santos fue escuchada y la sangre de los justos fue tomada en cuenta; por EL Dios de los espíritus.

ENOC CAPÍTULO 48

EL MESÍAS

1 En aquel lugar contemplé una fuente de justicia que nunca fallaba; rodeada de muchos manantiales de sabiduría. De ellas bebían todos los sedientos y se llenaban de sabiduría; teniendo su morada con los justos, los elegidos y los santos. 2 En aquella hora fue invocado este Hijo del Hombre ante EL Dios de los espíritus y su nombre en presencia del Anciano de los días. 3 Antes de que el sol y los signos fueran creados; antes de que las estrellas del cielo fueran formadas, su nombre fue invocado en presencia de EL Dios de los espíritus. Será un apoyo para que los justos y los santos se apoyen en él, sin caer; y será la luz de las naciones.

El nombre del mesías fue invocado antes de la creación de la tierra; fue pronunciado en forma de profecía futurista; desde que su nombre fue invocado o pronunciado; existía en presencia de EL como palabra de profecía y no era una identidad todavía; se convierte en una identidad cuando la profecía produjo humanos.

El hijo del hombre incluye a toda la humanidad; cualquiera que tenga un padre humano; fuimos hablados como una profecía en el Cielo antes de ser creados como humanos. El hijo del hombre es una frase; que es lo mismo que decir el hijo de Adán; en palabras más simples, este mesías es el descendiente de Adán; Adán es su antepasado original; su padre es un humano; descendiente de Adán; y todos sabemos que Adán no fue creado hasta el sexto día de la creación; esto significa que el Hijo del hombre no es un ser antes de la creación sino que fue una palabra hablada; un plan, para el futuro.

No puede haber ningún Hijo del hombre antes de que el hombre mismo sea creado. Se puede decir que cualquier otra criatura celestial que existiera como seres antes de la creación. Tal como el Hijo de los ángeles, el Hijo del espíritu de fuego y el Hijo de las estrellas. EL usa la frase Hijo del Hombre en Enoc y otros libros de profecías como el libro de Ezequiel. El usa la frase para ser claro de quien esta hablando. Desde Enoc hasta hoy EL tiene que ser claro para sus ángeles y su creación para hacer una separación entre la creación de los seres. El usa la frase, "Hijo de Espíritus," para identificar a los hijos de espíritus; Nefilinos para describir a los hijos de Espíritus y mujeres humanas; e Hijo de Hombre para describir a los hijos de padre humano con madres humanas; que es lo mismo que decir, "Hijo de Humano."

4 Él será la esperanza de aquellos cuyos corazones están turbados. Todos los que habitan en la tierra se postrarán y adorarán ante él; lo bendecirán y glorificarán y cantarán alabanzas al nombre de EL Dios de los espíritus. 5 Por lo tanto, el Elegido y el Oculto existían en su presencia; antes de que el mundo fuera creado y para siempre.

Este verso llega a la conclusión de que el Elegido y el Oculto es la misma persona; y existía antes de que el mundo fuera creado como una profecía.

6 Vivía en su presencia y ha revelado a los santos y a los justos la sabiduría de EL Dios de los espíritus; porque ha preservado la suerte de los justos porque han odiado y rechazado este mundo de iniquidad y han detestado todas sus obras y caminos en el nombre de EL Dios de los espíritus.

El Elegido va a ser levantado en la presencia de EL; y va a revelar a los santos y justos la sabiduría de EL; esta sabiduría ha sido sellada de todas las otras personas y sólo él puede revelar lo que ha sido sellado. El entrará en guerra contra los gobernantes de la tierra y será victorioso porque EL está de su lado. Todos los que niegan a EL como Dios caerán ante su Mesías que EL ha elegido y aprobado.

7 Porque en su nombre serán preservados, y su voluntad será su vida. En esos días, los reyes de la tierra y los hombres poderosos que han ganado el mundo por sus

logros, se volverán humildes de rostro. 8 Porque en el día de su angustia y aflicción no se salvarán sus almas; y estarán sometidos a los que yo he elegido.

9 Los arrojaré como el heno al fuego, y como el plomo al agua. Así arderán en presencia de los justos y se hundirán en presencia de los santos; ni una décima parte de ellos se encontrará. 10 Pero en el día de su aflicción, el mundo obtendrá tranquilidad. 11 En su presencia caerán y no se levantarán, ni habrá quien los quite de sus manos y los levante, porque han negado a EL Dios de los espíritus y a su Mesías. El nombre de EL, el Dios de los espíritus, será bendecido.

ENOC CAPÍTULO 48

Toda la sabiduría va a ser dada a los Elegidos; sabiduría de la historia pasada y del futuro; él va a gobernar con la ayuda de los ángeles de la sabiduría, del intelecto, de la instrucción y del poder; y el espíritu de los justos que han muerto van a ayudarle.

1 La sabiduría se derrama como el agua y la gloria no falla ante él por los siglos de los siglos; porque potente es en todos los secretos de la justicia. 2 Pero la iniquidad pasa como una sombra y no posee un puesto fijo; porque el Elegido está delante de EL Dios de los espíritus, y su gloria es por los siglos de los siglos, y su poder de generación en generación. 3 Con él habita el espíritu de la sabiduría intelectual; el espíritu de la instrucción y del poder; y el espíritu de los que duermen en la justicia; él juzgará las cosas secretas. 4 Ni nadie podrá pronunciar una sola palabra delante de él; porque el Elegido está en presencia de EL Dios de los Espíritus, según su voluntad.

ENOCH CAPÍTULO 49

Los elegidos de EL van a ser victoriosos; van a caminar de victoria en victoria; nada cambiará las bendiciones y el resultado de los elegidos; el esplendor y la gloria van a ser su recompensa y los problemas nunca más se les pegarán.

1 En esos días los santos y los elegidos sufrirán un cambio. La luz del día se posará sobre ellos; y el esplendor y la gloria de los santos cambiarán. 2 En el día de la angustia el mal se amontonará sobre los pecadores; pero los justos triunfarán en el nombre de EL Dios de los espíritus.

3 A los demás se les hará ver que deben arrepentirse y abandonar las obras de sus manos, y que la gloria no les espera en presencia de EL Dios de los espíritus, pero que por su nombre pueden ser salvados. EL Dios de los espíritus se compadecerá de ellos, porque grande es su misericordia; y la justicia está en su juicio, y en la presencia de su gloria; ni en su juicio permanecerá la iniquidad. El que no se arrepienta ante Él, perecerá.

4 "De ahí en adelante, no tendré misericordia de ellos", dice EL Dios de los espíritus.

ENOC CAPÍTULO 50

El Elegido gobernará sobre su trono en la tierra. La Tierra y el Infierno tendrán que desprenderse de lo que han recibido; y la destrucción tendrá que pagar lo que debe. Será una recalibración del tiempo; las almas de los justos del pasado recibirán sus asignaciones futuras y se cumplirá su salvación.

1 En esos días la tierra entregará de su vientre; y el infierno entregará de los suyos lo que ha recibido; y la destrucción devolverá lo que debe. 2 Seleccionará a los justos y santos de entre ellos, porque se ha acercado el día de su salvación.

3 Y en esos días el Elegido se sentará en su trono, mientras todo secreto de sabiduría intelectual saldrá de su boca, porque EL Dios de los espíritus lo ha dotado y glorificado.

4 En aquellos días los montes saltarán como carneros, y las colinas saltarán como ovejas jóvenes llenas de leche; y todos los justos serán como ángeles en el cielo.

5 Su rostro brillará de alegría, porque en esos días el Elegido será exaltado. La tierra se alegrará; los justos la habitarán y los elegidos la poseerán.

ENOC CAPÍTULO 51

El Mesías

1 Después de ese período, en el lugar donde había visto toda visión secreta, fui arrebatado en un torbellino y llevado hacia el oeste. 2 Allí mis ojos contemplaron los secretos del cielo y todo lo que existía en la tierra: una montaña de hierro, una montaña de cobre, una montaña de plata, una montaña de oro, una montaña de metal fluido y una montaña de plomo.

3 Y pregunté al ángel que iba conmigo, diciendo: "¿Qué son estas cosas que veo en secreto?"

4 El dijo: "Todas estas cosas que ves serán para el dominio del Mesías, para que mande y sea poderoso en la tierra."

5 Aquel ángel de la paz me respondió diciendo: "Espera un poco de tiempo y lo entenderás; y te será revelada toda cosa secreta que EL Dios de los espíritus ha decretado. Esos montes que has visto; el monte de hierro, el monte de cobre, el monte de plata, el monte de oro, el monte de metal fluido y el monte de plomo; todos ellos, en presencia del Elegido, serán como un panal de miel ante el fuego, y como agua que desciende de lo alto sobre estos montes; y se debilitarán ante sus pies.

6 En esos días los hombres no serán salvados por el oro y la plata. 7 Ni tendrán poder para asegurarse, ni para huir. 8 No habrá hierro para escudos ni cota de malla para el pecho. 9 El cobre será inútil; inútil también todo lo que no se oxida ni se consume; y el plomo no será codiciado. 10 Todas estas cosas serán rechazadas y perecerán de la tierra; cuando el Elegido aparezca en la presencia de EL el Dios de los espíritus.

El tiempo del Mesías de EL se describe en los versos 8 a 10. Durante su tiempo; los soldados no van a estar usando armaduras medievales hechas de hierro; ni requerirán escudos, cota de malla o una placa de pecho; las armas no van a ser hechas de cobre o plomo. Si usted adora a un Mesías o a un Cristo que aparecio cuando los soldados llevaban armadura de escudos de hierro, cota de malla y pechera; entonces usted ha sido engañado y está adorando al Mesías o Cristo equivocado; no es el Mesías de EL. El Mesías de EL vendrá después de que la armadura de escudos de hierro, la cota de malla y las corazas hayan pasado; que el último de ellos pasó en los años 1800. Hoy en día ese tipo de armadura es inútil contra nuestras armas modernas.

7 Ni tendrán en su poder el asegurarse; y el huir.

Este verso es una descripción del mundo al que tanto Enoc como Noé están acostumbrados. Ellos habían presenciado a los Vigilantes bajar del espacio en sus objetos voladores; por lo tanto, afirma que los humanos ricos no podrán abordar las naves voladoras y escapar en el espacio exterior de lo que viene contra ellos.

CAPÍTULO 52 DE ENOCH

Las armas se están formando para usarlas contra los pecadores.

1 Allí vieron mis ojos un valle profundo; y ancha era su entrada. 2 Todos los que habitan en la tierra, en el mar y en las islas, traerán a él dones, regalos y ofrendas; pero ese valle profundo no se llenará. Sus manos cometerán iniquidad. Todo lo que produzcan con su trabajo, los pecadores lo devorarán con el crimen. Pero perecerán de la faz de EL Dios de los espíritus y de la faz de su tierra. Los justos se mantendrán en pie y nunca fallarán.

3 Vi a los ángeles del castigo, que habitaban allí, y preparaban todo instrumento de Satanás.

4 Entonces pregunté al ángel de la paz, que iba conmigo: "¿Para quién están preparando esos instrumentos?"

5 El respondió: "Los están preparando para los reyes y los poderosos de la tierra, para que perezcan con ellos." 6 Después de lo cual aparecerá la casa justa y elegida de su congregación y desde ese día los justos serán inmutables en el nombre de EL Dios de los espíritus. 7 En su presencia no existirán las montañas como la tierra y las colinas como las fuentes de agua. Y los justos serán aliviados de la vejación de los pecadores.

CAPÍTULO 53 DE ENOC

Este capítulo es una recapitulación de la batalla contra Azazeel y el diluvio; muy probablemente no fue escrito por Enoc; sino por una generación posterior que escribió lo que recuerda que dijo Enoc y las historias de Noé.

1 Entonces miré y me volví hacia otra parte de la tierra, donde contemplé un profundo valle que ardía en fuego. 2 A este valle llevaron a los monarcas y a los poderosos. 3 Y allí mis ojos contemplaron los instrumentos que estaban fabricando, grilletes de hierro de peso ilimitado.

4 Entonces pregunté al ángel de la paz, que iba conmigo, diciendo: "¿Para quién están preparados estos grilletes e instrumentos?"

5 Respondió: "Están preparados para los ejércitos angélicos de Azazeel, para que sean entregados y adjudicados a la más baja condenación; y para que sus ángeles sean abrumados con piedras arrojadas, como lo ha ordenado EL Dios de los espíritus.

6 Miguel y Gabriel, Rafael y Fanuel serán fortalecidos en ese día y entonces los echarán en un horno de fuego ardiente para que EL Dios de los espíritus se vengue de ellos por sus crímenes; porque se convirtieron en ministros de Satanás y sedujeron a los que habitan en la tierra.

7 En aquellos días saldrá el castigo de EL Dios de los espíritus; y se abrirán las materias de agua que están sobre los cielos, y también las fuentes que están debajo de los cielos y debajo de la tierra. 8 Todas las aguas que están en los cielos y sobre ellos se mezclarán. 9 Las aguas que están por encima del cielo serán el macho.

10 Y el agua que está debajo de la tierra será la hembra; y serán destruidos todos los que habitan en la tierra y los que habitan debajo de las extremidades del cielo. 11 Por estos medios entenderán la iniquidad que han cometido en la tierra; y por estos medios perecerán.

CAPÍTULO 54 DE ENOC

Este capítulo no está escrito por Enoc; es parte de los libros insertados en el libro de Enoc; Enoc nunca llama a EL el Anciano de días; y EL nunca se arrepintió de destruir a los habitantes de la tierra. Pero si le lamentó mucho de haber destruirlo todo; y prometió por su palabra hecha en un pacto del arco iris no volver a destruir el mundo entero con agua.

Enoc califica a los sacerdotes de EL como los Elegidos; y este capítulo califica a los Elegidos como el Mesías. Mesías es un término que no entró en vigor hasta los tiempos de Samuel. Samuel unge al primer Mesías israelita que fue Saúl; y después de que Saúl peca contra EL; Samuel unge a David como rey; todos los Reyes de Israel fueron ungidos por un sacerdote; por lo tanto, todos fueron Mesías. Mesías significa ungido; y un Mesías israelita es alguien ungido por EL para gobernar sobre Israel. Cada Presidente de Israel hoy es un Mesías; pero el Mesías que Israel está esperando es el hombre ungido por EL que capturará toda la tierra que pertenece a Israel y restaurará todas las antiguas ciudades destruidas de Israel. Y después de la guerra traerá la paz a Israel y al Medio Oriente.

1 Después el Anciano de días dijo: "En vano he destruido a todos los habitantes de la tierra". 2 Y juró por su gran nombre, diciendo: "De aquí en adelante no actuaré así con todos los que habitan la tierra. 3 Pero pondré una señal en los cielos, y será un testigo fiel entre ellos y yo para siempre, mientras duren los días del cielo y de la tierra sobre la tierra.

El arco iris

4 Después, de acuerdo con este mi decreto, cuando me disponga a agarrarlos de antemano, por medio de ángeles, en el día de la aflicción y de la angustia, mi ira y mi castigo permanecerán sobre ellos, mi castigo y mi ira", dijo EL Dios de los espíritus.

5 Oh vosotros, reyes, oh vosotros, poderosos, que habitáis el mundo, veréis a mi Elegido, sentado en el trono de mi gloria. Y él juzgará a Azazeel, a todos sus asociados y a todas sus huestes, en el nombre de EL Dios de los espíritus.

El Elegido va a estar vivo durante el Día del Juicio; él es el elegido porque EL lo ha escogido como su sacerdote.

6 Allí también contemplé huestes de ángeles que se movían en el castigo, confinados en una red de hierro y latón. Entonces pregunté al ángel de la paz, que procedía conmigo, a quiénes iban los que estaban confinados.

7 El dijo: "A cada uno de sus elegidos y de sus amados, para que sean arrojados a las fuentes y a las profundidades del valle. 8 Y ese valle se llenará de sus elegidos y amados; los días de su vida se consumirán, pero los días de su error serán innumerables."

Estos elegidos son los sacerdotes que pertenecen a EL y se rebelaron contra él convirtiéndose a una religión diferente; luego obligaron a los israelitas a seguirlos en esa religión o dioses. Ellos son los falsos profetas de Israel. Es una profecía que afirma que los elegidos o sacerdotes de las naciones son los que están creando guerras para demostrar que sus dioses son los verdaderos dioses que crearon los cielos y la tierra; que sus dioses son el verdadero poder del universo.

9 Entonces los príncipes se unirán y conspirarán. Los jefes del oriente, entre los partos y los medos, destituirán a los reyes, en quienes entrará un espíritu de perturbación. Los arrojarán de sus tronos, saltando como leones de sus guaridas, y como lobos hambrientos en medio del rebaño.

El espíritu de perturbación va a ser usado para destruir la nación de Irán; Irán se va a derrumbar desde adentro; van a entrar; en una guerra civil en la cual ninguno de los dos lados va a ganar; van a declarar la guerra santa el uno contra el otro; sus sacerdotes van a estar en desacuerdo el uno con el otro y se van a convertir en enemigos el uno del otro; van a dividir las familias; y las familias se van a matar el uno al otro por la influencia de sus sacerdotes.

10 Subirán y pisarán la tierra de sus elegidos. La tierra de sus elegidos estará ante ellos. La era, el camino y la ciudad de mi pueblo justo impedirán el paso de sus caballos. Se levantarán para destruirse mutuamente; su mano derecha se fortalecerá; ni un hombre reconocerá a su amigo o a su hermano;

11 ni el hijo a su padre y a su madre; hasta que se complete el número de los cadáveres, por su muerte y castigo. Y esto no tendrá lugar sin causa.

12 En esos días se abrirá la boca del infierno, en la que serán sumergidos; el infierno destruirá y tragará a los pecadores de la faz de los elegidos.

Al final; todos los sacerdotes con sus seguidores; de todas las religiones que no adoran a EL como Dios de los espíritus serán arrojados al infierno; mientras que los verdaderos elegidos o sacerdotes de EL(Dios) ven como son arrojados al infierno.

ENOC CAPÍTULO 55

1 Después de esto vi otro ejército de carros con hombres montados en ellos. 2 Y venían sobre el viento desde el este, desde el oeste y desde el sur. 3 Se oía el ruido de sus carros. 4 Y cuando se produjo aquella agitación, los santos del cielo lo percibieron; la columna de la tierra tembló desde sus cimientos, y el ruido se oyó desde los extremos de la tierra hasta los extremos del cielo al mismo tiempo. 5 Entonces todos se postraron y adoraron a EL Dios de los espíritus. 6 Este es el final de la segunda parábola.

El capitulo 55 no aclara a donde va el ejercito mencionado; pero es muy especifico que el ejercito es un ejercito de EL; porque caen y lo adoran. Cuando este ejército aparece; un gran terremoto va a tener lugar; con tsunamis y huracanes alrededor de la tierra.

ENOC CAPÍTULO 56

La promesa de EL de vida eterna a todos los fieles.

1 Ahora comencé a pronunciar la tercera parábola, relativa a los santos y a los elegidos. 2 Benditos seáis, oh santos y elegidos, porque gloriosa es vuestra suerte. 3 Los santos existirán a la luz del sol, y los elegidos a la luz de la vida eterna, cuyos días no se acabarán nunca; ni serán contados los días de los santos que buscan la luz y obtienen la justicia con EL Dios de los espíritus. 4 La paz sea para los santos con EL Dios del mundo.

Los fieles no tendran que preocuparse mas por el tiempo; el proceso de envejecer ha pasado; y entraran en la enumeracion del tiempo; es el siguiente paso a nuestro proceso. La enumeración creará en nosotros y- a nuestro alrededor la luz; y la

oscuridad huirá de nosotros. Esto sucederá después de que muramos y entremos en el Cielo.

5 En adelante se dirá a los santos que busquen en el cielo los secretos de la justicia, la porción de la fe; porque como el sol ha surgido sobre la tierra, mientras las tinieblas han pasado. Habrá luz interminable; ni entrarán en la enumeración del tiempo; porque las tinieblas serán previamente destruidas, y la luz aumentará ante EL Dios de los espíritus; ante EL Dios de los espíritus la luz de la rectitud aumentará para siempre.

ENOCH CAPÍTULO 57

Los truenos y los relámpagos sirven de bendición y de maldición.

1 En aquellos días mis ojos contemplaron los secretos de los relámpagos y los esplendores, y el juicio que les corresponde. 2 Los relámpagos sirven de bendición y de maldición, según la voluntad de EL Dios de los espíritus. 3 Y allí vi los secretos del trueno, cuando resuena arriba en el cielo, y se oye su sonido. 4 También se me mostraron las moradas de la tierra. El sonido del trueno es para paz y para bendición, así como para maldición, según la palabra de EL Dios de los espíritus. 5 Después me fue mostrado todo secreto de los esplendores y de los relámpagos. Para bendición y para fertilidad se iluminan.

ENOC CAPÍTULO 58

Enoc recibe otra visión

1 En el año quinientos, y en el séptimo mes, en el día catorce del mes, de la vida de Enoc, en esa parábola, vi que el cielo de los cielos se agitaba; que se agitaba violentamente; y que los poderes **del Altísimo, y los ángeles, miles y miles, y miríadas de miríadas, se agitaban con gran agitación. Y cuando miré, el Anciano de los días estaba sentado en el trono de su gloria, mientras los ángeles y los santos estaban de pie a su alrededor.**

Me sobrevino un gran temblor, y el terror se apoderó de mí. Mis lomos se inclinaron y se soltaron; mis riendas se disolvieron y caí sobre mi rostro. Fue enviado el santo Miguel, otro santo ángel, uno de los santos, que me levantó.

2 Y cuando me levantó, mi espíritu volvió, pues era incapaz de soportar esta visión de violencia, su agitación y la conmoción del cielo. 3 Entonces el santo Miguel me dijo: "¿Por qué te perturba esta visión?"

La visión de Enoc lo dejó sin fuerzas; cae sin poder sostenerse de pie. La visión era tan grande y espiritualmente profunda que su carne no podía resistirla. Cae; pero viene Miguel y lo levanta. Se le muestra que el día del juicio está preparado para aquellos que toman el nombre de EL en vano y todos los pecadores; y ese mismo día es un día de pacto o simplemente dicho, "Un día de celebración; donde los elegidos van a ser recompensados por permanecer fieles a EL. Va a ser el día de un gran banquete para todos los que permanecieron fieles adorando a EL Shaddai.

4 Hasta ahora ha existido el día de la misericordia; y él ha sido misericordioso y paciente con todos los que habitan en la tierra. 5 Pero cuando llegue el momento, entonces tendrá lugar el poder, el castigo y el juicio que EL Dios de los espíritus ha preparado para los que se postran ante el juicio de la justicia, para los que abjuran de ese juicio y para los que toman su nombre en vano.

6 Ese día ha sido preparado para los elegidos como un día de pacto; y para los pecadores como un día de inquisición.

En los siguientes versos se nos presentan dos fuerzas en la tierra; se les identifica como monstruos; uno es hembra y el otro macho. Ambos son las primeras creaciones de EL; no fueron creados en la tierra; fueron creados en el cielo como los ángeles. Los angeles no pueden derrotarlos en batalla. Solo EL puede matarlos; ambas criaturas van a ser asesinadas y servidas como alimento después del Día del Juicio.

Behemoth y Leviatán tienen el poder de volverse invisibles; ambos son dragones del cielo; son espíritus de carne; ambos son gobernantes de su dominio. Behemoth gobierna sobre la tierra y tiene el poder de hacer relámpagos y vientos; es la fuente del poder de los volcanes; y el agua hierve cuando él entra en ellos; es la razón de las aguas termales.

Leviatán vive en las profundidades de los océanos; posee el poder de los océanos; y como Behemoth; puede comandar los vientos y las tormentas del océano y crear volcanes dentro de los océanos. Mientras estaban juntos; Adán nombró a Behemoth, Dendayen en el este del Edén. Ellos se unieron a la rebelión de los ángeles caídos y con el poder de comandar los vientos y crear volcanes activos han matado a través de las edades a muchos niños con sus madres e hijos con sus padres. Esa es la razón por la que EL va a matarlos; y usará su carne para la comida del gran banquete después del día del Juicio Final. Después sólo habrá misericordia y longanimidad para los descendientes de los humanos en la tierra.

7 En aquel día se repartirán como alimento dos monstruos: un monstruo hembra, cuyo nombre es Leviatán, que habita en las profundidades del mar, sobre los manantiales de las aguas; 8 y un monstruo macho, cuyo nombre es Behemoth, que posee, moviéndose sobre su pecho, el desierto invisible.

9 Su nombre era Dendayen, en el oriente del jardín, donde morarán los elegidos y los justos; donde lo recibió de mi antepasado, que era hombre, de Adán el primero de los hombres, a quien EL Dios de los espíritus hizo.

10 Entonces pedí a otro ángel que me mostrara el poder de esos monstruos, cómo se separaron, cómo se separaron en el mismo día, estando uno en las profundidades del mar y otro en el desierto seco.

11 Y dijo: Tú, hijo de hombre, estás aquí deseoso de comprender las cosas secretas. 12 Y el ángel de la paz, que estaba conmigo, dijo: Estos dos monstruos están por el poder de EL preparados para convertirse en alimento, para que el castigo de EL no sea en vano. 13 Entonces los niños serán muertos con sus madres, y los hijos con sus padres.

14 Y cuando el castigo de EL el Dios de los espíritus continúe, sobre ellos continuará, para que el castigo de EL el Dios de los espíritus no tenga lugar en vano. Después de eso, el juicio existirá con misericordia y longanimidad.

ENOCH CAPÍTULO 59

Todo en la tierra tiene un espíritu angélico que lo guía para realizar sus funciones.

1 Entonces otro ángel, que procedía conmigo, me habló; 2 y me mostró los primeros y los últimos secretos en el cielo de arriba, y en las profundidades de la tierra; 3 en las

extremidades del cielo, y en los cimientos de éste, y en el receptáculo de los vientos. 4 Me mostró cómo estaban divididos sus espíritus; cómo estaban equilibrados; y cómo los manantiales y los vientos estaban numerados según la fuerza de su espíritu.

5 Me mostró la fuerza de la luz de la luna, que su poder es justo; así como las divisiones de las estrellas, según sus respectivos nombres; 6 que cada división está dividida; que el rayo relampaguea; 7 que sus tropas obedecen inmediatamente; y que durante el trueno se produce un cese en la continuidad de su sonido. El trueno y el relámpago no se separan; ni ambos se mueven con un solo espíritu; sin embargo, no se separan.

8 Porque cuando el relámpago se enciende, el trueno suena, y el espíritu en un período apropiado se detiene, haciendo una división igual entre ellos; porque el receptáculo, del cual dependen sus períodos, es suelto como la arena. Cada uno de ellos, a su debido tiempo, es sujetado con una brida, y girado por el poder del espíritu, que así los impulsa de acuerdo con la amplia extensión de la tierra.

9 También el espíritu del mar es potente y fuerte; y como una fuerza poderosa lo hace menguar, así es impulsado hacia adelante, y esparcido contra las montañas de la tierra. El espíritu de la escarcha tiene su ángel; en el espíritu del granizo hay un ángel bueno; el espíritu de la nieve cesa en su fuerza, y hay en él un espíritu solitario, que asciende de él como vapor, y se llama refrigeración.

10 El espíritu de niebla también habita con ellos en su receptáculo; pero tiene un receptáculo para sí mismo, pues su progreso es en el esplendor. 11 En la luz y en la oscuridad, en el invierno y en el verano. Su receptáculo es brillante, y un ángel está en él. 12 El espíritu del rocío tiene su morada en las extremidades del cielo, en conexión con el receptáculo de la lluvia; y su progreso es en invierno y en verano. La nube producida por él y la nube de la niebla se unen; una da a la otra; y cuando el espíritu de la lluvia está en movimiento desde su receptáculo, los ángeles vienen, y abriendo su receptáculo, lo hacen salir. 13 Asimismo, cuando es rociada sobre toda la tierra, forma una unión con toda clase de agua en el suelo; pues las aguas permanecen en el suelo, porque proporcionan alimento a la tierra desde el Altísimo, que está en el cielo.

Por eso hay una regulación en la cantidad de lluvia que reciben los ángeles. 15 Estas cosas vi; todas ellas, incluso el paraíso.

ENOC CAPÍTULO 60

Los ángeles miden a los justos

1 En aquellos días vi que se les daban largas cuerdas a los ángeles, que tomaban sus alas y huían, avanzando hacia el norte.

2 Y pregunté al ángel, diciendo: ¿Por qué han tomado esas largas cuerdas y han salido? El respondió: Han salido a medir.

3 El ángel, que procedía conmigo, dijo: Estas son las medidas de los justos; y cuerdas traerán los justos, para que confíen en el nombre de EL Dios de los espíritus por los siglos de los siglos. 4 Los elegidos comenzarán a habitar con los elegidos.

5 Y estas son las medidas que se darán a la fe, y que fortalecerán las palabras de la justicia. 6 Estas medidas revelarán todos los secretos de la profundidad de la tierra.

7 Y será que los que han sido destruidos en el desierto, y que han sido devorados por los peces del mar y por las bestias salvajes, volverán y confiarán en el día del Elegido; porque ninguno perecerá en la presencia de EL Dios de los espíritus, ni será capaz de perecer.

Todos los que mueren con su fe en EL nunca morirán; no son capaces de morir. Ellos vendrán de su muerte natural a la presencia de EL donde ellos van a glorificar al creador de toda la creación.

8 Entonces recibieron el mandamiento, todos los que estaban en los cielos arriba; a quienes se les dio un poder combinado, voz y esplendor, como el fuego. 9 Y primero, con su voz, lo bendijeron, lo exaltaron, lo glorificaron con sabiduría, y le atribuyeron sabiduría con la palabra y con el aliento de vida. 10 Entonces EL Dios de los espíritus se sentó en el trono de su gloria, el Elegido; 11 que juzgará todas las obras de los santos, en el cielo de arriba, y en una balanza pesará sus acciones. Y cuando alce su rostro para juzgar sus caminos secretos en la palabra del nombre de EL Dios de los espíritus, y su progreso en el camino del justo juicio de EL altísimo;

12 Todos hablarán con voz unida, y bendecirán, glorificarán, exaltarán y alabarán en el nombre de EL Dios de los espíritus.

13 Llamará a todo poder de los cielos, a todos los santos de arriba, y al poder de EL. Los Querubines, los Serafines y los Ophanines, todos los ángeles del poder, y todos los ángeles de EL, es decir, del Elegido, y del otro Poder, que estaba en la tierra sobre el agua en ese día, 14 levantarán su voz unida; bendecirán, glorificarán, alabarán y exaltarán con el espíritu de la fe, con el espíritu de la sabiduría y la paciencia, con el espíritu de la misericordia, con el espíritu del juicio y la paz, y con el espíritu de la benevolencia; todos dirán con voz unida: Bendito sea; y el nombre de EL, el Dios de los espíritus, será bendecido por los siglos de los siglos; todos, los que no duermen, lo bendecirán en el cielo de arriba.

15 Todos los santos del cielo lo bendecirán; todos los elegidos que habitan en el jardín de la vida; y todo espíritu de luz, que es capaz de bendecir, glorificar, exaltar y alabar tu santo nombre; y todo hombre mortal, más que las potencias del cielo, glorificará y bendecirá tu nombre por los siglos de los siglos.

16 Porque grande es la misericordia de EL Dios de los espíritus; paciente es él; y todas sus obras, todo su poder, grandes son las cosas que ha hecho y ha revelado a los santos y a los elegidos, en el nombre de EL Dios de los espíritus.

ENOC CAPÍTULO 61

EL ordena a los reyes y príncipes que obedezcan al Elegido

1 Así ordenó EL a los reyes, a los príncipes, a los exaltados y a los que habitan en la tierra, diciendo: Abrid vuestros ojos y levantad vuestros cuernos, si sois capaces de comprender al Elegido. EL Dios de los espíritus se sentó en el trono de su gloria. 3 Y el espíritu de justicia fue derramado sobre él. 4 La palabra de su boca destruirá a todos los pecadores y a todos los impíos, que perecerán ante su presencia.

5 En aquel día se levantarán todos los reyes, los príncipes, los exaltados y los que poseen la tierra, y verán que él está sentado en el trono de su gloria; que delante de él los santos serán juzgados en justicia; 6 y que nada de lo que se hable delante de él será dicho en vano. 7 La angustia vendrá sobre ellos, como sobre una mujer que está de parto, cuyo trabajo es severo, cuando su hijo llega a la boca del vientre, y le resulta difícil dar a luz.

8 Una parte de ellos mirará a otra. Se asombrarán y humillarán su rostro; 9 y se apoderará de ellos la angustia, cuando vean a este Hijo del Hombre sentado en el trono de su gloria. 10 Entonces los reyes, los príncipes y todos los que poseen la tierra glorificarán al que domina todas las cosas, al que estaba oculto; porque desde el principio existía en secreto el Hijo del Hombre, a quien el Altísimo preservó en presencia de su poder y reveló a los elegidos.

11 El sembrará la congregación de los santos y de los elegidos; y todos los elegidos estarán delante de él en aquel día. 12 Todos los reyes, los príncipes, los exaltados y los que gobiernan toda la tierra, se postrarán ante él y lo adorarán. 13 Fijarán sus esperanzas en este Hijo del Hombre, se arrodillarán ante él y le pedirán misericordia.

14 Entonces EL Dios de los espíritus se apresurará a expulsarlos de su presencia. Sus rostros estarán llenos de confusión, y las tinieblas cubrirán sus rostros. Los ángeles los llevarán al castigo, para que la venganza sea infligida a los que han oprimido a sus hijos y a sus elegidos. Y serán un ejemplo para los santos y sus elegidos. Por medio de ellos se alegrarán éstos; porque la ira de EL Dios de los espíritus reposará sobre ellos.

15 Entonces la espada de EL Dios de los espíritus se embriagará con la sangre de ellos; pero los santos y los elegidos estarán a salvo en ese día; ni el rostro de los pecadores y de los impíos contemplarán desde entonces. 16 EL Dios de los espíritus permanecerá sobre ellos: 17 Y con este Hijo del Hombre habitarán, comerán, se acostarán y se levantarán, por los siglos de los siglos.

18 Los santos y los elegidos se han levantado de la tierra, han dejado de deprimir sus semblantes, y se han vestido con el vestido de la vida. Esa vestimenta de vida está con EL Dios de los espíritus, en cuya presencia tu vestimenta no envejecerá, ni disminuirá tu gloria.

ENOC CAPÍTULO 62

1 En aquellos días los reyes que poseen la tierra serán castigados por los ángeles de su ira, dondequiera que sean entregados, para que él les dé descanso por un corto

período; y para que se postren y adoren ante EL Dios de los espíritus, confesando sus pecados ante él.

2 Bendecirán y glorificarán a EL Dios de los espíritus, diciendo: "Bendito sea EL Dios de los espíritus, el Dios de los reyes, el Dios de los príncipes, el Dios de los ricos, el Dios de la gloria y el Dios de la sabiduría. 3 Él iluminará toda cosa secreta. 4 Tu poder es de generación en generación, y tu gloria por los siglos de los siglos. 5 Profundos son todos tus secretos, y sin número; y tu justicia no se puede calcular. 6 Ahora sabemos que debemos glorificar y bendecir al Dios de los reyes, al que es Rey sobre todas las cosas".

7 También dirán: "¿Quién nos ha concedido descanso para glorificar, alabar, bendecir y confesar en presencia de su gloria? 8 Y ahora es pequeño el descanso que deseamos; pero no lo encontramos; lo rechazamos y no lo poseemos. La luz ha pasado de delante de nosotros, y las tinieblas han cubierto nuestros tronos para siempre. 9 Porque no nos hemos confesado ante él; no hemos glorificado el nombre de EL Dios de los reyes; no hemos glorificado a EL Dios en todas sus obras, sino que hemos confiado en el cetro de nuestro dominio y de nuestra gloria.

10 En el día de nuestro sufrimiento y de nuestra angustia no nos salvará, ni encontraremos descanso. Confesamos que nuestro Dios es fiel en todas sus obras, en todos sus juicios y en su justicia. 11 En sus juicios no hace acepción de personas; y nosotros debemos apartarnos de su presencia, a causa de nuestras malas acciones. 12 Todos nuestros pecados son verdaderamente innumerables".

13 Entonces se dirán a sí mismos: "Nuestras almas están saciadas con los instrumentos del crimen; 14 pero eso no impide que descendamos al vientre ardiente del infierno". 15 Después, sus semblantes se llenarán de tinieblas y de confusión ante el Hijo del hombre, de cuya presencia serán expulsados, y ante quien quedará la espada para expulsarlos. 16 Así dijo EL Dios de los espíritus: "Este es el decreto y el juicio contra los príncipes, los reyes, los exaltados y los que poseen la tierra, en presencia de EL Dios de los espíritus."

ENOCH CAPÍTULO 63

1 Vi también otros semblantes en aquel lugar secreto. Oí la voz de un ángel, que decía: "Estos son los ángeles que han descendido del cielo a la tierra, y han revelado secretos a los hijos de los hombres, y han seducido a los hijos de los hombres para que cometan pecados."

Este verso está diciendo que los ángeles con diferentes formas faciales habían entrado en la Tierra y estaban enseñando a los humanos a ser rebeldes; Estos ángeles en la terminología actual pueden ser declarados como alienígenas con diferentes formas faciales vinieron a la tierra y vivieron entre los humanos.

ENOC CAPÍTULO 64

1 En aquellos días Noé vio que la tierra se inclinaba y que se acercaba la destrucción.

2 Entonces levantó sus pies y se dirigió a los confines de la tierra, a la morada de su bisabuelo Enoc. 3 Y Noé clamó con voz amarga: "Escúchame, escúchame, escúchame: tres veces. Y dijo: "Dime lo que está ocurriendo en la tierra; porque la tierra se afana y se agita violentamente. Ciertamente, pereceré con ella".

4 Después de esto hubo una gran perturbación en la tierra, y se oyó una voz del cielo. Caí de bruces, cuando mi bisabuelo Enoc vino y se puso a mi lado.

5 Me dijo: "¿Por qué me has gritado con un grito amargo y una lamentación? 6 Ha salido una orden de EL SHADDAI contra los que habitan en la tierra, para que sean destruidos; porque ellos conocen todo secreto de los ángeles, todo poder opresivo y secreto de los Satanes; y todo poder de los que cometen hechicería, así como de los que hacen imágenes fundidas en toda la tierra. 7 Ellos saben cómo se produce la plata del polvo de la tierra, y cómo en la tierra existe la gota metálica; porque el plomo y el estaño no se producen de la tierra, sino que son la fuente primaria de su producción.

El verso 7 nos está diciendo que el plomo y el estaño no son naturales de la Tierra, sino que fueron traídos del espacio exterior por los Vigilantes; ellos conocían las escalas de cómo hacer diferentes metales sobre el polvo de la Tierra; y que con la materia de la Tierra ese plomo y ese estaño no pueden ser producidos; sino que fueron material traído por los Vigilantes o extraterrestres como arma contra los humanos; como sabemos hoy, los humanos pueden ser envenenados con plomo; y el estaño ataca el sistema inmunológico humano. Es el material de sus naves espaciales; donde se encuentra el estaño; es donde sus naves espaciales explotaron y aterrizaron en la tierra durante su Guerra.

8 Hay un ángel de pie sobre él, y ese ángel lucha por prevalecer. 9 Después mi bisabuelo Enoch me agarró con su mano, levantándome y diciéndome: "Ve, porque he preguntado a EL Dios de los espíritus sobre esta perturbación de la tierra". Quien respondió: "A causa de su impiedad se han consumado sus innumerables juicios ante mí. Con respecto a las lunas han preguntado, y han sabido que la tierra perecerá con los que la habitan, y que para éstos no habrá lugar de refugio para siempre.

10 Ellos han descubierto los secretos, y ellos son los que han sido juzgados; pero tú, hijo mío, no. EL Dios de los espíritus sabe que eres puro y bueno, libre del reproche de descubrir secretos. 11 Él, el santo, establecerá tu nombre en medio de los santos y te preservará de los que habitan la tierra. Él establecerá tu semilla en la justicia, con dominio y gran gloria; y de tu semilla brotará justicia y hombres santos sin número para siempre.

ENOC CAPÍTULO 65

1 Después de esto me mostró a los ángeles del castigo, que estaban preparados para venir, y para abrir todas las aguas poderosas debajo de la tierra; 2 para que sean para el juicio y para la destrucción de todos los que quedan y habitan en la tierra. 3 Y EL Dios de los espíritus ordenó a los ángeles que salieron, que no tomaran a los hombres y los preservaran.

4 Porque esos ángeles gobernaban todas las aguas poderosas. Entonces salí de la presencia de Enoc.

ENOC CAPÍTULO 66

1 En aquellos días vino a mí la palabra de EL, y me dijo: Noé, he aquí que tu suerte ha subido hasta mí, una suerte sin delito, una suerte amada y recta.

2 Ahora, pues, los ángeles trabajarán con los árboles; pero cuando procedan a esto,
yo pondré mi mano sobre él y lo preservaré. 3 La semilla de la vida surgirá de ella,
y se producirá un cambio, para que la tierra seca no quede vacía. Estableceré tu semilla delante de mí para siempre, y la semilla de los que habitan contigo en la superficie de la tierra. Será bendecida y multiplicada en presencia de la tierra, en el nombre de EL SHADDAI.

4 Y confinarán a los ángeles que divulguen la impiedad. En ese valle ardiente es, que serán confinados, que al principio mi bisabuelo Enoc me mostró en el oeste, donde
había montañas de oro y plata, de hierro, de metal fluido, y de estaño. 5 Contemplé
aquel valle en el que había gran perturbación, y donde las aguas estaban agitadas.
6 Y cuando todo esto se efectuó, de la masa fluida de fuego y de la perturbación que reinaba en aquel lugar, surgió un fuerte olor a azufre, que se mezcló con las aguas; y el valle de los ángeles, que había sido culpable de seducción, ardió bajo su suelo.

7 Por ese valle también corrían ríos de fuego, a los que serán condenados aquellos ángeles que sedujeron a los habitantes de la tierra.

8 Y en aquellos días estas aguas serán para los reyes, para los príncipes, para los exaltados y para los habitantes de la tierra, para la curación del alma y del cuerpo,
y para el juicio del espíritu. 9 Sus espíritus estarán llenos de lujuria, para que sean juzgados en sus cuerpos; porque han negado a EL Dios de los espíritus, y aunque perciben su condenación de día en día, no creen en su nombre.

10 Y como la inflamación de sus cuerpos será grande, así sus espíritus sufrirán un
cambio para siempre. 11 Porque ninguna palabra que se pronuncie ante EL Dios de
los espíritus será en vano. 12 El juicio ha venido sobre ellos, porque confiaron en sus deseos carnales y negaron a EL Dios de los espíritus.

13 En esos días las aguas de ese valle serán cambiadas; porque cuando los ángeles sean juzgados, entonces el calor de esos manantiales de agua experimentará una alteración.

14 Y cuando los ángeles asciendan, el agua de los manantiales volverá a experimentar una alteración y se congelará. Entonces oí al santo Miguel responder y decir: "Este juicio, con el que serán juzgados los ángeles, dará testimonio contra los reyes, los príncipes y los que poseen la tierra. 5 Porque estas aguas del juicio serán para su curación y para la muerte de sus cuerpos. Pero no percibirán ni creerán que las aguas serán cambiadas y se convertirán en un fuego que arderá para siempre."

ENOC CAPÍTULO 67

1 Después de esto me dio las características de todas las cosas secretas en el libro de mi bisabuelo Enoc, y en las parábolas que le habían sido dadas; insertándolas para mí entre las palabras del libro de las parábolas.

A Noé se le da el código personal de Enoc para que pueda utilizarlo como clave para interpretar y entender el libro de Enoc. Noé nos está diciendo que se necesita un secreto o un conocimiento especial para poder interpretar o entender el libro de Enoc y esta información se puede encontrar en el libro de las parábolas. La información es un secreto; lo que significa que ni siquiera los ángeles caídos podrían entender o interpretar el libro de Enoc. Sin la llave del conocimiento del libro de Enoc; el libro no puede ser interpretado. Puedes intentar entenderlo e interpretarlo; pero sin la clave; el libro nunca tendrá un sentido completo y toda la información del libro de Enoc no puede ser conectada para tener un sentido comprensible.

2 En ese momento el santo Miguel respondió y dijo a Rafael: "El poder del espíritu me apresura y me impulsa. La severidad del juicio, del juicio secreto de los ángeles, ¿quién es capaz de contemplar la resistencia de ese severo juicio que ha tenido lugar y que se ha hecho permanente sin derretirse en el lugar del mismo?" Nuevamente, el santo Miguel respondió y dijo al santo Rafael: "¿Quién hay que no tenga el corazón ablandado por ello, y cuyas entrañas no estén turbadas por esta cosa? 3 El juicio ha salido contra ellos por aquellos que los han arrastrado así; y eso fue, cuando estuvieron en la presencia de EL Dios de los espíritus."

4 De la misma manera también el santo Rakael dijo a Rafael: "No estarán ante el ojo de EL SHADDAI, ya que EL Dios de los espíritus se ha ofendido con ellos; porque como dioses se han comportado. Por lo tanto, Él traerá sobre ellos un juicio secreto

por los siglos de los siglos. 5 Porque ni los ángeles ni los hombres recibirán una parte de él, sino que sólo ellos recibirán su propio juicio por los siglos de los siglos.

ENOC CAPÍTULO 68

1 Después de este juicio se asombrarán y se irritarán, porque será exhibido a los habitantes de la tierra.

2 He aquí los nombres de esos ángeles. Estos son sus nombres. El primero de ellos es Samyazael; el segundo, Arstikaphael; el tercero, Armen; el cuarto, Kakabael; el quinto, Turel; el sexto, Rumyel; el séptimo, Danyel; el octavo, Kael; el noveno, Barakel; el décimo, Azazel; el undécimo, Armersel el duodécimo, Bataryel; el decimotercero, Basasael; el decimocuarto, Ananel; el decimoquinto, Turyel; el decimosexto, Simapiseel; el decimoséptimo, Yetarel; el decimoctavo, Tumael; el decimonoveno, Tarel; el vigésimo, Rumel; el vigésimo primero, Azazyel.

3 Estos son los jefes de sus ángeles, y los nombres de los jefes de sus centenas, y los jefes de sus cincuentas, y los jefes de sus decenas. 4 El nombre del primero es Yekunel: él fue quien sedujo a todos los hijos de los santos ángeles; y haciéndolos descender a la tierra, extravió a la descendencia de los hombres.

5 El nombre del segundo es Kesabel, quien señaló el mal consejo a los hijos de los santos ángeles y los indujo a corromper sus cuerpos generando la humanidad.

6 El nombre del tercero es Gadrel: descubrió todo golpe de muerte a los hijos de los hombres. 7 Sedujo a Eva y descubrió a los hijos de los hombres los instrumentos de la muerte, la cota de malla, el escudo y la espada para la matanza; todo instrumento de muerte para los hijos de los hombres. 8 De su mano se derivaron estas cosas para los que habitan en la tierra, desde ese período para siempre.

9 El nombre del cuarto es Penemuel; él descubrió a los hijos de los hombres la amargura y la dulzura; 10 y les señaló todo secreto de su sabiduría. 11 Enseñó a los hombres a entender la escritura y el uso de la tinta y el papel. 12 Por eso han sido numerosos los que se han extraviado desde todas las épocas del mundo, hasta el día de hoy.

13 Porque los hombres no nacieron para esto, así con pluma y con tinta para confirmar su fe.

14 Ya que no fueron creados sino para que, como los ángeles, permanecieran justos y puros.

15 Tampoco la muerte, que lo destruye todo, les habría afectado; 16 pero por esto su conocimiento perece, y por esto también su poder los consume.

7 El nombre del quinto es Kasyadel: enseñó a los hijos de los hombres cómo controlar perversamente a los espíritus y a los demonios para matar: 18 cómo golpear al embrión en el vientre, para matarlo; el uso del espíritu del veneno de los colmillos de la serpiente para matar; y cómo matar a la gente usando en el mediodía la cría de la serpiente, cuyo nombre es Tabaet.

19 Este es el número del Kasbel; la parte principal del juramento que el Altísimo, habitando en la gloria, reveló a los santos. 20 Su nombre es Beka. Habló al santo Miguel para que les descubriera el nombre sagrado, a fin de que entendieran ese nombre secreto y recordaran así el juramento; y para que los que señalaban todo lo secreto a los hijos de los hombres temieran ese nombre y ese juramento.

21 Este es el poder de ese juramento, pues es poderoso y fuerte. 22 Y él estableció este juramento de Akael por la instrumentalidad del santo Miguel. 3 Estos son los secretos de este juramento, y por él fueron confirmados. El cielo fue suspendido por él antes de que el mundo fuera hecho, para siempre.

25 Por él se ha fundado la tierra sobre el diluvio; mientras que de las partes ocultas de las colinas salen las aguas agitadas desde la creación hasta el fin del mundo. 26 Por este juramento se ha formado el mar y sus cimientos.

27 Durante el período de su furia estableció la arena contra él, que permanece inalterable para siempre; y por este juramento se ha hecho fuerte el abismo, que no se mueve de su puesto por los siglos de los siglos. 28 Por este juramento el sol y la luna completan su marcha, sin desviarse nunca del mandato que se les ha dado por los siglos de los siglos. 29 Por este juramento las estrellas completan su marcha; 30 y cuando sus nombres son invocados, devuelven una respuesta, por los siglos de los siglos.

31 Esto es lo que ocurre en los cielos; el soplo de los vientos: todos ellos tienen espíritus, y efectúan una combinación completa de espíritus.

32 Allí se guardan los tesoros del trueno y el esplendor del rayo. 33 Allí se guardan los tesoros del granizo y de la escarcha, los tesoros de la nieve, los tesoros de la lluvia y del rocío.

34 Todos ellos confiesan y alaban en público ante EL Dios de los espíritus. 35 Ellos glorifican con todo su poder de alabanza; y él los sostiene en todo ese acto de acción de gracias; mientras alaban en público, glorifican y exaltan el nombre de EL Dios de los espíritus por los siglos de los siglos.

36 Y con ellos establece este juramento, por el cual ellos y sus caminos son preservados; ni su progreso perece. 37 Grande fue su alegría. 38 Bendijeron, glorificaron y exaltaron, porque se les reveló el nombre del Hijo del Hombre.

39 Se sentó en el trono de su gloria, y se le asignó la parte principal del juicio, al Hijo del hombre. Los pecadores desaparecerán y perecerán de la faz de la tierra, mientras que los que los sedujeron serán atados con cadenas para siempre.

40 Según su grado de corrupción serán encarcelados, y todas sus obras desaparecerán de la faz de la tierra; desde entonces no habrá quien corrompa, porque el Hijo del hombre ha sido visto, sentado en el trono de su gloria.

41 Todo lo malo desaparecerá y se apartará de su presencia; y la palabra del Hijo del hombre se hará poderosa en presencia de EL Dios de los espíritus. 42 Esta es la tercera parábola de Enoc.

CAPÍTULO 69 DE ENOC

Después de esto, el nombre del Hijo del hombre, que vivía con EL el Dios de los espíritus, fue exaltado por los habitantes de la tierra. 2 Fue exaltado en los carros del Espíritu; y el nombre salió en medio de ellos. 3 Desde entonces no fui arrastrado en medio de ellos, sino que me sentó entre dos espíritus, entre el norte y el oeste, donde los ángeles recibieron sus cuerdas, para medir un lugar para los elegidos y los justos.

4 Allí vi a los padres de los primeros hombres y a los santos, que habitan en ese lugar para siempre.

ENOC CAPÍTULO 70

Noé recita la historia de Enoc.

1 Después mi espíritu se ocultó, subiendo a los cielos. Contemplé a los hijos de los santos ángeles pisando fuego ardiente, cuyos vestidos y túnicas eran blancos, y sus semblantes eran transparentes como el cristal. 2 Vi dos ríos de fuego que brillaban como el jacinto. 3 Entonces caí de bruces ante EL Dios de los espíritus. 4 Y Miguel, uno de los arcángeles, me tomó de la mano derecha, me levantó y me llevó a donde estaba todo secreto de misericordia y secreto de justicia.

5 Me mostró todas las cosas ocultas de las extremidades del cielo, todos los receptáculos de las estrellas y los esplendores de todo, de donde salían ante la faz del santo.

6 Y ocultó el espíritu de Enoc en el cielo de los cielos.

7 Allí contemplé, en medio de aquella luz, un edificio levantado con piedras de hielo; 8 y en medio de estas vibraciones de piedra llamas de fuego vivo. Mi espíritu vio que alrededor del círculo de esta morada flamígera, en una de sus extremidades, había ríos llenos de fuego vivo, que la rodeaban. 9 La rodeaban los Serafines, los Querubines y los Ophanines, que son los que nunca duermen, sino que vigilan el trono de su gloria.

10 Y vi ángeles innumerables, millares de millares, y miríadas y miríadas, que rodeaban aquella morada.

11 Miguel, Rafael, Gabriel, Fanuel y los santos ángeles que estaban en los cielos arriba, entraban y salían de ella. Miguel, Rafael y Gabriel salieron de aquella morada, y los santos ángeles innumerables. 12 Con ellos estaba el Anciano de días, cuya cabeza era blanca como la lana y pura, y su manto era indescriptible.

13 Entonces caí sobre mi rostro, mientras toda mi carne se disolvía y mi espíritu se transformaba. 14 Grité con gran voz, con un espíritu poderoso, bendiciendo, glorificando y exaltando.

La carne de Enoc muere; pero él no muere; y su espíritu es cambiado; se convierte en un poderoso espíritu; un poderoso inmortal; esta es la esperanza de todas las personas nacidas en la tierra; esto es la vida después de la muerte. Enoch está diciendo: "Sé obediente a EL y lo lograrás aquí". Te convertirás en un espíritu poderoso después de dejar tu carne. No es una enseñanza de resurrección o rapto; sino una enseñanza de transformación. Disfruta la vida que EL te ha dado y obedece a EL y seras llevado ante EL en el momento que mueras; y tu espiritu recibira su verdadera fuerza y poder. Esto es una promesa de EL a todos los humanos; versos 19 - 22.

15 Y esas bendiciones, que salieron de mi boca, se hicieron aceptables en la presencia del Anciano de días. 16 El Anciano de días vino con Miguel y Gabriel, Rafael y Fanuel, con miles de miles, y miríadas y miríadas, que no podían ser contadas.

17 Aquel ángel se acercó a mí, y con su voz me saludó diciendo: "Tú eres el Hijo del Hombre, que has nacido para la justicia, y la justicia ha recaído sobre ti. 18 La justicia del Anciano de días no te abandonará.

19 Dijo: "A ti te conferirá la paz en nombre del mundo existente; porque de allí ha salido la paz desde que el mundo fue creado. 20 Y así os sucederá por los siglos de los siglos. 21 Todos los que existan y caminen por tu senda de justicia no te abandonarán para siempre. 22 Contigo estarán sus moradas, contigo su suerte; ni de ti se separarán por los siglos de los siglos. 23 Y así será la duración de los días con el Hijo del Hombre.

24 La paz será para el justo, y el camino de la integridad seguirá el justo, en el nombre de EL Dios de los espíritus, por los siglos de los siglos.

Hemos atravesado y vivido un viaje con el espacio interior y exterior aventurero de Enoc. Enoc nos está enseñando sofisticadas fórmulas matemáticas y la sincronización del sol, la tierra y la luna; inteligencia que no debería haberse encontrado en la época de las cavernas según las creencias de los intelectuales. Este libro ha sido altamente maravilloso e inusual del primer siglo. Describe a Dios Creador como un ser completo que conoce la ciencia, las matemáticas, la escritura, la lectura; un genio completo de cada forma de especialización conocida por la humanidad; sobrenatural con creaciones sobrenaturales. El conocimiento de Enoc sobre el tiempo del sol, la luna y la tierra con números y fórmulas precisas es una información innegable que le tuvo que ser dada por Dios. Como todo es correcto y está probado; entonces eso significa que su historia sobre los Vigilantes y toda la información que nos entrega es también correcta y puede ser probada. Es un libro de Historia temprana humana, Ciencia, Matemáticas, Mecánica, Cronometría y Computación. Para compararlo con nuestro tiempo, es un libro de profecías, religión, descubrimientos futuristas que aturden la mente humana, como el teletransporte, los agujeros de los portales que conectan el Cielo con todos los planetas; un libro antiguo impresionante, que deja boquiabierto.

Los científicos de hoy en día han clasificado a los seres humanos en sus inicios desde un punto de atraso con un coeficiente mental muy bajo como cavernícolas; pero el libro de Enoc describe a los humanos con una capacidad mental muy alta; capaces de aprender cualquier cosa enseñada por los Vigilantes. Los Vigilantes son una raza de extraterrestres con la misma secuencia de ADN que los humanos, pero son inmortales; altamente conocedores de los ordenadores y del mundo digital; algo que debían enseñar a los humanos. Tienen grandes conocimientos de arquitectura e ingeniería mecánica. El Vigilante tardó más de 5000 años en hacernos llegar toda esa información a los humanos; pero la evidencia está en todo el mundo de que finalmente han logrado enseñar a los humanos cómo funciona el mundo digital; y ahora depende de nosotros; usar lo que hemos aprendido para hacer nuestro mundo más fácil de vivir y más agradable.

Las computadoras fueron descritas por Enoc; y los ángeles ya las estaban usando desde el principio; una tableta o computadora es hecha y asignada para cada ser humano que estuvo vivo, está vivo y estará vivo; para registrar la historia de su vida; y los ángeles son puestos sobre ellos y se les requiere mantener las tabletas durante la vida del humano. Debido a la rebelión angélica, lo que los humanos deberían haber aprendido desde el principio, tomó más de 5000 años sólo para que volviéramos al principio.

No evolucionamos de ignorantes a inteligentes, sino que nuestra inteligencia estaba dormida porque perdimos a nuestros maestros (Los Vigilantes) por la rebelión angélica. Pero los fieles Vigilantes finalmente lo han hecho y han logrado enseñarnos a los humanos el comienzo del mundo digital; al hacerlo; nuestras mentes se han expandido para aceptar fácilmente lo inexplicable; de donde provienen los milagros y la nueva creación. Cuanto más usemos nuestra mente en lo inexplicable; más fácil será vivir en la Tierra futurista preparada para todos los seres humanos del futuro.

Si recuerdas; en el sueño de Enoc un ser humano del futuro; comienza a crear usando palabras; lo que dice llega a ser; y EL está muy complacido con él; a partir de ese momento; el resto de los humanos comenzaron a hacer lo mismo; y eso hace que EL se regocije enormemente. Veras, el futuro de los humanos es llegar a ser como Dios mismo, pero nunca como Dios; no solo un humano o un numero especial de humanos; sino que todos los humanos van a complacer a EL. Nuestro futuro es tomar el control de la Tierra con el poder y la grandeza que ya esta prescrito para nosotros y ya esta dentro de nosotros;

nuestra propia coneccion con la autoridad y el poder de EL nuestro Creador; simplemente aprendemos a encenderlo y usarlo con comandos de nuestra boca.

Ha sido un honor y un placer explicarles el libro de Enoc. Es fácil descontar o descartar este libro como verdadero; pero las matemáticas y los cálculos y ubicaciones sobre la Tierra discutidos no pueden ser discutidos. Y debido a que las matemáticas son exactas, esto hace que este libro sea 100% exacto y verdadero; el primer libro escrito por Enoc, nuestro Gran Padre, hace más de 5,300 años; antes de que hubiera gobiernos y religiones organizadas. Es una reliquia de información desconocida que será muy útil para identificar el Sabado y ayudarnos a poner todas nuestras fiestas, estaciones y días santos en el tiempo correcto.

MI HISTORIA

Me tomó 17 años de entrenamiento antes de que se me diera el libro de Enoc. En el año 2014 leí el libro de Enoc por primera vez. Entendí el libro inmediatamente; pero no tenía ninguna razón real o urgencia para interpretarlo hasta que mi hermano; Paul Corbett, me llamó y me pidió que lo interpretara en 2016. Entonces llegó la urgencia de interpretar el libro de Enoc; porque la petición de Paul giró en torno a las palabras que me habían hablado en mi pasado. Me ha llevado dos años completar este trabajo en el que acepté participar. Pablo no fue el primero en pedirme que lo interpretara; hace 21 años; desde el año 1996; un ángel me dijo que me iban a entrenar para hacer un trabajo especial para ellos; y después de que me entrenaran; que no me negara a hacerlo; especialmente cuando la palabra Alien vino a mi mente.

Desde que puedo recordar el Espíritu de El Shaddai me ha estado hablando y ministrando. Durante el año en que nací la polio estaba golpeando, matando y mutilando cuerpos humanos en todas partes de la tierra. No hace falta decir que fui golpeado por la polio cuando tenía dos años de edad. Según mi madre, ya podía hablar antes de que me diera la poliomielitis, pero después no podía hablar ni pronunciar palabras. Lo siguiente es mi historia sobre ese día y año:

La primera vez que un demonio atacó mi cuerpo; yo sólo tenía dos años; la polio era su función. Mi madre dijo que había intentado todo lo que sabía. No había médicos ni medicinas conocidas para atacar el virus. La fiebre nunca me dejó; ya no comía. Mi estómago estaba pegado a mi caja torácica y a mi columna vertebral. Ella sabía que iba a ser mi última noche con vida. Me levantó sosteniéndome con una mano bajo el cuello y la otra bajo las dos rodillas.

Se arrodilló y oró: “Dios Todopoderoso/El Shaddai, este es tu siervo que entrega a mi hijo en tus manos. Si muere esta noche; me conformo con el tiempo que me permitas disfrutar de su presencia; pero si lo curas; dedico su vida a tu servicio para siempre. Le enseñaré todo lo que sé de quién eres y le mantendré en el camino de la rectitud lo mejor que pueda”.

Se levantó y se colocó en una silla abrazándome. Por la mañana temprano la desperté con mucha hambre. Ella saltaba gritando alabanzas a Dios Todopoderoso. Al caminar mis rodillas parecían de goma. Mi pie izquierdo estaba torcido hacia mi pie derecho. Mi mano derecha estaba torcida desde el codo hacia adentro y no podía controlarla. Me golpeaba constantemente la nariz con ella. Los dedos de la mano izquierda no los podía utilizar para sujetar cosas. Las palabras que podía pronunciar antes del ataque de poliomielitis no las podía pronunciar. Hasta la edad de trece años no podía hablar una palabra distinguible.

No podía comunicarme con los seres humanos pero con Dios y sus ángeles sí. Él siempre llamaba mi atención gritando mi nombre. Me decía: “Efrén, hijo mío, escucha mi voz”. Entonces yo le respondía: “Te estoy escuchando PAPA”. Yo le llamaba PAPA y a mi padre terrenal le llamaba PAPI. Tuve largas conversaciones con él como más tarde las tendría con mi madre. Mi madre me puso el nombre de Efraín y me llamó Efraín hasta el domingo antes de su muerte. Mientras hablaba con ella ese día, comenzó a bendecirme. Ella dijo: “Efren hijo de Dios Todopoderoso te bendigo con todo mi corazón, alma y espíritu, que cumplas para lo que naciste. Que Dios Todopoderoso, que te sacó de las fauces del ángel de la muerte, te dé fuerzas para terminar la difícil tarea para la que te ha elegido. Que todos los hijos de Israel se alegren en ti. Que todas las profecías sobre Israel se cumplan en tu vida”. Entonces ella dijo: “Estoy lista para encontrarme con mi Dios ahora, hay mucho trabajo por hacer todavía, pero no puedo hacerlo todo por mí misma. Debo confiar en Dios; que él levantará gente en mi lugar”. Luego oró y selló la bendición.

Mi madre me llamaba Efraín y Dios me llamaba Efrén; eso me hizo preguntarme y se convirtió en el principio de todas mis preguntas. Dios me estaba hablando y yo interrumpí: “PAPA, ¿por qué me llamas Efrén y mi mamá me llama Efraín?”. El dijo: “Porque te llamé Efrén cuando tu mamá te puso en mi altar y tu mamá todavía está confundida sobre este asunto”. Entonces dije: “Papá me gusta más Efrén porque cuando me llamas y dices mi nombre; me siento fuerte y seguro”. Sentí la risa en su voz mientras decía: “Hijo mío entonces lo haré legal. Te llamarás Efrén en esta tierra”.

En el verano de 1971, recibimos una carta de Inmigración en la que se nos informaba que podíamos finalizar nuestro estatus de extranjeros; es decir, el estatus de mi mamá, cuatro de mis hermanas y el mío; porque mi papá ya era ciudadano americano. Dios me habló y me dijo: “Efrén, esta semana cambiaré tu nombre de Efraín a Efrén”. Estaba emocionado y no podía esperar. Manejamos desde Midland, TX. USA a Monterey, Coah. México.

Mi papá compró un montón de aguacates y un saco lleno de sardinas enlatadas después de que nos comimos toda la comida que habíamos empacado. Después de comer aguacates y sardinas para el desayuno, el almuerzo y la cena durante cuatro días seguidos; no pude comer más y entonces le dije a mi papá: “Quiero comer bistec”. Lo repetí al menos cuatro veces.

Él miró a mi hermana mayor y le preguntó: “¿Qué está diciendo?”

Mi hermana mayor era mi intérprete cuando estaba cerca.

Dijo: “Quiere comer un filete”. Empezó a hablar consigo mismo y a decir:”

Mira que quiere filete; como si pudiera sacar filetes del aire; se dio la vuelta y me miró a los ojos y dijo: “Comerás lo que te dé, no querrás que te lo meta a la fuerza en la garganta; ¿verdad?”

Así que me metí a la fuerza el aguacate y las sardinas por la garganta porque sabía que hablaba en serio. Después no pude hacer otra cosa que llorar. Mientras lloraba; escuché la voz de Dios y me dijo: “Efrén, estoy contigo; y he escuchado tu petición; mañana comerás filetes”.

Dejé de llorar y me dormí.

Estábamos en la fila para que los trabajadores de inmigración dijeran nuestro nombre para finalizar nuestro estatus migratorio. Esperamos toda la mañana. La voz de Dios llegó a mis oídos y dijo: “Efrén, ¿ves a esa pareja sentada frente a ti? Ve a hablar con ellos, he abierto su oído y te entenderán”.

Así que fui y hablé con ellos. Les conté cómo Dios cambió el nombre de Abram a Abraham y cómo cambió el nombre de Jacob a Israel y añadí: hoy va a cambiar mi nombre de Efraín a Efrén”. Entonces le pregunté a la mujer: “¿Sabes deletrear en español?”

Ella respondió: “Sí”.

Le pregunté: “¿Puede escribir “Efrén” en un papel y enseñármelo?”

Ella escribió “EFREN” en un papel y me lo dio”.

Era la primera vez que veía mi nombre escrito en algún sitio.

Le dije: “Muchas gracias”. Me di la vuelta y comencé a caminar hacia donde estaban sentadas mis hermanas.

Oí la voz de la mujer: “Efrén, espera; queremos hablar contigo”.

Era la primera vez en mi vida que oía mi nombre pronunciado por una voz humana.

Me di la vuelta y volví hacia la pareja. Ella dijo: “Queremos escuchar más de sus historias. Es hora de comer; ¿quieres ir a comer con nosotros?”

Respondí y dije: “Claro, pero tenéis que preguntar a mi madre y a mi padre”.

Señalé a mi madre y a mi padre.

Se dirigieron a mi madre y a mi padre y el hombre le preguntó a mi padre: “Hemos conocido a su hijo y estamos muy intrigados con él, ¿nos dejará llevarlo a comer con nosotros?

Mi padre dijo: “No sabe hablar”.

El hombre respondió: “Le entendemos bien”.

Entonces mi padre dijo: “No tengo dinero extra para comprarle el almuerzo”.

El hombre dijo: “No se preocupe, el almuerzo lo pagamos nosotros”.

Mi padre dijo: “En ese caso, puede hacerlo”.

Entramos en un ascensor y el hombre dijo: “Quiero escuchar más de sus historias”.

Les conté la historia de José y el abrigo de muchos colores. Llegamos al restaurante y nos sentamos.

El hombre me preguntó: “¿Qué quieres comer?”.

Respondí: "Un gran filete".

Vino el camarero y pidieron su comida y el hombre me señaló y dijo: "Para él, tráele dos filetes grandes, los mejores para él".

Entonces les conté la historia de Gedeón y los trescientos. Llegó la comida y empezamos a comer. Me dije: "Llevaré uno de estos filetes a mis hermanas".

Entonces la voz de Dios dijo: "NO". Tengo estos filetes para ti y para nadie más. Tú eres el único que ha estado comiendo aguacates y sardinas estos cuatro días". Así que me comí los dos filetes. Me terminé los filetes y dije: "Gracias PAPA, y también os doy las gracias a los dos".

La mujer me preguntó: "¿Puede usted arreglárselas con un cucurucho de helado?".

Dije: "Claro, y añadí; ¿quieres comprar uno para mis hermanas?".

Compraron los cucuruchos de helado y empezamos a caminar de vuelta a la oficina de inmigración. Les conté la historia de David y Goliat mientras caminábamos. Llegamos de vuelta y el hombre les dio a mis hermanas los cucuruchos de helado. Me miraron con deleite y el hombre dijo: "Usted ha iluminado nuestro mundo, nunca olvidaremos el encuentro que tuvimos con usted, muchas gracias". Se dirigieron a un espacio vacío cerca de la mujer que decía los nombres y se sentaron.

Llamaron nuestros nombres. Mi mamá y mi papá con nosotros; fuimos y nos paramos en frente a la mujer que llamaba nuestro nombre; y un hombre estaba parado al lado de ella con todos nuestros papeles. El hombre les dijo a mi madre y a mi padre: "Vamos a revisar toda la documentación de cada persona por separado. Asegúrate de que todo está correcto".

El papeleo de mi madre fue el primero. Mi madre lo revisó y asintió al hombre, sí, y luego dijo: "Todo está correcto".

Luego llamó a mi hermana mayor por su nombre y mi mamá volvió a decir: "Todo está correcto". Entonces llamó mi nombre, "EFREN".

Mi madre dijo: "¿Cómo lo has llamado?".

Él repitió: "EFREN".

Mi madre dijo: "No, no se llama Efrén, se llama Efraín".

La pareja que me compró el almuerzo saltó de su silla y se puso detrás de mí; me agarró por los hombros con mucha emoción.

Mi madre le dijo al hombre: "Tiene que cambiar su nombre de EFREN a Efraín".

El hombre dijo: "Muy bien, tendrá que comparecer ante un juez. Con toda esta gente que tiene que hacer los cambios es un proceso de dos semanas.

Mi padre habló y dijo: "Qué".

El hombre repitió; para cambiar su nombre es un proceso de dos semanas".

Mi papá le dijo a mi mamá: "Revisa si algo más no está bien".

Mi mamá respondió: "Todo está bien excepto su nombre".

Mi papá dijo: "Bueno, no podemos permitirnos dos semanas más aquí, sigue adelante y tramita el papeleo como está".

Mi madre empezó a llorar y dijo: "De acuerdo, pero siempre le llamaré Efraín, el nombre que le puse".

Entonces le pregunté al hombre: "¿Puedo ver mi nombre escrito?".

El hombre dijo: "No te entiendo hijo".

La mujer que me sujetaba los hombros dijo: "Quiere ver su nombre escrito en un papel".

El hombre me mostró el expediente y mi nombre. Saqué el trozo de papel en el que la mujer había escrito mi nombre y lo comparé con el nombre que aparecía en los expedientes legales. Era exactamente: "EFREN".

La pareja se quedó sin palabras durante unos minutos. Entonces el hombre dijo: "Hemos sido testigos de un milagro". Entonces les dije: "Así es, los dos sois testigos de lo que Dios ha hecho por mí.

Comencé a alabar a mi Dios; mi papá. Su Espíritu me susurró al oído: "Todos los acontecimientos de tu vida tienen un significado, un día los recordarás todos y los combinarás en un único mensaje que tengo para mi pueblo Israel. Tus sentimientos son mis sentimientos y tus pensamientos son mis pensamientos, yo soy quien los hizo así. Comprende los acontecimientos que he preparado para tu vida; vas a vivirlos; y me comprenderás cuando te hayas comprendido a ti mismo".

Entré en el octavo curso de la escuela. Estábamos jugando al béisbol y un adolescente negro iba a batear. Y otro adolescente negro estaba lanzando. Lanzó la bola intencionadamente para golpear al bateador. El bateador corrió hacia el lanzador con su bate y le rompió el bate por la espalda; y fueron necesarios tres entrenadores para quitárselo de encima. No hace falta decir que el lanzador fue enviado al hospital.

Yo estaba en la primera base cuando la voz de Dios vino a mí y me dijo: "Vas a pelear con ese adolescente negro".

Respondí: "¿No crees que ya ha tenido suficiente, que ha aprendido la lección; por qué iba a pelear con él sabiendo que ya ha sido derrotado y hospitalizado?".

La voz dijo: "No es el lanzador sino el bateador".

Después de lo que había visto tenía miedo, no de él, sino de lo que tenía que hacer; para ganarle.

Pregunté: "¿Por qué tengo que luchar contra él?".

Me contestó: "Te voy a dar una lección que debes aprender con él".

Después de que cumpliera su suspensión, le evitaba. Si lo veía venir hacia mí, me daba la vuelta y tomaba otro camino. Lo tuve en mi primer período en la clase de arte.

Una mañana me dirigía a mi clase de arte y oí a mi primo decir: "Puedes hacernos esto, pero espera a que llegue Efrén, apuesto a que no podrás hacerle esto".

Entré en la clase de arte con un cuadro que había hecho de Abraham Lincoln y lo puse sobre mi mesa. Lo vi con la cabeza de mi primo bajo la axila de un brazo y con la cabeza de otro de mis amigos bajo la otra axila. Los soltó y cargó contra mí; lo único que pude hacer fue defenderme. Lo boxeé hasta que vi que las lágrimas salían de sus ojos. Sabía que no podía hacer nada contra mí a base de puñetazos, así que me agarró, me levantó y me lanzó contra el techo. Me estrellé contra el techo y de alguna manera hice una voltereta en el aire y aterricé sobre su cabeza. Mientras caía, lo agarré por el cuello y lo metí debajo de la mesa.

Entonces le dije: "Antes de que te levantes, escucha, no sé por qué estamos peleando, pero si sales de debajo de la mesa dando puñetazos, voy a terminar la pelea". Me contestó: "No hombre; no más; Efrén, eres mi amigo". Me dio la mano y yo le estreché la mano y lo levanté. Me dio un abrazo y repitió: "Efrén eres mi amigo". Ese día se convirtió en mi amigo y con su amistad todos los estudiantes negros de la escuela se convirtieron en mis amigos.

Las chicas negras formularon una canción de rap para mí ese día y empezaron a rapear dentro de la clase de arte: "Efrén es mi amigo, Efrén es mi amigo; sí, nena, Efrén, Efrén, Efrén es mi amigo". Durante semanas se les pudo oír rapear su canción en los pasillos. La pelea se anunciaba por todo el campus. Un rumor circulaba por la brújula de la escuela; que si Efrén era tu amigo; y estabas en problemas; que él vendría a rescatarte.

Yo estaba en el autobús escolar viajando a la escuela y pregunté: "PAPA, estoy confundido, qué estabas tratando de enseñarme para que tuviera que pelear con él. Ya sé que contigo nada es imposible. No tengo miedo de ningún mal contigo de mi lado".

Me contestó: "Todavía no te he dado la lección, pero hoy lo haré".

Me bajé del autobús y empecé a caminar por unos setos altos y oí una voz desde el otro lado de los setos que repetía: "Suéltame, Efrén es mi amigo y si se entera de lo que me estás haciendo, se va a enfadar mucho y te va a dar una paliza". Me llamaba por mi nombre y cuando caminé alrededor de los setos había dos matones que se metían con un chico blanco y delgado. Tenían su cartera y la estaban revisando.

Les dije: "Devuélvanle la cartera". Me preguntaron: "¿Y quién te crees que eres?".

Les dije: "Soy Efrén".

Empezaron a temblar, soltaron la cartera y empezaron a huir.

Le pregunté al niño blanco y delgado: "¿Estás bien?" Asintió con incredulidad.

Mientras caminaba hacia mi clase la voz de Dios vino a mí y me preguntó: "¿Por qué lo ayudaste?".

Le respondi; porque había invocado mi nombre.

Luego me preguntó: "¿Es tu amigo?".

Respondí: "No, no lo conozco".

Me preguntó: "Entre este chico y el adolescente con el que te peleaste, ¿cuál es tu amigo y por qué?".

Respondí: "El adolescente negro; porque se ha tomado el tiempo de conocerme y el chico blanco y delgado sólo me conoce a través de otra persona".

Escuché una risita en su voz cuando volvió a hablar y dijo: "Así es conmigo, vengo al rescate de cualquiera que invoque mi nombre". Ellos invocan el nombre de Dios Todopoderoso o simplemente Dios y yo los rescato, pero después de que les doy el rescate dan gracias y mencionan nombres de dioses que no son dioses porque no me conocen ni saben mi verdadero nombre pero lo dicen porque han oído hablar de mí; y no se han tomado el tiempo de conocerme. Llegará el día en que mi pueblo me llamará por mi nombre; y yo vendré en su ayuda y me presentaré ante ellos diciendo: 'Aquí estoy'. Ese día aprendí una lección de vida y nunca la olvidaré.

Empecé a aprender religión y pensé que todos los predicadores tenían una relación con Dios como yo. Dejé que el respeto que tenía por su edad y sus creencias me influyera y comencé a predicar las creencias del hombre en lugar de la palabra de Dios. Me casé con una hermosa mujer llamada Yvonne; tuvimos un hijo y lo llamamos Joshua y luego tuvimos una hija y la llamamos Robin.

Estaba volteando hamburguesas para los jóvenes de la iglesia mientras jugaban voleibol. Sentí un tirón en el hombro. Giré la cabeza pero no vi a nadie y me di la vuelta y seguí volteando hamburguesas. Volví a sentir un tirón en el hombro y me di la vuelta; pero esta vez miré a través del patio de recreo hacia el aparcamiento; un anciano me llamaba con la mano. Me señalé y él asintió: "Sí". Me dirigí hacia donde estaba y le pregunté en qué podía ayudarle. Me dijo: "Tengo un mensaje para ti; la semana pasada estuve en Florida ayudando a la gente de allí después del huracán; entonces recibí el mensaje de encontrarte y darte ese mensaje. Te busqué en Israel, luego fui a España; desde allí fui a México donde encontré tu rastro que me llevó hasta aquí. Pero antes de decirte nada; necesito hablar también con tu mujer". Sostenía una bolsa de papel marrón con mucha seguridad y protección.

Le dije: "Déjeme llamarla". Él dijo: "No, yo la llamaré". Hizo una señal con la mano de "ven aquí" hacia donde mi mujer estaba sentada viendo el partido de voleibol con las otras señoras. Ella se dio la vuelta, se levantó y caminó hacia donde estábamos. Le dijo cuál era su coche y las cosas que había hecho cuando había ido a comprar el coche y luego señaló mi camión y dijo: "Ese de ahí es tu camión". Me dijo: "No tengas miedo. Soy un mensajero y he venido a entregaros un mensaje a los dos". Hablamos; nos contó nuestro pasado y luego nos reveló nuestro futuro. Luego dijo: "Os cuento todo esto para que cuando llegue el momento no os neguéis a hacer lo que se os pedirá que hagáis". Dijo: "Dentro de esta bolsa está tu mensaje". Pero no me lo dio todavía.

Me dijo: "Veo que estás construyendo una casa y delante de la casa hay dos árboles, uno de los cuales se va a secar porque los conejos se van a comer su corteza; pero va a rebrotar en diferentes ramas haciéndose más grande y fuerte que el otro". Lo llevé a mi casa; y bendijo mi propiedad y todo lo que tenía. Vivíamos en una pequeña casa de 16 pies de ancho por 24 pies de largo. Lo llevé a los dos árboles sobre los que había profetizado y luego bendijo la casa de dos pisos que se iba a construir allí. Yo no le había dicho que mi plan era construir una casa de dos pisos; y nadie lo sabía, excepto yo y mi esposa. El árbol sobre el que profetizó murió y se secó después de que los conejos comieran alrededor del árbol y pelaran toda su corteza. Luego volvió a crecer desde el suelo; y hoy tiene ramas desde las raíces y es más grande y fuerte que el otro árbol. La casa de dos pisos se levanta orgullosa, tal y como profetizó.

Mirando hacia la casa que se iba a construir; preguntó: "¿Ves lo que yo veo?".

Pregunté: "¿Qué ves?". Dijo: "Muchas estrellas doradas cayendo sobre tu casa.

¿Sabes lo que significa?"

Respondí: "No; y pregunté: "¿Qué significa?"

Dijo: "Millones y millones de dólares. Recibirás millones y millones de dólares".

Dejarás de trabajar en lo que trabajas y te pondrás a trabajar como mecánico. Aprenderás la ley mecánica y después se te requerirá que interpretes un libro muy especial; un libro que fue escrito desde el principio; y después de que te entrenemos; no te niegues a interpretarlo; especialmente cuando la palabra Alien venga a tu mente. Se requiere que usted permanezca empleado con esa compañía hasta 21 años o hasta que usted haya alcanzado 59 ½ años de edad; usted puede no bastante ellos hasta que usted haya alcanzado 21 años pero será mejor para usted si usted espera hasta que usted será 59 ½ años de edad porque en ese momento se establece para usted no trabajar para nadie más; haga todo lo que ellos piden y no rechace ninguna asignación; y entonces usted será liberado de su obligación y será recompensado.

Fui a la Comisión de Trabajo de Texas para tomar alguna información del negocio que tenía y después de que la empleada leyó y archivó todo el papeleo; le pregunté: "¿Tienen algún trabajo mecánico disponible que pueda solicitar?".

Me preguntó: "¿Cuánta experiencia tienes como mecánico?". Le contesté: "No tengo ninguna experiencia como mecánico".

Ella sacudió la cabeza diciendo: "NO". Pero no dijo nada y miró en el ordenador.

Dijo: "Bueno señor, no hay ningún trabajo para mecánicos".

Le dije: "No pasa nada; sólo me picaba el gusanillo y tenía que comprobar si lo que oía era cierto; muchas gracias por ser tan paciente".

Sonó el teléfono y me di la vuelta para salir del edificio; entonces ella gritó: "Señor, señor; espere, venga, vuelva". Me hizo una señal con la mano y me pasó el teléfono. Contesté el teléfono y al otro lado había un trabajo de mecánico muy bien pagado; contratado en el acto sin ninguna experiencia; me contrataron un viernes cuando llamé el 5 de noviembre de 1997. Ahora me comprometí a estar allí hasta 21 años; y si podía esperar hasta llegar a los 59 ½ años de edad sería mejor para mí; estaba allí para aprender todo en las leyes de la mecánica.

Intenté renunciar tres veces. La primera vez los gerentes de Duke Energy querían contratarme; les dije que si llenaban la solicitud me iría a trabajar con ellos pero que no llenaría la solicitud. El gerente me dijo que iba a tener el papeleo listo el lunes para que yo lo firmara; así podría ser contratado por ellos. El lunes por la mañana empezamos a probar un cilindro y lo preparamos por procedimiento. Mientras miraba dentro del cilindro para ver por dónde se escapaba el aire, un manguito de la cómoda salió volando y los dos tornillos del manguito de la cómoda me golpearon en la cabeza; y con la fuerza de la explosión salí volando a dos metros por la pasarela; y aterricé encima de los raíles de la pasarela. Mi co-mecánico me vio y entró en pánico. Salí de la sala de máquinas y subí a mi camión. El otro mecánico abrió el camión y dijo: "No, yo conduzco". Me llevó al hospital; tenía la cabeza y la cara llenas de sangre; los médicos no sabían cómo seguía vivo. A lo largo de seis revisiones tuvimos problemas con la presión del aire y sólo pudimos hacer que el compresor se llenara hasta 80 psi. Durante el fin de semana habían cambiado el compresor de aire por uno nuevo y tenían 250 psi en las líneas y nadie nos advirtió de ello. 250 psi era demasiada presión para el procedimiento en el que estábamos involucrados. A causa del accidente, Duke Energy me declaró desempleado.

La segunda vez volví a olvidar lo que me habían dicho sobre no dejar mi trabajo y acepté un puesto en Enertex Energy y les dije que iría a trabajar para ellos en tres semanas. Iba a hacer lo que creía que iba a ser mi último trabajo con la empresa con la que trabajaba. Preparamos nuestro remolque en el lugar de trabajo para poder empezar temprano a la mañana siguiente. Por la mañana empezamos a conducir hasta el lugar de trabajo; estaba nevando, así que conducía de 30 a 45 millas por hora. Golpeé una placa de hielo negro y el neumático delantero del conductor explotó y el camión volcó de atrás hacia adelante y cayó encima de mi cabeza. Tenía el peso de todo el camión F 350 encima de mi cabeza y mi cuello. Me giré y vi el exterior; y un ángel habló y dijo: "¿Todavía quieres dejarlo?". Le contesté: "No". Me dijo que saliera. En cuanto me bajé del camión, la capota del mismo se desplomó por debajo de los asientos del camión.

Al cabo de dos años, volví a olvidarlo y acepté un trabajo en BP Industries. Fui a trabajar con ellos y duré trabajando allí 6 meses. Un viernes por la mañana, al ir a trabajar, me pasó un camión de dieciséis ruedas. Pocos minutos después, trozos de carne empezaron a golpear mi coche con una lluvia de sangre. Rompí el coche y reduje la velocidad mientras el camión que tenía delante se arremolinaba hasta detenerse. Había chocado contra un grupo de cerdos salvajes en la carretera. Mientras intentaba limpiar la sangre de la ventanilla de mi coche, un ángel vino y se sentó en el asiento del copiloto.

Me dijo: "Eso estaba preparado para ti, el enemigo sabe quién eres. Si no nos obedeces, no podremos protegerte; estarás solo; hice que ese camión te llevara para salvarte de cualquier daño por el choque con los cerdos salvajes. Tienes hasta el lunes por la mañana para trabajar en la empresa que hemos elegido para ti. De lo contrario, no te necesitaremos y buscaremos a otra persona para que haga el trabajo que te pedimos. Y estarás solo; ¿cuánto tiempo crees que estarás vivo sin nosotros? Desde ese día supe que no debía correr más riesgos y llamé a mi ex jefe para pedirle un trabajo. No hace falta decir que volví a trabajar a tiempo completo en la empresa que los ángeles habían elegido para mi formación el lunes por la mañana; y nunca más intenté dejar mi trabajo prescrito por el cielo; un puesto que a otros les llevó de 5 a 10 años conseguir; lo conseguí dos veces sin pedirlo; simplemente pidiendo un trabajo.

La casita estaba en la propiedad de mi cuñada. Al llegar a la casita señaló el final de la propiedad y dijo: "Vas a construir una casa allí junto a la valla y va a ser una casa grande. La financiarás y la construirás. Cuando llegue el momento de construirla, Dios te enviará el dinero". Me dije: "Tal vez mi cuñada construya una casa allí y yo la ayudaré a construirla". Pues bien, la mitad de ese acre pasó a ser de mi hijo. Y recibí el dinero; y mi hijo y yo le construimos una casa; con los diseños originales de mi hijo. Es una casa grande junto a la valla. Hoy mi hija vive en ella.

Entramos en la casita y mi mujer estaba allí. Nos sentamos junto a una pequeña mesa que teníamos. Miró a mi mujer y le dijo: "No tienes que preocuparte por educar a tus hijos en casa. Dios vela por ellos; tiene vigilantes que los cuidan. Entrarán en la universidad y saldrán con títulos profesionales y se convertirán en maestros de otros. No hagas caso a las acusaciones de la gente que te dice que tus hijos no van a llegar a nada porque los estás educando en casa. Nosotros no le dijimos que estábamos educando a nuestros hijos en casa. Mis dos hijos se convirtieron en profesionales: mi hija da clases en Midland, TX y mi hijo ha conseguido un doctorado en educación.

Miró alrededor de la casita y le dijo a mi esposa: "¿Ves lo que yo veo?".

Yo le dije: "¿Cómo puede ella ver lo que tú ves?".

Dijo: "Ella es como yo y puede ver las sombras de lo que vendrá".

De nuevo dijo: "¿Ves lo que yo veo? Mira, un angelito que salta de allí a allí y a allí. Allí va y te tira de las faldas. A donde quiera que vayas; él sigue tirando de tus faldas. Mira, le encanta la música de piano".

Mi mujer exclamó: "No, hemos decidido no tener más hijos".

Pues bien, le dijo: "Tendréis uno más y será un varón y será un ángel".

Después de dieciséis años te visitaré y me lo llevaré. Ese año tuvimos nuestro hijo varón y lo llamamos Caleb Elías. Se convirtió en un ángel en carácter, servicial y obediente. Le encantaba la banda y era capaz de tocar cualquier instrumento que deseara. En el piano se convirtió en un maestro. Me encantaba sentarme en mi sillón y oírle practicar con el piano. Empezó a componer su propia música. De bebé miraba al cielo y decía: "Papá, quiero ir a casa contigo, no quiero estar aquí".

Tanto mi mujer como yo teníamos una actitud sobreprotectora con él. Mi mujer me decía constantemente: "Tengo miedo de que alguien nos lo quite". Se interesó mucho por saber por qué se llamaba Elías. Después de explicarle lo que significaba, me dijo: "Hoy hago de EL mi Dios". A partir de ese día decía "EL en lugar de Señor". Su entusiasmo hizo que mi esposa y yo hiciéramos lo mismo. Después de dieciséis años murió en un accidente de coche. Y mi esposa y yo nos unimos al club de padres que han perdido un hijo en su vida. Con toda esta tragedia EL Shaddai llenó nuestro corazón de alegría porque nos había avisado y nos dijo que iba a visitarnos y llevarlo con él, en ese momento sabíamos que estaba en el cielo con EL Shaddai.

Hablamos toda la noche y antes de darme cuenta; eran las 5:00 AM. Me pidió que lo llevara a la estación de autobuses Grey Hound. Conduje y me estacioné frente a un autobús que tenía una puerta abierta. Salió de mi camión y caminó delante del mismo. Me reuní con él antes de que subiera al autobús. Me dijo: "Ya nos veremos". Entonces vi que no tenía la bolsa de papel marrón; así que fui a mi camión, abrí la puerta y cogí la bolsa. Me di la vuelta y no le vi; entré en el autobús y no había nadie dentro, excepto el conductor.

Le pregunté al conductor del autobús: "¿Dónde se ha metido el anciano con el que estaba hablando delante de la puerta de su autobús?

El conductor respondió: "No he visto a ningún anciano. Sólo te vi a ti; te bajaste de tu camión y te pusiste delante de mi puerta y luego volviste a tu camión y saliste con esa bolsa de papel marrón en la mano". Me miró y esperó una explicación y luego dijo: "¿Estás bien, hijo?".

Respondí: "Sí, gracias".

Me dirigí a mi camión y me senté. Abrí la bolsa y escuché una voz que decía: "Arréglalo porque está contaminado; poner mi nombre de nuevo en mi libro". Procedí a sacar de la bolsa una biblia nueva de Kings James. Tenía una nota que decía: "Arréglalo porque está contaminado; poner mi nombre de nuevo en mi libro ". La biblia tenía el Nuevo Testamento arrancado. En ese momento no pensé que hubiera nada malo en la Biblia, especialmente en la versión King James, pero ahora sé que es diferente.

Volví a poner el nombre de EL SHADDAI como me dijo en lo que se conoce como el Antiguo Testamento. Mientras estaba haciendo el trabajo; empecé a ver el verdadero mundo físico como es creado. Mi fuerza física fue regenerada; y mi visión espiritual fue ampliada. Después de que corregí el Libro Sagrado de EL SHADDAI y volví a poner su nombre en su libro; Él me reveló un bono; el Rey James era un homosexual; el nombre de un hombre involucrado en la abominación fue representado lo que la mayoría de la humanidad declara como la Santa Biblia; el Libro Sagrado de Dios. Y aquí está Dios diciéndome: "Mi libro está contaminado; límpialo y pon mi nombre de nuevo en mi libro". Yo no pedí el trabajo; el trabajo me fue dado; y he hecho lo que se me ha pedido; y he crecido en conocimiento y entendimiento.

Mi corazón fue roto cuando aprendí de toda la falsedad que fue agregada en las Sagradas Escrituras y aprendí que la mayoría de mi vida había estado viviendo en la falsedad; y había producido una falsificación de mi verdadero ser; debido a todas las mentiras de las generaciones del pasado. Me arrodillé arrepentido por lo que me había convertido; ante el Dios Altísimo; pensé que estaba haciendo todo para ser piadoso y santo pero en realidad mi vida era lo opuesto; debido a la gente malvada que trataba de imponer su voluntad sobre las masas de la gente. .

Hoy camino en gratitud hacia EL SHADDAI por sanarme, abrir mis ojos y perdonarme todos mis pecados junto con los de mis antepasados. El me hablo, esta contaminado. Yo no sabia entonces que el Rey James era un homosexual, y que había hecho que se escribiera el nombre de su dios en las Sagradas Escrituras; El Señor, el dios homosexual. Y el Rey James era un homosexual; en el cual usar su nombre en la portada de las Sagradas Escrituras contamina toda la Biblia. Yo no busqué esta información; me fue entregada por los ángeles. Ahora sé, y estoy de acuerdo, que la Biblia ha sido contaminada, especialmente la versión Reina Valera. Y se necesitaron ángeles para enseñarme este hecho.

Fui a mi casa y le dije a mi esposa lo que había sucedido. Mi mente entró en un molde de recuperación. Comencé a recordar todo lo que Dios había hecho en mi vida y las piezas comenzaron a encajar como se arma un rompecabezas. Entonces penetró en mi mente y grité: "OH PADRE, El Shaddai es tu nombre. ¿Cómo he podido estar tan ciego?"

Un domingo por la mañana temprano me dirigía a la estación de radio para hacer mi transmisión en vivo. La voz de El vino a mí y dijo: "Cierra tu ministerio y tu transmisión de radio hoy". Le respondí: "Pero estoy ayudando a muchas personas con la transmisión". El dijo, "¿Eres de la tribu de Levi? Sólo la tribu de Leví puede ser mis sacerdotes. ¿Te he llamado para que te conviertas en un predicador de la radiodifusión?"

Le contesté: "Hasta hace un par de semanas sabía quién era, pero ahora no. Pensaba que me habías llamado para ser un predicador de radio, pero ahora con tus preguntas me dices que nunca me llamaste para ser un predicador de radio. Haré lo que me pides porque sé quién eres; y mi futuro está en tus manos.

Él dijo: "Haz lo que te pido; y te revelaré la Historia de la humanidad. Después de que te revele la Historia deberás revelar mi nombre a mi pueblo.

Le pregunté: "Padre, ¿dónde puedo encontrar a tu pueblo y quién es tu pueblo?".

Él respondió: "Eso es lo que te voy a revelar".

Después de la transmisión cancelé cualquier otra transmisión y cancelé mi contrato con la estación de radio. Fui a mi iglesia y la cerré.

La gente estaba asombrada por mi decisión. Y dijeron que mantendrían el ministerio abierto. Les dije que hicieran lo que quisieran pero que yo iba a obedecer la voz de Dios. Les dije que él me había revelado el futuro y que cuanto más rápido me alineara con sus planes, más rápido cumpliría mi destino. Les dije: "No sé cómo va a suceder pero a mediados de la próxima semana la destrucción va a golpear mi vida y si no obedezco a Dios, no sobreviviré para contarlo".

Se calmaron y vinieron a abrazarme y a llorar sobre mis hombros. Fuimos a casa; y llevé a mi familia dentro de un armario y les dije que debíamos orar porque el mal nos iba a golpear; y teníamos que vivir a través de él. Les dije que iba a ser duro por un tiempo pero que estábamos en las manos de EL Shaddai y que íbamos a salir de ello más fuertes de lo que éramos. Oramos juntos dentro del armario.

Fui a ayudar al cuñado de mi hermana a recortar su ventana de dos pisos. Estábamos caminando a rastras para llegar a la ventana. Sentí algo en mi espalda y debajo de mí; y lo vi. Era una serpiente mística de dos cabezas; me acarició los dos talones y empezó a tirar de mí hacia abajo. Sentí que me tiraba hacia abajo hasta el punto de que la refriega se rompió por la mitad. Dije: "Aquí empieza". Aterricé en el hormigón y cogí al cuñado de mi hermana con las manos. Luego le senté y después caí al suelo. Me llevaron al hospital y me dieron el pronóstico de que no iba a volver a caminar. Hablé con El Shaddai: "Padre, ellos no te conocen, piensan que mi confianza está en la medicina; pero yo te conozco, porque mi confianza está en ti. Tú me revelaste todo esto antes de que sucediera; y yo también te he obedecido". Me dijo: "Tendrás seis meses para descansar y en ese período de tiempo comenzaré a revelarte el pasado y el futuro".

Al cabo de seis meses lo había perdido todo, excepto mi casa, mi mujer y mis hijos. La gente me visitaba sólo para decirme que me arrepintiera de mis pecados para que Dios me bendijera de nuevo. Algunos incluso se atrevieron a decirme que por culpa de los pecados secretos Dios me había castigado. Pero ninguno vino a ayudarme. Mi jardín necesitaba ser cortado, mi basura necesitaba ser tirada; y mis necesidades básicas de mi familia no estaban siendo satisfechas.

Clamé y dije: "Padre, límpiame de este mundo cruel. Tú eres el único del que puedo depender". Él me respondió y dijo: "Como sólo me tienes a mí para depender, yo también sólo te tengo a ti para depender".

Le dije: "Padre, usted tiene predicadores, diáconos, maestros de escuela dominical y demás para depender".

Me dijo: "Hablo con ellos, pero no responden; les digo que no lo hagan, y lo hacen de todos modos; luego les digo que lo hagan y no lo hacen. De vez en cuando, oigo que me llaman por mi nombre. Cuando respondo, le dan el crédito a lo que no es un dios. Es hora de revelar mi nombre a mi pueblo y te he elegido a ti para hacerlo. Diles que invoquen mi nombre y yo responderé rápidamente. Después de que les hayas revelado mi nombre; no responderé a ninguna petición a menos que el que la haga; la haga en mi nombre. Mi nombre es El Shaddai. Soy el Dios de tus antepasados Abraham, Isaac y Jacob.

Lo que dijo se convirtió en una revelación para mí; desde la infancia había sido clasificado como gentil; y ahora el Todopoderoso me dice que soy descendiente de Abraham, Isaac y Jacob; algo que en mi infancia sabía que era la verdad y confesaba ante la gente; pero me lavaron el cerebro los maestros de la escuela dominical que me dijeron que no era israelita ni judío; sino gentil. Y el Todopoderoso me trajo de vuelta a mi creencia original de quien soy; y comenzar de nuevo nuestra relación donde se distorsionó por la falsedad y las mentiras de los religiosos. Desde ese día empecé a escuchar de nuevo claramente la voz de EL y de mi guardián.

Finalmente; en julio de 2017 me hice la prueba de ADN. Fue un tema en el que los ángeles se involucraron muy intensamente; es decir, la prueba del ADN de los humanos. Mi FDNA salió indicando que mis padres más lejanos del pasado vinieron de la tierra de Ur de los Caldeos en Mesopotamia. Migraron a Egipto; luego a Israel; después a España; y finalmente; al Nuevo Mundo; "América". Que dulce fue aprender que mi FDNA esta diciendo lo mismo que EL me dijo hace 20 años.

He aprendido que EL ha cronometrado cada evento en el espacio exterior y dentro del Mundo para beneficiar a cada cosa viviente. Y cada evento está programado en la vida de todos; para el crecimiento y el aumento del conocimiento y la comprensión superior de cada humano; porque cada humano está hecho de una manera especial para producir la vida destinada a cada humano individual para que todos se esfuercen en diferentes direcciones para llenar toda la tierra con un solo aliento de EL.

He llegado a los veintiún años; el final de mi asignación; la información en el libro de Enoc es lo que EL SHADDAI quiere que su gente aprenda y use para poner todo de vuelta en el tiempo. El tiempo es lo que los Satanes atacaron a la nueva creación y le quitaron a los humanos. Una vez que nosotros los humanos obedezcamos las leyes del tiempo; nos convertiremos en tiempo nosotros mismos y haremos que este mundo opere en el suave proceso de zumbido del tiempo; haciendo que todo sea fácil de rotar sin calentarse y ser destructivo.

Me dieron esta tarea los ángeles cuyo Dios es EL; Dios el Creador; el Dios de Abraham, Isaac y Jacob. Estos ángeles son descritos en este libro como Vigilantes y Espíritus; y ellos han dicho que son Vigilantes y también mensajeros; y por definición podemos etiquetarlos como extraterrestres; no es nada amenazante; porque yo fui etiquetado como "extranjero" durante muchos años de mi vida antes de convertirme en ciudadano; pero en su caso es diferente porque ellos son los verdaderos ciudadanos del Cielo y nosotros somos ciudadanos de la Tierra. Estamos aplicando para convertirnos en ciudadanos del Cielo; y ellos llevan el papeleo, las reglas y las leyes de la aplicación para convertirse en ciudadano del Cielo. Todo tiene leyes de tiempo puestas sobre él; y opera en la secuencia de tiempo de otras cosas; haciendo que todo se entrelace para crear una función suave de movimiento de crecimiento y cálculo perfecto sin chocar uno con el otro; pero dándose un estallido de poder y un respeto de vida.

Los siguientes calendarios los he preparado para cualquier persona que quiera conocer su verdadera fecha de nacimiento; la fecha que se imputa en las tabletas u ordenadores celestiales; por la que son numerados y conocidos por los ángeles, Vigilantes y Espíritus; en el registro de tiempos de la nueva creación de EL. Espero que te de una gran alegría y sentido de celebración como lo ha hecho conmigo.

COMO LEER EL CALENDARIO DE LA CREACION

Cada mes está codificado por colores.
El primer día es el martes;
El segundo día es el miércoles,
El tercer día es el jueves,
el 5to día es el sábado,
el 6to día es el domingo;
y el sábado es el lunes.

MESES: Hay 12 meses.

El mes 1ro y 2do tienen 30 días;
El mes 3ro tiene 31 días.
El mese 4to y 5to tienen 30 días;
El mes 6to tiene 31 días.
El mes 7mo y 8vo mes tienen 30 días;
El mes 9no tiene 31 días.
El mes 10mo y 11mo tienen 31 días;
El me 12mo tiene 31 días.

ESTACIONES:

Cada estación tiene 91 días y un total de 13 semanas por estación.

Debido a la sincronización con el calendario gregoriano; los años pueden estar repartidos en dos años en el calendario de la creación; pero el año en el calendario de la creación; que usted encuentra su fecha de nacimiento; es el año correcto de su fecha de nacimiento.

CALENDARIO DE LA CREACIÓN

CALENDARIO DE ENOC

6006 ——————— 2026 – 2027

PRIMAVERA

DIA	1	2	3	4	5	6	SABADO
1	18	19	20	21	22	23	24
MES	25	26	27	28	29	30	31
ABRIL	1	2	3	4	5	6	7
	8	9	10	11	12	13	14
2	15	16	17	18	19	20	21
MES	22	23	24	25	26	27	28
MAYO	29	30	1	2	3	4	5
	6	7	8	9	10	11	12
3	13	14	15	16	17	18	19
MES	20	21	22	23	24	25	26
JUNIO	27	28	29	30	31	1	2
	3	4	5	6	7	8	9
	10	11	12	13	14	15	16

OTOÑO

	1	2	3	4	5	6	SABADO
7	16	17	18	19	20	21	22
MES	23	24	25	26	27	28	29
OCT	30	1	2	3	4	5	6
	7	8	9	10	11	12	13
8	14	15	16	17	18	19	20
MES	21	22	23	24	25	26	27
NOV	28	29	30	31	1	2	3
	4	5	6	7	8	9	10
9	11	12	13	14	15	16	17
MES	18	19	20	21	22	23	24
	25	26	27	28	29	30	1
DEC	2	3	4	5	6	7	8
	9	10	11	12	13	14	15

VERANO

4	17	18	19	20	21	22	23
MES	24	25	26	27	28	29	30
JULIO	1	2	3	4	5	6	7
	8	9	10	11	12	13	14
5	15	16	17	18	19	20	21
MES	22	23	24	25	26	27	28
AUG	29	30	31	1	2	3	4
	5	6	7	8	9	10	11
6	12	13	14	15	16	17	18
MES	19	20	21	22	23	24	25
SEPT	26	27	28	29	30	31	1
	2	3	4	5	6	7	8
	9	10	11	12	13	14	15

INVIERNO

10	16	17	18	19	20	21	22	
MES	23	24	25	26	27	28	29	
ENERO	30	31	1	2	3	4	5	2027
	6	7	8	9	10	11	12	
11	13	14	15	16	17	18	19	
MES	20	21	22	23	24	25	26	
FEB	27	28	29	30	31	1	2	
	3	4	5	6	7	8	9	
12	10	11	12	13	14	15	16	
MES	17	18	19	20	21	22	23	
MARZO	24	25	26	27	28	1	2	
	3	4	5	6	7	8	9	
	10	11	12	13	14	15	16	

LUNA LLENA CICLO DEL PRIMER AÑO

LUNA NUEVA CICLO DEL PRIMER AÑO

CALENDARIO DE LA CREACIÓN

CALENDARIO DE ENOC

6005————————2025 - 2026

PRIMAVERA

DIA	1	2	3	4	5	6	SABADO
1	19	20	21	22	23	24	25
MES	26	27	28	29	30	31	1
ABRIL	2	3	4	5	6	7	8
	9	10	11	12	13	14	15
12	16	17	18	19	20	21	22
MES	23	24	25	26	27	28	29
MAYO	30	1	2	3	4	5	6
	7	8	9	10	11	12	13
3	14	15	16	17	18	19	20
MES	21	22	23	24	25	26	27
JUNIO	28	29	30	31	1	2	3
	4	5	6	7	8	9	10
	11	12	13	14	15	16	17

OTOÑO

	1	2	3	4	5	6	SABADO
7	17	18	19	20	21	22	23
MES	24	25	26	27	28	29	30
OCT	1	2	3	4	5	6	7
	8	9	10	11	12	13	14
8	15	16	17	18	19	20	21
MES	22	23	24	25	26	27	28
NOV	29	30	31	1	2	3	4
	5	6	7	8	9	10	11
9	12	13	14	15	16	17	18
MES	19	20	21	22	23	24	25
DEC	26	27	28	29	30	1	2
	3	4	5	6	7	8	9
	10	11	12	13	14	15	16

VERANO

4	18	19	20	21	22	23	24
MES	25	26	27	28	29	30	1
JULIO	2	3	4	5	6	7	8
	9	10	11	12	13	14	15
5	16	17	18	19	20	21	122
MES	23	24	25	26	27	28	29
AUG	30	31	1	2	3	4	5
	6	7	8	9	10	11	12
6	13	14	15	16	17	18	19
MES	20	21	22	23	24	25	26
SEPT	27	28	29	30	31	1	2
	3	4	5	6	7	8	9
	10	11	12	13	14	15	16

INVIERNO

10	17	18	19	20	21	22	23	
MES	24	25	26	27	28	29	30	
ENERO	31	1	2	3	4	5	6	2026
	7	8	9	10	11	12	13	
11	14	15	16	17	18	19	20	
MES	21	22	23	24	25	26	27	
FEB	28	29	30	31	1	2	3	
	4	5	6	7	8	9	10	
12	11	12	13	14	15	16	17	
MES	18	19	20	21	22	23	24	
MARZO	25	26	27	28	1	2	3	
	4	5	6	7	8	9	10	
	11	12	13	14	15	16	17	

F LUNA LLENA CICLO DEL TERCERO AÑO **LUNA NUEVA CICLO DEL TERCERO AÑO**

CALENDARIO PARA .3333333

Cronometraje del 6005: Luna Nueva cai en el 10 del primer mes; 28 de marzo de 2025

CALENDARIO DE LA CREACIÓN

CALENDARIO DE ENOC

6004——————————2024 – 2025

PRIMAVERA

DIA	1	2	3	4	5	6	SABADO
1	19	20	21	22	23	24	25
MES	26	27	28	29	30	31	1
ABRIL	2	3	4	5	6	7	8
	9	10	11	12	13	14	15
2	16	17	18	19	20	21	22
MES	23	24	25	26	27	28	29
MAYO	30	1	2	3	4	5	6
	7	8	9	10	11	13	14
3	15	16	17	18	19	20	21
MES	22	23	24	25	26	27	28
JUNIO	29	30	31	1	2	3	4
	5	6	7	8	9	10	11
	12	13	14	15	16	17	18

OTOÑO

	1	2	3	4	5	6	SABADO
7	18	19	20	21	22	23	24
MES	25	26	27	28	29	30	1
OCT	2	3	4	5	6	7	8
	9	10	11	12	13	14	15
8	16	17	18	19	20	21	22
MES	23	24	25	26	27	28	29
NOV	30	31	1	2	3	4	5
	6	7	8	9	10	11	12
9	13	14	15	16	17	18	19
MES	20	21	22	23	24	25	26
DEC	27	28	29	30	1	2	3
	4	5	6	7	8	9	10
	11	12	13	14	15	16	17

VERANO

4	19	20	21	22	23	24	25
MES	26	27	28	29	30	1	2
JULIO	3	4	5	6	7	8	9
	10	11	12	13	14	15	16
5	17	18	19	20	21	22	23
MES	24	25	26	27	28	29	30
AUG	31	1	2	3	4	5	6
	7	8	9	10	11	12	13
6	14	15	16	17	18	19	20
MES	21	22	23	24	25	26	27
SEPT	28	29	30	31	1	2	3
	4	5	6	7	8	9	10
	11	12	13	14	15	16	17

INVIERNO

10	18	19	20	21	22	23	24	
MES	25	26	27	28	29	30	31	**2025**
ENERO	1	2	3	4	5	6	7	
	8	9	10	11	12	13	14	
11	15	16	17	18	19	20	21	
MES	22	23	24	25	26	27	28	
FEB	29	30	31	1	2	3	4	
	5	6	7	8	9	10	11	
12	12	13	14	15	16	17	18	
MES	19	20	21	22	23	24	25	
MARZO	26	27	28	1	2	3	4	
	5	6	7	8	9	10	11	
	12	13	14	15	16	17	18	

LUNA LLENA CICLO DEL SEGUNDO AÑO **LUNA NUEVA CICLO DEL SEGUNDO AÑO**

CALENDARIO PARA .6666666

Cronometraje para el 6004: Luna Nueva del día 20 del primer mes; 7 de abril de 2024

CALENDARIO DE LA CREACIÓN

CALENDARIO DE ENOC

6003 ——————————2023 - 2024

PRIMAVERA

DIA	1	2	3	4	5	6	SABADO
1	21	22	23	24	25	26	27
MES	28	29	30	31	1	2	3
ABRIL	4	5	6	7	8	9	10
	11	12	13	14	15	16	17
2	18	19	20	21	22	23	24
MES	25	26	27	28	29	30	1
MAYO	2	3	4	5	6	7	8
	9	10	11	12	13	14	15
3	16	17	18	19	20	21	22
MES	23	24	25	26	27	28	29
JUNIO	30	31	1	2	3	4	5
	6	7	8	9	10	11	12
	13	14	15	16	17	18	19

OTOÑO

	1	2	3	4	5	6	SABADO
7	19	20	21	22	23	24	25
MES	26	27	28	29	30	1	2
OCT	3	4	5	6	7	8	9
	10	11	12	13	14	15	16
8	17	18	19	20	21	22	23
MES	24	25	26	27	28	29	30
NOV	31	1	2	3	4	5	6
	7	8	9	10	11	12	13
9	14	15	16	17	18	19	20
MES	21	22	23	24	25	26	27
DEC	28	29	30	1	2	3	4
	5	6	7	8	9	10	11
	12	13	14	15	16	17	18

VERANO

4	20	21	22	23	24	25	26
MES	27	28	29	30	1	2	3
JULIO	4	5	6	7	8	9	10
	11	12	13	14	15	16	17
5	18	19	20	21	22	23	24
MES	25	26	27	28	29	30	31
AUG	1	2	3	4	5	6	7
	8	9	10	11	12	13	14
6	15	16	17	18	19	20	21
MES	22	23	24	25	26	27	28
SEPT	29	30	31	1	2	3	4
	5	6	7	8	9	10	11
	12	13	14	15	16	17	18

INVIERNO

10	19	20	21	22	23	24	25	
MES	26	27	28	29	30	31	1	**2024**
ENERO	2	3	4	5	6	7	8	
	9	10	11	12	13	14	15	
11	16	17	18	19	20	21	22	
MES	23	24	25	26	27	28	29	
FEB	30	31	1	2	3	4	5	
	6	7	8	9	10	11	12	
12	13	14	15	16	17	18	19	
MES	20	21	22	23	24	25	26	
MARZO	27	28	29	1	2	3	4	
	5	6	7	8	9	10	11	
	12	13	14	15	16	17	18	

LUNA LLENA CICLO DEL PRIMER AÑO **LUNA NUEVA CICLO DEL PRIMER AÑO**

Cronometraje para el 6003: Luna Nueva cai en el 30 del primer mes; 19 de abril de 2023

CALENDARIO DE LA CREACIÓN

CALENDARIO DE ENOC

6002——————————2022 - 2023

PRIMAVERA

DIA	1	2	3	4	5	6	SABADO
1	22	23	24	25	26	27	28
MES	29	30	31	1	2	3	4
ABRIL	5	6	7	8	9	10	11
	12	13	14	15	16	17	18
2	19	20	21	22	23	24	25
MES	26	27	28	29	30	1	2
MAYO	3	4	5	6	7	8	9
	10	11	12	13	14	15	16
3	17	18	19	20	21	22	23
MES	24	25	26	27	28	29	30
JUNIO	31	1	2	3	4	5	6
	7	8	9	10	11	12	13
	14	15	16	17	18	19	20

OTOÑO

	1	2	3	4	5	6	SABADO
7	20	21	22	23	24	25	26
MES	27	28	29	30	1	2	3
OCT	4	5	6	7	8	9	10
	11	12	13	14	15	16	17
8TH	18	19	20	21	22	23	24
MES	25	26	27	28	29	30	31
NOV	1	2	3	4	5	6	7
	8	9	10	11	12	13	14
9	15	16	17	18	19	20	21
MES	22	23	24	25	26	27	28
DEC	29	30	1	2	3	4	5
	6	7	8	9	10	11	12
	13	14	15	16	17	18	19

VERANO

4	21	22	23	24	25	26	27
MES	28	29	30	1	2	3	4
JULIO	5	6	7	8	9	10	11
	12	13	14	15	16	17	18
5	19	20	21	22	23	24	25
MES	26	27	28	29	30	31	1
AUG	2	3	4	5	6	7	8
	9	10	11	12	13	14	15
6	16	17	18	19	20	21	22
MES	23	24	25	26	27	28	29
SEPT	30	31	1	2	3	4	5
	6	7	8	9	10	11	12
	13	14	15	16	17	18	19

INVIERNO

10	20	21	22	23	24	25	26	
MES	27	28	29	30	31	1	2	2023
ENERO	3	4	5	6	7	8	9	
	10	11	12	13	14	15	16	
11	17	18	19	20	21	22	23	
MES	24	25	26	27	28	29	30	
FEB	31	1	2	3	4	5	6	
	7	8	9	10	11	12	13	
12	14	15	16	17	18	19	20	
MES	21	22	23	24	25	26	27	
MARZO	28	1	2	3	4	5	6	
	7	8	9	10	11	12	13	
	14	15	16	17	18	19	20	

LUNA LLENA CICLO DEL TERCERO AÑO **LUNA NUEVA CICLO DEL TERCERO AÑO**

CALENDARIO PARA .3333333

Cronometraje para el 6002: Luna Nueva cai en el 10 del segundo mes; 30 de abril de 2022

CALENDARIO DE LA CREACIÓN

CALENDARIO DE ENOC

6001——————————2021 - 2022

PRIMAVERA

DIA	1	2	3	4	5	6	SABADO
1	23	24	25	26	27	28	29
MES	30	31	1	2	3	4	5
ABRIL	6	7	8	9	10	11	12
	13	14	15	16	17	18	19
2	20	21	22	23	24	25	26
MES	27	28	29	30	1	2	3
MAYO	4	5	6	7	8	9	10
	11	12	13	14	15	16	17
3	18	19	20	21	22	23	24
MES	25	26	27	28	29	30	31
JUNIO	1	2	3	4	5	6	7
	8	9	10	11	12	13	14
	15	16	17	18	19	20	21

OTOÑO

	1	2	3	4	5	6	SABADO
7	21	22	23	24	25	26	27
MES	28	29	30	1	2	3	4
OCT	5	6	7	8	9	10	11
	12	13	14	15	16	17	18
8	19	20	21	22	23	24	25
MES	26	27	27	29	30	31	1
NOV	2	3	4	5	6	7	8
	9	10	11	12	13	14	15
9	16	17	18	19	20	21	22
MES	23	24	25	26	27	28	29
DEC	30	1	2	3	4	5	6
	7	8	9	10	11	12	13
	14	15	16	17	18	19	20

VERANO

4	22	23	24	25	26	27	28
MES	29	30	1	2	3	4	5
JULIO	6	7	8	9	10	11	12
	13	14	15	16	17	18	19
5	20	21	22	23	24	25	26
MES	27	28	29	30	31	1	2
AUG	3	4	5	6	7	8	9
	10	11	12	13	14	15	16
6	17	18	19	20	21	22	23
MES	24	25	26	27	28	29	30
SEPT	31	1	2	3	4	5	6
	7	8	9	10	11	12	13
	14	15	16	17	18	19	20

INVIERNO

10	21	22	23	24	25	26	27	
MES	28	29	30	31	1	2	3	2022
ENERO	4	5	6	7	8	9	10	
	11	12	13	14	15	16	17	
11	18	19	20	21	22	23	24	
MES	25	26	27	28	29	30	31	
FEB	1	2	3	4	5	6	7	
	8	9	10	11	12	13	14	
12	15	16	17	18	19	20	21	
MES	22	23	24	25	26	27	28	
MARZO	1	2	3	4	5	6	7	
	8	9	10	11	12	13	4	
	15	16	17	18	19	20	21	

LUNA LLENA CICLO DEL SEGUNDO AÑO **LUNA NUEVA** CICLO DEL SEGUNDO AÑO

CALENDARIO PARA .6666666

Cronometraje para el 6001 : Luna nueva cai en el 20 del segundo mes; 11 de mayo de 2021

CALENDARIO DE LA CREACIÓN

CALENDARIO DE ENOC

HOLY JUBILEE 120 6000 ——— 2020

PRIMAVERA

DIA	1	2	3	4	5	6	SABADO
1	24	25	26	27	28	29	30
MES	31	1	2	3	4	5	6
ABRIL	7	8	9	10	11	12	13
	14	15	16	17	18	19	20
2	21	22	23	24	25	26	27
MES	28	29	30	1	2	3	4
MAYO	5	6	7	8	9	10	11
	12	13	14	15	16	17	18
3	19	20	21	22	23	24	25
MES	26	27	28	29	30	31	1
JUNIO	2	3	4	5	6	7	8
	9	10	11	12	13	14	15
	16	17	18	19	20	21	22

OTOÑO

	1	2	3	4	5	6	SABADO
7	22	23	24	25	26	27	28
MES	29	30	1	2	3	4	5
OCT	6	7	8	9	10	11	12
	13	14	15	16	17	18	19
8	20	21	22	23	24	25	26
MES	27	28	29	30	31	1	2
NOV	3	4	5	6	7	8	9
	10	11	12	13	14	15	16
9	17	18	19	20	21	22	23
MES	24	25	26	27	28	29	30
DEC	1	2	3	4	5	6	7
	8	9	10	11	12	13	14
	15	16	17	18	19	20	21

VERANO

4	23	24	25	26	27	28	29
MES	30	1	2	3	4	5	6
JULIO	7	8	9	10	11	12	13
	14	15	16	17	18	19	20
5	21	22	23	24	25	26	27
MES	28	29	30	31	1	2	3
AUG	4	5	6	7	8	9	10
	11	12	13	14	15	16	17
6	18	19	20	21	22	23	24
MES	25	26	27	27	29	30	31
SEPT	1	2	3	4	5	6	7
	8	9	10	11	12	13	14
	15	16	17	18	19	20	21

INVIERNO

10	22	23	24	25	26	27	28	
MES	29	30	31	1	2	3	4	2021
ENERO	5	6	7	8	9	10	11	
	12	13	14	15	16	17	18	
11	19	20	21	22	23	24	25	
MES	26	27	28	29	30	31	1	
FEB	2	3	4	5	6	7	8	
	9	10	11	12	13	14	15	
12	16	17	18	19	20	21	22	
MES	23	24	25	26	27	28	1	
MARZO	2	3	4	5	6	7	8	
	9	10	11	12	13	14	15	
	16	17	18	18	20	21	22	

LUNA LLENA CICLO DEL PRIMER AÑO **LUNA NUEVA CICLO DEL PRIMER AÑO**

Cronometraje para el año 6000: Luna Nueva cai en el 30 del segundo mes; 22 de mayo de 2020

CALENDARIO DE LA CREACIÓN

CALENDARIO DE ENOC

5999————————2019 –2020

PRIMAVERA

DIA	1	2	3	4	5	6	SABADO
1	26	27	28	29	30	31	1
MES	2	3	4	5	6	7	8
ABRIL	9	10	11	12	13	14	15
	16	17	18	19	20	21	22
2	23	24	25	26	27	28	29
MES	30	1	2	3	4	5	6
MAYO	7	8	9	10	11	12	13
	14	15	16	17	18	19	20
3	21	22	23	24	25	26	27
MES	28	29	30	31	1	2	3
JUNIO	4	5	6	7	8	9	10
	11	12	13	14	15	16	17
	17	19	20	21	22	23	24

OTOÑO

	1	2	3	4	5	6	SABADO
7	24	25	26	27	28	29	30
MES	1	2	3	4	5	6	7
OCT	8	8	10	11	12	13	14
	15	16	17	18	19	20	21
8	22	23	24	25	26	27	28
MES	29	30	31	1	2	3	4
NOV	5	6	7	8	9	10	11
	12	13	14	15	16	17	18
9	19	20	21	22	23	24	25
MES	26	27	28	29	30	1	2
DEC	3	4	5	6	7	8	9
	10	11	12	13	14	15	16
	17	18	19	20	21	22	23

VERANO

4	25	26	27	28	29	30	1
MES	2	3	4	5	6	7	8
JULIO	9	10	11	12	13	14	15
	16	17	18	19	20	21	22
5	23	24	25	26	27	28	29
MES	30	31	1	2	3	4	5
AUG	6	7	8	9	10	11	12
	13	14	15	16	17	18	19
6	20	21	22	23	24	25	26
MES	27	28	29	30	31	1	2
SEPT	3	4	5	6	7	8	9
	10	11	12	13	14	15	16
	17	18	19	20	21	22	23

INVIERNO

10	24	25	26	27	28	29	30	
MES	31	1	2	3	4	5	6	**2020**
ENERO	7	8	9	10	11	12	13	
	14	15	16	17	18	19	20	
11	21	22	23	24	25	26	27	
MES	28	29	30	31	1	2	3	
FEB	4	5	6	7	8	9	10	
	11	12	13	14	15	16	17	
12	18	19	20	21	22	23	24	
MES	25	26	27	28	29	1	2	
MARZO	3	4	5	6	7	8	9	
	10	11	12	13	14	15	16	
	17	18	19	20	21	22	23	

LUNA LLENA CICLO DEL TERCERO AÑO **LUNA NUEVA CICLO DEL TERCERO AÑO**

CALENDARIO PARA .3333333

Cronometraje para el 5999: Luna nueva cai en el 10 del tercer mes; 3 de junio de 2019

CALENDARIO DE LA CREACIÓN

CALENDARIO DE ENOC

5998————————2018 - 2019

PRIMAVERA

DIA	1	2	3	4	5	6	SABADO
1	27	28	29	30	31	1	2
MES	3	4	5	6	7	8	9
ABRIL	10	11	12	13	14	15	16
	17	18	19	20	21	22	23
2	24	25	26	27	28	29	30
MES	1	2	3	4	5	6	7
MAYO	8	9	10	11	12	13	14
	15	16	17	18	19	20	21
3	22	23	24	25	26	27	28
MES	29	30	31	1	2	3	4
JUNIO	5	6	7	8	9	10	11
	12	13	14	15	16	17	18
	19	20	21	22	23	24	25

OTOÑO

	1	2	3	4	5	6	SABADO
7	25	26	27	28	29	30	1
MES	2	3	4	5	6	7	8
OCT	9	10	11	12	13	14	15
	16	17	18	19	20	21	22
8	23	24	25	26	27	28	29
MES	30	31	1	2	3	4	5
NOV	6	7	8	9	10	11	12
	13	14	15	16	17	18	19
9	20	21	22	23	24	25	26
MES	27	28	29	30	1	2	3
DEC	4	5	6	7	8	9	10
	11	12	13	14	15	16	17
	18	19	20	21	22	23	24

VERANO

4	26	27	28	29	30	1	2
MES	3	4	5	6	7	8	9
JULIO	10	11	12	13	14	15	16
	17	18	19	20	21	22	23
5	24	25	26	27	28	29	30
MES	31	1	2	3	4	5	6
AUG	7	8	9	10	11	12	13
	14	15	16	17	18	19	20
6	21	22	23	24	25	26	27
MES	28	29	30	31	1	2	3
SEPT	4	5	6	7	8	9	10
	11	12	13	14	15	16	17
	18	19	20	21	22	23	24

INVIERNO

10	25	26	27	28	29	30	31	2019
MES	1	2	3	4	5	6	7	
ENERO	8	9	10	11	12	13	14	
	15	16	17	18	19	20	21	
11	22	23	24	25	26	27	28	
MES	29	30	31	1	2	3	4	
FEB	5	6	7	8	9	10	11	
	12	13	14	15	16	17	18	
12	19	20	21	22	23	24	25	
MES	26	27	28	1	2	3	4	
MARZO	5	6	7	8	9	10	11	
	12	13	14	15	16	17	18	
	19	20	21	22	23	24	25	

LUNA LLENA **CICLO DEL SEGUNDO AÑO** **LUNA NUEVA** **CICLO DEL SEGUNDO AÑO**

CALENDARIO .6666666

Cronometraje para 5998: Luna nueva cai en el 20 del tercer mes; 14 de junio de 2018

CALENDARIO DE LA CREACIÓN

CALENDARIO DE ENOC

5997 ———————— 2017 – 2018

PRIMAVERA

DIA	1	2	3	4	5	6	SABADO
1	28	29	30	31	1	2	3
MES	4	5	6	7	8	9	10
ABRIL	11	12	13	14	15	16	17
	18	19	20	21	22	23	24
2	25	26	27	28	29	30	1
MES	2	3	4	5	6	7	8
MAYO	9	10	11	12	13	14	15
	16	17	18	19	20	21	22
3	23	24	25	26	27	28	29
MES	30	31	1	2	3	4	5
JUNIO	6	7	8	9	10	11	12
	13	14	15	16	17	18	19
	20	21	22	23	24	25	26

OTOÑO

	1	2	3	4	5	6	SABADO
7	26	27	28	29	30	1	2
MES	3	4	5	6	7	8	9
OCT	10	11	12	13	14	15	16
	17	18	19	20	21	22	23
8	24	25	26	27	28	29	30
MES	31	1	2	3	4	5	6
NOV	7	8	9	10	11	12	13
	14	15	16	17	18	19	20
9	21	22	23	24	25	26	27
MES	28	29	30	1	2	3	4
DEC	5	6	7	8	9	10	11
	12	13	14	15	16	17	18
	19	20	21	22	23	24	25

VERANO

4	27	28	29	30	1	2	3
MES	4	5	6	7	8	9	10
JULIO	11	12	13	14	15	16	17
	18	19	20	21	22	23	24
5	25	26	27	28	19	30	31
MES	1	2	3	4	5	6	7
AUG	8	9	10	11	12	13	14
	15	16	17	18	19	20	21
6	22	23	24	25	26	27	28
MES	29	30	31	1	2	3	4
SEPT	5	6	7	8	9	10	11
	12	13	14	15	16	17	18
	19	20	21	22	23	24	25

INVIERNO

10	26	27	28	29	30	31	1	**2018**
MES	2	3	4	5	6	7	8	
ENERO	9	10	11	12	13	14	15	
	16	17	18	19	20	21	22	
11	23	24	25	26	27	28	29	
MES	30	31	1	2	3	4	5	
FEB	6	7	8	9	10	11	12	
	13	14	15	16	17	18	19	
12	20	21	22	23	24	25	26	
Mes	27	28	1	2	3	4	5	
MARzo	6	7	8	9	10	11	12	
	13	14	15	16	17	18	19	
	20	21	22	23	24	25	26	

LUNA LLENA CICLO DEL PRIMER AÑO **LUNA NUEVA CICLO DEL PRIMER AÑO**

Cronometraje para el 5997: luna nueva cai en el 30 del tercer mes. 25 de junio de 2017

CALENDARIO DE LA CREACIÓN

CALENDARIO DE ENOC

5996——————————2016 - 2017

PRIMAVERA

DIA	1	2	3	4	5	6	SABADO
1	29	30	31	1	2	3	4
MES	5	6	7	8	9	10	11
ABRIL	12	13	14	15	16	17	18
	19	20	21	22	23	24	25
2	26	27	28	29	30	1	2
MES	3	4	5	6	7	8	9
MAYO	10	11	12	13	14	15	16
	17	18	19	20	21	22	23
3	24	25	26	27	28	29	30
MES	31	1	2	3	4	5	6
JUNIO	7	8	9	10	11	12	13
	14	15	16	17	18	19	20
	21	22	23	24	25	26	27

OTOÑO

	1	2	3	4	5	6	SABADO
7	27	28	29	30	1	2	3
MES	4	5	6	7	8	9	10
OCT	11	12	13	14	15	16	17
	18	19	20	21	22	23	24
8	25	26	27	28	29	30	31
MES	1	2	3	4	5	6	7
NOV	8	9	10	11	12	13	14
	15	16	17	18	19	20	21
9	22	23	24	25	26	27	28
MES	29	30	1	2	3	4	5
DEC	6	7	8	9	10	11	12
	13	14	15	16	17	18	19
	20	21	22	23	24	25	26

VERANO

4	28	29	30	1	2	3	4
MES	5	6	7	8	9	10	11
JULIO	12	13	14	15	16	17	18
	19	20	21	22	23	24	25
5	26	27	28	29	30	31	1
MES	2	3	4	5	6	7	8
AUG	9	10	11	12	13	14	15
	21	17	18	19	20	21	22
6	23	24	25	26	27	28	29
MES	30	31	1	2	3	4	5
SEPT	6	7	8	9	10	11	12
	13	14	15	16	17	18	19
	20	21	22	23	24	25	26

INVIERNO

10	27	28	29	30	31	1	2	2017
MES	3	4	5	6	7	8	9	
ENERO	10	11	12	13	14	15	16	
	17	18	19	20	21	22	23	
11	24	25	26	27	28	29	30	
MES	31	1	2	3	4	5	6	
FEB	7	8	9	10	11	12	13	
	14	15	16	17	18	19	20	
12	21	22	23	24	25	26	27	
MES	28	1	2	3	4	5	6	
MARZO	7	8	9	10	11	12	13	
	14	15	16	17	18	19	20	
	21	22	23	24	25	26	27	

LUNA LLENA CICLO DEL TERCERO AÑO

LUNA NUEVA CICLO DEL TERCERO AÑO

CALENDARIO PARA .3333333

CALENDARIO DE LA CREACIÓN

CALENDARIO DE ENOC

5995 ——————— 2015 - 2016

PRIMAVERA

DIA	1	2	3	4	5	6	SABADO
1	31	1	2	3	4	5	6
MES	7	8	9	10	11	12	13
ABRIL	14	15	16	17	18	19	20
	21	22	23	24	25	26	27
2	28	29	30	1	2	3	4
MES	5	6	7	8	9	10	11
MAYO	12	13	14	15	16	17	18
	19	20	21	22	23	24	25
3	26	27	28	29	30	31	1
MES	2	3	4	5	6	7	8
JUNIO	9	10	11	12	13	14	15
	16	17	18	19	20	21	22
	23	24	25	26	27	28	29

OTOÑO

	1	2	3	4	5	6	SABADO
7	29	30	1	2	3	4	5
MES	6	7	8	9	10	11	12
OCT	13	14	15	16	17	18	19
	20	21	22	23	24	25	26
8	27	28	29	30	31	1	2
MES	3	4	5	6	7	8	9
NOV	10	11	12	13	14	15	16
	17	18	19	20	21	22	23
9	24	25	26	27	28	29	30
MES	1	2	3	4	5	6	7
DEC	8	9	10	11	12	13	14
	15	16	17	18	19	20	21
	22	23	24	25	26	27	28

VERANO

4	30	1	2	3	4	5	6
MES	7	8	9	10	11	12	13
JULIO	14	15	16	17	18	19	20
	21	22	23	24	25	26	27
5	28	29	30	31	1	2	3
MES	4	5	6	7	8	9	10
AUG	11	12	13	14	15	16	17
	18	19	20	21	22	23	24
6	25	26	27	28	29	30	31
MES	1	2	3	4	5	6	7
SEPT	8	9	10	11	12	13	14
	15	16	17	18	19	20	21
	22	23	24	25	26	27	28

INVIERNO

10	29	30	31	1	2	3	4	2016
MES	5	6	7	8	9	10	11	
ENERO	12	13	14	15	16	17	18	
	19	20	21	22	23	24	25	
11	26	27	28	29	30	31	1	
MES	2	3	4	5	6	7	8	
FEB	9	10	11	12	13	14	15	
	16	17	18	19	20	21	22	
12	23	24	25	26	27	28	29	
MES	1	2	3	4	5	6	7	
MARZO	8	9	10	11	12	13	14	
	15	16	17	18	19	20	21	
	22	23	24	25	26	27	28	

LUNA LLENA CICLO DEL SEGUNDO AÑO

LUNA NUEVA CICLO DEL SEGUNDO AÑO

CALENDARIO DE LA CREACIÓN

CALENDARIO DE ENOC

5994 ———————— 2014 - 2015

PRIMAVERA

DIA	1	2	3	4	5	6	SABADO
1	1	2	3	4	5	6	7
MES	8	9	10	11	12	13	14
ABRIL	15	16	17	18	19	20	21
	22	23	24	25	26	27	28
2	29	30	1	2	3	4	5
MES	6	7	8	9	10	11	12
MAYO	13	14	15	161	17	18	19
	20	21	22	23	24	25	26
3	27	28	29	30	31	1	2
MES	3	4	5	6	7	8	9
JUNIO	10	11	12	13	14	15	16
	17	18	19	20	21	22	23
	24	25	26	27	28	29	30

OTOÑO

	1	2	3	4	5	6	SABADO
7	30	1	2	3	4	5	6
MES	7	8	9	10	11	12	13
OCT	14	15	16	17	18	19	20
	21	22	23	24	25	26	27
8	28	29	30	31	1	2	3
MES	4	5	6	7	8	9	10
NOV	11	12	13	14	15	16	17
	18	19	20	21	22	23	24
9	25	26	27	28	29	30	1
MES	2	3	4	5	6	7	8
DEC	9	10	11	12	13	14	15
	16	17	18	19	20	21	22
	23	24	25	26	27	28	29

VERANO

4	1	2	3	4	5	6	7
MES	8	9	10	11	12	13	14
JULIO	15	16	17	18	19	20	21
	22	23	24	25	26	27	28
5	29	30	31	1	2	3	4
MES	5	6	7	8	9	10	11
AUG	12	13	14	15	16	17	18
	19	20	21	22	23	24	25
6	26	27	28	29	30	31	1
MES	2	3	4	5	6	7	8
SEPT	9	10	11	12	13	14	15
	16	17	18	19	20	21	22
	23	24	25	26	27	28	29

INVIERNO

10	30	31	1	2	3	4	5	2015
MES	6	7	8	9	10	11	12
ENERO	13	14	15	16	17	18	19
	20	21	22	23	24	25	26
11	27	28	29	30	31	1	2
MES	3	4	5	6	7	8	9
FEB	10	11	12	13	14	15	16
	17	18	19	20	21	22	23
12	24	25	26	27	28	1	2
MES	3	4	5	6	7	8	9
MARZO	7	11	12	13	14	15	16
	17	18	19	20	21	22	23
	21	25	26	27	28	29	30

LUNA LLENA CICLO DEL PRIMER AÑO

LUNA NUEVA CICLO DEL PRIMER AÑO

CALENDARIO DE LA CREACIÓN

CALENDARIO DE ENOC

5993———————2013 – 2014

PRIMAVERA / OTOÑO

DIA	1	2	3	4	5	6	SABADO
1	2	3	4	5	6	7	8
MES	9	10	11	12	13	14	15
ABRIL	16	17	18	19	20	21	22
	23	24	25	26	27	28	29
2	30	1	2	3	4	5	6
MES	7	8	9	10	11	12	13
MAYO	14	15	16	17	18	19	20
	21	22	23	24	25	26	27
3	28	29	30	31	1	2	3
MES	4	5	6	7	8	9	10
JUNIO	11	12	13	14	15	16	17
	18	19	20	21	22	23	24
	25	26	27	28	29	30	1

	1	2	3	4	5	6	SABADO
7	1	2	3	4	5	6	7
MES	8	9	10	11	12	13	14
OCT	15	16	17	18	19	20	21
	22	23	24	25	26	27	28
8	29	30	31	1	2	3	4
MES	5	6	7	8	9	10	11
NOV	12	13	14	15	16	17	18
	19	20	21	22	23	24	25
9	26	27	28	29	30	1	2
MES	3	4	5	6	7	8	9
7	10	11	12	13	14	15	16
DEC	17	18	19	20	21	22	23
	24	25	26	27	28	29	30

VERANO / INVIERNO

4	2	3	4	5	6	7	8
MES	9	10	11	12	13	14	15
JULIO	16	17	18	19	20	21	22
	23	24	25	26	27	28	29
5	30	31	1	2	3	4	5
MES	6	7	8	9	10	11	12
AUG	13	14	15	16	17	18	19
	20	21	22	23	24	25	26
6	27	28	29	30	31	1	2
MES	3	4	5	6	7	8	9
Sept	10	11	12	13	14	15	16
	17	18	19	20	21	22	23
	24	25	26	27	28	29	30

10	31	1	2	3	4	5	6	2014
MES	7	8	9	10	11	12	13	
ENERO	14	15	16	17	18	19	20	
	21	22	23	24	25	26	27	
11	28	29	30	31	1	2	3	
MES	4	5	6	7	8	9	10	
Feb	11	12	13	14	15	16	17	
	18	19	20	21	22	23	24	
12	25	26	27	28	1	2	3	
MES	4	5	6	7	8	9	10	
MarZO	11	12	13	14	15	16	17	
	18	19	20	21	22	23	24	
	25	26	27	28	29	30	31	

LUNA LLENA CICLO DEL TERCERO AÑO

CALENDARIO PARA .33333

LUNA NUEVA CICLO DEL TERCERO AÑO

CALENDARIO DE LA CREACIÓN

CALENDARIO DE ENOC

5992——————————2012 - 2013

PRIMAVERA

DIA	1	2	3	4	5	6	SABADO
1	3	4	5	6	7	8	9
MES	10	11	12	13	14	15	16
ABRIL	17	18	19	20	21	22	23
	24	25	26	27	28	29	30
2	1	2	3	4	5	6	7
MES	8	9	10	11	12	13	14
MAYO	15	16	17	18	19	20	21
	22	23	24	25	26	27	28
3RD	29	30	31	1	2	3	4
MES	5	6	7	8	9	10	11
JUNIO	12	13	14	15	16	17	18
	19	20	21	22	23	24	25
	26	27	28	29	30	1	2

OTOÑO

	1	2	3	4	5	6	SABADO
7	2	3	4	5	6	7	8
MES	9	10	11	12	13	14	15
OCT	16	17	18	19	20	21	22
	23	24	25	26	27	28	29
8	30	31	1	2	3	4	5
MES	6	7	8	9	10	11	12
NOV	13	14	15	16	17	18	19
	20	21	22	23	24	25	26
9	27	28	29	30	1	2	2
MES	4	5	6	7	8	9	10
DEC	11	12	13	14	15	16	17
	18	19	20	21	22	23	24
	25	26	27	28	29	30	31

VERANO

4	3	4	5	6	7	8	9
MES	10	11	12	13	14	15	16
JULIO	17	18	19	20	21	22	23
	24	25	26	27	28	29	30
5	31	1	2	3	4	5	6
MES	7	8	9	10	11	12	13
AUG	14	15	16	17	18	19	20
	21	22	23	24	25	26	27
6	28	29	30	31	1	2	3
MES	4	5	6	7	8	9	10
SEPT	11	12	13	14	15	16	17
	18	19	20	21	22	23	24
	25	26	27	28	29	30	31

INVIERNO

10	1	2	3	4	5	6	7	**2013**
MES	8	9	10	11	12	13	14	
ENERO	15	16	17	18	19	20	21	
	22	23	24	25	26	27	28	
11	29	30	31	1	2	3	4	
MES	5	6	7	8	9	10	11	
Feb	12	13	14	15	16	17	18	
	19	20	21	22	23	24	25	
12	26	27	28	1	2	3	4	
MES	5	6	7	8	9	10	11	
	12	13	14	15	16	17	18	
	19	20	21	22	23	24	25	
	26	27	28	29	30	31	1	

LUNA LLENA CICLO DEL SEGUNDO AÑO

CALENDARIO PARA .6666666

LUNA NUEVA CICLO DEL SEGUNDO AÑO

CALENDARIO DE LA CREACIÓN

CALENDARIO DE ENOC

5991 ———————— 2011 - 2012

PRIMAVERA

DIA	1	2	3	4	5	6	SABADO
1	5	6	7	8	9	10	11
MES	12	13	14	15	16	17	18
ABRIL	19	20	21	22	23	24	25
	26	27	28	29	30	1	2
2	3	4	5	6	7	8	9
MES	10	11	12	13	14	15	16
MAYO	17	18	19	20	21	22	23
	24	25	26	27	28	29	30
3	31	1	2	3	4	5	6
MES	7	8	9	10	11	12	13
JUNIO	14	15	16	17	18	19	20
	21	22	23	24	25	26	27
	28	29	30	1	2	3	4

OTOÑO

	1	2	3	4	5	6	SABADO
7	4	5	6	7	8	9	10
MES	11	12	13	14	15	16	17
OCT	18	19	20	21	22	23	24
	25	26	27	28	29	30	31
8	1	2	3	4	5	6	7
MES	8	9	10	11	12	13	14
NOV	15	16	17	18	19	20	21
	22	23	24	25	26	27	28
9	29	30	1	2	3	4	5
MES	6	7	8	9	10	11	12
DEC	13	14	15	16	17	18	19
	20	21	22	23	24	25	26
	27	28	29	30	31	1	2

VERANO

4	5	6	7	8	9	10	11
MES	12	13	14	15	16	17	18
JULIO	19	20	21	22	23	24	25
	26	27	28	29	30	31	1
5	2	3	4	5	6	7	8
MES	9	10	11	12	13	14	15
AUG	16	17	18	19	20	21	22
	23	24	25	26	27	28	29
6	30	31	1	2	3	4	5
MES	6	7	8	9	10	11	12
SEPT	13	14	15	16	17	18	19
	20	21	22	23	24	25	26
	27	28	29	30	1	3	4

INVIERNO

10	3	4	5	6	7	8	9	**2012**
MES	10	11	12	13	14	15	16	
ENERO	17	18	19	20	21	22	23	
	24	25	26	27	28	29	30	
11	31	1	2	3	4	5	6	Feb
MES	7	8	9	10	11	12	13	
	14	15	16	17	18	19	20	
	21	22	23	24	25	26	27	
12	28	29	1	2	3	4	5	
MES	6	7	8	9	10	11	12	
MARZO	13	14	15	16	17	18	19	
	20	21	22	23	24	25	26	
	27	28	29	30	31	1	2	

LUNA LLENA CICLO DEL PRIMER AÑO **LUNA NUEVA CICLO DEL PRIMER AÑO**

CALENDARIO DE LA CREACIÓN

CALENDARIO DE ENOC

5990——————————2010 – 2011

PRIMAVERA / OTOÑO

DIA	1	2	3	4	5	6	SABADO		1	2	3	4	5	6	SABADO
1	6	7	8	9	10	11	12	7	5	6	7	8	9	10	**11**
MES	13	14	15	16	17	18	19	MES	12	13	14	15	16	17	**18**
ABRIL	20	21	22	23	24	25	26	OCT	19	20	21	22	23	24	**25**
	27	28	29	30	1	2	3		26	27	28	29	30	31	**1**
2	4	5	6	7	8	9	10	8	2	3	4	5	6	7	8
MES	11	12	13	14	15	16	17	MES	9	10	11	12	13	14	15
MAYO	18	19	20	21	22	23	24	NOV	16	17	18	19	20	21	22
	25	26	27	28	29	30	1		23	24	25	26	27	28	29
3	1	2	3	4	5	6	7	9	30	1	2	3	4	5	6
MES	8	9	10	11	12	13	14	MES	7	8	9	10	11	12	13
JUNIO	15	16	17	18	19	20	21	DEC	14	15	16	17	18	19	20
	22	23	24	25	26	27	28		21	22	23	24	25	26	27
	29	30	1	2	3	4	5		28	29	30	31	1	2	3

VERANO / INVIERNO

4	6	7	8	9	10	11	12	10	4	5	6	7	8	9	10	
MES	13	14	15	16	17	18	19	MES	11	12	13	14	15	16	17	**2011**
JULIO	20	21	22	23	24	25	26	ENERO	18	19	20	21	22	23	24	
	27	28	29	30	31	1	2		25	26	27	28	29	30	31	
5	3	4	5	6	7	8	9	11	1	2	3	4	5	6	7	FEB
MES	10	11	12	13	14	15	16	MES	8	9	10	11	12	13	14	
AUG	17	18	19	20	21	22	23		15	16	17	18	19	20	21	
	24	25	26	27	28	29	30		22	23	24	25	26	27	28	
6	31	1	2	3	4	5	6	12	1	2	3	4	5	6	7	
MES	7	8	9	10	11	12	13	MES	8	9	10	11	12	13	14	
SEPT	14	15	16	17	18	19	20	MARZO	15	16	17	18	19	20	21	
	21	22	23	24	25	26	27		22	23	24	25	26	27	28	
	28	29	30	1	2	3	4		29	30	31	1	2	3	4	

LUNA LLENA CICLO TERCER AÑO

LUNA NUEVA CICLO DEL TERCER AÑO

CALENDARIO PARA .3333333

CALENDARIO DE LA CREACIÓN

CALENDARIO DE ENOC

5989 ——————————— 2009 - 2010

PRIMAVERA

DIA	1	2	3	4	5	6	SABADO
1	7	8	9	10	11	12	13
MES	14	15	16	17	18	19	20
ABRIL	21	22	23	24	25	26	27
	28	29	30	1	2	3	4
2	5	6	7	8	9	10	11
MES	12	13	14	15	16	17	18
MAYO	19	20	21	22	23	24	25
	26	27	28	29	30	31	1
3	2	3	4	5	6	7	8
MES	9	10	11	12	13	14	15
JUNIO	16	17	18	19	20	21	22
	23	24	25	26	27	28	29
	30	1	2	3	4	5	6

OTOÑO

	1	2	3	4	5	6	SABADO
7	6	7	8	9	10	11	12
MES	13	14	15	16	17	18	19
OCT	20	21	22	23	24	25	26
	27	28	29	30	31	1	2
8	3	4	5	6	7	8	9
MES	10	11	12	13	14	15	16
NOV	17	18	19	20	21	22	23
	24	25	26	27	28	29	30
9	1	2	3	4	5	6	7
MES	8	9	10	11	12	13	14
DEC	15	16	17	18	19	20	21
	22	23	24	25	26	27	28
	29	30	31	1	2	3	4

VERANO

4	7	8	9	10	11	12	13
MES	14	15	16	17	18	19	20
JULIO	21	22	23	24	25	26	27
	28	29	30	31	1	2	3
5	4	5	6	7	8	9	10
MES	11	12	13	14	15	16	17
AUG	18	19	20	21	22	23	24
	25	26	27	28	29	30	31
6	1	2	3	4	5	6	7
MES	8	9	10	11	12	13	14
SEPT	15	16	17	18	19	20	21
	22	23	24	25	26	27	28
	29	30	1	2	3	4	5

INVIERNO

10	5	6	7	8	9	10	1!1	2010
MES	12	13	14	15	16	17	18	
ENERO	19	20	21	22	23	24	25	
	26	27	28	29	30	31	1	
11	2	3	4	5	6	7	8	
MES	9	10	11	12	13	14	15	
FEB	16	17	18	19	20	21	22	
	23	24	25	26	27	28	1	
12	2	3	4	5	6	7	8	
MES	9	10	11	12	13	14	15	
MARZO	16	17	18	19	20	21	22	
	23	24	25	26	27	28	29	
	30	31	1	2	3	4	5	

LUNA LLENA CICLO DEL SEGUNDO AÑO

LUNA NUEVA CICLO DEL SEGUNDO AÑO

CALENDARIO PARA .6666666

CALENDARIO DE LA CREACIÓN

CALENDARIO DE ENOC

5988 ———————— 2008 - 2009

PRIMAVERA

DIA	1	2	3	4	5	6	SABADO
1	8	9	10	11	12	13	14
MES	15	16	17	18	19	20	21
ABRIL	22	23	24	25	26	27	28
	29	30	1	2	3	4	5
2	6	7	8	9	10	11	12
MES	13	14	15	16	17	18	19
MAYO	20	21	22	23	24	25	26
	27	28	29	30	31	1	2
3	3	4	5	6	7	8	9
MES	10	11	12	13	14	15	16
JUNIO	17	18	19	20	21	22	23
	24	25	26	27	28	29	30
	1	2	3	4	5	6	7

OTOÑO

	1	2	3	4	5	6	SABADO
7	7	8	9	10	11	12	13
MES	14	15	16	17	18	19	20
OCT	21	22	23	24	25	26	27
	28	29	30	31	1	2	3
8	4	5	6	7	8	9	10
MES	11	12	13	14	15	16	17
NOV	18	19	20	21	22	23	24
	25	26	27	28	29	30	1
9	2	3	4	5	6	7	8
MES	9	10	11	12	13	14	15
DEC	16	17	18	19	20	21	22
	23	24	25	26	27	28	29
	30	31	1	2	3	4	5

VERANO

4	8	9	10	11	12	13	14
MES	15	16	17	18	19	20	21
JULIO	22	23	24	25	26	27	28
	29	30	31	1	2	3	4
5	5	6	7	8	9	10	11
MES	12	13	14	15	16	17	18
AUG	19	20	21	22	23	24	25
	26	27	28	29	30	31	1
6	2	3	4	5	6	7	8
MES	9	10	11	12	13	14	15
SEPT	16	17	18	19	20	21	22
	23	24	25	26	27	28	29
	30	1	2	3	4	5	6

INVIERNO

10	6	7	8	9	10	11	12	2009
MES	13	14	15	16	17	18	19	
ENERO	20	21	22	23	24	25	26	
	27	28	29	30	31	1	2	
11	3	4	5	6	7	8	9	
MES	10	11	12	13	14	15	16	
FEB	17	18	19	20	21	22	23	
	24	25	26	27	28	1	2	
12	3	4	5	6	7	8	9	
MES	10	11	12	13	14	15	16	
MARZO	17	18	19	20	21	22	23	
	24	25	26	27	28	29	30	
	31	1	2	3	4	5	6	

LUNA LLENA CICLO DEL PRIMER AÑO

LUNA NUEVA CICLO DEL PRIMER AÑO

CALENDARIO DE LA CREACIÓN

CALENDARIO DE ENOC

5987——————————2007 - 2008

PRIMAVERA

DIA	1	2	3	4	5	6	SABADO
1	10	11	12	13	14	15	16
MES	17	18	19	20	21	22	23
ABRIL	24	25	26	27	28	29	30
	1	2	3	4	5	6	7
2	8	9	10	11	12	13	14
MES	15	16	17	18	19	20	21
MAYO	22	23	24	25	26	27	28
	29	30	31	1	2	3	4
3	5	6	7	8	9	10	11
MES	12	13	14	15	16	17	18
JUNIO	19	20	21	22	23	24	25
	26	27	28	29	30	1	2
	3	4	5	6	7	8	9

OTOÑO

	1	2	3	4	5	6	SABADO
7	9	10	11	12	13	14	15
MES	16	17	18	19	20	21	22
OCT	23	24	25	26	27	28	29
	30	31	1	2	3	4	5
8	6	7	8	9	10	11	12
MES	13	14	15	16	17	18	19
NOV	20	21	22	23	24	25	26
	27	28	29	30	1	2	3
9	4	5	6	7	8	9	10
MES	11	12	13	14	15	16	17
DEC	18	19	20	21	22	23	24
	25	26	27	28	29	30	31
	1	2	3	4	5	6	7

VERANO

4	10	11	12	13	14	15	16
Month	17	18	19	20	21	22	23
JULIO	24	25	26	27	28	29	30
	31	1	2	3	4	5	6
5	7	8	9	10	11	12	13
MES	14	15	16	17	18	19	20
AUG	21	22	23	24	25	26	27
	28	29	30	31	1	2	3
6	4	5	6	7	8	9	10
MES	11	12	13	14	15	16	17
SEPT	18	19	20	21	22	23	24
	25	26	27	28	29	30	1
	2	3	4	5	6	7	8

INVIERNO

10	8	9	10	11	12	13	14	
MES	15	16	17	18	19	20	21	2008
ENERO	22	23	24	25	26	27	28	
	29	30	31	1	2	3	4	FEB
11	5	6	7	8	9	10	11	
MES	12	13	14	15	16	17	18	
FEB	19	20	21	22	23	24	25	
	26	27	28	29	1	2	3	
12	4	5	6	7	8	9	10	
MES	11	12	13	14	15	16	17	
MARZO	18	19	20	21	22	23	24	
	25	26	27	28	29	30	31	
	1	2	3	4	5	6	7	

LUNA LLENA CICLO DEL TERCER AÑO

CALENDARIO PARA .3333333

LUNA NUEVA CICLO DEL TERCER AÑO

CALENDARIO DE LA CREACIÓN

CALENDARIO DE ENOC

5986——————————2006 –2007

PRIMAVERA							
DIA	1	2	3	4	5	6	SABADO
1	11	12	13	14	15	16	17
MES	18	19	20	21	22	23	24
ABRIL	25	26	27	28	29	30	1
	2	3	4	5	6	7	8
2	9	10	11	12	13	14	15
MES	16	17	18	19	20	21	22
MAYO	23	24	25	26	27	28	29
	30	31	1	2	3	4	5
3	6	7	8	9	10	11	12
MES	13	14	15	16	17	18	19
JUNIO	20	21	22	23	24	25	26
	27	28	29	30	1	2	3
	4	5	6	7	8	9	10

OTOÑO								
	1	2	3	4	5	6	SABADO	
7	10	11	12	13	14	15	16	
MES	17	18	19	20	21	22	23	
OCT	24	25	26	27	28	29	30	
	31	1	2	3	4	5	6	
8	7	8	9	10	11	12	13	
MES	14	15	16	17	18	19	20	
NOV	21	22	23	24	25	26	27	
	28	29	30	1	2	3	4	
9	5	6	7	8	9	10	11	
MES	12	13	14	15	16	17	18	
DEC	19	20	21	22	23	24	25	
	26	27	28	29	30	31	1	
	2	3	4	5	6	7	8	2007

VERANO							
4	11	12	13	14	15	16	17
MES	18	19	20	21	22	23	24
JULIO	25	26	27	28	29	30	31
	1	2	3	4	5	6	7
5	8	9	10	11	12	13	14
MES	15	16	17	18	19	20	21
AUG	22	23	24	25	26	27	28
	29	30	31	1	2	3	4
6	5	6	7	8	9	10	11
MES	12	13	14	15	16	17	18
SEPT	19	20	21	22	23	24	25
	26	27	28	29	30	1	2
	3	4	5	6	7	8	9

INVIERNO								
10	9	10	11	12	13	14	15	
MES	16	17	18	19	20	21	22	
ENERO	23	24	25	26	27	28	27	
	30	31	1	2	3	4	5	FEB
11	6	7	8	9	10	11	12	
MES	13	14	15	16	17	18	19	
FEB	20	21	22	23	24	25	26	
	27	28	1	2	3	4	5	MARZO
12	6	7	8	9	10	11	12	
MES	13	14	15	16	17	18	19	
MARZO	20	21	22	23	24	25	26	
	27	28	29	30	31	1	2	ABRIL
	3	4	5	6	7	8	9	

LUNA LLENA CICLO DEL SEGUNDO AÑO

LUNA NUEVA CICLO DEL SEGUNDO AÑO

CALENDARIO PARA .6666666

CALENDARIO DE LA CREACIÓN

CALENDARIO DE ENOC

5985 ——————— 2005 - 2006

PRIMAVERA

DIA	1	2	3	4	5	6	SABADO
1	12	13	14	15	16	17	18
MES	19	20	21	22	23	24	25
MAYO	26	27	28	29	30	1	2
	3	4	5	6	7	8	9
2	10	11	12	13	14	15	16
MES	17	18	19	20	21	22	23
JUNIO	24	25	26	27	28	29	30
	31	1	2	3	4	5	6
3	7	8	9	10	11	12	13
MES	14	15	16	17	18	19	20
	21	22	23	24	25	26	27
JULIO	28	29	30	1	2	3	4
	5	6	7	8	9	10	11

OTOÑO

	1	2	3	4	5	6	SABADO	
7	11	12	13	14	15	16	16	
MES	18	19	20	21	22	23	23	
N0V	25	26	27	28	29	30	31	
	1	2	3	4	5	6	7	
8	8	9	10	11	12	13	14	
MES	15	16	17	18	19	20	21	
DEC	22	23	24	25	26	27	28	
	29	30	1	2	3	4	5	
9	6	7	8	9	10	11	12	
MES	13	14	15	16	17	18	19	
	20	21	22	23	24	25	26	
ENERO	27	28	29	30	31	1	2	**2006**
	3	4	5	6	7	8	9	

VERANO

4	12	13	14	15	16	17	18
MES	19	20	21	22	23	24	25
AUG	26	27	28	29	30	31	1
	2	3	4	5	6	7	8
5	9	10	11	12	13	14	15
MES	16	17	18	19	20	21	22
SEPT	23	24	25	26	27	28	29
	30	31	1	2	3	4	5
6	6	7	8	9	10	11	12
MES	13	14	15	16	17	18	19
	20	21	22	23	24	25	26
OCT	27	28	29	30	1	2	3
	4	5	6	7	8	9	10

INVIERNO

10	10	11	12	13	14	15	16
MES	17	18	19	20	21	22	23
	24	25	26	27	28	29	30
FEB	31	1	2	3	4	5	6
11	7	8	9	10	11	12	13
MES	14	15	16	17	18	19	20
MARZO	21	22	23	24	25	26	27
	28	1	2	3	4	5	6
12	7	8	9	10	11	12	13
MES	14	15	16	17	18	19	20
	21	22	23	24	25	26	27
ABRIL	28	29	30	31	1	2	3
	4	5	6	7	8	9	10

LUNA LLENA CICLO DEL PRIMER AÑO **LUNA NUEVA** CICLO DEL PRIMER AÑO

CALENDARIO DE LA CREACIÓN

CALENDARIO DE ENOC

5984——————————2004 - 2005

PRIMAVERA

DIA	1	2	3	4	5	6	SABADO
1	13	14	15	16	17	18	19
MES	20	21	22	23	24	25	26
MAYO	27	28	29	30	1	2	3
	4	5	6	7	8	9	10
2	11	12	13	14	15	16	17
MES	18	19	20	21	22	23	24
JUNIO	25	26	27	28	29	30	31
	1	2	3	4	5	6	7
3	8	9	10	11	12	13	14
MES	15	16	17	18	19	20	21
JULIO	22	23	24	25	26	27	28
	29	30	1	2	3	4	5
	6	7	8	9	10	11	12

OTOÑO

	1	2	3	4	5	6	SABADO
7	12	13	14	15	16	16	17
MES	19	20	21	22	23	23	24
NOV	26	27	28	29	30	31	1
	2	3	4	5	6	7	8
8	9	10	11	12	13	14	15
MES	16	17	18	19	20	21	22
DEC	23	24	25	26	27	28	29
	30	1	2	3	4	5	6
9	7	8	9	10	11	12	13
MES	14	15	16	17	18	19	20
ENERO	21	22	23	24	25	26	27
	28	29	30	31	1	2	3
	4	5	6	7	8	9	10

2005

VERANO

4	13	14	15	16	17	18	19
MES	20	21	22	23	24	25	26
AUG	27	28	29	30	31	1	2
	3	4	5	6	7	8	9
5	10	11	12	13	14	15	16
MES	17	18	19	20	21	22	23
SEPT	24	25	26	27	28	29	30
	31	1	2	3	4	5	6
6T	7	8	9	10	11	12	13
MES	14	15	16	17	18	19	20
OCT	21	22	23	24	25	26	27
	28	29	30	1	2	3	4
	5	6	7	8	9	10	11

INVIERNO

10	11	12	13	14	15	16	17
MES	18	19	20	21	22	23	24
FEB	25	26	27	28	29	30	31
	1	2	3	4	5	6	7
11	8	9	10	11	12	13	14
MES	15	16	17	18	19	20	21
MARZO	22	23	24	25	26	27	28
	1	2	3	4	5	6	7
12	8	9	10	11	12	13	14
MES	15	16	17	18	19	20	21
ABRIL	22	23	24	25	26	27	28
	29	30	31	1	2	3	4
	5	6	7	8	9	10	11

LUNA LLENA CICLO DEL TRECER AÑO

LUNA NUEVA CICLO DEL TRECER AÑO

CALENDARIO PARA .3333333

CALENDARIO DE LA CREACIÓN

CALENDARIO DE ENOC

5983————————2003 - 2004

PRIMAVERA

DIA	1	2	3	4	5	6	SABADO
1	15	16	17	18	19	20	21
MES	22	23	24	25	26	27	28
MAYO	29	30	1	2	3	4	5
	6	7	8	9	10	11	12
2	13	14	15	16	17	18	19
MES	20	21	22	23	24	25	26
JUNIO	27	28	29	30	31	1	2
	3	4	5	6	7	8	9
3	10	11	12	13	14	15	16
MES	17	18	19	20	21	22	23
JULIO	24	25	26	27	28	29	30
	1	2	3	4	5	6	7
	8	9	10	11	12	13	14

OTOÑO

	1	2	3	4	5	6	SABADO	
7	14	15	16	17	18	19	20	
MES	21	22	23	24	25	26	27	
NOV	28	29	30	31	1	2	3	
	4	5	6	7	8	9	10	
8	11	12	13	14	15	16	17	
MES	18	19	20	21	22	23	24	
DEC	25	26	27	28	29	30	1	
	2	3	4	5	6	7	8	
9	9	10	11	12	13	14	15	
MES	16	17	18	19	20	21	22	
	23	24	25	26	27	28	29	
ENERO	30	31	1	2	3	4	5	2004
	6	7	8	9	10	11	12	

VERANO

4	15	16	17	18	19	20	21
MES	22	23	24	25	26	27	28
AUG	29	30	31	1	2	3	4
	5	6	7	8	9	10	11
5	12	13	14	15	16	17	18
MES	19	20	21	22	23	24	25
SEPT	26	27	28	29	30	31	1
	2	3	4	5	6	7	8
6	9	10	11	12	13	14	15
MES	16	17	18	19	20	21	22
	23	24	25	26	27	28	29
OCT	30	1	2	3	4	5	6
	7	8	9	10	11	12	13

INVIERNO

10	13	14	15	16	17	18	19
MES	20	21	22	23	24	25	26
FEB	27	28	29	30	31	1	2
	3	4	5	6	7	8	9
11	10	11	12	13	14	15	16
MES	17	18	19	20	21	22	23
MARZO	24	25	26	27	28	29	1
	2	3	4	5	6	7	8
12	9	10	11	12	13	14	15
MES	16	17	18	19	20	21	22
ABRIL	23	24	25	26	27	28	29
	30	31	1	2	3	4	5
	6	7	8	9	10	11	12

LUNA LLENA CICLO DEL PRIMER AÑO

LUNA NUEVA CICLO DEL PRIMER AÑO

CALENDARIO PARA .6666666

CALENDARIO DE LA CREACIÓN

CALENDARIO DE ENOC

5982 ——————————2002 - 2003

PRIMAVERA

DIA	1	2	3	4	5	6	SABADO
1	16	17	18	19	20	21	22
MES	23	24	25	26	27	28	29
MAYO	30	1	2	3	4	5	6
	7	8	9	10	11	12	13
2	14	15	16	17	18	19	20
MES	21	22	23	24	25	26	27
JUNIO	28	29	30	31	1	2	3
	4	5	6	7	8	9	10
3	11	12	13	14	15	16	17
MES	18	19	20	21	22	23	24
JULIO	25	26	27	28	29	30	1
	2	3	4	5	6	7	8
	9	10	11	12	13	14	15

OTOÑO

	1	2	3	4	5	6	SABADO	
7	15	16	17	18	19	20	21	
MES	22	23	24	25	26	27	28	
NOV	29	30	31	1	2	3	4	
	5	6	7	8	9	10	11	
8	12	13	14	15	16	17	18	
MES	19	20	21	22	23	24	25	
DEC	26	27	28	29	30	1	2	
	3	4	5	6	7	8	9	
9	10	11	12	13	14	15	16	
MES	17	18	19	20	21	22	23	
ENERO	24	25	26	27	28	29	30	
	31	1	2	3	4	5	6	**2003**
	7	8	9	10	11	12	13	

VERANO

4	16	17	18	19	20	21	22
MES	23	24	25	26	27	28	29
AUG	30	31	1	2	3	4	5
	6	7	8	9	10	11	12
5	13	14	15	16	17	18	19
MES	20	21	22	23	24	25	26
SEPT	27	28	29	30	31	1	2
	3	4	5	6	7	8	9
6	10	11	12	13	14	15	16
MES	17	18	19	20	21	22	23
OCT	24	25	26	27	28	29	30
	1	2	3	4	5	6	7
	8	9	10	11	12	13	14

INVIERNO

10	14	15	16	17	18	19	20
MES	21	22	23	24	25	26	27
FEB	28	29	30	31	1	2	3
	4	5	6	7	8	9	10
11	11	12	13	14	15	16	17
MES	18	19	20	21	22	23	24
MARZO	25	26	27	28	1	2	3
	4	5	6	7	8	9	10
12	11	12	13	14	15	16	17
MES	18	19	20	21	22	23	24
ABRIL	25	26	27	28	29	30	31
	1	2	3	4	5	6	7
	8	9	10	11	12	13	14

LUNA LLENA CICLO DEL PRIMER AÑO

LUNA NUEVA CICLO DEL PRIMER AÑO

CALENDARIO DE LA CREACIÓN

CALENDARIO DE ENOC

5981——————2001 - 2002

PRIMAVERA

DIA	1	2	3	4	5	6	SABADO
1	17	18	19	20	21	22	23
MES	24	25	26	27	28	29	30
MAYO	1	2	3	4	5	6	7
	8	9	10	11	12	13	14
2	15	16	17	18	19	20	21
MES	22	23	24	25	26	27	28
JUNIO	29	30	31	1	2	3	4
	5	6	7	8	9	10	11
3	12	13	14	15	16	17	18
MES	19	20	21	22	23	24	25
JULIO	26	27	28	29	30	1	2
	3	4	5	6	7	8	9
	10	11	12	13	14	15	16

OTOÑO

	1	2	3	4	5	6	SABADO	
7	16	17	18	19	20	21	22	
MES	23	24	25	26	27	28	29	
NOV	30	31	1	2	3	4	5	
	6	7	8	9	10	11	12	
8TH	13	14	15	16	17	18	19	
MES	20	21	22	23	24	25	26	
DEC	27	28	29	30	1	2	3	
	4	5	6	7	8	9	10	
9TH	11	12	13	14	15	16	17	
MES	18	19	20	21	22	23	24	
ENERO	25	26	27	28	29	30	31	
	1	2	3	4	5	6	7	**2002**
	8	9	10	11	12	13	14	

VERANO

4	17	18	19	20	21	22	23
MES	24	25	26	27	28	29	30
AUG	31	1	2	3	4	5	6
	7	8	9	10	11	12	13
5	14	15	16	17	18	19	20
MES	21	22	23	24	25	26	27
SEPT	28	29	30	31	1	2	3
	4	5	6	7	8	9	10
6	11	12	13	14	15	16	17
MES	18	19	20	21	22	23	24
OCT	25	26	27	28	29	30	1
	2	3	4	5	6	7	8
	9	10	11	12	13	14	15

INVIERNO

10	15	16	17	18	19	20	21
MES	22	23	24	25	26	27	28
FEB	29	30	31	1	2	3	4
	5	6	7	8	9	10	11
11	12	13	14	15	16	17	18
MES	19	20	21	22	23	24	25
MARZO	26	27	28	1	2	3	4
	5	6	7	8	9	10	11
12	12	13	14	15	16	17	18
MES	19	20	21	22	23	24	25
ABRIL	26	27	28	29	30	31	1
	2	3	4	5	6	7	8
	9	10	11	12	13	14	15

LUNA LLENA CICLO DEL TRECER AÑO

LUNA NUEVA CICLO DEL TRECER AÑO

CALENDARIO PARA .3333333

CALENDARIO DE LA CREACIÓN

CALENDARIO DE ENOC

5980——————————2000 - 2001

PRIMAVERA

DIA	1	2	3	4	5	6	SABADO
1	18	19	20	21	22	23	24
MES	25	26	27	28	29	30	1
MAYO	2	3	4	5	6	7	8
	9	10	11	12	13	14	15
2	16	17	18	19	20	21	22
MES	23	24	25	26	27	28	29
JUNIO	30	31	1	2	3	4	5
	6	7	8	9	10	11	12
3	13	14	15	16	17	18	19
MES	20	21	22	23	24	25	26
JULIO	27	28	29	30	1	2	3
	4	5	6	7	8	9	10
	11	12	13	14	15	16	17

OTOÑO

	1	2	3	4	5	6	SABADO	
7	17	18	19	20	21	22	22	
MES	24	25	26	27	28	29	30	
NOV	31	1	2	3	4	5	6	
	7	8	9	10	11	12	13	
8	14	15	16	17	18	19	20	
MES	21	22	23	24	25	26	27	
DEC	28	29	30	1	2	3	4	
	5	6	7	8	9	10	11	
9	12	13	14	15	16	17	18	
MES	19	20	21	22	23	24	25	
ENERO	26	27	28	29	30	31	1	
	2	3	4	5	6	7	8	**2001**
	9	10	11	12	13	14	15	

VERANO

4	18	19	20	21	22	23	24
MES	25	26	27	28	29	30	31
AUG	1	2	3	4	5	6	7
	8	9	10	11	12	13	14
5	15	16	17	18	19	20	21
MES	22	23	24	25	26	27	28
SEPT	29	30	31	1	2	3	4
	5	6	7	8	9	10	11
6	12	13	14	15	16	17	18
MES	19	20	21	22	23	24	25
OCT	26	27	28	29	30	1	2
	3	4	5	6	7	8	9
	10	11	12	13	14	15	16

INVIERNO

10	16	17	18	19	20	21	22
MES	23	24	25	26	27	28	29
FEB	30	31	1	2	3	4	5
	6	7	8	9	10	11	12
11	13	14	15	16	17	18	19
MES	20	21	22	23	24	25	26
MARZO	27	28	1	2	3	4	5
	6	7	8	9	10	11	1
12	13	14	15	16	17	18	19
MES	20	21	22	23	24	25	26
ABRIL	27	28	29	30	31	1	2
	3	4	5	6	7	8	9
	10	11	12	13	14	15	16

LUNA LLENA CICLO DEL SEGUNDO AÑO

CALENDARIO PARA .6666666

LUNA NUEVA CICLO DEL SEGUNDO AÑO

CALENDARIO DE LA CREACIÓN

CALENDARIO DE ENOC

5979 ——————————— 1999 - 2000

PRIMAVERA

DIA	1	2	3	4	5	6	SABADO
1	20	21	22	23	24	25	26
MES	27	28	29	30	1	2	3
MAYO	4	5	6	7	8	9	10
	11	12	13	14	15	16	17
2	18	19	20	21	22	23	24
MES	25	26	27	28	29	30	31
JUNIO	1	2	3	4	5	6	7
	8	9	10	11	12	13	14
3	15	16	17	18	19	20	21
MES	22	23	24	25	26	27	28
JULIO	29	30	1	2	3	4	5
	6	7	8	9	10	11	12
	13	14	15	16	17	18	19

OTOÑO

	1	2	3	4	5	6	SABADO	
7	19	20	21	22	23	24	25	
MES	26	27	28	29	30	31	1	
NOV	2	3	4	5	6	7	8	
	9	10	11	12	13	14	15	
8	16	17	18	19	20	21	22	
MES	23	24	25	26	27	28	29	
DEC	30	1	2	3	4	5	6	
	7	8	9	10	11	12	13	
9	14	15	16	17	18	19	20	
MES	21	22	23	24	25	26	27	
ENERO	28	29	30	31	1	2	3	**2000**
	4	5	6	7	8	9	10	
	11	12	13	14	15	16	17	

VERANO

4	20	21	22	23	24	25	26
MES	27	28	29	30	31	1	2
AUG	3	4	5	6	7	8	9
	10	11	12	13	14	15	16
5	17	18	19	20	21	22	23
MES	24	25	26	27	28	29	30
SEPT	31	1	2	3	4	5	6
	7	8	9	10	11	12	13
6	14	15	16	17	18	19	20
MES	21	22	23	24	25	26	27
OCT	28	29	30	1	2	3	4
	5	6	7	8	9	10	11
	12	13	14	15	16	17	18

INVIERNO

10	18	19	20	21	22	23	24
MES	25	26	27	28	29	30	31
FEB	1	2	3	4	5	6	7
	8	9	10	11	12	13	14
11	15	16	17	18	19	20	21
MES	22	23	24	25	26	27	28
MARZO	29	1	2	3	4	5	6
	7	8	9	10	11	1	2
12	14	15	16	17	18	19	20
MES	21	22	23	24	25	26	27
ABRIL	28	29	30	31	1	2	3
	4	5	6	7	8	9	10
	11	12	13	14	15	16	17

LUNA LLENA CICLO DEL PRIMER AÑO

LUNA NUEVA CICLO DEL PRIMER AÑO

CALENDARIO DE LA CREACIÓN

CALENDARIO DE ENOC

5978——————————1998 - 1999

PRIMAVERA

DIA	1	2	3	4	5	6	SABADO
1	21	22	23	24	25	26	27
MES	28	29	30	1	2	3	4
MAYO	5	6	7	8	9	10	11
	12	13	14	15	16	17	18
2	19	20	21	22	23	24	25
MES	26	27	28	29	30	31	1
JUNIO	2	3	4	5	6	7	8
	9	10	11	12	13	14	15
3	16	17	18	19	20	21	22
MES	23	24	25	26	27	28	29
JULIO	30	1	2	3	4	5	6
	7	8	9	10	11	12	13
	14	15	16	17	18	19	20

OTOÑO

	1	2	3	4	5	6	SABADO	
7	20	21	22	23	24	25	26	
MES	27	28	29	30	31	1	2	
NOV	3	4	5	6	7	8	9	
	10	11	12	13	14	15	16	
8	17	18	19	20	21	22	23	
MES	24	25	26	27	28	29	30	
DEC	1	2	3	4	5	6	7	
	8	9	10	11	12	13	14	
9	15	16	17	18	19	20	21	
MES	22	23	24	25	26	27	28	
ENERO	29	30	31	1	2	3	4	1999
	5	6	7	8	9	10	11	
	12	13	14	15	16	17	18	

VERANO

4	21	22	23	24	25	26	27
MES	28	29	30	31	1	2	3
AUG	4	5	6	7	8	9	10
	11	12	13	14	15	16	17
5	18	19	20	21	22	23	24
MES	25	26	27	28	29	30	31
SEPT	1	2	3	4	5	6	7
	8	9	10	11	12	13	14
6	15	16	17	18	19	20	21
MES	22	23	24	25	26	27	28
OCT	29	30	1	2	3	4	5
	6	7	8	9	10	11	12
	13	14	15	16	17	18	19

INVIERNO

10	19	20	21	22	23	24	25
MES	26	27	28	29	30	31	1
FEB	2	3	4	5	6	7	8
	9	10	11	12	13	14	15
11	16	17	18	19	20	21	22
MES	23	24	25	26	27	28	1
MARZO	2	3	4	5	6	7	8
	9	10	11	12	13	14	15
12	16	17	18	19	20	21	22
MES	23	24	25	26	27	28	29
ABRIL	30	31	1	2	3	4	5
	6	7	8	9	10	11	12
	13	14	15	16	17	18	19

LUNA LLENA CICLO DEL TRECER AÑO

CALENDARIO PARA .3333333

LUNA NUEVA CICLO DEL TRECER AÑO

CALENDARIO DE LA CREACIÓN

CALENDARIO DE ENOC

5977————————1997 – 1998

PRIMAVERA

DIA	1	2	3	4	5	6	SABADO
1	22	23	24	25	26	27	28
MES	29	30	1	2	3	4	5
MAYO	6	7	8	9	10	11	12
	13	14	15	16	17	18	19
2	20	21	22	23	24	25	26
MES	27	28	29	30	31	1	2
JUNIO	3	4	5	6	7	8	9
	10	11	12	13	14	15	16
3	17	18	19	20	21	22	23
MES	24	25	26	27	28	29	30
JULIO	1	2	3	4	5	6	7
	8	9	10	11	12	13	14
	15	16	17	18	19	20	21

OTOÑO

	1	2	3	4	5	6	SABADO	
7	21	22	23	24	25	26	27	
MES	28	29	30	31	1	2	3	
NOV	4	5	6	7	8	9	10	
	11	12	13	14	15	16	17	
8	18	19	20	21	22	23	24	
MES	25	26	27	28	29	30	31	
DEC	2	3	4	5	6	7	8	
	9	10	11	12	13	14	15	
9	16	17	18	19	20	21	22	
MES	23	24	25	26	27	28	29	
ENERO	30	31	1	2	3	4	5	1998
	6	7	8	9	10	11	12	
	13	14	15	16	17	18	19	

VERANO

4	22	23	24	25	26	27	28
MES	29	30	31	1	2	3	4
AUG	5	6	7	8	9	10	11
	12	13	14	15	16	17	18
5	19	20	21	22	23	24	25
MES	26	27	28	29	30	31	1
SEPT	2	3	4	5	6	7	8
	9	10	11	12	13	14	15
6	16	17	18	19	20	21	22
MES	23	24	25	26	27	28	29
OCT	30	1	2	3	4	5	6
	7	8	9	10	11	12	13
	14	15	16	17	18	19	20

INVIERNO

10	20	21	22	23	24	25	26
MES	27	28	29	30	31	1	2
FEB	3	4	5	6	7	8	9
	10	11	12	13	14	15	16
11	17	18	19	20	21	22	23
MES	24	25	26	27	28	1	2
MARZO	3	4	5	6	7	8	9
	10	11	12	13	14	15	16
12	17	18	19	20	21	22	23
MES	24	25	26	27	28	29	30
ABRIL	31	1	2	3	4	5	6
	7	8	9	10	11	12	13
	14	15	16	17	18	19	20

LUNA LLENA **CICLO DEL PRIMER AÑO**

LUNA NUEVA **CICLO DEL PRIMER AÑO**

CALENDARIO PARA .6666666

CALENDARIO DE LA CREACIÓN

CALENDARIO DE ENOC

5976 ——————————1996 - 1997

PRIMAVERA							
DIA	1	2	3	4	5	6	SABADO
1	23	24	25	26	27	28	29
MES	30	1	2	3	4	5	6
MAYO	7	8	9	10	11	12	13
	14	15	16	17	18	19	20
2	21	22	23	24	25	26	27
MES	28	29	30	31	1	2	3
JUNIO	4	5	6	7	8	9	10
	11	12	13	14	15	16	17
3	18	19	20	21	22	23	24
MES	25	26	27	28	29	30	1
JULIO	2	3	4	5	6	7	8
	9	10	11	12	13	14	15
	16	17	18	19	20	21	22

OTOÑO								
	1	2	3	4	5	6	SABADO	
7	22	23	24	25	26	27	28	
MES	29	30	31	1	2	3	4	
NOV	5	6	7	8	9	10	11	
	12	13	14	15	16	17	18	
8	19	20	21	22	23	24	25	
MES	26	27	28	29	30	1	2	
DEC	3	4	5	6	7	8	9	
	10	11	12	13	14	15	16	
9	17	18	19	20	21	22	23	
MES	24	25	26	27	28	29	30	
ENERO	31	1	2	3	4	5	6	**1997**
	7	8	9	10	11	12	13	
	14	15	16	17	18	19	20	

VERANO							
4	23	24	25	26	27	28	29
MES	30	31	1	2	3	4	5
AUG	6	7	8	9	10	11	12
	13	14	15	16	17	18	19
5	20	21	22	23	24	25	26
MES	27	28	29	30	31	1	2
SEPT	3	4	5	6	7	8	9
	10	11	12	13	14	15	16
6	17	18	19	20	21	22	23
MES	24	25	26	27	28	29	30
OCT	1	2	3	4	5	6	7
	8	9	10	11	12	13	14
	15	16	17	18	19	20	21

INVIERNO							
10	21	22	23	24	25	26	27
MES	28	29	30	31	1	2	3
FEB	4	5	6	7	8	9	10
	11	12	13	14	15	16	17
11	18	19	20	21	22	23	24
MES	25	26	27	28	1	2	3
MARZO	4	5	6	7	8	9	10
	11	12	13	14	15	16	17
12	18	19	20	21	22	23	24
MES	25	26	27	28	29	30	31
ABRIL	1	2	3	4	5	6	7
	8	9	10	11	12	13	14
	15	16	17	18	19	20	21

LUNA LLENA CICLO DEL PRIMER AÑO

LUNA NUEVA CICLO DEL PRIMER AÑO

CALENDARIO DE LA CREACIÓN

CALENDARIO DE ENOC

5975————————————1995 – 1996

PRIMAVERA

DIA	1	2	3	4	5	6	SABADO
1	25	26	27	28	29	30	1
MES	2	3	4	5	6	7	8
MAYO	9	10	11	12	13	14	15
	16	17	18	19	20	21	22
2	23	24	25	26	27	28	29
MES	30	31	1	2	3	4	5
JUNIO	6	7	8	9	10	11	12
	13	14	15	16	17	18	19
3	20	21	22	23	24	25	26
MES	27	28	29	30	1	2	3
JULIO	4	5	6	7	8	9	10
	11	12	13	14	15	16	17
	18	19	20	21	22	23	24

OTOÑO

	1	2	3	4	5	6	SABADO
7	24	25	26	27	28	28	29
MES	31	1	2	3	4	5	6
NOV	7	8	9	10	11	12	13
	14	15	16	17	18	19	20
8	21	22	23	24	25	26	27
MES	28	29	30	1	2	3	4
DEC	5	6	7	8	9	10	11
	12	13	14	15	16	17	18
9	19	20	21	22	23	24	25
MES	26	27	28	29	30	31	1
ENERO	2	3	4	5	6	7	8
	9	10	11	12	13	14	15
	16	17	18	19	20	21	22

1996

VERANO

4	25	26	27	28	29	30	31
MES	1	2	3	4	5	6	7
AUG	8	9	10	11	12	13	14
	15	16	17	18	19	20	21
5	22	23	24	25	26	27	28
MES	29	30	31	1	2	3	4
SEPT	5	6	7	8	9	10	11
	12	13	14	15	16	17	18
6	19	20	21	22	23	24	25
MES	26	27	28	29	30	1	2
OCT	3	4	5	6	7	8	9
	10	11	12	13	14	15	16
	17	18	19	20	21	22	23

INVIERNO

10	23	24	25	26	27	28	29
MES	30	31	1	2	3	4	5
FEB	6	7	8	9	10	11	12
	13	14	15	16	17	18	19
11	20	21	22	23	24	25	26
MES	27	28	29	1	2	3	4
MARZO	5	6	7	8	9	10	11
	12	13	14	15	16	17	18
12	19	20	21	22	23	24	25
MES	26	27	28	29	30	31	1
ABRIL	2	3	4	5	6	7	8
	9	10	11	12	13	14	15
	16	17	18	19	20	21	22

LUNA LLENA CICLO DEL PRIMER AÑO

CALENDARIO PARA .3333333

LUNA NUEVA CICLO DEL PRIMER AÑO

CALENDARIO DE LA CREACIÓN

CALENDARIO DE ENOC

5974——————————1994 - 1995

PRIMAVERA

DIA	1	2	3	4	5	6	SABADO
1	26	27	28	29	30	1	2
MES	3	4	5	6	7	8	9
MAYO	10	11	12	13	14	15	16
	17	18	19	20	21	22	23
2	24	25	26	27	28	29	30
MES	31	1	2	3	4	5	6
JUNIO	7	8	9	10	11	12	13
	14	15	16	17	18	19	20
3	21	22	23	24	25	26	27
MES	28	29	30	1	2	3	4
JULIO	5	6	7	8	9	10	11
	12	13	14	15	16	17	18
	19	20	21	22	23	24	25

OTOÑO

	1	2	3	4	5	6	SABADO	
7	25	26	27	28	28	29	30	
MES	1	2	3	4	5	6	7	
NOV	8	9	10	11	12	13	14	
	15	16	17	18	19	20	21	
8	22	23	24	25	26	27	28	
MES	29	30	1	2	3	4	5	
DEC	6	7	8	9	10	11	12	
	13	14	15	16	17	18	19	
9	20	21	22	23	24	25	26	
MES	27	28	29	30	31	1	2	
ENERO	3	4	5	6	7	8	9	**1995**
	10	11	12	13	14	15	16	
	17	18	19	20	21	22	23	

VERANO

4	26	27	28	29	30	31	1
MES	2	3	4	5	6	7	8
AUG	9	10	11	12	13	14	15
	16	17	18	19	20	21	22
5	23	24	25	26	27	28	29
MES	30	31	1	2	3	4	5
SEPT	6	7	8	9	10	11	12
	13	14	15	16	17	18	19
6	20	21	22	23	24	25	26
MES	27	28	29	30	1	2	3
OCT	4	5	6	7	8	9	10
	11	12	13	14	15	16	17
	18	19	20	21	22	23	24

INVIERNO

10	24	25	26	27	28	29	30
MES	31	1	2	3	4	5	6
FEB	7	8	9	10	11	12	13
	14	15	16	17	18	19	20
11	21	22	23	24	25	26	27
MES	28	1	2	3	4	5	6
MARZO	7	8	9	10	11	12	13
	14	15	16	17	18	19	20
12	21	22	23	24	25	26	27
MES	28	29	30	31	1	2	3
ABRIL	4	5	6	7	8	9	10
	11	12	13	14	15	16	17
	18	19	20	21	22	23	24

LUNA LLENA CICLO DEL SEGUNDO AÑO

LUNA NUEVA CICLO DEL SEGUNDO AÑO

CALENDARIO PARA .6666666

CALENDARIO DE LA CREACIÓN

CALENDARIO DE ENOC

5973 ———— 1993 - 1994

PRIMAVERA

DIA	1	2	3	4	5	6	SABADO
1	27	28	29	30	1	2	3
MES	4	5	6	7	8	9	10
MAYO	11	12	13	14	15	16	17
	18	19	20	21	22	23	24
2	25	26	27	28	29	30	31
MES	1	2	3	4	5	6	7
JUNIO	8	9	10	11	12	13	14
	15	16	17	18	19	20	21
3	22	23	24	25	26	27	28
MES	29	30	1	2	3	4	5
JULIO	6	7	8	9	10	11	12
	13	14	15	16	17	18	19
	20	21	22	23	24	25	26

OTOÑO

	1	2	3	4	5	6	SABADO	
7	26	27	28	28	29	30	1	
MES	2	3	4	5	6	7	8	
NOV	9	10	11	12	13	14	15	
	16	17	18	19	20	21	22	
8	23	24	25	26	27	28	29	
MES	30	1	2	3	4	5	6	
DEC	7	8	9	10	11	12	13	
	14	15	16	17	18	19	20	
9	21	22	23	24	25	26	27	
MES	28	29	30	31	1	2	3	
ENERO	4	5	6	7	8	9	10	**1994**
	11	12	13	14	15	16	17	
	18	19	20	21	22	23	24	

VERANO

4	27	28	29	30	31	1	2
MES	3	4	5	6	7	8	9
AUG	10	11	12	13	14	15	16
	17	18	19	20	21	22	23
5	24	25	26	27	28	29	30
MES	31	1	2	3	4	5	6
SEPT	7	8	9	10	11	12	13
	14	15	16	17	18	19	20
6	21	22	23	24	25	26	27
MES	28	29	30	1	2	3	4
OCT	5	6	7	8	9	10	11
	12	13	14	15	16	17	18
	19	20	21	22	23	24	25

INVIERNO

10	25	26	27	28	29	30	31
MES	1	2	3	4	5	6	7
FEB	8	9	10	11	12	13	14
	15	16	17	18	19	20	21
11	22	23	24	25	26	27	28
MES	1	2	3	4	5	6	7
MARZO	8	9	10	11	12	13	14
	15	16	17	18	19	20	21
12	22	23	24	25	26	27	28
MES	29	30	31	1	2	3	4
ABRIL	5	6	7	8	9	10	11
	12	13	14	15	16	17	18
	19	20	21	22	23	24	25

LUNA LLENA CICLO DEL PRIMER AÑO

LUNA NUEVA CICLO DEL PRIMER AÑO

CALENDARIO DE LA CREACIÓN

CALENDARIO DE ENOC

5972——————1992 - 1993

PRIMAVERA

DIA	1	2	3	4	5	6	SABADO
1	28	29	30	1	2	3	4
MES	5	6	7	8	9	10	11
MAYO	12	13	14	15	16	17	18
	19	20	21	22	23	24	25
2	26	27	28	29	30	31	1
MES	2	3	4	5	6	7	8
JUNIO	9	10	11	12	13	14	15
	16	17	18	19	20	21	22
3	23	24	25	26	27	28	29
MES	30	1	2	3	4	5	6
JULIO	7	8	9	10	11	12	13
	14	15	16	17	18	19	20
	21	22	23	24	25	26	27

OTOÑO

	1	2	3	4	5	6	SABADO	
7	27	28	29	30	31	1	2	
MES	3	4	5	6	7	8	9	
NOV	10	11	12	13	14	15	16	
	17	18	19	20	21	22	23	
8	24	25	26	27	28	29	30	
MES	1	2	3	4	5	6	7	
DEC	8	9	10	11	12	13	14	
	15	16	17	18	19	20	21	
9	22	23	24	25	26	27	28	
MES	29	30	31	1	2	3	4	
ENERO	5	6	7	8	9	10	11	**1993**
	12	13	14	15	16	17	18	
	19	20	21	22	23	24	25	

VERANO

4	28	29	30	31	1	2	3
MES	4	5	6	7	8	9	10
AUG	11	12	13	14	15	16	17
	18	19	20	21	22	23	24
5	25	26	27	28	29	30	31
MES	1	2	3	4	5	6	7
SEPT	8	9	10	11	12	13	14
	15	16	17	18	19	20	21
6	22	23	24	25	26	27	28
MES	29	30	1	2	3	4	5
OCT	6	7	8	9	10	11	12
	13	14	15	16	17	18	19
	20	21	22	23	24	25	26

INVIERNO

10	26	27	28	29	30	31	1
MES	2	3	4	5	6	7	8
FEB	9	10	11	12	13	14	15
	16	17	18	19	20	21	22
11	23	24	25	26	27	28	1
MES	2	3	4	5	6	7	8
MARZO	9	10	11	12	13	14	15
	16	17	18	19	20	21	22
12	23	24	25	26	27	28	29
MES	30	31	1	2	3	4	5
ABRIL	6	7	8	9	10	11	12
	13	14	15	16	17	18	19
	20	21	22	23	24	25	26

LUNA LLENA CICLO DEL TRECER AÑO

CALENDARIO PARA .3333333

LUNA NUEVA CICLO DEL TRECER AÑO

CALENDARIO DE LA CREACIÓN

CALENDARIO DE ENOC

5971——————————1991 – 1992

PRIMAVERA

DIA	1	2	3	4	5	6	SABADO
1	30	1	2	3	4	5	6
MES	7	8	9	10	11	12	13
MAYO	14	15	16	17	18	19	20
	21	22	23	24	25	26	27
2	28	29	30	31	1	2	3
MES	4	5	6	7	8	9	10
JUNIO	11	12	13	14	15	16	17
	18	19	20	21	22	23	24
3	25	26	27	28	29	30	1
MES	2	3	4	5	6	7	8
JULIO	9	10	11	12	13	14	15
	16	17	18	19	20	21	22
	23	24	25	26	27	28	29

OTOÑO

	1	2	3	4	5	6	SABADO	
7	29	30	31	1	2	3	4	
MES	5	6	7	8	9	10	11	
NOV	12	13	14	15	16	17	18	
	19	20	21	22	23	24	25	
8	26	27	28	29	30	1	2	
MES	3	4	5	6	7	8	9	
DEC	10	11	12	13	14	15	16	
	17	18	19	20	21	22	23	
9	24	25	26	27	28	29	30	
MES	31	1	2	3	4	5	6	
ENERO	7	8	9	10	11	12	13	1992
	14	15	16	17	18	19	20	
	21	22	23	24	25	26	27	

VERANO

4	30	31	1	2	3	4	5
MES	6	7	8	9	10	11	12
AUG	13	14	15	16	17	18	19
	20	21	22	23	24	25	26
5	27	28	29	30	31	1	2
MES	3	4	5	6	7	8	9
SEPT	10	11	12	13	14	15	16
	17	18	19	20	21	22	23
6	24	25	26	27	28	29	30
MES	1	2	3	4	5	6	7
OCT	8	9	10	11	12	13	14
	15	16	17	18	19	20	21
	22	23	24	25	26	27	28

INVIERNO

10	28	29	30	31	1	2	3
MES	4	5	6	7	8	9	10
FEB	11	12	13	14	15	16	17
	18	19	20	21	22	23	24
11	25	26	27	28	29	1	2
MES	3	4	5	6	7	8	9
MARZO	10	11	12	13	14	15	16
	17	18	19	20	21	22	23
12	24	25	26	27	28	29	30
MES	31	1	2	3	4	5	6
APRIL	7	8	9	10	11	12	13
	14	15	16	17	18	19	20
	21	22	23	24	25	26	27

LUNA LLENA CICLO DEL SEGUNDO AÑO
CALENDARIO .6666666

LUNA NUEVA CICLO DEL SEGUNDO AÑO

CALENDARIO DE LA CREACIÓN

CALENDARIO DE ENOC

5970 —————————— 1990 - 1991

PRIMAVERA

DIA	1	2	3	4	5	6	SABADO
1	1	2	3	4	5	6	7
MES	8	9	10	11	12	13	14
MAYO	15	16	17	18	19	20	21
	22	23	24	25	26	27	28
2	29	30	31	1	2	3	4
MES	5	6	7	8	9	10	11
JUNIO	12	13	14	15	16	17	18
	19	20	21	22	23	24	25
3	26	27	28	29	30	1	2
MES	3	4	5	6	7	8	9
JULIO	10	11	12	13	14	15	16
	17	18	19	20	21	22	23
	24	25	26	27	28	29	30

OTOÑO

	1	2	3	4	5	6	SABADO	
7	30	31	1	2	3	4	5	
MES	6	7	8	9	10	11	12	
NOV	13	14	15	16	17	18	19	
	20	21	22	23	24	25	26	
8	27	28	29	30	1	2	3	
MES	4	5	6	7	8	9	10	
DEC	11	12	13	14	15	16	17	
	18	19	20	21	22	23	24	
9	25	26	27	28	29	30	31	
MES	1	2	3	4	5	6	7	
ENERO	8	9	10	11	12	13	14	**1991**
	15	16	17	18	19	20	21	
	22	23	24	25	26	27	28	

VERANO

4T	31	1	2	3	4	5	6
MES	7	8	9	10	11	12	13
AUG	14	15	16	17	18	19	20
	21	22	23	24	25	26	27
5	28	29	30	31	1	2	3
MES	4	5	6	7	8	9	10
SEPT	11	12	13	14	15	16	17
	18	19	20	21	22	23	24
6	25	26	27	28	29	30	1
MES	2	3	4	5	6	7	8
OCT	9	10	11	12	13	14	15
	16	17	18	19	20	21	22
	23	24	25	26	27	28	29

INVIERNO

10	29	30	31	1	2	3	4
MES	5	6	7	8	9	10	11
FEB	12	13	14	15	16	17	18
	19	20	21	22	23	24	25
11	26	27	28	1	2	3	4
MES	5	6	7	8	9	10	11
MARZO	12	13	14	15	16	17	18
	19	20	21	22	23	24	25
12	26	27	28	29	30	31	1
MES	2	3	4	5	6	7	8
ABRIL	9	10	11	12	13	14	15
	16	17	18	19	20	21	22
	23	24	25	26	27	28	29

LUNA LLENA CICLO DEL PRIMER AÑO

LUNA NUEVA CICLO DEL PRIMER AÑO

CALENDARIO DE LA CREACIÓN

CALENDARIO DE ENOC

5969————————1989 - 1990

PRIMAVERA

DIA	1	2	3	4	5	6	SABADO
1	2	3	4	5	6	7	8
MES	9	10	11	12	13	14	15
MAYO	16	17	18	19	20	21	22
	23	24	25	26	27	28	29
2	30	31	1	2	3	4	5
MES	6	7	8	9	10	11	12
JUNIO	13	14	15	16	17	18	19
	20	21	22	23	24	25	26
3	27	28	29	30	1	2	3
MES	4	5	6	7	8	9	10
JULIO	11	12	13	14	15	16	17
	18	19	20	21	22	23	24
	25	26	27	28	29	30	31

OTOÑO

	1	2	3	4	5	6	SABADO	
7	31	1	2	3	4	5	6	
MES	7	8	9	10	11	12	13	
NOV	14	15	16	17	18	19	20	
	21	22	23	24	25	26	27	
8	28	29	30	1	2	3	4	
MES	5	6	7	8	9	10	11	
DEC	12	13	14	15	16	17	18	
	19	20	21	22	23	24	25	
9	26	27	28	29	30	31	1	
MES	2	3	4	5	6	7	8	
ENERO	9	10	11	12	13	14	15	**1990**
	16	17	18	19	20	21	22	
	23	24	25	26	27	28	29	

VERANO

4	1	2	3	4	5	6	7
MES	8	9	10	11	12	13	14
AUG	15	16	17	18	19	20	21
	22	23	24	25	26	27	28
5	29	30	31	1	2	3	4
MES	5	6	7	8	9	10	11
SEPT	12	13	14	15	16	17	18
	19	20	21	22	23	24	25
6	26	27	28	29	30	1	2
MES	3	4	5	6	7	8	9
OCT	10	11	12	13	14	15	16
	17	18	19	20	21	22	23
	24	25	26	27	28	29	30

INVIERNO

10	30	31	1	2	3	4	5
MES	6	7	8	9	10	11	12
FEB	13	14	15	16	17	18	19
	20	21	22	23	24	25	26
11	27	28	1	2	3	4	5
MES	6	7	8	9	10	11	12
MARZO	13	14	15	16	17	18	19
	20	21	22	23	24	25	26
12	27	28	29	30	31	1	2
MES	3	4	5	6	7	8	9
ABRIL	10	11	12	13	14	15	16
	17	18	19	20	21	22	23
	24	25	26	27	28	29	30

LUNA LLENA CICLO DEL PRIMER AÑO **LUNA NUEVA CICLO DEL PRIMER AÑO**

CALENDARIO PARA .3333333

CALENDARIO DE LA CREACIÓN

CALENDARIO DE ENOC

5968——————————1988 - 1989

PRIMAVERA

DIA	1	2	3	4	5	6	SABADO
1	3	4	5	6	7	8	9
MES	10	11	12	13	14	15	16
MAYO	17	18	19	20	21	22	23
	24	25	26	27	28	29	30
2	31	1	2	3	4	5	6
MES	7	8	9	10	11	12	13
JUNIO	14	15	16	17	18	19	20
	21	22	23	24	25	26	27
3	28	29	30	1	2	3	4
MES	5	6	7	8	9	10	11
JULIO	12	13	14	15	16	17	18
	19	20	21	22	23	24	25
	26	27	28	29	30	31	1

OTOÑO

	1	2	3	4	5	6	SABADO	
7	1	2	3	4	5	6	7	
MES	8	9	10	11	12	13	14	
NOV	15	16	17	18	19	20	21	
	22	23	24	25	26	27	28	
8	29	30	1	2	3	4	5	
MES	6	7	8	9	10	11	12	
DEC	13	14	15	16	17	18	19	
	20	21	22	23	24	25	26	
9	27	28	29	30	31	1	2	**1989**
MES	3	4	5	6	7	8	9	
ENERO	10	11	12	13	14	15	16	
	17	18	19	20	21	22	23	
	24	25	26	27	28	29	30	

VERANO

4	2	3	4	5	6	7	8
MES	9	10	11	12	13	14	15
AUG	16	17	18	19	20	21	22
	23	24	25	26	27	28	29
5	30	31	1	2	3	4	5
MES	6	7	8	9	10	11	12
SEPT	13	14	15	16	17	18	19
	20	21	22	23	24	25	26
6	27	28	29	30	1	2	3
MES	4	5	6	7	8	9	10
OCT	11	12	13	14	15	16	17
	18	19	20	21	22	23	24
	25	26	27	28	29	30	31

INVIERNO

10	31	1	2	3	4	5	6
MES	7	8	9	10	11	12	13
FEB	14	15	16	17	18	19	20
	21	22	23	24	25	26	27
11	28	1	2	3	4	5	6
MES	7	8	9	10	11	12	13
MARZO	14	15	16	17	18	19	20
	21	22	23	24	25	26	27
12	28	29	30	31	1	2	3
MES	4	5	6	7	8	9	10
ABRIL	11	12	13	14	15	16	17
	18	19	20	21	22	23	24
	25	26	27	28	29	30	1

LUNA LLENA CICLO DEL SEGUNDO AÑO
CALENDARIO PARA .6666666

LUNA NUEVA CICLO DEL SEGUNDO AÑO

CALENDARIO DE LA CREACIÓN

CALENDARIO DE ENOC

5967 ——————— 1987 – 1988

PRIMAVERA

DIA	1	2	3	4	5	6	SABADO
1	5	6	7	8	9	10	11
MES	12	13	14	15	16	17	18
MAYO	19	20	21	22	23	24	25
	26	27	28	29	30	31	1
2	2	3	4	5	6	7	8
MES	9	10	11	12	13	14	15
JUNIO	16	17	18	19	20	21	22
	23	24	25	26	27	28	29
3RD	30	1	2	3	4	5	6
MES	7	8	9	10	11	12	13
JULIO	14	15	16	17	18	19	20
	21	22	23	24	25	26	27
	28	29	30	31	1	2	3

OTOÑO

	1	2	3	4	5	6	SABADO
7	3	4	5	6	7	8	9
MES	10	11	12	13	14	15	16
NOV	17	18	19	20	21	22	23
	24	25	26	27	28	29	30
8	1	2	3	4	5	6	7
MES	8	9	10	11	12	13	14
DEC	15	16	17	18	19	20	21
	22	23	24	25	26	27	28
9	29	30	31	1	2	3	4
MES	5	6	7	8	9	10	11
ENERO	12	13	14	15	16	17	18
	19	20	21	22	23	24	25
	26	27	28	29	30	31	1

1988

VERANO

4	4	5	6	7	8	9	10
MES	11	12	13	14	15	16	17
AUG	18	19	20	21	22	23	24
	25	26	27	28	29	30	31
5	1	2	3	4	5	6	7
MES	8	9	10	11	12	13	14
SEPT	15	16	17	18	19	20	21
	22	23	24	25	26	27	28
6	29	30	1	2	3	4	5
MES	6	7	8	9	10	11	12
OCT	13	14	15	16	17	18	19
	20	21	22	23	24	25	26
	27	28	29	30	31	1	2

INVIERNO

10	2	3	4	5	6	7	8
MES	9	10	11	12	13	14	15
FEB	16	17	18	19	20	21	22
	23	24	25	26	27	28	29
11	1	2	3	4	5	6	7
MES	8	9	10	11	12	13	14
MARZO	15	16	17	18	19	20	21
	22	23	24	25	26	27	28
12	29	30	31	1	2	3	4
MES	5	6	7	8	9	10	11
ABRIL	12	13	14	15	16	17	18
	19	20	21	22	23	24	25
	26	27	28	29	30	1	2

LUNA LLENA CICLO DEL PRIMER AÑO

LUNA NUEVA CICLO DEL PRIMER AÑO

CALENDARIO DE LA CREACIÓN

CALENDARIO DE ENOC

5966——————————1986 - 1987

PRIMAVERA

DIA	1	2	3	4	5	6	SABADO
1	6	7	8	9	10	11	12
MES	13	14	15	16	17	18	19
MAYO	20	21	22	23	24	25	26
	27	28	29	30	31	1	2
2	3	4	5	6	7	8	9
MES	10	11	12	13	14	15	16
JUNIO	17	18	19	20	21	22	23
	24	25	26	27	28	29	30
3	1	2	3	4	5	6	7
MES	8	9	10	11	12	13	14
JULIO	15	16	17	18	19	20	21
	22	23	24	25	26	27	28
	29	30	31	1	2	3	4

OTOÑO

	1	2	3	4	5	6	SABADO	
7	4	5	6	7	8	9	10	
MES	11	12	13	14	15	16	17	
NOV	18	19	20	21	22	23	24	
	25	26	27	28	29	30	1	
8	2	3	4	5	6	7	8	
MES	9	10	11	12	13	14	15	
DEC	16	17	18	19	20	21	22	
	23	24	25	26	27	28	29	
9	30	31	1	2	3	4	5	**1987**
MES	6	7	8	9	10	11	12	
ENERO	13	14	15	16	17	18	19	
	20	21	22	23	24	25	26	
	27	28	29	30	31	1	2	

VERANO

4	5	6	7	8	9	10	11
MES	12	13	14	15		17	18
AUG	19	20	21	22	23	24	25
	26	27	28	29	30	31	1
5	2	3	4	5	6	7	8
MES	9	10	11	12	13	14	15
SEPT	16	17	18	19	20	21	22
	23	24	25	26	27	28	29
6	30	1	2	3	4	5	6
MES	7	8	9	10	11	12	13
OCT	14	15	16	17	18	19	20
	21	22	23	24	25	26	27
	28	29	30	31	1	2	3

INVIERNO

10	3	4	5	6	7	8	9
MES	10	11	12	13	14	15	16
FEB	17	18	19	20	21	22	23
	24	25	26	27	28	1	2
11	3	4	5	6	7	8	9
MES	10	11	12	13	14	15	16
MARZO	17	18	19	20	21	22	23
	24	25	26	27	28	29	30
12	31	1	2	3	4	5	6
MES	7	8	9	10	11	12	13
ABRIL	14	15	16	17	18	19	20
	21	22	23	24	25	26	27
	28	29	30	1	2	3	4

LUNA LLENA CICLO DEL TRECER AÑO

LUNA NUEVA CICLO DEL TRECER AÑO

CALENDARIO PARA .3333333

CALENDARIO DE LA CREACIÓN

CALENDARIO DE ENOC

5965——————————1985 – 1986

PRIMAVERA

DIA	1	2	3	4	5	6	SABADO
1	7	8	9	10	11	12	13
MES	14	15	16	17	18	19	20
MAYO	21	22	23	24	25	26	27
	28	29	30	31	1	2	3
2	4	5	6	7	8	9	10
MES	11	12	13	14	15	16	17
JUNIO	18	19	20	21	22	23	24
	25	26	27	28	29	30	1
3	2	3	4	5	6	7	8
MES	9	10	11	12	13	14	15
JULIO	16	17	18	19	20	21	22
	23	24	25	26	27	28	29
	30	31	1	2	3	4	5

OTOÑO

	1	2	3	4	5	6	SABADO	
7	5	6	7	8	9	10	11	
M	12	13	14	15	16	17	18	
NOV	19	20	21	22	23	24	25	
	26	27	28	29	30	1	2	
8	3	4	5	6	7	8	9	
MES	10	11	12	13	14	15	16	
DEC	17	18	19	20	21	22	23	
	24	25	26	27	28	29	30	
9	31	1	2	3	4	5	6	1986
MES	7	8	9	10	11	12	13	
ENERO	14	15	16	17	18	19	20	
	21	22	23	24	25	26	27	
	28	29	30	31	1	2	3	

VERANO

4	6	7	8	9	10	11	12
MES	13	14	15		17	18	19
AUG	20	21	22	23	24	25	26
	27	28	29	30	31	1	2
5	3	4	5	6	7	8	9
MES	10	11	12	13	14	15	16
SEPT	17	18	19	20	21	22	23
	24	25	26	27	28	29	30
6	1	2	3	4	5	6	7
MES	8	9	10	11	12	13	14
OCT	15	16	17	18	19	20	21
	22	23	24	25	26	27	28
	29	30	31	1	2	3	4

INVIERNO

10	4	5	6	7	8	9	10
MES	11	12	13	14	15	16	17
FEB	18	19	20	21	22	23	24
	25	26	27	28	1	2	3
11	4	5	6	7	8	9	10
MES	11	12	13	14	15	16	17
MARZO	18	19	20	21	22	23	24
	25	26	27	28	29	30	31
12	1	2	3	4	5	6	7
MES	8	9	10	11	12	13	14
ABRIL	15	16	17	18	19	20	21
	22	23	24	25	26	27	28
	29	30	1	2	3	4	5

LUNA LLENA CICLO DEL SEGUNDO AÑO

CALENDARIO PARA .6666666

LUNA NUEVA CICLO DEL SEGUNDO AÑO

CALENDARIO DE LA CREACIÓN

CALENDARIO DE ENOC

5964 ——————————1984 – 1985

PRIMAVERA

DIA	1	2	3	4	5	6	SABADO
1	8	9	10	11	12	13	14
MES	15	16	17	18	19	20	21
MAYO	22	23	24	25	26	27	28
	29	30	31	1	2	3	4
2	5	6	7	8	9	10	11
MES	12	13	14	15	16	17	18
JUNIO	19	20	21	22	23	24	25
	26	27	28	29	30	1	2
3	3	4	5	6	7	8	9
MES	10	11	12	13	14	15	16
JULIO	17	18	19	20	21	22	23
	24	25	26	27	28	29	30
	31	1	2	3	4	5	6

OTOÑO

	1	2	3	4	5	6	SABADO	
7	6	7	8	9	10	11	12	
MES	13	14	15	16	17	18	19	
NOV	20	21	22	23	24	25	26	
	27	28	29	30	1	2	3	
8	4	5	6	7	8	9	10	
MES	11	12	13	14	15	16	17	
DEC	18	19	20	21	22	23	24	
	25	26	27	28	29	30	31	
9	1	2	3	4	5	6	7	1985
MES	8	9	10	11	12	13	14	
ENERO	15	16	17	18	19	20	21	
	22	23	24	25	26	27	28	
	29	30	31	1	2	3	4	

VERANO

4	7	8	9	10	11	12	13
MES	14	15		17	18	19	20
AUG	21	22	23	24	25	26	27
	28	29	30	31	1	2	3
5	4	5	6	7	8	9	10
MES	11	12	13	14	15	16	17
SEPT	18	19	20	21	22	23	24
	25	26	27	28	29	30	1
6	2	3	4	5	6	7	8
MES	9	10	11	12	13	14	15
OCT	16	17	18	19	20	21	22
	23	24	25	26	27	28	29
	30	31	1	2	3	4	5

INVIERNO

10	5	6	7	8	9	10	11
MES	12	13	14	15	16	17	18
FEB	19	20	21	22	23	24	25
	26	27	28	1	2	3	4
11	5	6	7	8	9	10	11
MES	12	13	14	15	16	17	18
MARZO	19	20	21	22	23	24	25
	26	27	28	29	30	31	1
12	2	3	4	5	6	7	8
MES	9	10	11	12	13	14	15
ABRIL	16	17	18	19	20	21	22
	23	24	25	26	27	28	29
	30	1	2	3	4	5	6

LUNA LLENA CICLO DEL PRIMER AÑO **LUNA NUEVA** CICLO DEL PRIMER AÑO

CALENDARIO DE LA CREACIÓN

CALENDARIO DE ENOC

5963——————1983 – 1984

PRIMAVERA

DIA	1	2	3	4	5	6	SABADO
1	10	11	12	13	14	15	16
MES	17	18	19	20	21	22	23
MAYO	24	25	26	27	28	29	30
	31	1	2	3	4	5	6
2	7	8	9	10	11	12	13
MES	14	15	16	17	18	19	20
JUNIO	21	22	23	24	25	26	27
	28	29	30	1	2	3	4
3	5	6	7	8	9	10	11
MES	12	13	14	15	16	17	18
JULIO	19	20	21	22	23	24	25
	26	27	28	29	30	31	1
	2	3	4	5	6	7	8

OTOÑO

	1	2	3	4	5	6	SABADO	
7	8	9	10	11	12	13	14	
MES	15	16	17	18	19	20	21	
NOV	22	23	24	25	26	27	28	
	29	30	1	2	3	4	5	
8	6	7	8	9	10	11	12	
MES	13	14	15	16	17	18	19	
DEC	20	21	22	23	24	25	26	
	27	28	29	30	31	1	2	1984
9	3	4	5	6	7	8	9	
MES	10	11	12	13	14	15	16	
ENERO	17	18	19	20	21	22	23	
	24	25	26	27	28	29	30	
	31	1	2	3	4	5	6	

VERANO

4	9	10	11	12	13	14	15
MES	16	17	18	19	20	21	22
AUG	23	24	25	26	27	28	29
	30	31	1	2	3	4	5
5	6	7	8	9	10	11	12
MES	13	14	15	16	17	18	19
SEPT	20	21	22	23	24	25	26
	27	28	29	30	1	2	3
6	4	5	6	7	8	9	10
MES	11	12	13	14	15	16	17
OCT	18	19	20	21	22	23	24
	25	26	27	28	29	30	31
	1	2	3	4	5	6	7

INVIERNO

10	7	8	9	10	11	12	13
MES	14	15	16	17	18	19	20
FEB	21	22	23	24	25	26	27
	28	29	1	2	3	4	5
11	6	7	8	9	10	11	12
MES	13	14	15	16	17	18	19
MARZO	20	21	22	23	24	25	26
	27	28	29	30	31	1	2
12	3	4	5	6	7	8	9
MES	10	11	12	13	14	15	16
ABRIL	17	18	19	20	21	22	23
	24	25	26	27	28	29	30
	1	2	3	4	5	6	7

LUNA LLENA CICLO DEL TRECER AÑO **LUNA NUEVA CICLO DEL TRECER AÑO**

CALENDARIO PARA .3333333

CALENDARIO DE LA CREACIÓN

CALENDARIO DE ENOC

5962——————1982 - 1983

PRIMAVERA

DIA	1	2	3	4	5	6	SABADO
1	11	12	13	14	15	16	17
MES	18	19	20	21	22	23	24
ABRIL	25	26	27	28	29	30	31
	1	2	3	4	5	6	7
2	8	9	10	11	12	13	14
MES	15	16	17	18	19	20	21
MAYO	22	23	24	25	26	27	28
	29	30	1	2	3	4	5
3	6	7	8	9	10	11	12
MES	13	14	15	16	17	18	19
JUNIO	20	21	22	23	24	25	26
	27	28	29	30	31	1	2
	3	4	5	6	7	8	9

OTOÑO

	1	2	3	4	5	6	SABADO	
7	9	10	11	12	13	14	15	
MES	16	17	18	19	20	21	22	
OCT	23	24	25	26	27	28	29	
	30	1	2	3	4	5	6	
8	7	8	9	10	11	12	13	
MES	14	15	16	17	18	19	20	
NOV	21	22	23	24	25	26	27	
	28	29	30	31	1	2	3	1983
9	4	5	6	7	8	9	10	
MES	11	12	13	14	15	16	17	
DEC	18	19	20	21	22	23	24	
	25	26	27	28	29	30	31	
	1	2	3	4	5	6	7	

VERANO

4	10	11	12	13	14	15	16
MES	17	18	19	20	21	22	23
JULIO	24	25	26	27	28	29	30
	31	1	2	3	4	5	6
5	7	8	9	10	11	12	13
MES	14	15	16	17	18	19	20
AUG	21	22	23	24	25	26	27
	28	29	30	1	2	3	4
6	5	6	7	8	9	10	11
MES	12	13	14	15	16	17	18
SEPT	19	20	21	22	23	24	25
	26	27	28	29	30	31	1
	2	3	4	5	6	7	8

INVIERNO

10	8	9	10	11	12	13	14
MES	15	16	17	18	19	20	21
ENERO	22	23	24	25	26	27	28
	1	2	3	4	5	6	7
11	8	9	10	11	12	13	14
MES	15	16	17	18	19	20	21
FEB	22	23	24	25	26	27	28
	29	30	31	1	2	3	4
12	5	6	7	8	9	10	11
MES	12	13	14	15	16	17	18
MARZO	19	20	21	22	23	24	25
	26	27	28	29	30	31	1
	3	4	5	6	7	8	9

LUNA LLENA CICLO DEL SEGUNDO AÑO

LUNA NUEVA CICLO DEL SEGUNDO AÑO

CALENDARIO PARA .6666666

CALENDARIO DE LA CREACIÓN

CALENDARIO DE ENOC

5961 ——————— 1981 – 1982

PRIMAVERA

DIA	1	2	3	4	5	6	SABADO
1	12	13	14	15	16	17	18
MES	19	20	21	22	23	24	25
MAYO	26	27	28	29	30	31	1
	2	3	4	5	6	7	8
2	9	10	11	12	13	14	15
MES	16	17	18	19	20	21	22
JUNIO	23	24	25	26	27	28	29
	30	1	2	3	4	5	6
3	7	8	9	10	11	12	13
MES	14	15	16	17	18	19	20
JULIO	21	22	23	24	25	26	27
	28	29	30	31	1	2	3
	4	5	6	7	8	9	10

OTOÑO

	1	2	3	4	5	6	SABADO	
7	10	11	12	13	14	15	16	
MES	17	18	19	20	21	22	23	
NOV	24	25	26	27	28	29	30	
	1	2	3	4	5	6	7	
8	8	9	10	11	12	13	14	
MES	15	16	17	18	19	20	21	
DEC	22	23	24	25	26	27	28	
	29	30	31	1	2	3	4	1982
9	5	6	7	8	9	10	11	
MES	12	13	14	15	16	17	18	
ENERO	19	20	21	22	23	24	25	
	26	27	28	29	30	31	1	
	2	3	4	5	6	7	8	

VERANO

4	11	12	13	14	15	16	17
MES	18	19	20	21	22	23	24
AUG	25	26	27	28	29	30	31
	1	2	3	4	5	6	7
5	8	9	10	11	12	13	14
MES	15	16	17	18	19	20	21
SEPT	22	23	24	25	26	27	28
	29	30	1	2	3	4	5
6	6	7	8	9	10	11	12
MES	13	14	15	16	17	18	19
OCT	20	21	22	23	24	25	26
	27	28	29	30	31	1	2
	3	4	5	6	7	8	9

INVIERNO

10	9	10	11	12	13	14	15
MES	16	17	18	19	20	21	22
FEB	23	24	25	26	27	28	1
	2	3	4	5	6	7	8
11	9	10	11	12	13	14	15
MES	16	17	18	19	20	21	22
MARZO	23	24	25	26	27	28	29
	30	31	1	2	3	4	5
12	6	7	8	9	10	11	12
MES	13	14	15	16	17	18	19
ABRIL	20	21	22	23	24	25	26
	27	28	29	30	31	1	2
	4	5	6	7	8	9	10

LUNA LLENA CICLO DEL PRIMER AÑO

LUNA NUEVA CICLO DEL PRIMER AÑO

CALENDARIO DE LA CREACIÓN

CALENDARIO DE ENOC

5960——————————1980 – 1981

PRIMAVERA

DIA	1	2	3	4	5	6	SABADO
1	13	14	15	16	17	18	19
MES	20	21	22	23	24	25	26
JUNIO	27	28	29	30	31	1	2
	3	4	5	6	7	8	9
2	10	11	12	13	14	15	16
MES	17	18	19	20	21	22	23
JULIO	24	25	26	27	28	29	30
	1	2	3	4	5	6	7
3	8	9	10	11	12	13	14
MES	15	16	17	18	19	20	21
AUG	22	23	24	25	26	27	28
	29	30	31	1	2	3	4
	5	6	7	8	9	10	11

OTOÑO

	1	2	3	4	5	6	SABADO	
7	11	12	13	14	15	16	17	
MES	18	19	20	21	22	23	24	
DEC	25	26	27	28	29	30	1	
	2	3	4	5	6	7	8	
8	9	10	11	12	13	14	15	
MES	16	17	18	19	20	21	22	
ENERO	23	24	25	26	27	28	29	
	30	31	1	2	3	4	5	1981
9	6	7	8	9	10	11	12	
MES	13	14	15	16	17	18	19	
FEB	20	21	22	23	24	25	26	
	27	28	29	30	31	1	2	
	3	4	5	6	7	8	9	

VERANO

4	12	13	14	15	16	17	18
MES	19	20	21	22	23	24	25
SEPT	26	27	28	29	30	31	1
	2	3	4	5	6	7	8
5	9	10	11	12	13	14	15
MES	16	17	18	19	20	21	22
OCT	23	24	25	26	27	28	29
	30	1	2	3	4	5	6
6	7	8	9	10	11	12	13
MES	14	15	16	17	18	19	20
	21	22	23	24	25	26	27
NOV	28	29	30	31	1	2	3
	4	5	6	7	8	9	10

INVIERNO

10	10	11	12	13	14	15	16
MES	17	18	19	20	21	22	23
MARZO	24	25	26	27	28	1	2
	3	4	5	6	7	8	9
11	10	11	12	13	14	15	16
MES	17	18	19	20	21	22	23
ABRIL	24	25	26	27	28	29	30
	31	1	2	3	4	5	6
12	7	8	9	10	11	12	13
MES	14	15	16	17	18	19	20
	21	22	23	24	25	26	27
MAYO	28	29	30	1	2	3	4
	5	6	7	8	9	10	11

LUNA LLENA CICLO DEL TRECER AÑO

CALENDARIO PARA .3333333

LUNA NUEVA CICLO DEL TRECER AÑO

CALENDARIO DE LA CREACIÓN

CALENDARIO DE ENOC

5959——————————1979 - 1980

PRIMAVERA

DIA	1	2	3	4	5	6	SABADO
1	15	16	17	18	19	20	21
MES	22	23	24	25	26	27	28
JUNIO	29	30	31	1	2	3	4
	5	6	7	8	9	10	11
2	12	13	14	15	16	17	18
MES	19	20	21	22	23	24	25
JULIO	26	27	28	29	30	1	2
	3	4	5	6	7	8	9
3	10	11	12	13	14	15	16
MES	17	18	19	20	21	22	23
AUG	24	25	26	27	28	29	30
	31	1	2	3	4	5	6
	7	8	9	10	11	12	13

OTOÑO

	1	2	3	4	5	6	SABADO	
7	13	14	15	16	17	18	19	
MES	20	21	22	23	24	25	26	
DEC	27	28	29	30	1	2	3	
	4	5	6	7	8	9	10	
8	11	12	13	14	15	16	17	
MES	18	19	20	21	22	23	24	
ENERO	25	26	27	28	29	30	31	
	1	2	3	4	5	6	7	1980
9	8	9	10	11	12	13	14	
Month	15	16	17	18	19	20	21	
FEB	22	23	24	25	26	27	28	
	29	30	31	1	2	3	4	
	5	6	7	8	9	10	11	

VERANO

4	14	15	16	17	18	19	20
M	21	22	23	24	25	26	27
SEPT	28	29	30	31	1	2	3
	4	5	6	7	8	9	10
5	11	12	13	14	15	16	17
MES	18	19	20	21	22	23	24
OCT	25	26	27	28	29	30	1
	2	3	4	5	6	7	8
6	9	10	11	12	13	14	15
MES	16	17	18	19	20	21	22
	23	24	25	26	27	28	29
NOV	30	31	1	2	3	4	5
	6	7	8	9	10	11	12

INVIERNO

10	12	13	14	15	16	17	18
MES	19	20	21	22	23	24	25
MARZO	26	27	28	29	1	2	3
	4	5	6	7	8	9	10
11	11	12	13	14	15	16	17
MES	18	19	20	21	22	23	24
ABRIL	25	26	27	28	29	30	31
	1	2	3	4	5	6	7
12	8	9	10	11	12	13	14
MES	15	16	17	18	19	20	21
	22	23	24	25	26	27	28
MAYO	29	30	1	2	3	4	5
	6	7	8	9	10	11	12

LUNA LLENA CICLO DEL SEGUNDO AÑO

LUNA NUEVA CICLO DEL SEGUNDO AÑO

CALENDARIO PARA .6666666

CALENDARIO DE LA CREACIÓN

CALENDARIO DE ENOC

5958 ———————1978 – 1979

PRIMAVERA

DIA	1	2	3	4	5	6	SABADO
1	16	17	18	19	20	21	22
Month	23	24	25	26	27	28	29
JUNIO	30	31	1	2	3	4	5
	6	7	8	9	10	11	12
2	13	14	15	16	17	18	19
Month	20	21	22	23	24	25	26
JULIO	27	28	29	30	1	2	3
	4	5	6	7	8	9	10
3	11	12	13	14	15	16	17
MES	18	19	20	21	22	23	24
AUG	25	26	27	28	29	30	31
	1	2	3	4	5	6	7
	8	9	10	11	12	13	14

OTOÑO

	1	2	3	4	5	6	SABADO	
7	14	15	16	17	18	19	20	
MES	21	22	23	24	25	26	27	
DEC	28	29	30	1	2	3	4	
	5	6	7	8	9	10	11	
8	12	13	14	15	16	17	18	
MES	19	20	21	22	23	24	25	
ENERO	26	27	28	29	30	31	1	1979
	2	3	4	5	6	7	8	
9	9	10	11	12	13	14	15	
MES	16	17	18	19	20	21	22	
FEB	23	24	25	26	27	28	29	
	30	31	1	2	3	4	5	
	6	7	8	9	10	11	12	

VERANO

4	15	16	17	18	19	20	21
MES	22	23	24	25	26	27	28
SEPT	29	30	31	1	2	3	4
	5	6	7	8	9	10	11
5	12	13	14	15	16	17	18
MES	19	20	21	22	23	24	25
OCT	26	27	28	29	30	1	2
	3	4	5	6	7	8	9
6	10	11	12	13	14	15	16
MES	17	18	19	20	21	22	23
	24	25	26	27	28	29	30
NOV	31	1	2	3	4	5	6
	7	8	9	10	11	12	13

INVIERNO

10	13	14	15	16	17	18	19
MES	20	21	22	23	24	25	26
MARZO	27	28	1	2	3	4	5
	6	7	8	9	10	11	12
11	13	14	15	16	17	18	19
MES	20	21	22	23	24	25	26
ABRIL	27	28	29	30	31	1	2
	3	4	5	6	7	8	9
12	10	11	12	13	14	15	16
MES	17	18	19	20	21	22	23
	24	25	26	27	28	29	30
MAYO	1	2	3	4	5	6	7
	8	9	10	11	12	13	14

LUNA LLENA CICLO DEL PRIMER AÑO

LUNA NUEVA CICLO DEL PRIMER AÑO

CALENDARIO DE LA CREACIÓN

CALENDARIO DE ENOC

5957————1977 - 1978

PRIMAVERA

DIA	1	2	3	4	5	6	SABADO
1	17	18	19	20	21	22	23
MES	24	25	26	27	28	29	30
JUNIO	31	1	2	3	4	5	6
	7	8	9	10	11	12	13
2	14	15	16	17	18	19	20
MES	21	22	23	24	25	26	27
JULIO	28	29	30	1	2	3	4
	5	6	7	8	9	10	11
3	12	13	14	15	16	17	18
MES	19	20	21	22	23	24	25
AUG	26	27	28	29	30	31	1
	2	3	4	5	6	7	8
	9	10	11	12	13	14	15

OTOÑO

	1	2	3	4	5	6	SABADO	
7	15	16	17	18	19	20	21	
MES	22	23	24	25	26	27	28	
DEC	29	30	1	2	3	4	5	
	6	7	8	9	10	11	12	
8	13	14	15	16	17	18	19	
MES	20	21	22	23	24	25	26	
ENERO	27	28	29	30	31	1	2	1978
	3	4	5	6	7	8	9	
9	10	11	12	13	14	15	16	
MES	17	18	19	20	21	22	23	
FEB	24	25	26	27	28	29	30	
	31	1	2	3	4	5	6	
	7	8	9	10	11	12	13	

VERANO

4	16	17	18	19	20	21	22
MES	23	24	25	26	27	28	29
SEPT	30	31	1	2	3	4	5
	6	7	8	9	10	11	12
5	13	14	15	16	17	18	19
MES	20	21	22	23	24	25	26
OCT	27	28	29	30	1	2	3
	4	5	6	7	8	9	10
6	11	12	13	14	15	16	17
MES	18	19	20	21	22	23	24
NOV	25	26	27	28	29	30	31
	1	2	3	4	5	6	7
	8	9	10	11	12	13	14

INVIERNO

10	14	15	16	17	18	19	20
MES	21	22	23	24	25	26	27
MARZO	28	1	2	3	4	5	6
	7	8	9	10	11	12	13
11	14	15	16	17	18	19	20
MES	21	22	23	24	25	26	27
ABRIL	28	29	30	31	1	2	3
	4	5	6	7	8	9	10
12	11	12	13	14	15	16	17
MES	18	19	20	21	22	23	24
MAYO	25	26	27	28	29	30	1
	2	3	4	5	6	7	8
	9	10	11	12	13	14	15

LUNA LLENA CICLO DEL TERCER AÑO

LUNA NUEVA CICLO DEL TERCER AÑO

CALENDARIO PARA .3333333

CALENDARIO DE LA CREACIÓN

CALENDARIO DE ENOC

5956——————————1976 – 1977

PRIMAVERA

DIA	1	2	3	4	5	6	SABADO
1	18	19	20	21	22	23	24
MES	25	26	27	28	29	30	31
JUNIO	1	2	3	4	5	6	7
	8	9	10	11	12	13	14
2	15	16	17	18	19	20	21
MES	22	23	24	25	26	27	28
JULIO	29	30	1	2	3	4	5
	6	7	8	9	10	11	12
3	13	14	15	16	17	18	19
MES	20	21	22	23	24	25	26
AUG	27	28	29	30	31	1	2
	3	4	5	6	7	8	9
	10	11	12	13	14	15	16

OTOÑO

	1	2	3	4	5	6	SABADO	
7	16	17	18	19	20	21	22	
MES	23	24	25	26	27	28	29	
DEC	30	1	2	3	4	5	6	
	7	8	9	10	11	12	13	
8	14	15	16	17	18	19	20	
MES	21	22	23	24	25	26	27	
ENERO	28	29	30	31	1	2	3	1977
	4	5	6	7	8	9	10	
9	11	12	13	14	15	16	17	
MES	18	19	20	21	22	23	24	
FEB	25	26	27	28	29	30	31	
	1	2	3	4	5	6	7	
	8	9	10	11	12	13	14	

VERANO

4	17	18	19	20	21	22	23
MES	24	25	26	27	28	29	30
SEPT	31	1	2	3	4	5	6
	7	8	9	10	11	12	13
5	14	15	16	17	18	19	20
MES	21	22	23	24	25	26	27
OCT	28	29	30	1	2	3	4
	5	6	7	8	9	10	11
6	12	13	14	15	16	17	18
MES	19	20	21	22	23	24	25
NOV	26	27	28	29	30	31	1
	2	3	4	5	6	7	8
	9	10	11	12	13	14	15

INVIERNO

10	15	16	17	18	19	20	21
MES	22	23	24	25	26	27	28
MARZO	1	2	3	4	5	6	7
	8	9	10	11	12	13	14
11	15	16	17	18	19	20	21
MES	22	23	24	25	26	27	28
ABRIL	29	30	31	1	2	3	4
	5	6	7	8	9	10	11
12	12	13	14	15	16	17	18
MES	19	20	21	22	23	24	25
MAYO	26	27	28	29	30	1	2
	3	4	5	6	7	8	9
	10	11	12	13	14	15	16

LUNA LLENA CICLO DEL SEGUNDO AÑO

LUNA NUEVA CICLO DEL SEGUNDO AÑO

CALENDARIO PARA .6666666

CALENDARIO DE LA CREACIÓN

CALENDARIO DE ENOC

5955 ———— 1975 – 1976

PRIMAVERA

DIA	1	2	3	4	5	6	SABADO
1	20	21	22	23	24	25	26
MES	27	28	29	30	31	1	2
JUNIO	3	4	5	6	7	8	9
	10	11	12	13	14	15	16
2	17	18	19	20	21	22	23
MES	24	25	26	27	28	29	30
JULIO	1	2	3	4	5	6	7
	8	9	10	11	12	13	14
3	15	16	17	18	19	20	21
MES	22	23	24	25	26	27	28
AUG	29	30	31	1	2	3	4
	5	6	7	8	9	10	11
	12	13	14	15	16	17	18

OTOÑO

	1	2	3	4	5	6	SABADO	
7	18	19	20	21	22	23	24	
MES	25	26	27	28	29	30	1	
DEC	2	3	4	5	6	7	8	
	9	10	11	12	13	14	15	
8	16	17	18	19	20	21	22	
MES	23	24	25	26	27	28	29	
ENERO	30	31	1	2	3	4	5	1976
	6	7	8	9	10	11	12	
9	13	14	15	16	17	18	19	
MES	20	21	22	23	24	25	26	
FEB	27	28	29	30	31	1	2	
	3	4	5	6	7	8	9	
	10	11	12	13	14	15	16	

VERANO

4	19	20	21	22	23	24	25
MES	26	27	28	29	30	31	1
SEPT	2	3	4	5	6	7	8
	9	10	11	12	13	14	15
5	16	17	18	19	20	21	22
MES	23	24	25	26	27	28	29
OCT	30	1	2	3	4	5	6
	7	8	9	10	11	12	13
6	14	15	16	17	18	19	20
MES	21	22	23	24	25	26	27
NOV	28	29	30	31	1	2	3
	4	5	6	7	8	9	10
	11	12	13	14	15	16	17

INVIERNO

10	17	18	19	20	21	22	23
MES	24	25	26	27	28	29	1
MARZO	2	3	4	5	6	7	8
	9	10	11	12	13	14	15
11	16	17	18	19	20	21	22
MES	23	24	25	26	27	28	29
ABRIL	30	31	1	2	3	4	5
	6	7	8	9	10	11	12
12	13	14	15	16	17	18	19
MES	20	21	22	23	24	25	26
MAYO	27	28	29	30	1	2	3
	4	5	6	7	8	9	10
	11	12	13	14	15	16	17

LUNA LLENA CICLO DEL PRIMER AÑO

LUNA NUEVA CICLO DEL PRIMER AÑO

CALENDARIO DE LA CREACIÓN

CALENDARIO DE ENOC

5954——————1974 – 1975

PRIMAVERA

DIA	1	2	3	4	5	6	SABADO
1	21	22	23	24	25	26	27
MES	28	29	30	31	1	2	3
JUNE	4	5	6	7	8	9	10
	11	12	13	14	15	16	17
2	18	19	20	21	22	23	24
MES	25	26	27	28	29	30	1
JULY	2	3	4	5	6	7	8
	9	10	11	12	13	14	15
3	16	17	18	19	20	21	22
MES	23	24	25	26	27	28	29
AUG	30	31	1	2	3	4	5
	6	7	8	9	10	11	12
	13	14	15	16	17	18	19

OTOÑO

	1	2	3	4	5	6	SABBAT	
7	19	20	21	22	23	24	25	
MES	26	27	28	29	30	1	2	
DEC	3	4	5	6	7	8	9	
	10	11	12	13	14	15	16	
8	17	18	19	20	21	22	23	
MES	24	25	26	27	28	29	30	
ENERO	31	1	2	3	4	5	6	1975
	7	8	9	10	11	12	13	
9	14	15	16	17	18	19	20	
MES	21	22	23	24	25	26	27	
FEB	28	29	30	31	1	2	3	
	4	5	6	7	8	9	10	
	11	12	13	14	15	16	17	

VERANO

4	20	21	22	23	24	25	26
MES	27	28	29	30	31	1	2
SEPT	3	4	5	6	7	8	9
	10	11	12	13	14	15	16
5	17	18	19	20	21	22	23
MES	24	25	26	27	28	29	30
OCT	1	2	3	4	5	6	7
	8	9	10	11	12	13	14
6	15	16	17	18	19	20	21
MES	22	23	24	25	26	27	28
NOV	29	30	31	1	2	3	4
	5	6	7	8	9	10	11
	12	13	14	15	16	17	18

INVIERNO

10	18	19	20	21	22	23	24
MES	25	26	27	28	1	2	3
MARZO	4	5	6	7	8	9	10
	11	12	13	14	15	16	17
11	18	19	20	21	22	23	24
MES	25	26	27	28	29	30	31
ABRIL	1	2	3	4	5	6	7
	8	9	10	11	12	13	14
12	15	16	17	18	19	20	21
MES	22	23	24	25	26	27	28
MAYO	29	30	1	2	3	4	5
	6	7	8	9	10	11	12
	13	14	15	16	17	18	19

LUNA LLENA CICLO DEL TRECERO AÑO

LUNA NUEVA CICLO DEL TRECERO AÑO

CALENDARIO PARA .3333333

CALENDARIO DE LA CREACIÓN

CALENDARIO DE ENOC

5953——————————1973 – 1974

PRIMAVERA

DIA	1	2	3	4	5	6	SABADO
1	22	23	24	25	26	27	28
MES	29	30	31	1	2	3	4
JUNIO	5	6	7	8	9	10	11
	12	13	14	15	16	17	18
2	19	20	21	22	23	24	25
MES	26	27	28	29	30	1	2
JULIO	3	4	5	6	7	8	9
	10	11	12	13	14	15	16
3	17	18	19	20	21	22	23
MES	24	25	26	27	28	29	30
AUG	31	1	2	3	4	5	6
	7	8	9	10	11	12	13
	14	15	16	17	18	19	20

OTOÑO

	1	2	3	4	5	6	SABADO	
7	20	21	22	23	24	25	26	
MES	27	28	29	30	1	2	3	
DEC	4	5	6	7	8	9	10	
	11	12	13	14	15	16	17	
8	18	19	20	21	22	23	24	
MES	25	26	27	28	29	30	31	
ENERO	1	2	3	4	5	6	7	1974
	8	9	10	11	12	13	14	
9	15	16	17	18	19	20	21	
MES	22	23	24	25	26	27	28	
FEB	29	30	31	1	2	3	4	
	5	6	7	8	9	10	11	
	12	13	14	15	16	17	18	

VERANO

4	21	22	23	24	25	26	27
MES	28	29	30	31	1	2	3
SEPT	4	5	6	7	8	9	10
	11	12	13	14	15	16	17
5	18	19	20	21	22	23	24
MES	25	26	27	28	29	30	1
OCT	2	3	4	5	6	7	8
	9	10	11	12	13	14	15
6	16	17	18	19	20	21	22
MES	23	24	25	26	27	28	29
NOV	30	31	1	2	3	4	5
	6	7	8	9	10	11	12
	13	14	15	16	17	18	19

INVIERNO

10	19	20	21	22	23	24	25
MES	26	27	28	1	2	3	4
MARZO	5	6	7	8	9	10	11
	12	13	14	15	16	17	18
11	19	20	21	22	23	24	25
MES	26	27	28	29	30	31	1
ABRIL	2	3	4	5	6	7	8
	9	10	11	12	13	14	15
12	16	17	18	19	20	21	22
MES	23	24	25	26	27	28	29
MAYO	30	1	2	3	4	5	6
	7	8	9	10	11	12	13
	14	15	16	17	18	19	20

LUNA LLENA CICLO DEL SEGUNDO AÑO

LUNA NUEVA CICLO DEL SEGUNDO AÑO

CALENDARIO PARA .6666666

CALENDARIO DE LA CREACIÓN

CALENDARIO DE ENOC

5952 ——————1972 - 1973

PRIMAVERA

DIA	1	2	3	4	5	6	SABADO
1	23	24	25	26	27	28	29
MES	30	31	1	2	3	4	5
JUNIO	6	7	8	9	10	11	12
	13	14	15	16	17	18	19
2	20	21	22	23	24	25	26
MES	27	28	29	30	1	2	3
JULIO	4	5	6	7	8	9	10
	11	12	13	14	15	16	17
3	18	19	20	21	22	23	24
MES	25	26	27	28	29	30	31
AUG	1	2	3	4	5	6	7
	8	9	10	11	12	13	14
	15	16	17	18	19	20	21

OTOÑO

	1	2	3	4	5	6	SABADO	
7	21	22	23	24	25	26	27	
MES	28	29	30	1	2	3	4	
DEC	5	6	7	8	9	10	11	
	12	13	14	15	16	17	18	
8	19	20	21	22	23	24	25	
MES	26	27	28	29	30	31	1	1973
ENERO	2	3	4	5	6	7	8	
	9	10	11	12	13	14	15	
9	16	17	18	19	20	21	22	
MES	23	24	25	26	27	28	29	
FEB	30	31	1	2	3	4	5	
	6	7	8	9	10	11	12	
	13	14	15	16	17	18	19	

VERANO

4	22	23	24	25	26	27	28
MES	29	30	31	1	2	3	4
SEPT	5	6	7	8	9	10	11
	12	13	14	15	16	17	18
5	19	20	21	22	23	24	25
MES	26	27	28	29	30	1	2
OCT	3	4	5	6	7	8	9
	10	11	12	13	14	15	16
6	17	18	19	20	21	22	23
MES	24	25	26	27	28	29	30
NOV	31	1	2	3	4	5	6
	7	8	9	10	11	12	13
	14	15	16	17	18	19	20

INVIERNO

10	20	21	22	23	24	25	26
MES	27	28	1	2	3	4	5
MARZO	6	7	8	9	10	11	12
	13	14	15	16	17	18	19
11	20	21	22	23	24	25	26
MES	27	28	29	30	31	1	2
ABRIL	3	4	5	6	7	8	9
	10	11	12	13	14	15	16
12	17	18	19	20	21	22	23
MES	24	25	26	27	28	29	30
MAYO	1	2	3	4	5	6	7
	8	9	10	11	12	13	14
	15	16	17	18	19	20	21

LUNA LLENA CICLO DEL PRIMER AÑO

LUNA NUEVA CICLO DEL PRIMER AÑO

CALENDARIO DE LA CREACIÓN

CALENDARIO DE ENOC

5951————————1971 – 1972

PRIMAVERA

DIA	1	2	3	4	5	6	SABADO
1	25	26	27	28	29	30	31
MES	1	2	3	4	5	6	7
JUNIO	8	9	10	11	12	13	14
	15	16	17	18	19	20	21
2	22	23	24	25	26	27	28
MES	29	30	1	2	3	4	5
JULIO	6	7	8	9	10	11	12
	13	14	15	16	17	18	19
3	20	21	22	23	24	25	26
MES	27	28	29	30	31	1	2
AUG	3	4	5	6	7	8	9
	10	11	12	13	14	15	16
	17	18	19	20	21	22	23

OTOÑO

	1	2	3	4	5	6	SABADO	
7	23	24	25	26	27	28	29	
MES	30	1	2	3	4	5	6	
DEC	7	8	9	10	11	12	13	
	14	15	16	17	18	19	20	
8	21	22	23	24	25	26	27	
MES	28	29	30	31	1	2	3	1972
ENERO	4	5	6	7	8	9	10	
	11	12	13	14	15	16	17	
9	18	19	20	21	22	23	24	
MES	25	26	27	28	29	30	31	
FEB	1	2	3	4	5	6	7	
	8	9	10	11	12	13	14	
	15	16	17	18	19	20	21	

VERANO

4	24	25	26	27	28	29	30
MES	31	1	2	3	4	5	6
SEPT	7	8	9	10	11	12	13
	14	15	16	17	18	19	20
5	21	22	23	24	25	26	27
MES	28	29	30	1	2	3	4
OCT	5	6	7	8	9	10	11
	12	13	14	15	16	17	18
6	19	20	21	22	23	24	25
MES	26	27	28	29	30	31	1
NOV	2	3	4	5	6	7	8
	9	10	11	12	13	14	15
	16	17	18	19	20	21	22

INVIERNO

10	22	23	24	25	26	27	28
MES	29	1	2	3	4	5	6
MARZO	7	8	9	10	11	12	13
	14	15	16	17	18	19	20
11	21	22	23	24	25	26	27
MES	28	29	30	31	1	2	3
ABRIL	4	5	6	7	8	9	10
	11	12	13	14	15	16	17
12	18	19	20	21	22	23	24
MES	25	26	27	28	29	30	1
MAYO	2	3	4	5	6	7	8
	9	10	11	12	13	14	15
	16	17	18	19	20	21	22

LUNA LLENA CICLO DEL TRECERO AÑO **LUNA NUEVA** CICLO DEL TRECERO AÑO

CALENDARIO PARA .3333333

CALENDARIO DE LA CREACIÓN

CALENDARIO DE ENOC

5950——1970 - 1971

PRIMAVERA

DIA	1	2	3	4	5	6	SABADO
1	26	27	28	29	30	31	1
MES	2	3	4	5	6	7	8
JUNIO	9	10	11	12	13	14	15
	16	17	18	19	20	21	22
2	23	24	25	26	27	28	29
MES	30	1	2	3	4	5	6
JULIO	7	8	9	10	11	12	13
	14	15	16	17	18	19	20
3	21	22	23	24	25	26	27
MES	28	29	30	31	1	2	3
AUG	4	5	6	7	8	9	10
	11	12	13	14	15	16	17
	18	19	20	21	22	23	24

OTOÑO

	1	2	3	4	5	6	SABADO	
7	24	25	26	27	28	29	30	
MES	1	2	3	4	5	6	7	
DEC	8	9	10	11	12	13	14	
	15	16	17	18	19	20	21	
8	22	23	24	25	26	27	28	
MES	29	30	31	1	2	3	4	1971
ENERO	5	6	7	8	9	10	11	
	12	13	14	15	16	17	18	
9TH	19	20	21	22	23	24	25	
MES	26	27	28	29	30	31	1	
FEB	2	3	4	5	6	7	8	
	9	10	11	12	13	14	15	
	16	17	18	19	20	21	22	

VERANO

4	25	26	27	28	29	30	31
MES	1	2	3	4	5	6	7
SEPT	8	9	10	11	12	13	14
	15	16	17	18	19	20	21
5	22	23	24	25	26	27	28
MES	29	30	1	2	3	4	5
OCT	6	7	8	9	10	11	12
	13	14	15	16	17	18	19
6	20	21	22	23	24	25	26
MES	27	28	29	30	31	1	2
NOV	3	4	5	6	7	8	9
	10	11	12	13	14	15	16
	17	18	19	20	21	22	23

INVIERNO

10	23	24	25	26	27	28	1
MES	2	3	4	5	6	7	8
MARZO	9	10	11	12	13	14	15
	16	17	18	19	20	21	22
11	23	24	25	26	27	28	29
MES	30	31	1	2	3	4	5
ABRIL	6	**7**	**8**	9	10	11	12
	13	**14**	**15**	16	17	18	19
12	20	**21**	**22**	23	24	25	26
MES	27	**28**	**29**	30	1	2	3
MAYO	4	5	6	7	8	9	10
	11	12	13	14	15	16	17
	18	19	20	21	22	23	24

LUNA LLENA CICLO DEL SEGUNDO AÑO

LUNA NUEVA CICLO DEL SEGUNDO AÑO

CALENDARIO PARA .6666666

CALENDARIO DE LA CREACIÓN

CALENDARIO DE ENOC

5949 ——————1969 - 1970

PRIMAVERA

DIA	1	2	3	4	5	6	SABADO
1	27	28	29	30	31	1	2
MES	3	4	5	6	7	8	9
JUNIO	10	11	12	13	14	15	16
	17	18	19	20	21	22	23
2	24	25	26	27	28	29	30
MES	1	2	3	4	5	6	7
JULIO	8	9	10	11	12	13	14
	15	16	17	18	19	20	21
3	22	23	24	25	26	27	28
MES	29	30	31	1	2	3	4
AUG	5	6	7	8	9	10	11
	12	13	14	15	16	17	18
	19	20	21	22	23	24	25

OTOÑO

	1	2	3	4	5	6	SABADO	
7	25	26	27	28	29	30	1	
MES	2	3	4	5	6	7	8	
DEC	9	10	11	12	13	14	15	
	16	17	18	19	20	21	22	
8	23	24	25	26	27	28	29	
MES	30	31	1	2	3	4	5	**1970**
ENERO	6	7	8	9	10	11	12	
	13	14	15	16	17	18	19	
9	20	21	22	23	24	25	26	
MES	27	28	29	30	31	1	2	
FEB	3	4	5	6	7	8	9	
	10	11	12	13	14	15	16	
	17	18	19	20	21	22	23	

VERANO

4	26	27	28	29	30	31	1
MES	2	3	4	5	6	7	8
SEPT	9	10	11	12	13	14	15
	16	17	18	19	20	21	22
5	23	24	25	26	27	28	29
MES	30	1	2	3	4	5	6
OCT	7	8	9	10	11	12	13
	14	15	16	17	18	19	20
6	21	22	23	24	25	26	27
MES	28	29	30	31	1	2	3
NOV	4	5	6	7	8	9	10
	11	12	13	14	15	16	17
	18	19	20	21	22	23	24

INVIERNO

10	24	25	26	27	28	1	2
MES	3	4	5	6	7	8	9
MARZO	10	11	12	13	14	15	16
	17	18	19	20	21	22	23
11	24	25	26	27	28	29	
MES	31	1	2	3	4	5	6
ABRIL	**7**	**8**	9	10	11	12	13
	14	**15**	16	17	18	19	20
12	**21**	**22**	23	24	25	26	27
MES	**28**	**29**	30	1	2	3	4
MAYO	5	6	7	8	9	10	11
	12	13	14	15	16	17	18
	19	20	21	22	23	24	25

LUNA LLENA CICLO DEL PRIMER AÑO

LUNA NUEVA CICLO DEL PRIMER AÑO

CALENDARIO DE LA CREACIÓN

CALENDARIO DE ENOC

5948————1968 – 1969

PRIMAVERA

DIA	1	2	3	4	5	6	SABADO
1	28	29	30	31	1	2	3
MES	4	5	6	7	8	9	10
JUNIO	11	12	13	14	15	16	17
	18	19	20	21	22	23	24
2	25	26	27	28	29	30	1
MES	2	3	4	5	6	7	8
JULIO	9	10	11	12	13	14	15
	16	17	18	19	20	21	22
3	23	24	25	26	27	28	29
MES	30	31	1	2	3	4	5
AUG	6	7	8	9	10	11	12
	13	14	15	16	17	18	19
	20	21	22	23	24	25	26

OTOÑO

	1	2	3	4	5	6	SABADO	
7	26	27	28	29	30	1	2	
MES	3	4	5	6	7	8	9	
DEC	10	11	12	13	14	15	16	
	17	18	19	20	21	22	23	
8	24	25	26	27	28	29	30	
MES	31	1	2	3	4	5	6	1969
ENERO	7	8	9	10	11	12	13	
	14	15	16	17	18	19	20	
9	21	22	23	24	25	26	27	
MES	28	29	30	31	1	2	3	
FEB	4	5	6	7	8	9	10	
	11	12	13	14	15	16	17	
	18	19	20	21	22	23	24	

VERANO

4	27	28	29	30	31	1	2
MES	3	4	5	6	7	8	9
SEPT	10	11	12	13	14	15	16
	17	18	19	20	21	22	23
5	24	25	26	27	28	29	30
MES	1	2	3	4	5	6	7
OCT	8	9	10	11	12	13	14
	15	16	17	18	19	20	21
6	22	23	24	25	26	27	28
MES	29	30	31	1	2	3	4
NOV	5	6	7	8	9	10	11
	12	13	14	15	16	17	18
	19	20	21	22	23	24	25

INVIERNO

10	25	26	27	28	1	2	3
MES	4	5	6	7	8	9	10
MARZO	11	12	13	14	15	16	17
	18	19	20	21	22	23	24
11	25	26	27	28	29	30	31
MES	1	2	3	4	5	6	7
ABRIL	**8**	9	10	11	12	13	14
	15	16	17	18	19	20	21
12TH	**22**	23	24	25	26	27	28
MES	**29**	30	1	2	3	4	5
MAYO	6	7	8	9	10	11	12
	13	14	15	16	17	18	19
	20	21	22	23	24	25	26

LUNA LLENA CICLO DEL TRECERO AÑO

LUNA NUEVA CICLO DEL TRECERO AÑO

CALENDARIO PARA .3333333

CALENDARIO DE LA CREACIÓN

CALENDARIO DE ENOC

5947———1967 - 1968

PRIMAVERA

DIA	1	2	3	4	5	6	SABADO
1	30	31	1	2	3	4	5
MES	6	7	8	9	10	11	12
JUNIO	13	14	15	16	17	18	19
	20	21	22	23	24	25	26
2	27	28	29	30	1	2	3
MES	4	5	6	7	8	9	10
JULIO	11	12	13	14	15	16	17
	18	19	20	21	22	23	24
3	25	26	27	28	29	30	31
MES	1	2	3	4	5	6	7
AUG	8	9	10	11	12	13	14
	15	16	17	18	19	20	21
	22	23	24	25	26	27	28

OTOÑO

	1	2	3	4	5	6	SABADO	
7	28	29	30	1	2	3	4	
MES	5	6	7	8	9	10	11	
DEC	12	13	14	15	16	17	18	
	19	20	21	22	23	24	25	
8	26	27	28	29	30	31	1	1968
MES	2	3	4	5	6	7	8	
ENERO	9	10	11	12	13	14	15	
	16	17	18	19	20	21	22	
9	23	24	25	26	27	28	29	
MES	30	31	1	2	3	4	5	
FEB	6	7	8	9	10	11	12	
	13	14	15	16	17	18	19	
	20	21	22	23	24	25	26	

VERANO

4	29	30	31	1	2	3	4
MES	5	6	7	8	9	10	11
SEPT	12	13	14	15	16	17	18
	19	20	21	22	23	24	25
5	26	27	28	29	30	1	2
MES	3	4	5	6	7	8	9
OCT	10	11	12	13	14	15	16
	17	18	19	20	21	22	23
6	24	25	26	27	28	29	30
MES	31	1	2	3	4	5	6
NOV	7	8	9	10	11	12	13
	14	15	16	17	18	19	20
	21	22	23	24	25	26	27

INVIERNO

10	27	28	29	1	2	3	4
MES	5	6	7	8	9	10	11
MARZO	12	13	14	15	16	17	18
	19	20	21	22	23	24	25
11	26	27	28	29	30	31	1
MES	2	3	4	5	6	7	8
ABRIL	9	10	11	12	13	14	15
	16	17	18	19	20	21	22
12	23	24	25	26	27	28	29
MES	30	1	2	3	4	5	6
MAYO	7	8	9	10	11	12	13
	14	15	16	17	18	19	20
	21	22	23	24	25	26	27

LUNA LLENA CICLO DEL SEGUNDO AÑO

LUNA NUEVA CICLO DEL SEGUNDO AÑO

CALENDARIO PARA 6666666

CALENDARIO DE LA CREACIÓN

CALENDARIO DE ENOC

5946 ———————1966 – 1967

PRIMAVERA

DIA	1	2	3	4	5	6	SABADO
1	31	1	2	3	4	5	6
MES	7	8	9	10	11	12	13
JUNIO	14	15	16	17	18	19	20
	21	22	23	24	25	26	27
2	28	29	30	1	2	3	4
MES	5	6	7	8	9	10	11
JULIO	12	13	14	15	16	17	18
	19	20	21	22	23	24	25
3	26	27	28	29	30	31	1
MES	2	3	4	5	6	7	8
AUG	9	10	11	12	13	14	15
	16	17	18	19	20	21	22
	23	24	25	26	27	28	29

OTOÑO

	1	2	3	4	5	6	SABADO	
7	29	30	1	2	3	4	5	
MES	6	7	8	9	10	11	12	
DEC	13	14	15	16	17	18	19	
	20	21	22	23	24	25	26	
8	27	28	29	30	31	1	2	1967
MES	3	4	5	6	7	8	9	
ENERO	10	11	12	13	14	15	16	
	17	18	19	20	21	22	23	
9	24	25	26	27	28	29	30	
MES	31	1	2	3	4	5	6	
FEB	7	8	9	10	11	12	13	
	14	15	16	17	18	19	20	
	21	22	23	24	25	26	27	

VERANO

4	30	31	1	2	3	4	5
MES	6	7	8	9	10	11	12
SEPT	13	14	15	16	17	18	19
	20	21	22	23	24	25	26
5	27	28	29	30	1	2	3
MES	4	5	6	7	8	9	10
OCT	11	12	13	14	15	16	17
	18	19	20	21	22	23	24
6	25	26	27	28	29	30	31
MES	1	2	3	4	5	6	7
NOV	8	9	10	11	12	13	14
	15	16	17	18	19	20	21
	22	23	24	25	26	27	28

INVIERNO

10	28	1	2	3	4	5	6
MES	7	8	9	10	11	12	13
MARZO	14	15	16	17	18	19	20
	21	22	23	24	25	26	27
11	28	29	30	31	1	3	4
MES	4	5	6	7	8	9	10
ABRIL	11	12	13	14	15	16	17
	18	19	20	21	22	23	24
12	25	26	27	28	29	30	1
MES	2	3	4	5	6	7	8
MAYO	9	10	11	12	13	14	15
	16	17	18	19	20	21	22
	23	24	25	26	27	28	29

LUNA LLENA CICLO DEL PRIMER AÑO

LUNA NUEVA CICLO DEL PRIMER AÑO

CALENDARIO DE LA CREACIÓN

CALENDARIO DE ENOC

5945————1965 – 1966

PRIMAVERA

DIO	1	2	3	4	5	6	SABADO
1	1	2	3	4	5	6	7
MES	8	9	10	11	12	13	14
JUNIO	15	16	17	18	19	20	21
	22	23	24	25	26	27	28
2	29	30	1	2	3	4	5
MES	6	7	8	9	10	11	12
JULIO	13	14	15	16	17	18	19
	20	21	22	23	24	25	26
3	27	28	29	30	31	1	2
MES	3	4	5	6	7	8	9
AUG	10	11	12	13	14	15	16
	17	18	19	20	21	22	23
	24	25	26	27	28	29	30

OTOÑO

	1	2	3	4	5	6	SABADO	
7	30	1	2	3	4	5	6	
MES	7	8	9	10	11	12	13	
DEC	14	15	16	17	18	19	20	
	21	22	23	24	25	26	27	1966
8	28	29	30	31	1	2	3	
MES	4	5	6	7	8	9	10	
ENERO	11	12	13	14	15	16	17	
	18	19	20	21	22	23	24	
9	25	26	27	28	29	30	31	
MES	1	2	3	4	5	6	7	
FEB	8	9	10	11	12	13	14	
	15	16	17	18	19	20	21	
	22	23	24	25	26	27	28	

VERANO

4	31	1	2	3	4	5	6
MES	7	8	9	10	11	12	13
SEPT	14	15	16	17	18	19	20
	21	22	23	24	25	26	27
5	28	29	30	1	2	3	4
MES	5	6	7	8	9	10	11
OCT	12	13	14	15	16	17	18
	19	20	21	22	23	24	25
6	26	27	28	29	30	31	1
MES	2	3	4	5	6	7	8
NOV	9	10	11	12	13	14	15
	16	17	18	19	20	21	22
	23	24	25	26	27	28	29

INVIERNO

10	1	2	3	4	5	6	7
MES	8	9	10	11	12	13	14
MARZO	15	16	17	18	19	20	21
	22	23	24	25	26	27	28
11	29	30	31	1	2	3	4
MES	5	6	7	8	9	10	11
APRIL	12	13	14	15	16	17	18
	19	20	21	22	23	24	25
12	26	27	28	29	30	1	2
MES	3	4	5	6	7	8	9
MAYO	10	11	12	13	14	15	16
	17	18	19	20	21	22	23
	24	25	26	27	28	29	30

LUNA LLENA CICLO DEL TRECERO AÑO

LUNA NUEVA CICLO DEL TRECERO AÑO

CALENDARIO PARA .3333333

CALENDARIO DE LA CREACIÓN

CALENDARIO DE ENOC

5944———1964 - 1965

PRIMAVERA

DIA	1	2	3	4	5	6	SABADO
1	2	3	4	5	6	7	8
MES	9	10	11	12	13	14	15
JUNIO	16	17	18	19	20	21	22
	23	24	25	26	27	28	29
2	30	1	2	3	4	5	6
MES	7	8	9	10	11	12	13
JULIO	14	15	16	17	18	19	20
	21	22	23	24	25	26	27
3	28	29	30	31	1	2	3
MES	4	5	6	7	8	9	10
AUG	11	12	13	14	15	16	17
	18	19	20	21	22	23	24
	25	26	27	28	29	30	31

OTOÑO

	1	2	3	4	5	6	SABADO	
7	1	2	3	4	5	6	7	
MES	8	9	10	11	12	13	14	
DEC	15	16	17	18	19	20	21	
	22	23	24	25	26	27	28	
8	29	30	31	1	2	3	4	1965
MES	5	6	7	8	9	10	11	
ENERO	12	13	14	15	16	17	18	
	19	20	21	22	23	24	25	
9	26	27	28	29	30	31	1	
MES	2	3	4	5	6	7	8	
FEB	9	10	11	12	13	14	15	
	16	17	18	19	20	21	22	
	23	24	25	26	27	28	29	

VERANO

4	1	2	3	4	5	6	7
MES	8	9	10	11	12	13	14
SEPT	15	16	17	18	19	20	21
	22	23	24	25	26	27	28
5	29	30	1	2	3	4	5
MES	6	7	8	9	10	11	12
OCT	13	14	15	16	17	18	19
	20	21	22	23	24	25	26
6	27	28	29	30	31	1	2
MES	3	4	5	6	7	8	9
NOV	10	11	12	13	14	15	16
	17	18	19	20	21	22	23
	24	25	26	27	28	29	30

INVIERNO

10	2	3	4	5	6	7	8
MES	9	10	11	12	13	14	15
MARZO	16	17	18	19	20	21	22
	23	24	25	26	27	28	29
11	30	31	1	2	3	4	5
MES	6	7	8	9	10	11	12
ABRIL	13	14	15	16	17	18	19
	20	21	22	23	24	25	26
12	27	28	29	30	1	2	3
MES	4	5	6	7	8	9	10
MAYO	11	12	13	14	15	16	17
	18	19	20	21	22	23	24
	25	26	27	28	29	30	31

LUNA LLENA CICLO DEL SEGUNDO AÑO

LUNA NUEVA CICLO DEL SEGUNDO AÑO

CALENDARIO DE LA CREACIÓN

CALENDARIO DE ENOC

5943 ——————— 1963 – 1964

PRIMAVERA

DIA	1	2	3	4	5	6	SABADO
1	4	5	6	7	8	9	10
MES	11	12	13	14	15	16	17
JUNIO	18	19	20	21	22	23	24
	25	26	27	28	29	30	1
2	2	3	4	5	6	7	8
MES	9	10	11	12	13	14	15
JULIO	16	17	18	19	20	21	22
	23	24	25	26	27	28	29
3	30	31	1	2	3	4	5
MES	6	7	8	9	10	11	12
AUG	13	14	15	16	17	18	19
	20	21	22	23	24	25	26
	27	28	29	30	31	1	2

OTOÑO

	1	2	3	4	5	6	SABADO	
7	3	4	5	6	7	8	9	
MES	10	11	12	13	14	15	16	
DEC	17	18	19	20	21	22	23	
	24	25	26	27	28	29	30	
8	31	1	2	3	4	5	6	1964
MES	7	8	9	10	11	12	13	
ENERO	14	15	16	17	18	19	20	
	21	22	23	24	25	26	27	
9	28	29	30	31	1	2	3	
MES	4	5	6	7	8	9	10	
FEB	11	12	13	14	15	16	17	
	18	19	20	21	22	23	24	
	25	26	27	28	29	1	2	

VERANO

4	3	4	5	6	7	8	9
MES	10	11	12	13	14	15	16
SEPT	17	18	19	20	21	22	23
	24	25	26	27	28	29	30
5	1	2	3	4	5	6	7
MES	8	9	10	11	12	13	14
OCT	15	16	17	18	19	20	21
	22	23	24	25	26	27	28
6	29	30	31	1	2	3	4
MES	5	6	7	8	9	10	11
NOV	12	13	14	15	16	17	18
	19	20	21	22	23	24	25
	26	27	28	29	30	1	2

INVIERNO

10	3	4	5	6	7	8	9
MES	10	11	12	13	14	15	16
MARZO	17	18	19	20	21	22	23
	24	25	26	27	28	29	30
11	31	1	2	3	4	5	6
MES	7	8	9	10	11	12	13
ABRIL	14	15	16	17	18	19	20
	21	22	23	24	25	26	27
12	28	29	30	1	2	3	4
MES	5	6	7	8	9	10	11
MAYO	12	13	14	15	16	17	18
	19	20	21	22	23	24	25
	26	27	28	29	30	31	1

LUNA LLENA CICLO DEL PRIMER AÑO

LUNA NUEVA CICLO DEL PRIMER AÑO

CALENDARIO DE LA CREACIÓN

CALENDARIO DE ENOC

5942————1962 - 1963

PRIMAVERA

DIA	1	2	3	4	5	6	SABADO
1	5	6	7	8	9	10	11
MES	12	13	14	15	16	17	18
JUNIO	19	20	21	22	23	24	25
	26	27	28	29	30	1	2
2	3	4	5	6	7	8	9
MES	10	11	12	13	14	15	16
JULIO	17	18	19	20	21	22	23
	24	25	26	27	28	29	30
3	31	1	2	3	4	5	6
MES	7	8	9	10	11	12	13
AUG	14	15	16	17	18	19	20
	21	22	23	24	25	26	27
	28	29	30	31	1	2	3

OTOÑO

	1	2	3	4	5	6	SABADO
7	4	5	6	7	8	9	10
MES	11	12	13	14	15	16	17
DEC	18	19	20	21	22	23	24
	25	26	27	28	29	30	31
8	1	2	3	4	5	6	7
MES	8	9	10	11	12	13	14
ENERO	15	16	17	18	19	20	21
	22	23	24	25	26	27	28
9	29	30	31	1	2	3	4
MES	5	6	7	8	9	10	11
FEB	12	13	14	15	16	17	18
	19	20	21	22	23	24	25
	26	27	28	1	2	3	4

196

VERANO

4	4	5	6	7	8	9	10
MES	11	12	13	14	15	16	17
SEPT	18	19	20	21	22	23	24
	25	26	27	28	29	30	1
5	2	3	4	5	6	7	8
MES	9	10	11	12	13	14	15
OCT	16	17	18	19	20	21	22
	23	24	25	26	27	28	29
6	30	31	1	2	3	4	5
MES	6	7	8	9	10	11	12
NOV	13	14	15	16	17	18	19
	20	21	22	23	24	25	26
	27	28	29	30	1	2	3

INVIERNO

10	5	6	7	8	9	10	11
MES	12	13	14	15	16	17	18
MARZO	19	20	21	22	23	24	25
	26	27	28	29	30	31	1
11	2	3	4	5	6	7	8
MES	9	10	11	12	13	14	15
ABRIL	16	17	18	19	20	21	22
	23	24	25	26	27	28	29
12	30	1	2	3	4	5	6
MES	7	8	9	10	11	12	13
MAYO	14	15	16	17	18	19	20
	21	22	23	24	25	26	27
	28	29	30	31	1	2	3

LUNA LLENA CICLO DEL TRECERO AÑO

LUNA NUEVA CICLO DEL TERCERO AÑO

CALENDARIO PARA .3333333

CALENDARIO DE LA CREACIÓN

CALENDARIO DE ENOC

5941———1961- 1962

PRIMAVERA

DIA	1	2	3	4	5	6	SABADO
1	6	7	8	9	10	11	12
MES	13	14	15	16	17	18	19
JUNIO	20	21	22	23	24	25	26
	27	28	29	30	1	2	3
2	4	5	6	7	8	9	10
MES	11	12	13	14	15	16	17
JULIO	18	19	20	21	22	23	24
	25	26	27	28	29	30	31
3	1	2	3	4	5	6	7
MES	8	9	10	11	12	13	14
AUG	15	16	17	18	19	20	21
	22	23	24	25	26	27	28
	29	30	31	1	2	3	4

OTOÑO

	1	2	3	4	5	6	SABADO	
7	5	6	7	8	9	10	11	
MES	12	13	14	15	16	17	18	
DEC	19	20	21	22	23	24	25	
	26	27	28	29	30	31	1	1962
8	2	3	4	5	6	7	8	
MES	9	10	11	12	13	14	15	
ENERO	16	17	18	19	20	21	22	
	23	24	25	26	27	28	29	
9	30	31	1	2	3	4	5	
MES	6	7	8	9	10	11	12	
FEB	13	14	15	16	17	18	19	
	20	21	22	23	24	25	26	
	27	28	1	2	3	4	5	

VERANO

4	5	6	7	8	9	10	11
MES	12	13	14	15	16	17	18
SEPT	19	20	21	22	23	24	25
	26	27	28	29	30	1	2
5	3	4	5	6	7	8	9
MES	10	11	12	13	14	15	16
OCT	17	18	19	20	21	22	23
	24	25	26	27	28	29	30
6	31	1	2	3	4	5	6
MES	7	8	9	10	11	12	13
NOV	14	15	16	17	18	19	20
	21	22	23	24	25	26	27
	28	29	30	1	2	3	4

INVIERNO

10	6	7	8	9	10	11	12
MES	13	14	15	16	17	18	19
MARZO	20	21	22	23	24	25	26
	27	28	29	30	31	1	2
11	3	4	5	6	7	8	9
Month	10	11	12	13	14	15	16
ABRIL	17	18	19	20	21	22	23
	24	25	26	27	28	29	30
12	1	2	3	4	5	6	7
MES	8	9	10	11	12	13	14
MAYO	15	16	17	18	19	20	21
	22	23	24	25	26	27	28
	29	30	31	1	2	3	4

LUNA LLENA **CICLO DEL SEGUNDO AÑO**

LUNA NUEVA **CICLO DEL SEGUNDO AÑO**

CALENDARIO PARA .6666666

CALENDARIO DE LA CREACIÓN

CALENDARIO DE ENOC

5940 ———————1960 - 1961

PRIMAVERA

DIA	1	2	3	4	5	6	SABADO
1	7	8	9	10	11	12	13
MES	14	15	16	17	18	19	20
JUNIO	21	22	23	24	25	26	27
	28	29	30	1	2	3	4
2	5	6	7	8	9	10	11
MES	12	13	14	15	16	17	18
JULIO	19	20	21	22	23	24	25
	26	27	28	29	30	31	1
3	2	3	4	5	6	7	8
MES	9	10	11	12	13	14	15
AUG	16	17	18	19	20	21	22
	23	24	25	26	27	28	29
	30	31	1	2	3	4	5

OTOÑO

	1	2	3	4	5	6	SABADO	
7	6	7	8	9	10	11	12	
MES	13	14	15	16	17	18	19	
DEC	20	21	22	23	24	25	26	
	27	28	29	30	31	1	2	1961
8	3	4	5	6	7	8	9	
MES	10	11	12	13	14	15	16	
ENERO	17	18	19	20	21	22	23	
	24	25	26	27	28	29	30	
9	31	1	2	3	4	5	6	
MES	7	8	9	10	11	12	13	
FEB	14	15	16	17	18	19	20	
	21	22	23	24	25	26	27	
	28	1	2	3	4	5	6	

VERANO

4	6	7	8	9	10	11	12
MES	13	14	15	16	17	18	19
SEPT	20	21	22	23	24	25	26
	27	28	29	30	1	2	3
5	4	5	6	7	8	9	10
MES	11	12	13	14	15	16	17
OCT	18	19	20	21	22	23	24
	25	26	27	28	29	30	31
6	1	2	3	4	5	6	7
MES	8	9	10	11	12	13	14
NOV	15	16	17	18	19	20	21
	22	23	24	25	26	27	28
	29	30	1	2	3	4	5

INVIERNO

10	7	8	9	10	11	12	13
MES	14	15	16	17	18	19	20
MARZO	21	22	23	24	25	26	27
	28	29	30	31	1	2	3
11	4	5	6	7	8	9	10
MES	11	12	13	14	15	16	17
ABRIL	18	19	20	21	22	23	24
	25	26	27	28	29	30	1
12	2	3	4	5	6	7	8
MES	9	10	11	12	13	14	15
MAYO	16	17	18	19	20	21	22
	23	24	25	26	27	28	29
	30	31	1	2	3	4	5

LUNA LLENA CICLO DEL PRIMER AÑO

LUNA NUEVA CICLO DEL PRIMER AÑO

CALENDARIO DE LA CREACIÓN

CALENDARIO DE ENOC

5939————1959 – 1960

PRIMAVERA

DIA	1	2	3	4	5	6	SABADO
1	9	10	11	12	13	14	15
MES	16	17	18	19	20	21	22
JUNIO	24	25	25	26	27	28	29
	31	1	2	3	4	5	6
2	7	8	9	10	11	12	13
MES	14	15	16	17	18	19	20
JULIO	21	22	23	24	25	26	27
	28	29	30	31	1	2	3
3	4	5	6	7	8	9	10
MES	11	12	13	14	15	16	17
AUG	18	19	20	21	22	23	24
	25	26	27	28	29	30	31
	1	2	3	4	5	6	7

OTOÑO

	1	2	3	4	5	6	SABADO	
7	8	9	10	11	12	13	14	
MES	15	16	17	18	19	20	21	
DEC	22	23	24	25	26	27	28	
	29	30	31	1	2	3	4	1960
8	5	6	7	8	9	10	11	
MES	12	13	14	15	16	17	18	
ENERO	19	20	21	22	23	24	25	
	26	27	28	29	30	31	1	
9	2	3	4	5	6	7	8	
MES	9	10	11	12	13	14	15	
FEB	16	17	18	19	20	21	22	
	23	24	25	26	27	28	2 9	
	1	2	3	4	5	6	7	

VERANO

4	8	9	10	11	12	13	14
MES	15	16	17	18	19	20	21
SEPT	22	23	24	25	26	27	28
	29	30	1	2	3	4	5
5	6	7	8	9	10	11	12
MES	13	14	15	16	17	18	19
OCT	20	21	22	23	24	25	26
	27	28	29	30	31	1	2
6	3	4	5	6	7	8	9
MES	10	11	12	13	14	15	16
NOV	17	18	19	20	21	22	23
	24	25	26	27	28	29	30
	1	2	3	4	5	6	7

INVIERNO

10	8	9	10	11	12	13	14
MES	15	16	17	18	19	20	21
MARZO	22	23	24	25	26	27	28
	29	30	31	1	2	3	4
11	5	6	7	8	9	10	11
MES	12	13	14	15	16	17	18
ABRIL	19	20	21	22	23	24	25
	26	27	28	29	30	1	2
12	3	4	5	6	7	8	9
MES	10	11	12	13	14	15	16
MAYO	17	18	19	20	21	22	23
	24	25	26	27	28	29	30
	31	1	2	3	4	5	6

LUNA LLENA CICLO DEL TERCERO AÑO

LUNA NUEVA CICLO DEL TERCERO AÑO

CALENDARIO PARA .3333333

CALENDARIO DE LA CREACIÓN

CALENDARIO DE ENOC

5938———1958 -1959

PRIMAVERA

DIA	1	2	3	4	5	6	SABADO
1	10	11	12	13	14	15	16
Month	17	18	19	20	21	22	23
JUNIO	24	25	26	27	28	29	30
	1	2	3	4	5	6	7
2	8	9	10	11	12	13	14
MES	15	16	17	18	19	20	21
JULIO	22	23	24	25	26	27	28
	29	30	31	1	2	3	4
3	5	6	7	8	9	10	11
MESS	12	13	14	15	16	17	18
AUG	19	20	21	22	23	24	25
	26	27	28	29	30	31	1
	2	3	4	5	6	7	8

OTOÑO

	1	2	3	4	5	6	SABADO	
7	9	10	11	12	13	14	15	
MES	16	17	18	19	20	21	22	
DEC	23	24	25	26	27	28	29	
	30	31	1	2	3	4	5	1959
8	6	7	8	9	10	11	12	
MES	13	14	15	16	17	18	19	
ENERO	20	21	22	23	24	25	26	
	27	28	29	30	31	1	2	
9	3	4	5	6	7	8	9	
MES	10	11	12	13	14	15	16	
FEB	17	18	19	20	21	22	23	
	24	25	26	27	28	1	2	
	3	4	5	6	7	8	9	

VERANO

4	9	10	11	12	13	14	15
MES	16	17	18	19	20	21	22
SEPT	23	24	25	26	27	28	29
	30	1	2	3	4	5	6
5	7	8	9	10	11	12	11
MES	14	15	16	17	18	19	18
OCT	21	22	23	24	25	26	27
	28	29	30	31	1	2	3
6	4	5	6	7	8	9	10
MES	11	12	13	14	15	16	17
NOV	18	19	20	21	22	23	24
	25	26	27	28	29	30	1
	2	3	4	5	6	7	8

INVIERNO

10	10	11	12	13	14	15	16
MES	17	18	19	20	21	22	23
MARZO	24	25	26	27	28	29	30
	31	1	2	3	4	5	6
11	7	8	9	10	11	12	13
MES	14	15	16	17	18	19	20
ABRIL	21	22	23	24	25	26	27
	28	29	30	1	2	3	4
12	5	6	7	8	9	10	11
MES	12	13	14	15	16	17	18
MAYO	19	20	21	22	23	24	25
	26	27	28	29	30	31	1
	2	3	4	5	6	7	8

LUNA LLENA CICLO DEL SEGUNDO AÑO
CALENDARIO PARA .6666666

LUNA NUEVA CICLO DEL SEGUNDO AÑO

CALENDARIO DE LA CREACIÓN

CALENDARIO DE ENOC

5937 ———— 1957 – 1958

PRIMAVERA

DAY	1	2	3	4	5	6	SABADO
1	11	12	13	14	15	16	*17*
MES	18	19	20	21	22	23	24
JULIO	25	26	27	28	29	30	1
	2	3	4	5	6	7	8
2	9	10	11	12	13	14	15
MES	16	17	18	19	20	21	22
AUG	23	24	25	26	27	28	29
	30	31	1	2	3	4	5
3	6	7	8	9	10	11	12
MES	13	14	15	16	17	18	19
SEPT	20	21	22	23	24	25	26
	27	28	29	30	31	1	2
	3	4	5	6	7	8	9

OTOÑO

	1	2	3	4	5	6	SABADO	
7	10	11	12	13	14	15	16	
MES	17	18	19	20	21	22	23	
DEC	24	25	26	27	28	29	30	
	31	1	2	3	4	5	6	1958
8	7	8	9	10	11	12	13	
MES	14	15	16	17	18	19	20	
ENERO	21	22	23	24	25	26	27	
	28	29	30	31	1	2	3	
9	4	5	6	7	8	9	10	
MES	11	12	13	14	15	16	17	
FEB	18	19	20	21	22	23	24	
	25	26	27	28	1	2	3	
	4	5	6	7	8	9	10	

VERANO

4	10	11	12	13	14	15	16
MES	17	18	19	20	21	22	23
OCT	24	25	26	27	28	29	30
	1	2	3	4	5	6	7
5	8	9	10	11	12	13	14
MES	15	16	17	18	19	20	21
NOV	22	23	24	25	26	27	28
	29	30	31	1	2	3	4
6	5	6	7	8	9	10	11
MES	12	13	14	15	16	17	18
	19	20	21	22	23	24	25
DEC	26	27	28	29	30	1	2
	3	4	5	6	7	8	9

INVIERNO

10	11	12	13	14	15	16	17
MES	18	19	20	21	22	23	24
MARZO	25	26	27	28	29	30	31
	1	2	3	4	5	6	7
11	8	9	10	11	12	13	14
MES	15	16	17	18	19	20	21
ABRIL	22	23	24	25	26	27	28
	29	30	1	2	3	4	5
12	6	7	8	9	10	11	12
MES	13	14	15	16	17	18	19
MAYO	20	21	22	23	24	25	26
JUNI	27	28	29	30	31	1	2
	3	4	5	6	7	8	9

LUNA LLENA CICLO DEL PRIMER AÑO

LUNA NUEVA CICLO DEL PRIMER AÑO

CALENDARIO DE LA CREACIÓN

CALENDARIO DE ENOC

5936——————1956 –1957

PRIMAVERA

DIA	1	2	3	4	5	6	SABADO
1	12	13	14	15	16	17	18
MES	19	20	21	22	23	24	25
JUNIO	26	27	28	29	30	1	2
	3	4	5	6	7	8	9
2	10	11	12	13	14	15	16
MES	17	18	19	20	21	22	23
JULIO	24	25	26	27	28	29	30
	31	1	2	3	4	5	6
3	7	8	9	10	11	12	13
MES	14	15	16	17	18	19	20
AUG	21	22	23	24	25	26	27
	28	29	30	31	1	2	3
	4	5	6	7	8	9	10

OTOÑO

		2	3	4	5	6	SABADO	
7	11	12	13	14	15	16	17	
MES	18	19	20	21	22	23	24	
DEC	25	26	27	28	29	30	31	1957
	1	2	3	4	5	6	7	
8	8	9	10	11	12	13	14	
MES	15	16	17	18	19	20	21	
ENERO	22	23	24	25	26	27	28	
	29	30	31	1	2	3	4	
9	5	6	7	8	9	10	11	
MES	12	13	14	15	16	17	18	
FEB	19	20	21	22	23	24	25	
	26	27	28	1	2	3	4	
	5	6	7	8	9	10	11	

VERANO

4		12	13	14	15	16	17
MES	18	19	20	21	22	23	24
SEPT	25	26	27	28	29	30	1
	2	3	4	5	6	7	8
5	9	10	11	12	13	14	15
MES	16	17	18	19	20	21	22
OCT	23	24	25	26	27	28	29
	30	31	1	2	3	4	5
6	6	7	8	9	10	11	12
MES	13	14	15	16	17	18	19
NOV	20	21	22	23	24	25	26
	27	28	29	30	1	2	3
	4	5	6	7	8	9	10

INVIERNO

10	12	13	14	15	16	17	18
MES	19	20	21	22	23	24	25
MARZO	26	27	28	29	30	31	1
	2	3	4	5	6	7	8
11	9	10	11	12	13	14	15
MES	16	17	18	19	20	21	22
ABRIL	23	24	25	26	27	28	29
	30	1	2	3	4	5	6
12	7	8	9	10	11	12	13
MES	14	15	16	17	18	19	20
MAYO	21	22	23	24	25	26	27
	28	29	30	31	1	2	3
	4	5	6	7	8	9	10

LUNA LLENA CICLO DEL TERCERO AÑO

CALENDARIO PARA .3333333

LUNA NUEVA CICLO DEL TRECERO AÑO

CALENDARIO DE LA CREACIÓN

CALENDARIO DE ENOC

5935————1955 – 1956

PRIMAVERA

DIA	1	2	3	4	5	6	SABADO
1	14	15	16	*17*	18	19	20
Month	21	22	23	24	25	26	27
JUNIO	28	29	30	1	2	3	4
	5	6	7	8	9	10	11
2	12	13	14	15	16	17	18
MES	19	20	21	22	23	24	25
JULIO	26	27	28	29	30	31	1
	2	3	4	5	6	7	8
3	9	10	11	12	13	14	15
MES	16	17	18	19	20	21	22
AUG	23	24	25	26	27	28	29
	30	31	1	2	3	4	5
	6	7	8	9	10	11	12

OTOÑO

	1	2	3	4	5	6	SABADO	
7	13	14	15	16	17	18	19	
MES	20	21	22	23	24	25	26	
DEC	27	28	29	30	31	1	2	1956
	3	4	5	6	7	8	9	
8	10	11	12	13	14	15	16	
MES	17	18	19	20	21	22	23	
ENERO	24	25	26	27	28	29	30	
	31	1	2	3	4	5	6	
9	7	8	9	10	11	12	13	
MES	14	15	16	17	18	19	20	
FEB	21	22	23	24	25	26	27	
	28	29	1	2	3	4	5	
	6	7	8	9	10	11	12	

VERANO

4	13	14	15	16	17	18	19
MES	20	21	22	23	24	25	26
SEPT	27	28	29	30	1	2	3
	4	5	6	7	8	9	10
5	11	12	13	14	15	16	17
MES	18	19	20	21	22	23	24
OCT	25	26	27	28	29	30	31
	1	2	3	4	5	6	7
6	8	9	10	11	12	13	14
MES	15	16	17	18	19	20	21
NOV	22	23	24	25	26	27	28
	29	30	1	2	3	4	5
	6	7	8	9	10	11	12

INVIERNO

10	13	14	15	16	17	18	19
MES	20	21	22	23	24	25	26
MARZO	27	28	29	30	31	1	2
	3	4	5	6	7	8	9
11	10	11	12	13	14	15	16
MES	17	18	19	20	21	22	23
ABRIL	24	25	26	27	28	29	30
	1	2	3	4	5	6	7
12	8	9	10	11	12	13	14
MES	15	16	17	18	19	20	21
MAYO	22	23	24	25	26	27	28
	29	30	31	1	2	3	4
	5	6	7	8	9	10	11

LUNA LLENA CICLO DEL SEGUNDO AÑO

CALENDARIO PARA .6666666

LUNA NUEVA CICLO DEL SEGUNDO AÑO

CALENDARIO DE LA CREACIÓN

CALENDARIO DE ENOC

5934 ——————1954 – 1955

PRIMAVERA

DIA	1	2	3	4	5	6	SABADO
1	15	16	17	18	19	20	21
MES	22	23	24	25	26	27	28
JULIO	29	30	1	2	3	4	5
	6	7	8	9	10	11	12
2	13	14	15	16	17	18	19
MES	20	21	22	23	24	25	26
JUNIO	27	28	29	30	31	1	2
	3	4	5	6	7	8	9
3	10	11	12	13	14	15	16
MES	17	18	19	20	21	22	23
AUG	24	25	26	27	28	29	30
	31	1	2	3	4	5	6
	7	8	9	10	11	12	13

OTOÑO

	1	2	3	4	5	6	SABADO	
7	14	15	16	17	18	19	20	
MES	21	22	23	24	25	26	27	
DEC	28	29	30	31	1	2	3	1955
	4	5	6	7	8	9	10	
8	11	12	13	14	15	16	17	
MES	18	19	20	21	22	23	24	
ENERO	25	26	27	28	29	30	31	
	1	2	3	4	5	6	7	
9	8	9	10	11	12	13	14	
MES	15	16	17	18	19	20	21	
FEB	22	23	24	25	26	27	28	
	1	2	3	4	5	6	7	
	8	9	10	11	12	13	14	

VERANO

4	14	15	16	17	18	19	20
MES	21	22	23	24	25	26	27
SEPT	28	29	30	1	2	3	4
	5	6	7	8	9	10	11
5	12	13	14	15	16	17	18
MES	19	20	21	22	23	24	25
OCT	26	27	28	29	30	31	1
	2	3	4	5	6	7	8
6	9	10	11	12	13	14	15
MES	16	17	18	19	20	21	22
NOV	23	24	25	26	27	28	29
	30	1	2	3	4	5	6
	7	8	9	10	11	12	13

INVIERNO

10	15	16	17	18	19	20	21
MES	22	23	24	25	26	27	28
MARZO	29	30	31	1	2	3	4
	5	6	7	8	9	10	11
11	12	13	14	15	16	17	18
MES	19	20	21	22	23	24	25
ABRIL	26	27	28	29	30	31	1
	3	4	5	6	7	8	9
12	10	11	12	13	14	15	16
MES	17	18	19	20	21	22	23
MAYO	24	25	26	27	28	29	30
	31	1	2	3	4	5	6
	7	8	9	10	11	12	13

LUNA LLENA CICLO DEL PRIMER AÑO

LUNA NUEVA CICLO DEL PRIMER AÑO

CALENDARIO DE LA CREACIÓN

CALENDARIO DE ENOC

5933——————1953 -1954

PRIMAVERA

DIA	1	2	3	4	5	6	SABADO
1	16	*17*	18	19	20	21	22
MES	23	24	25	26	27	28	29
JUNIO	30	1	2	3	4	5	6
	7	8	9	10	11	12	13
2	14	15	16	17	18	19	20
MES	21	22	23	24	25	26	27
JULIO	28	29	30	31	1	2	3
	4	5	6	7	8	9	10
3	11	12	13	14	15	16	17
MES	18	19	20	21	22	23	24
AUG	25	26	27	28	29	30	31
	1	2	3	4	5	6	7
	8	9	10	11	12	13	14

OTOÑO

	1	2	3	4	5	6	SABADO	
7	15	16	17	18	19	20	21	
MES	22	23	24	25	26	27	28	
DEC	29	30	31	1	2	3	4	1954
	5	6	7	8	9	10	11	
8	12	13	14	15	16	17	18	
MES	19	20	21	22	23	24	25	
ENERO	26	27	28	29	30	31	1	
	2	3	4	5	6	7	8	
9	9	10	11	12	13	14	15	
MES	16	17	18	19	20	21	22	
FEB	23	24	25	26	27	28	1	
	2	3	4	5	6	7	8	
	9	10	11	12	13	14	15	

VERANO

4	15	16	17	18	19	20	21
MES	22	23	24	25	26	27	28
OCT	29	30	1	2	3	4	5
SEPT	6	7	8	9	10	11	12
5	13	14	15	16	17	18	19
MES	20	21	22	23	24	25	26
OCT	27	28	29	30	31	1	2
	3	4	5	6	7	8	9
6	10	11	12	13	14	15	16
S	17	18	19	20	21	22	23
NOV	24	25	26	27	28	29	30
	1	2	3	4	5	6	7
	8	9	10	11	12	13	14

INVIERNO

10	16	17	18	19	20	21	22
MES	23	24	25	26	27	28	29
MARZO	30	31	1	2	3	4	5
	6	7	8	9	10	11	12
11	13	14	15	16	17	18	19
MES	20	21	22	23	24	25	26
ABRIL	27	28	29	30	1	2	3
	4	5	6	7	8	9	10
12	11	12	13	14	15	16	17
MES	18	19	20	21	22	23	24
MAYO	25	26	27	28	29	30	31
	1	2	3	4	5	6	7
	8	9	10	11	12	13	14

LUNA LLENA CICLO DEL TERCERO AÑO

LUNA NUEVA CICLO DEL TERCERO AÑO

CALENDARIO PARA .3333333

CALENDARIO DE LA CREACIÓN

CALENDARIO DE ENOC

5932————1952 –1953

PRIMAVERA

DIA	1	2	3	4	5	6	SABADO
1	*17*	18	19	20	21	22	23
MES	24	25	26	27	28	29	30
JULIO	1	2	3	4	5	6	7
	8	9	10	11	12	13	14
2	15	16	17	18	19	20	21
MES	22	23	24	25	26	27	28
AUG	29	30	31	1	2	3	4
	5	6	7	8	9	10	11
3	12	13	14	15	16	17	18
MES	19	20	21	22	23	24	25
SEPT	26	27	28	29	30	31	1
	2	3	4	5	6	7	8
	9	10	11	12	13	14	15

OTOÑO

	1	2	3	4	5	6	SABADO	
7	16	17	18	19	20	21	22	
MES	23	24	25	26	27	28	29	
ENERO	30	31	1	2	3	4	5	1953
	6	7	8	9	10	11	12	
8	13	14	15	16	17	18	19	
MES	20	21	22	23	24	25	26	
FEB	27	28	29	30	31	1	2	
	3	4	5	6	7	8	9	
9	10	11	12	13	14	15	16	
MES	17	18	19	20	21	22	23	
MARZO	24	25	26	27	28	1	2	
	3	4	5	6	7	8	9	
	10	11	12	13	14	15	16	

VERANO

4	16	17	18	19	20	21	22
MES	23	24	25	26	27	28	29
OCT	30	1	2	3	4	5	6
	7	8	9	10	11	12	13
5	14	15	16	17	18	19	20
MES	21	22	23	24	25	26	27
NOV	28	29	30	31	1	2	3
	4	5	6	7	8	9	10
6	11	12	13	14	15	16	17
MES	18	19	20	21	22	23	24
DEC	25	26	27	28	29	30	1
	2	3	4	5	6	7	8
	9	10	11	12	13	14	15

INVIERNO

10	17	18	19	20	21	22	23
MES	24	25	26	27	28	29	30
ABRIL	31	1	2	3	4	5	6
	7	8	9	10	11	12	13
11	14	15	16	17	18	19	20
MES	21	22	23	24	25	26	27
MAYO	28	29	30	1	2	3	4
	5	6	7	8	9	10	11
12	12	13	14	15	16	17	18
MES	19	20	21	22	23	24	25
JUNIO	26	27	28	29	30	31	1
	2	3	4	5	6	7	8
	9	10	11	12	13	14	15

LUNA LLENA CICLO DEL SEGUNDO AÑO

CALENDARIO PARA .6666666

LUNA NUEVA CICLO DEL SEGUNDO AÑO

CALENDARIO DE LA CREACIÓN

CALENDARIO DE ENOC

5931 ———————1951 -1952

PRIMAVERA

DIA	1	2	3	4	5	6	SABADO
1	19	20	21	22	23	24	25
MES	26	27	28	29	30	1	2
JULIO	3	4	5	6	7	8	9
	10	11	12	13	14	15	16
2	17	18	19	20	21	22	23
MES	24	25	26	27	28	29	30
AUG	31	1	2	3	4	5	6
	7	8	9	10	11	12	13
3	14	15	16	17	18	19	20
MES	21	22	23	24	25	26	27
SEPT	28	29	30	31	1	2	3
	4	5	6	7	8	9	10
	11	12	13	14	15	16	17

OTOÑO

	1	2	3	4	5	6	SABADO	
7TH	18	19	20	21	22	23	24	
Month	25	26	27	28	29	30	31	
ENERO	1	2	3	4	5	6	7	1952
	8	9	10	11	12	13	14	
8TH	15	16	17	18	19	20	21	
Month	22	23	24	25	26	27	28	
FEB	29	30	31	1	2	3	4	
	5	6	7	8	9	10	11	
9TH	12	13	14	15	16	17	18	
Month	19	20	21	22	23	24	25	
MARZO	26	27	28	29	1	2	3	
	4	5	6	7	8	9	10	
	11	12	13	14	15	16	17	

VERANO

4	18	19	20	21	22	23	24
MES	25	26	27	28	29	30	1
OCT	2	3	4	5	6	7	8
	9	10	11	12	13	14	15
5	16	17	18	19	20	21	22
MES	23	24	25	26	27	28	29
NOV	30	31	1	2	3	4	5
	6	7	8	9	10	11	12
6	13	14	15	16	17	18	19
MES	20	21	22	23	24	25	26
DEC	27	28	29	30	1	2	3
	4	5	6	7	8	9	10
	11	12	13	14	15	16	17

INVIERNO

10TH	18	19	20	21	22	23	23
Month	25	26	27	28	29	30	31
ABRIL	1	2	3	4	5	6	7
	8	9	10	11	12	13	14
11	15	16	17	18	19	20	21
MES	22	23	24	25	26	27	28
MAYO	29	30	1	2	3	4	5
	6	7	8	9	10	11	12
12	13	14	15	16	17	18	19
MES	20	21	22	23	24	25	26
JUNIO	27	28	29	30	31	1	2
	3	4	5	6	7	8	9
	10	11	12	13	14	15	16

LUNA LLENA CICLO DEL PRIMER AÑO

LUNA NUEVA CICLO DEL PRIMER AÑO

CALENDARIO DE LA CREACIÓN

CALENDARIO DE ENOC

5930————1950 –1951

PRIMAVERA

DIA	1	2	3	4	5	6	SABADO
1	20	21	22	23	24	25	26
MES	27	28	29	30	1	2	3
ABRIL	4	5	6	7	8	9	10
	11	12	13	14	15	16	17
2	18	19	20	21	22	23	24
MES	25	26	27	28	29	30	31
MAYO	1	2	3	4	5	6	7
	8	9	10	11	12	13	14
3	15	16	17	18	19	20	21
MES	22	23	24	25	26	27	28
JUNIO	29	30	31	1	2	3	4
	5	6	7	8	9	10	11
	12	13	14	15	16	17	18

OTOÑO

	1	2	3	4	5	6	SABADO	
7	19	20	21	22	23	24	25	
MES	26	27	28	29	30	31	1	
ENERO	2	3	4	5	6	7	8	1951
	9	10	11	12	13	14	15	
8	16	17	18	19	20	21	22	
MES	23	24	25	26	27	28	29	
FEB	30	31	1	2	3	4	5	
	6	7	8	9	10	11	12	
9	13	14	15	16	17	18	19	
MES	20	21	22	23	24	25	26	
MARZO	27	28	1	2	3	4	5	
	6	7	8	9	10	11	12	
	13	14	15	16	17	18	19	

VERANO

4	19	20	21	22	23	24	25
MES	26	27	28	29	30	1	2
JULIO	3	4	5	6	7	8	9
	10	11	12	13	14	15	16
5	17	18	19	20	21	22	23
MES	24	25	26	27	28	29	30
AUG	31	1	2	3	4	5	6
	7	8	9	10	11	12	13
6	14	15	16	17	18	19	20
MES	21	22	23	24	25	26	27
SEPT	28	29	30	1	2	3	4
	5	6	7	8	9	10	11
	12	13	14	15	16	17	18

INVIERNO

10	20	21	22	23	24	25	26
MES	27	28	29	30	31	1	2
ABRIL	3	4	5	6	7	8	9
	10	11	12	13	14	15	16
11	17	18	19	20	21	22	23
MES	24	25	26	27	28	29	30
MAYO	1	2	3	4	5	6	7
	8	9	10	11	12	13	14
12	15	16	17	18	19	20	21
MES	22	23	24	25	26	27	28
JUNIO	29	30	31	1	2	3	4
	5	6	7	8	9	10	11
	12	13	14	15	16	17	18

LUNA LLENA CICLO DEL TERCERO AÑO **LUNA NUEVA CICLO DEL TERCERO AÑO**

CALENDARIO PARA .3333333

CALENDARIO DE LA CREACIÓN

CALENDARIO DE ENOC

5929———1949 –1950

PRIMAVERA

DIA	1	2	3	4	5	6	SABADO
1	21	22	23	24	25	26	27
MES	28	29	30	1	2	3	4
JULIO	5	6	7	8	9	10	11
	12	13	14	15	16	17	18
2	19	20	21	22	23	24	25
MES	26	27	28	29	30	1	2
AUG	2	3	4	5	6	7	8
	9	10	11	12	13	14	15
3	16	17	18	19	20	21	22
MES	23	24	25	26	27	28	29
SEPT	30	31	1	2	3	4	5
	6	7	8	9	10	11	12
	13	14	15	16	17	18	19

OTOÑO

	1	2	3	4	5	6	SABADO	
7	20	21	22	23	24	25	26	
MES	27	28	29	30	31	1	2	1950
ENERO	3	4	5	6	7	8	9	
	10	11	12	13	14	15	16	
8	17	18	19	20	21	22	23	
MES	24	25	26	27	28	29	30	
FEB	31	1	2	3	4	5	6	
	7	8	9	10	11	12	13	
9	14	15	16	17	18	19	20	
MES	21	22	23	24	25	26	27	
MARZO	28	1	2	3	4	5	6	
	7	8	9	10	11	12	13	
	14	15	16	17	18	19	20	

VERANO

4	20	21	22	23	24	25	26
MES	27	28	29	30	1	2	4
OCT	4	5	6	7	8	9	11
	11	12	13	14	15	16	18
5	18	19	20	21	22	23	25
MES	25	26	27	28	29	30	31
NOV	1	2	3	4	5	6	8
	8	9	10	11	12	13	15
6	15	16	17	18	19	20	22
MES	22	23	24	25	26	27	29
DEC	29	30	1	2	3	4	5
	6	7	8	9	10	11	12
	13	14	15	16	17	18	19

INVIERNO

10	21	22	23	24	25	26	27
MES	28	29	30	31	1	2	3
ABRIL	4	5	6	7	8	9	10
	11	12	13	14	15	16	17
11	18	19	20	21	22	23	24
MES	25	26	27	28	29	30	1
MAY O	2	3	4	5	6	7	8
	9	10	11	12	13	14	15
12	16	17	18	19	20	21	22
MES	23	24	25	26	27	28	29
JUNIO	30	31	1	2	3	4	5
	6	7	8	9	10	11	12
	13	14	15	16	17	18	19

LUNA LLENA CICLO DEL SEGUNDO AÑO **LUNA NUEVA CICLO DEL SEGUNDO AÑO**

CALENDARIO PARA .6666666

CALENDARIO DE LA CREACIÓN

CALENDARIO DE ENOC

5928 ———————1948 –1949

PRIMAVERA

DIA	1	2	3	4	5	6	SABADO
1	22	23	24	25	26	27	28
MES	29	30	1	2	3	4	5
JULIO	6	7	8	9	10	11	12
	13	14	15	16	17	18	19
2	20	21	22	23	24	25	26
MES	27	28	29	30	31	1	2
AUG	3	4	5	6	7	8	9
	10	11	12	13	14	15	16
3	17	18	19	20	21	22	23
MES	24	25	26	27	28	29	30
SEPT	31	1	2	3	4	5	6
	7	8	9	10	11	12	13
	14	15	16	17	18	19	20

OTOÑO

	1	2	3	4	5	6	SABADO	
7	21	22	23	24	25	26	27	
MES	28	29	30	31	1	2	3	1949
ENERO	4	5	6	7	8	9	10	
	11	12	13	14	15	16	17	
8	18	19	20	21	22	23	24	
MES	25	26	27	28	29	30	31	
FEB	1	2	3	4	5	6	7	
	8	9	10	11	12	13	14	
9	15	16	17	18	19	20	21	
MES	22	23	24	25	26	27	28	
MARZO	1	2	3	4	5	6	7	
	8	9	10	11	12	13	14	
	15	16	17	18	19	20	21	

VERANO

4	21	22	23	24	25	26	27
MES	28	29	30	1	2	3	4
OCT	5	6	7	8	9	10	11
	12	13	14	15	16	17	18
5	19	20	21	22	23	24	25
MES	26	27	28	29	30	31	1
NOV	2	3	4	5	6	7	8
	9	10	11	12	13	14	15
6	16	17	18	19	20	21	22
MES	23	24	25	26	27	28	29
DEC	30	1	2	3	4	5	6
	7	8	9	10	11	12	13
	14	15	16	17	18	19	20

INVIERNO

10	22	23	24	25	26	27	26
MES	29	30	31	1	2	4	2
ABRIL	5	6	7	8	9	11	9
	12	13	14	15	16	18	16
11	19	20	21	22	23	25	23
MES	26	27	28	29	30	2	30
MAYO	3	4	5	6	7	8	6
	10	11	12	13	14	15	13
12	17	18	19	20	21	22	20
MES	24	25	26	27	28	29	27
JUNIO	31	1	2	3	4	5	6
	7	8	9	10	11	12	13
	14	15	16	17	18	19	20

LUNA LLENA CICLO DEL PRIMER AÑO **LUNA NUEVA CICLO DEL PRIMER AÑO**

CALENDARIO DE LA CREACIÓN

CALENDARIO DE ENOC

5927————1947 –1948

PRIMAVERA

DIA	1	2	3	4	5	6	SABADO
1	24	25	26	27	28	29	30
MES	1	2	3	4	5	6	7
JULIO	8	9	10	11	12	13	14
	15	16	17	18	19	20	21
2	22	23	24	25	26	27	28
MES	29	30	31	1	2	3	4
AUG	5	6	7	8	9	10	11
	12	13	14	15	16	17	18
3	19	20	21	22	23	24	25
MES	26	27	28	29	30	31	1
SEPT	2	3	4	5	6	7	8
	9	10	11	12	13	14	15
	16	17	18	19	20	21	22

OTOÑO

	1	2	3	4	5	6	SABADO	
7	23	24	25	26	27	28	29	
MES	30	31	1	2	3	4	5	1948
ENERO	6	7	8	9	10	11	12	
	13	14	15	16	17	18	19	
8	20	21	22	23	24	25	26	
MES	27	28	29	30	31	1	2	
FEG	3	4	5	6	7	8	9	
	10	11	12	13	14	15	16	
9	17	18	19	20	21	22	23	
MES	24	25	26	27	28	29	1	
MAR	2	3	4	5	6	7	8	
	9	10	11	12	13	14	15	
	16	17	18	19	20	21	22	

VERANO

4	23	24	25	26	27	28	29
MES	30	1	2	3	4	5	6
OCT	7	8	9	10	11	12	13
	14	15	16	17	18	19	20
5	21	22	23	24	25	26	27
MES	28	29	30	31	1	2	3
NOV	4	5	6	7	8	9	10
	11	12	13	14	15	16	17
6	18	19	20	21	22	23	24
MES	25	26	27	28	29	30	1
DEC	2	3	4	5	6	7	8
	9	10	11	12	13	14	15
	16	17	18	19	20	21	22

INVIERNO

10	23	24	25	26	27	28	29
MES	30	31	1	2	3	4	5
ABRIL	6	7	8	9	10	11	12
	13	14	15	16	17	18	19
11	20	21	22	23	24	25	26
MES	27	28	29	30	1	2	3
MAYO	4	5	6	7	8	9	10
	11	12	13	14	15	16	17
12	18	19	20	21	22	23	24
MES	25	26	27	28	29	30	31
JUNIO	1	2	3	4	5	6	7
	8	9	10	11	12	13	14
	15	16	17	18	19	20	21

LUNA LLENA CICLO DEL TERCERO AÑO **LUNA NUEVA CICLO DEL TERCERO AÑO**

CALENDARIO PARA .3333333

CALENDARIO DE LA CREACIÓN

CALENDARIO DE ENOC

5926——1946 -1947

PRIMAVERA

DIA	1	2	3	4	5	6	SABADO
1	25	26	27	28	29	30	1
MES	2	3	4	5	6	7	8
JULIO	9	10	11	12	13	14	15
	16	17	18	19	20	21	22
2	23	24	25	26	27	28	29
MES	30	31	1	2	3	4	5
AUG	6	7	8	9	10	11	12
	13	14	15	16	17	18	19
3	20	21	22	23	24	25	26
MES	27	28	29	30	31	1	2
SEPT	3	4	5	6	7	8	9
	10	11	12	13	14	15	16
	17	18	19	20	21	22	23

OTOÑO

	1	2	3	4	5	6	SABADO	
7	24	25	26	27	28	29	30	
MES	31	1	2	3	4	5	6	1947
ENERO	7	8	9	10	11	12	13	
	14	15	16	17	18	19	20	
8	21	22	23	24	25	26	27	
MES	28	29	30	31	1	2	3	
FEB	4	5	6	7	8	9	10	
	11	12	13	14	15	16	17	
9	18	19	20	21	22	23	24	
MES	25	26	27	28	1	2	3	
MARZO	4	5	6	7	8	9	10	
	11	12	13	14	15	16	17	
	18	19	20	21	22	23	24	

VERANO

4	24	25	26	27	28	29	30
MES	1	2	3	4	5	6	7
OCT	8	9	10	11	12	13	14
	15	16	17	18	19	20	21
5	22	23	24	25	26	27	28
MES	29	30	31	1	2	3	4
NOV	5	6	7	8	9	10	11
	12	13	14	15	16	17	18
6	19	20	21	22	23	24	25
MES	26	27	28	29	30	1	2
DEC	3	4	5	6	7	8	9
	10	11	12	13	14	15	16
	17	18	19	20	21	22	23

INVIERNO

10	25	26	27	28	29	30	31
MES	1	2	3	4	5	6	7
ABRIL	8	9	10	11	12	13	14
	15	16	17	18	19	20	21
11	22	23	24	25	26	25	28
MES	29	30	1	2	3	4	5
MAYO	6	7	8	9	10	11	12
	13	14	15	16	17	18	19
12	20	21	22	23	24	25	26
MES	27	28	29	30	31	1	2
JUNIO	3	4	5	6	7	8	9
	10	11	12	13	14	15	16
	17	18	19	20	21	22	23

LUNA LLENA CICLO DEL SEGUNDO AÑO
CALENDAR PARA .6666666

LUNA NUEVA CICLO DEL SEGUNDO AÑO

CALENDARIO DE LA CREACIÓN

CALENDARIO DE ENOC

5925 ——————————— 1945 – 1946

PRIMAVERA

DIA	1	2	3	4	5	6	SABADO
1	26	27	28	29	30	1	2
MES	3	4	5	6	7	8	9
JULIO	10	11	12	13	14	15	16
	17	18	19	20	21	22	23
2	24	25	26	27	28	29	30
MES	31	1	2	3	4	5	6
AUG	7	8	9	10	11	12	13
	14	15	16	17	18	19	20
3	21	22	23	24	25	26	27
MES	28	29	30	31	1	2	3
SEPT	4	5	6	7	8	9	10
	11	12	13	14	15	16	17
	18	19	20	21	22	23	24

OTOÑO

	1	2	3	4	5	6	SABADO	
7	25	26	27	28	29	30	31	
MES	1	2	3	4	5	6	7	1946
ENERO	8	9	10	11	12	13	14	
	15	16	17	18	19	20	21	
8	22	23	24	25	26	27	28	
MES	29	30	31	1	2	3	4	
FEB	5	6	7	8	9	10	11	
	12	13	14	15	16	17	18	
9	19	20	21	22	23	24	25	
MES	26	27	28	1	2	3	4	
MARZO	5	6	7	8	9	10	11	
	12	13	14	15	16	17	18	
	19	20	21	22	23	24	25	

VERANO

4	25	26	27	28	29	30	1
MES	2	3	4	5	6	7	8
OCT	9	10	11	12	13	14	15
	16	17	18	19	20	21	22
5	23	24	25	26	27	28	29
MES	30	31	1	2	3	4	5
NOV	6	7	8	9	10	11	12
	13	14	15	16	17	18	19
6	20	21	22	23	24	25	26
MES	27	28	29	30	1	2	3
DEC	4	5	6	7	8	9	10
	11	12	13	14	15	16	17
	18	19	20	21	22	23	24

INVIERNO

10	26	27	28	29	30	31	1
MES	2	3	4	5	6	7	8
ABRIL	9	10	11	12	13	14	15
	16	17	18	19	20	21	22
11	23	24	25	26	25	28	29
MES	30	1	2	3	4	5	6
MAYO	7	8	9	10	11	12	13
	14	15	16	17	18	19	20
12	21	22	23	24	25	26	27
MES	28	29	30	31	1	2	3
JUNIO	4	5	6	7	8	9	10
	11	12	13	14	15	16	17
	18	19	20	21	22	23	24

LUNA LLENA CICLO DEL PRIMER AÑO **LUNA NUEVA** CICLO DEL PRIMER AÑO

CALENDARIO DE LA CREACIÓN

CALENDARIO DE ENOC

5924————1944 –1945

PRIMAVERA

DIA	1	2	3	4	5	6	SABADO
1	27	28	29	30	1	2	3
MES	4	5	6	7	8	9	10
JULIO	11	12	13	14	15	16	17
	18	19	20	21	22	23	24
2	25	26	27	28	29	30	31
MES	1	2	3	4	5	6	7
AUG	8	9	10	11	12	13	14
	15	16	17	18	19	20	21
3	22	23	24	25	26	27	28
MES	29	30	31	1	2	3	4
SEPT	5	6	7	8	9	10	11
	12	13	14	15	16	17	18
	19	20	21	22	23	24	25

OTOÑO

	1	2	3	4	5	6	SABADO
7	26	27	28	29	30	31	1 (1945)
MES	2	3	4	5	6	7	8
ENERO	9	10	11	12	13	14	15
	16	17	18	19	20	21	22
8	23	24	25	26	27	28	29
MES	30	31	1	2	3	4	5
FEB	6	7	8	9	10	11	12
	13	14	15	16	17	18	19
9	20	21	22	23	24	25	26
MES	27	28	1	2	3	4	5
MARZO	6	7	8	9	10	11	12
	13	14	15	16	17	18	19
	20	21	22	23	24	25	26

VERANO

4	26	27	28	29	30	1	2
MES	3	4	5	6	7	8	9
OCT	10	11	12	13	14	15	16
	17	18	19	20	21	22	23
5	24	25	26	27	28	29	30
MES	31	1	2	3	4	5	6
NOV	7	8	9	10	11	12	13
	14	15	16	17	18	19	20
6	21	22	23	24	25	26	27
MES	28	29	30	1	2	3	4
DEC	5	6	7	8	9	10	11
	12	13	14	15	16	17	18
	19	20	21	22	23	24	25

INVIERNO

10	27	28	29	30	31	1	2
MES	3	4	5	6	7	8	9
ABRIL	10	11	12	13	14	15	16
	17	18	19	20	21	22	23
11	24	25	26	25	28	29	30
MES	1	2	3	4	5	6	7
MAYO	8	9	10	11	12	13	14
	15	16	17	18	19	20	21
12	22	23	24	25	26	27	28
MES	29	30	31	1	2	3	4
JUNIO	5	6	7	8	9	10	11
	12	13	14	15	16	17	1
	19	20	21	22	23	24	25

LUNA LLENA CICLO DEL TERCERO AÑO

CALENDARIO PARA .3333333

LUNA NUEVA CICLO DEL TERCERO AÑO

CALENDARIO DE LA CREACIÓN

CALENDARIO DE ENOC

5923———1943 -1944

PRIMAVERA

DIA	1	2	3	4	5	6	SABADO
1	29	30	1	2	3	4	5
MES	6	7	8	9	10	11	12
JULIO	13	14	15	16	17	18	19
	20	21	22	23	24	25	26
2	27	28	29	30	31	1	2
MES	3	4	5	6	7	8	9
AUG	10	11	12	13	14	15	16
	17	18	19	20	21	22	23
3	24	25	26	27	28	29	30
MES	31	1	2	3	4	5	6
SEPT	7	8	9	10	11	12	13
	14	15	16	17	18	19	20
	21	22	23	24	25	26	27

OTOÑO

1944

	1	2	3	4	5	6	SABADO
7	28	29	30	31	1	2	3
MES	4	5	6	7	8	9	10
ENERO	11	12	13	14	15	16	17
	18	19	20	21	22	23	24
8	25	26	27	28	29	30	31
MES	1	2	3	4	5	6	7
FEB	8	9	10	11	12	13	14
	15	16	17	18	19	20	21
9	22	23	24	25	26	27	28
MES	29	1	2	3	4	5	6
MARZO	7	8	9	10	11	12	13
	14	15	16	17	18	19	20
	21	22	23	24	25	26	27

VERANO

4	28	29	30	1	2	3	4
MES	5	6	7	8	9	10	11
OCT	12	13	14	15	16	17	18
	19	20	21	22	23	24	25
5	26	27	28	29	30	31	1
MES	2	3	4	5	6	7	8
NOV	9	10	11	12	13	14	15
	16	17	18	19	20	21	22
6	23	24	25	26	27	28	29
MES	30	1	2	3	4	5	6
DEC	7	8	9	10	11	12	13
	14	15	16	17	18	19	20
	21	22	23	24	25	26	27

INVIERNO

10	28	29	30	31	1	2	3
MES	4	5	6	7	8	9	10
ABRIL	11	12	13	14	15	16	17
	18	19	20	21	22	23	24
11	25	26	25	28	29	30	1
MES	2	3	4	5	6	7	8
MAYO	9	10	11	12	13	14	15
	16	17	18	19	20	21	22
12	23	24	25	26	27	28	29
MES	30	31	1	2	3	4	5
JUNIO	6	7	8	9	10	11	12
	13	14	15	16	17	18	19
	20	21	22	23	24	25	26

LUNA LLENA CICLO DEL SEGUNDO AÑO

LUNA NUEVA CICLO DEL SEGUNDO AÑO

CALENDARIO PARA .6666666

CALENDARIO DE LA CREACIÓN

CALENDARIO DE ENOC

5922 ————— 1942 –1943

PRIMAVERA

DIA	1	2	3	4	5	6	SABADO
1	30	1	2	3	4	5	6
MES	7	8	9	10	11	12	13
JULIO	14	15	16	17	18	19	20
	21	22	23	24	25	26	27
2	28	29	30	31	1	2	3
MES	4	5	6	7	8	9	10
AUG	11	12	13	14	15	16	17
	18	19	20	21	22	23	24
3	25	26	27	28	29	30	31
MES	1	2	3	4	5	6	7
SEPT	8	9	10	11	12	13	14
	15	16	17	18	19	20	21
	22	23	24	25	26	27	28

OTOÑO

	1	2	3	4	5	6	SABADO	
7	29	30	31	1	2	3	4	1943
MES	5	6	7	8	9	10	11	
ENERO	12	13	14	15	16	17	18	
	19	20	21	22	23	24	25	
8	26	27	28	29	30	31	1	
MES	2	3	4	5	6	7	8	
FEB	9	10	11	12	13	14	15	
	16	17	18	19	20	21	22	
9	23	24	25	26	27	28	1	
MES	2	3	4	5	6	7	8	
MARZO	9	10	11	12	13	14	15	
	16	17	18	19	20	21	22	
	23	24	25	26	27	28	29	

VERANO

4	29	30	1	2	3	4	5
MES	6	7	8	9	10	11	12
OCT	13	14	15	16	17	18	19
	20	21	22	23	24	25	26
5	27	28	29	30	31	1	2
MES	3	4	5	6	7	8	9
NOV	10	11	12	13	14	15	16
	17	18	19	20	21	22	23
6	24	25	26	27	28	29	30
MES	1	2	3	4	5	6	7
DEC	8	9	10	11	12	13	14
	15	16	17	18	19	20	21
	22	23	24	25	26	27	28

INVIERNO

10	30	31	1	2	3	4	5
MES	6	7	8	9	10	11	12
ABRIL	13	14	15	16	17	18	19
	20	21	22	23	24	25	26
11TH	27	28	29	30	1	2	3
Month	4	5	6	7	8	9	10
MAYO	11	12	13	14	15	16	17
	18	19	20	21	22	23	24
12	25	26	27	28	29	30	31
MES	1	2	3	4	5	6	7
JUNIO	8	9	10	11	12	13	14
	15	16	17	18	19	20	21
	22	23	24	25	26	27	28

LUNA LLENA CICLO DEL PRIMER AÑO

LUNA NUEVA CICLO DEL PRIMER AÑO

CALENDARIO DE LA CREACIÓN

CALENDARIO DE ENOC

5921————1941 -1942

PRIMAVERA

DIA	1	2	3	4	5	6	SABADO
1	1	2	3	4	5	6	7
MES	8	9	10	11	12	13	14
JULIO	15	16	17	18	19	20	21
	22	23	24	25	26	27	28
2	29	30	31	1	2	3	4
MES	5	6	7	8	9	10	11
AUG	12	13	14	15	16	17	18
	19	20	21	22	23	24	25
3	26	27	28	29	30	31	1
MES	2	3	4	5	6	7	8
SEPT	9	10	11	12	13	14	15
	16	17	18	19	20	21	22
	23	24	25	26	27	28	29

OTOÑO

1942

	1	2	3	4	5	6	SABADO
7	30	31	1	2	3	4	5
MES	6	7	8	9	10	11	12
ENERO	13	14	15	16	17	18	19
	20	21	22	23	24	25	26
8	27	28	29	30	31	1	2
MES	3	4	5	6	7	8	9
FEB	10	11	12	13	14	15	16
	17	18	19	20	21	22	23
9	24	25	26	27	28	1	2
MES	3	4	5	6	7	8	9
MARZO	10	11	12	13	14	15	16
	17	18	19	20	21	22	23
	24	25	26	27	28	29	30

VERANO

4	30	1	2	3	4	5	6
MES	7	8	9	10	11	12	11
OCT	14	15	16	17	18	19	20
	21	22	23	24	25	26	27
5	28	29	30	31	1	2	3
MES	4	5	6	7	8	9	10
NOV	11	12	13	14	15	16	17
	18	19	20	21	22	23	24
6	25	26	27	28	29	30	1
MES	2	3	4	5	6	7	8
DEC	9	10	11	12	13	14	15
	16	17	18	19	20	21	22
	23	24	25	26	27	28	29

INVIERNO

10	31	1	2	3	4	5	6
MES	7	8	9	10	11	12	13
ABRIL	14	15	16	17	18	19	20
	21	22	23	24	25	26	27
11	28	29	30	1	2	3	4
MES	5	6	7	8	9	10	11
MAYO	12	13	14	15	16	17	18
	19	20	21	22	23	24	25
12	26	27	28	29	30	31	1
MES	2	3	4	5	6	7	8
JUNIO	9	10	11	12	13	14	15
	16	17	18	19	20	21	22
	23	24	25	26	27	28	29

LUNA LLENA CICLO DEL TERCERO AÑO

LUNA NUEVA CICLO DEL TERCERO AÑO

CALENDARA PARA .3333333

CALENDARIO DE LA CREACIÓN

CALENDARIO DE ENOC

5920———1940 –1941

PRIMAVERA

DIA	1	2	3	4	5	6	SABADO
1	2	3	4	5	6	7	8
MES	9	10	11	12	13	14	15
JULIO	16	17	18	19	20	21	22
	23	24	25	26	27	28	29
2	30	31	1	2	3	4	5
MES	6	7	8	9	10	11	12
AUG	13	14	15	16	17	18	19
	20	21	22	23	24	25	26
3	27	28	29	30	31	1	2
MES	3	4	5	6	7	8	9
SEPT	10	11	12	13	14	15	16
	17	18	19	20	21	22	23
	24	25	26	27	28	29	30

OTOÑO

	1	2	3	4	5	6	SABADO
7	31	1	2	3	4	5	6
MES	7	8	9	10	11	12	13
ENERO	14	15	16	17	18	19	20
	21	22	23	24	25	26	27
8	28	29	30	31	1	2	3
MES	4	5	6	7	8	9	10
FEB	11	12	13	14	15	16	17
	18	19	20	21	22	23	24
9	25	26	27	28	1	2	3
MES	4	5	6	7	8	9	10
MARZO	11	12	13	14	15	16	17
	18	19	20	21	22	23	24
	25	26	27	28	29	30	31

1941

VERANO

4	1	2	3	4	5	6	7
MES	8	9	10	11	12	13	14
OCT	15	16	17	18	19	20	21
	22	23	24	25	26	27	28
5	29	30	31	1	2	3	4
MES	5	6	7	8	9	10	11
NOV	12	13	14	15	16	17	18
	19	20	21	22	23	24	25
6	26	27	28	29	30	1	2
MES	3	4	5	6	7	8	9
DEC	10	11	12	13	14	15	16
	17	18	19	20	21	22	23
	24	25	26	27	28	29	30

INVIERNO

10T	1	2	3	4	5	6	7
MES	8	9	10	11	12	13	14
ABRIL	15	16	17	18	19	20	21
	22	23	24	25	26	27	28
11	29	30	1	2	3	4	5
MES	6	7	8	9	10	11	12
MAYO	13	14	15	16	17	18	19
	20	21	22	23	24	25	26
12	27	28	29	30	31	1	2
MES	3	4	5	6	7	8	9
JUNIO	10	11	12	13	14	15	16
	17	18	19	20	21	22	23
	24	25	26	27	28	29	30

LUNA LLENA CICLO DEL SEGUNDO AÑO

LUNA NUEVA CICLO DEL SEGUNDO AÑO

CALENDARIO PARA .6666666

CALENDARIO DE LA CREACIÓN

CALENDARIO DE ENOC

5919 ———— 1939 –1940

PRIMAVERA

DIA	1	2	3	4	5	6	SABADO
1	4	5	6	7	8	9	10
MES	11	12	13	14	15	16	17
JULIO	18	19	20	21	22	23	24
	25	26	27	28	29	30	31
2	1	2	3	4	5	6	7
MES	8	9	10	11	12	13	14
AUG	15	16	17	18	19	20	21
	22	23	24	25	26	27	28
3	29	30	31	1	2	3	4
MES	5	6	7	8	9	10	11
SEPT	12	13	14	15	16	17	18
	19	20	21	22	23	24	25
	26	27	28	29	30	1	2

OTOÑO

1940

	1	2	3	4	5	6	SABADO
7	2	3	4	5	6	7	8
MES	9	10	11	12	13	14	15
ENERO	16	17	18	19	20	21	22
	23	24	25	26	27	28	29
8	30	31	1	2	3	4	5
MES	6	7	8	9	10	11	12
FEB	13	14	15	16	17	18	19
	20	21	22	23	24	25	26
9	27	28	29	1	2	3	4
MES	5	6	7	8	9	10	11
MARZO	12	13	14	15	16	17	18
	19	20	21	22	23	24	25
	26	27	28	29	30	31	1

VERANO

4	3	4	5	6	7	8	9
MES	10	11	12	13	14	15	16
OCT	17	18	19	20	21	22	23
	24	25	26	27	28	29	30
5	31	1	2	3	4	5	6
MES	7	8	9	10	11	12	13
NOV	14	15	16	17	18	19	20
	21	22	23	24	25	26	27
6	28	29	30	1	2	3	4
MES	5	6	7	8	9	10	11
DEC	12	13	14	15	16	17	18
	19	20	21	22	23	24	25
	26	27	28	29	30	31	1

INVIERNO

10	2	3	4	5	6	7	8
MES	9	10	11	12	13	14	15
ABRIL	16	17	18	19	20	21	22
	23	24	25	26	27	28	29
11	30	1	2	3	4	5	6
MES	7	8	9	10	11	12	13
MAYO	14	15	16	17	18	19	20
	21	22	23	24	25	26	27
12	28	29	30	31	1	2	3
MES	4	5	6	7	8	9	10
JUNIO	11	12	13	14	15	16	17
	18	19	20	21	22	23	24
	25	26	27	28	29	30	1

LUNA LLENA CICLO DEL PRIMER AÑO

LUNA NUEVA CICLO DEL PRIMER AÑO

CALENDARIO DE LA CREACIÓN

CALENDARIO DE ENOC

5918————1938 –1939

PRIMAVERA

DIA	1	2	3	4	5	6	SABADO
1	5	6	7	8	9	10	11
MES	12	13	14	15	16	17	18
JULIO	19	20	21	22	23	24	25
	26	27	28	29	30	31	1
2	2	3	4	5	6	7	8
MES	9	10	11	12	13	14	15
AUG	16	17	18	19	20	21	22
	23	24	25	26	27	28	29
3	30	31	1	2	3	4	5
MES	6	7	8	9	10	11	12
SEPT	13	14	15	16	17	18	19
	20	21	22	23	24	25	26
	27	28	29	30	1	2	3

OTOÑO

	1	2	3	4	5	6	SABADO
7	3	4	5	6	7	8	9
MES	10	11	12	13	14	15	16
ENERO	17	18	19	20	21	22	23
	24	25	26	27	28	29	30
8	31	1	2	3	4	5	6
MES	7	8	9	10	11	12	13
FEB	14	15	16	17	18	19	20
	21	22	23	24	25	26	27
9	28	1	2	3	4	5	6
MES	7	8	9	10	11	12	13
MARZO	14	15	16	17	18	19	20
	21	22	23	24	25	26	27
	28	29	30	31	1	2	3

VERANO

4	4	5	6	7	8	9	10
MES	11	12	13	14	15	16	17
OCT	18	19	20	21	22	23	24
	25	26	27	28	29	30	31
5	1	2	3	4	5	6	7
MES	8	9	10	11	12	13	14
NOV	15	16	17	18	19	20	21
	22	23	24	25	26	27	28
6	29	30	1	2	3	4	5
MES	6	7	8	9	10	11	12
DEC	13	14	15	16	17	18	19
	20	21	22	23	24	25	26
	27	28	29	30	31	1	2

INVIERNO

10	4	5	6	7	8	9	10
MES	11	12	13	14	15	16	17
ABRIL	18	19	20	21	22	23	24
	25	26	27	28	29	30	1
11	2	3	4	5	6	7	8
MES	9	10	11	12	13	14	15
MAYO	16	17	18	19	20	21	22
	23	24	25	26	27	28	29
12	30	31	1	2	3	4	5
MES	6	7	8	9	10	11	12
JUNIO	13	14	15	16	17	18	19
	20	21	22	23	24	25	26
1939	27	28	29	30	1	2	3

LUNA LLENA CICLO DEL TERCERO AÑO

LUNA NUEVA CICLO DEL TERCERO AÑO

CALENDARIO PARA .3333333

CALENDARIO DE LA CREACIÓN

CALENDARIO DE ENOC

5917——————————1937 - 1938

PRIMAVERA

DIA	1	2	3	4	5	6	SABADO
1	6	7	8	9	10	11	12
MES	13	14	15	16	17	18	19
JULIO	20	21	22	23	24	25	26
	27	28	29	30	31	1	2
2	3	4	5	6	7	8	9
MES	10	11	12	13	14	15	16
AUG	17	18	19	20	21	22	23
	24	25	26	27	28	29	30
3	31	1	2	3	4	5	6
MES	7	8	9	10	11	12	13
SEPT	14	15	16	17	18	19	20
	21	22	23	24	25	26	27
	28	29	30	1	2	3	4

OTOÑO

	1	2	3	4	5	6	SABADO
7	4	5	6	7	8	9	10
MES	11	12	13	14	15	16	17
ENERO	18	19	20	21	22	23	24
	25	26	27	28	29	30	31
8TH	1	2	3	4	5	6	7
MES	8	9	10	11	12	13	14
FEB	15	16	17	18	19	20	21
	22	23	24	25	26	27	28
9TH	1	2	3	4	5	6	7
MES	8	9	10	11	12	13	14
MARZO	15	16	17	18	19	20	21
	22	23	24	25	26	27	28
	29	30	31	1	2	3	4

VERANO

4	5	6	7	8	9	10	11
MES	12	13	14	15	16	17	18
OCT	19	20	21	22	23	24	25
	26	27	28	29	30	31	1
5	2	3	4	5	6	7	8
MES	9	10	11	12	13	14	15
NOV	16	17	18	19	20	21	22
	23	24	25	26	27	28	29
6	30	1	2	3	4	5	6
MES	7	8	9	10	11	12	13
DEC	14	15	16	17	18	19	20
	21	22	23	24	25	26	27
	28	29	30	31	1	2	3

INVIERNO

10	5	6	7	8	9	10	11
MES	12	13	14	15	16	17	18
ABRIL	19	20	21	22	23	24	25
	26	27	28	29	30	1	2
11	3	4	5	6	7	8	9
MES	10	11	12	13	14	15	16
MAY	17	18	19	20	21	22	23
	24	25	26	27	28	29	30
12	31	1	2	3	4	5	6
MES	7	8	9	10	11	12	13
JUNIO	14	15	16	17	18	19	20
	21	22	23	24	25	26	27
1938	28	29	30	1	2	3	4

LUNA LLENA CICLO DEL SEGUNDO AÑO

CALENDARIO PARA .6666666

LUNA NUEVA CICLO DEL SEGUNDO AÑO

CALENDARIO DE LA CREACIÓN

CALENDARIO DE ENOC

5916 ——————1936 –1937

PRIMAVERA

DIA	1	2	3	4	5	6	SABADO
1	7	8	9	10	11	12	13
MES	14	15	16	17	18	19	20
JULIO	21	22	23	24	25	26	27
	28	29	30	31	1	2	3
2	4	5	6	7	8	9	10
MES	11	12	13	14	15	16	17
AUG	18	19	20	21	22	23	24
	25	26	27	28	29	30	31
3	1	2	3	4	5	6	7
MES	8	9	10	11	12	13	14
SEPT	15	16	17	18	19	20	21
	22	23	24	25	26	27	28
	29	30	1	2	3	4	5

OTOÑO

	1	2	3	4	5	6	SABADO
7	5	6	7	8	9	10	11
MES	12	13	14	15	16	17	18
ENERO	19	20	21	22	23	24	25
	26	27	28	29	30	31	1
8	2	3	4	5	6	7	8
MES	9	10	11	12	13	14	15
FEB	16	17	18	19	20	21	22
	23	24	25	26	27	28	1
9	2	3	4	5	6	7	8
MES	9	10	11	12	13	14	15
MARZO	16	17	18	19	20	21	22
	23	24	25	26	27	28	29
	30	31	1	2	3	4	5

VERANO

4	6	7	8	9	10	11	12
MES	13	14	15	16	17	18	19
OCT	20	21	22	23	24	25	26
	27	28	29	30	31	1	2
5	3	4	5	6	7	8	9
MES	10	11	12	13	14	15	16
NOV	17	18	19	20	21	22	23
	24	25	26	27	28	29	30
6	1	2	3	4	5	6	7
MES	8	9	10	11	12	13	14
DEC	15	16	17	18	19	20	21
	22	23	24	25	26	27	28
	29	30	31	1	2	3	4

1937

INVIERNO

10	6	7	8	9	10	11	12
MES	13	14	15	16	17	18	19
ABRIL	20	21	22	23	24	25	26
	27	28	29	30	1	2	3
11	4	5	6	7	8	9	10
MES	11	12	13	14	15	16	17
MAYO	18	19	20	21	22	23	24
	25	26	27	28	29	30	31
12	1	2	3	4	5	6	7
MES	8	9	10	11	12	13	14
JUNIO	15	16	17	18	19	20	21
	22	23	24	25	26	27	28
	29	30	1	2	3	4	5

LUNA LLENA CICLO DEL PRIMER AÑO

LUNA NUEVA CICLO DEL PRIMER AÑO

CALENDARIO DE LA CREACIÓN

CALENDARIO DE ENOC

5915————1935 –1936

PRIMAVERA

DIA	1	2	3	4	5	6	SABADO
1	9	10	11	12	13	14	15
MES	16	17	18	19	20	21	22
JULIO	23	24	25	26	27	28	29
	30	31	1	2	3	4	5
2	6	7	8	9	10	11	12
MES	13	14	15	16	17	18	19
AUG	20	21	22	23	24	25	26
	27	28	29	30	31	1	2
3	3	4	5	6	7	8	9
MES	10	11	12	13	14	15	16
SEPT	17	18	19	20	21	22	23
	24	25	26	27	28	29	30
	1	2	3	4	5	6	7

OTOÑO

	1	2	3	4	5	6	SABADO
7	7	8	9	10	11	12	13
MES	14	15	16	17	18	19	20
ENERO	21	22	23	24	25	26	27
	28	29	30	31	1	2	3
8	4	5	6	7	8	9	10
MES	11	12	13	14	15	16	17
FEB	18	19	20	21	22	23	24
	25	26	27	28	29	1	2
9	3	4	5	6	7	8	9
MES	10	11	12	13	14	15	16
MARZO	17	18	19	20	21	22	23
	24	25	26	27	28	29	30
	31	1	2	3	4	5	6

VERANO

4	8	9	10	11	12	13	14
MES	15	16	17	18	19	20	21
OCT	22	23	24	25	26	27	28
	29	30	31	1	2	3	4
5	5	6	7	8	9	10	11
MES	12	13	14	15	16	17	18
NOV	19	20	21	22	23	24	25
	26	27	28	29	30	1	2
6	3	4	5	6	7	8	9
MES	10	11	12	13	14	15	16
DEC	17	18	19	20	21	22	23
	24	25	26	27	28	29	30
	31	1	2	3	4	5	6

INVIERNO

10	7	8	9	10	11	12	13
MES	14	15	16	17	18	19	20
ABRIL	21	22	23	24	25	26	27
	28	29	30	1	2	3	4
11	5	6	7	8	9	10	11
MES	12	13	14	15	16	17	18
MAYO	19	20	21	22	23	24	25
	26	27	28	29	30	31	1
12	2	3	4	5	6	7	8
MES	9	10	11	12	13	14	15
JUNIO	16	17	18	19	20	21	22
	23	24	25	26	27	28	29
1936	30	1	2	3	4	5	6

LUNA LLENA CICLO DEL TERCERO AÑO

CALENDARIO PARA .3333333

LUNA NUEVA CICLO DEL TERCERO AÑO

CALENDARIO DE LA CREACIÓN

CALENDARIO DE ENOC

5914 ——————————1934 - 1935

PRIMAVERA															
DIA	1	2	3	4	5	6	SABADO		1	2	3	4	5	6	SABADO

PRIMAVERA / OTOÑO

DIA	1	2	3	4	5	6	SABADO		1	2	3	4	5	6	SABADO
1	10	11	12	13	14	15	16	7	8	9	10	11	12	13	14
MES	17	18	19	20	21	22	23	MES	15	16	17	18	19	20	21
JULY	24	25	26	27	28	29	30	ENERO	22	23	24	25	26	27	28
	31	1	2	3	4	5	6		29	30	31	1	2	3	4
2	7	8	9	10	11	12	13	8	5	6	7	8	9	10	11
MES	14	15	16	17	18	19	20	MES	12	13	14	15	16	17	18
AUG	21	22	23	24	25	26	27	FEB	19	20	21	22	23	24	25
	28	29	30	31	1	2	3		26	27	28	1	2	3	4
3	4	5	6	7	8	9	10	9	5	6	7	8	9	10	11
MES	11	12	13	14	15	16	17	MES	12	13	14	15	16	17	18
SEPT	18	19	20	21	22	23	24	MARZO	19	20	21	22	23	24	25
	25	26	27	28	29	30	1		26	27	28	29	30	31	1
	2	3	4	5	6	7	8		2	3	4	5	6	7	8

VERANO / INVIERNO

4	9	10	11	12	13	14	15	10	9	10	11	12	13	14	15
MES	16	17	18	19	20	21	22	MES	16	17	18	19	20	21	22
OCT	23	24	25	26	27	28	29	ABRIL	23	24	25	26	27	28	29
	30	31	1	2	3	4	5		30	1	2	3	4	5	6
5	6	7	8	9	10	11	12	11TH	7	8	9	10	11	12	13
MES	13	14	15	16	17	18	19	Month	14	15	16	17	18	19	20
NOV	20	21	22	23	24	25	26	MAYO	21	22	23	24	25	26	27
	27	28	29	30	1	2	3		28	29	30	31	1	2	3
6	4	5	6	7	8	9	10	12	4	5	6	7	8	9	10
MES	11	12	13	14	15	16	17	MES	11	12	13	14	15	16	17
DEC	18	19	20	21	22	23	24	JUNIO	18	19	20	21	22	23	24
	25	26	27	28	29	30	31		25	26	27	28	29	30	1
	1	2	3	4	5	6	7	1935	2	3	4	5	6	7	8

LUNA LLENA CICLO DEL SEGUNDO AÑO

LUNA NUEVA CICLO DEL SEGUNDO AÑO

CALENDARIO PARA .6666666

CALENDARIO DE LA CREACIÓN

CALENDARIO DE ENOC

5913——————————1933 – 1934

PRIMAVERA

DIA	1	2	3	4	5	6	SABADO
1	11	12	13	14	15	16	17
MES	18	19	20	21	22	23	24
JUNIO	25	26	27	28	29	30	31
	1	2	3	4	5	6	7
2	8	9	10	11	12	13	14
MES	15	16	17	18	19	20	21
AUG	22	23	24	25	26	27	28
	29	30	31	1	2	3	4
3	5	6	7	8	9	10	11
MES	12	13	14	15	16	17	18
SEPT	19	20	21	22	23	24	25
	26	27	28	29	30	1	2
	3	4	5	6	7	8	9

OTOÑO

	1	2	3	4	5	6	SABADO
7	9	10	11	12	13	14	15
MES	16	17	18	19	20	21	22
ENERO	23	24	25	26	27	28	29
	30	31	1	2	3	4	5
8	6	7	8	9	10	11	12
MES	13	14	15	16	17	18	19
FEB	20	21	22	23	24	25	26
	27	28	1	2	3	4	5
9	6	7	8	9	10	11	12
MES	13	14	15	16	17	18	19
MARZO	20	21	22	23	24	25	26
	27	28	29	30	31	1	2
	3	4	5	6	7	8	9

VERANO

4	10	11	12	13	14	15	16
MES	17	18	19	20	21	22	23
OCT	24	25	26	27	28	29	30
	31	1	2	3	4	5	6
5	7	8	9	10	11	12	13
MES	14	15	16	17	18	19	20
NOV	21	22	23	24	25	26	27
	28	29	30	1	2	3	4
6	5	6	7	8	9	10	11
MES	12	13	14	15	16	17	18
DEC	19	20	21	22	23	24	25
	26	27	28	29	30	31	1
	2	3	4	5	6	7	8

INVIERNO

10	10	11	12	13	14	15	16
MES	17	18	19	20	21	22	23
ABRIL	24	25	26	27	28	29	30
	1	2	3	4	5	6	7
11	8	9	10	11	12	13	14
MES	15	16	17	18	19	20	21
MAYO	22	23	24	25	26	27	28
	29	30	31	1	2	3	4
12	5	6	7	8	9	10	11
MES	12	13	14	15	16	17	18
JUNIO	19	20	21	22	23	24	25
1934	26	27	28	29	30	1	2
	3	4	5	6	7	8	9

LUNA LLENA CICLO DEL PRIMER AÑO

LUNA NUEVA CICLO DEL PRIMER AÑO

CALENDARIO DE LA CREACIÓN

CALENDARIO DE ENOC

5912 ———————— 1932 – 1933

PRIMAVERA

DIA	1	2	3	4	5	6	SABADO
1	12	13	14	15	16	17	18
MES	19	20	21	22	23	24	25
JULIO	26	27	28	29	30	31	1
	2	3	4	5	6	7	8
2	9	10	11	12	13	14	15
MES	16	17	18	19	20	21	22
AUG	23	24	25	26	27	28	29
	30	31	1	2	3	4	5
3	6	7	8	9	10	11	12
MES	13	14	15	16	17	18	19
SEPT	20	21	22	23	24	25	26
	27	28	29	30	1	2	3
	4	5	6	7	8	9	10

OTOÑO

	1	2	3	4	5	6	SABADO
7	10	11	12	13	14	15	16
MES	17	18	19	20	21	22	23
ENERO	24	25	26	27	28	29	30
	31	1	2	3	4	5	6
8	7	8	9	10	11	12	13
MES	14	15	16	17	18	19	20
FEB	21	22	23	24	25	26	27
	28	1	2	3	4	5	6
9	7	8	9	10	11	12	13
MES	14	15	16	17	18	19	20
MARZO	21	22	23	24	25	26	27
	28	29	30	31	1	2	3
	4	5	6	7	8	9	10

VERANO

4	11	12	13	14	15	16	17
MES	18	19	20	21	22	23	24
OCT	25	26	27	28	29	30	31
	1	2	3	4	5	6	7
5	8	9	10	11	12	13	14
MES	15	16	17	18	19	20	21
NOV	22	23	24	25	26	27	28
	29	30	1	2	3	4	5
6	6	7	8	9	10	11	12
MES	13	14	15	16	17	18	19
DEC	20	21	22	23	24	25	26
	27	28	29	30	31	1	2
	3	4	5	6	7	8	9

INVIERNO

10	11	12	13	14	15	16	17
MES	18	19	20	21	22	23	24
ABRIL	25	26	27	28	29	30	1
	2	3	4	5	6	7	8
11	9	10	11	12	13	14	15
MES	16	17	18	19	20	21	22
MAYO	23	24	25	26	27	28	29
	30	31	1	2	3	4	5
12	6	7	8	9	10	11	12
MES	13	14	15	16	17	18	19
JUNIO	20	21	22	23	24	25	26
1933	27	28	29	30	1	2	3
	4	5	6	7	8	9	10

LUNA LLENA CICLO DEL TERCERO AÑO **LUNA NUEVA CICLO DEL TERCERO AÑO**

CALENDARIO PARA .3333333

CALENDARIO DE LA CREACIÓN

CALENDARIO DE ENOC

5911————————1931 – 1932

PRIMAVERA

DIA	1	2	3	4	5	6	SABADO
1	14	15	16	17	18	19	20
MES	21	22	23	24	25	26	27
JULIO	28	29	30	31	1	2	3
	4	5	6	7	8	9	10
2	11	12	13	14	15	16	17
MES	18	19	20	21	22	23	24
AUG	25	26	27	28	29	30	31
	1	2	3	4	5	6	7
3	8	9	10	11	12	13	14
MES	15	16	17	18	19	20	21
SEPT	22	23	24	25	26	27	28
	29	30	1	2	3	4	5
	6	7	8	9	10	11	12

OTOÑO

	1	2	3	4	5	6	SABADO
7	12	13	14	15	16	17	18
MES	19	20	21	22	23	24	25
ENERO	26	27	28	29	30	31	1
	2	3	4	5	6	7	8
8	9	10	11	12	13	14	15
MES	16	17	18	19	20	21	22
FEB	23	24	25	26	27	28	29
	1	2	3	4	5	6	7
9	8	9	10	11	12	13	14
MES	15	16	17	18	19	20	21
MARZO	22	23	24	25	26	27	28
	29	30	31	1	2	3	4
	5	6	7	8	9	10	11

VERANO

4	13	14	15	16	17	18	19
MES	20	21	22	23	24	25	26
OCT	27	28	29	30	31	1	2
	3	4	5	6	7	8	9
5	10	11	12	13	14	15	16
MES	17	18	19	20	21	22	23
NOV	24	25	26	27	28	29	30
	1	2	3	4	5	6	7
6	8	9	10	11	12	13	14
MES	15	16	17	18	19	20	21
DEC	22	23	24	25	26	27	28
	29	30	31	1	2	3	4
	5	6	7	8	9	10	11

INVIERNO

10	12	13	14	15	16	17	18
MES	19	20	21	22	23	24	25
ABRIL	26	27	28	29	30	1	2
	3	4	5	6	7	8	9
11	10	11	12	13	14	15	16
MES	17	18	19	20	21	22	23
MAYO	24	25	26	27	28	29	30
	31	1	2	3	4	5	6
12	7	8	9	10	11	12	13
MES	14	15	16	17	18	19	20
JUNIO	21	22	23	24	25	26	27
1932	28	29	30	1	2	3	4
	5	6	7	8	9	10	11

LUNA LLENA CICLO DEL SEGUNDO AÑO

LUNA NUEVA CICLO DEL SEGUNDO AÑO

CALENDARIO PARA .6666666

CALENDARIO DE LA CREACIÓN

CALENDARIO DE ENOC

5910 ———————————— 1930 – 1931

PRIMAVERA

DIA	1	2	3	4	5	6	SABADO
1	15	16	17	18	19	20	21
MES	22	23	24	25	26	27	28
JULIO	29	30	31	1	2	3	4
	5	6	7	8	9	10	11
2	12	13	14	15	16	17	18
MES	19	20	21	22	23	24	25
AUG	26	27	28	29	30	31	1
	2	3	4	5	6	7	8
3	9	10	11	12	13	14	15
MES	16	17	18	19	20	21	22
SEPT	23	24	25	26	27	28	29
	30	1	2	3	4	5	6
	7	8	9	10	11	12	13

OTOÑO

	1	2	3	4	5	6	SABADO
7	13	14	15	16	17	18	19
MES	20	21	22	23	24	25	26
ENERO	27	28	29	30	31	1	2
	3	4	5	6	7	8	9
8	10	11	12	13	14	15	16
MES	17	18	19	20	21	22	23
FEB	24	25	26	27	28	1	2
	3	4	5	6	7	8	9
9	10	11	12	13	14	15	16
MES	17	18	19	20	21	22	23
MARZO	24	25	26	27	28	29	30
	31	1	2	3	4	5	6
	7	8	9	10	11	12	13

VERANO

4	14	15	16	17	18	19	20
MES	21	22	23	24	25	26	27
OCT	28	29	30	31	1	2	3
	4	5	6	7	8	9	10
5TH	11	12	13	14	15	16	17
MES	18	19	20	21	22	23	24
NOV	25	26	27	28	29	30	1
	2	3	4	5	6	7	8
6	9	10	11	12	13	14	15
MES	16	17	18	19	20	21	22
DEC	23	24	25	26	27	28	29
	30	31	1	2	3	4	5
	6	7	8	9	10	11	12

INVIERNO

10	14	15	16	17	18	19	20
MES	21	22	23	24	25	26	27
ABRIL	28	29	30	1	2	3	4
	5	6	7	8	9	10	11
11	12	13	14	15	16	17	18
MES	19	20	21	22	23	24	25
MAYO	26	27	28	29	30	31	1
	2	3	4	5	6	7	8
12	9	10	11	12	13	14	15
MES	16	17	18	19	20	21	22
JUNIO	23	24	25	26	27	28	29
1931	30	1	2	3	4	5	6
	7	8	9	10	11	12	13

LUNA LLENA CICLO DEL PRIMER AÑO　　**LUNA NUEVA** CICLO DEL PRIMER AÑO

CALENDARIO DE LA CREACIÓN

CALENDARIO DE ENOC

5909 ———————————— 1929 – 1930

PRIMAVERA

DAY	1	2	3	4	5	6	SABADO
1	16	17	18	19	20	21	22
MES	23	24	25	26	27	28	29
JULIO	30	31	1	2	3	4	5
	6	7	8	9	10	11	12
2	13	14	15	16	17	18	19
MES	20	21	22	23	24	25	26
AUG	27	28	29	30	31	1	2
	3	4	5	6	7	8	9
3	10	11	12	13	14	15	16
MES	17	18	19	20	21	22	21
SEPT	24	25	26	27	28	29	30
	1	2	3	4	5	6	7
	8	9	10	11	12	13	14

OTOÑO

	1	2	3	4	5	6	SABADO
7	14	15	16	17	18	19	20
MES	21	22	23	24	25	26	27
ENERO	28	29	30	31	1	2	3
	4	5	6	7	8	9	10
8	11	12	13	14	15	16	17
MES	18	19	20	21	22	23	24
FEB	25	26	27	28	1	2	3
	4	5	6	7	8	9	10
9TH	11	12	13	14	15	16	17
Month	18	19	20	21	22	23	24
MARZO	25	26	27	28	29	30	31
	1	2	3	4	5	6	7
	8	9	10	11	12	13	14

VERANO

4	15	16	17	18	19	20	21
MES	22	23	24	25	26	27	28
OCT	29	30	31	1	2	3	4
	5	6	7	8	9	10	11
5	12	13	14	15	16	17	18
MES	19	20	21	22	23	24	25
NOV	26	27	28	29	30	1	2
	3	4	5	6	7	8	9
6	10	11	12	13	14	15	16
MES	17	18	19	20	21	22	23
DEC	24	25	26	27	28	29	30
	31	1	2	3	4	5	6
	7	8	9	10	11	12	13

INVIERNO

10	15	16	17	18	19	20	21
MES	22	23	24	25	26	27	28
ABRIL	29	30	1	2	3	4	5
	6	7	8	9	10	11	12
11	13	14	15	16	17	18	19
MES	20	21	22	23	24	25	26
MAYO	27	28	29	30	31	1	2
	3	4	5	6	7	8	9
12	10	11	12	13	14	15	16
MES	17	18	19	20	21	22	23
JUNIO	24	25	26	27	28	29	30
1930	1	2	3	4	5	6	7
	8	9	10	11	12	13	14

LUNA LLENA CICLO DEL TERCERO AÑO

LUNA NUEVA CICLO DEL TERCERO AÑO

CALENDARIO PARA .3333333

CALENDARIO DE LA CREACIÓN

CALENDARIO DE ENOC

5908 ——————————— 1928 – 1929

PRIMAVERA

DIA	1	2	3	4	5	6	SABADO
1	17	18	19	20	21	22	23
MES	24	25	26	27	28	29	30
AUG	31	1	2	3	4	5	6
	7	8	9	10	11	12	13
2	14	15	16	17	18	19	20
MES	21	22	23	24	25	26	27
SEPT	28	29	30	31	1	2	3
	4	5	6	7	8	9	10
3	11	12	13	14	15	16	17
MES	18	19	20	21	22	23	24
OCT	25	26	27	28	29	30	1
	2	3	4	5	6	7	8
	9	10	11	12	13	14	15

OTOÑO

	1	2	3	4	5	6	SABADO
7	15	16	17	18	19	20	21
MES	22	23	24	25	26	27	28
FEB	29	30	31	1	2	3	4
	5	6	7	8	9	10	11
8	12	13	14	15	16	17	18
MES	19	20	21	22	23	24	25
MARZO	26	27	28	1	2	3	4
	5	6	7	8	9	10	11
9	12	13	14	15	16	17	18
MES	19	20	21	22	23	24	25
ABRIL	26	27	28	29	30	31	1
	2	3	4	5	6	7	8
	9	10	11	12	13	14	15

VERANO

4	16	17	18	19	20	21	21
MES	23	24	25	26	27	28	29
NOV	30	31	1	2	3	4	5
	6	7	8	9	10	11	12
5	13	14	15	16	17	18	19
MES	20	21	22	23	24	25	26
DEC	27	28	29	30	1	2	3
	4	5	6	7	8	9	10
6	11	12	13	14	15	16	17
MES	18	19	20	21	22	23	24
ENERO	25	26	27	28	29	30	31
	1	2	3	4	5	6	7
	8	9	10	11	12	13	14

INVIERNO

10	16	17	18	19	20	21	23
MES	23	24	25	26	27	28	29
MAYO	30	1	2	3	4	5	6
	7	8	9	10	11	12	13
11	14	15	16	17	18	19	20
MES	21	22	23	24	25	26	27
JUNIO	28	29	30	31	1	2	3
	4	5	6	7	8	9	10
12	11	12	13	14	15	16	17
MES	18	19	20	21	22	23	24
JULI0	25	26	27	28	29	30	1
1929	2	3	4	5	6	7	8
	9	10	11	12	13	14	15

LUNA LLENA CICLO DEL SEGUNDO AÑO

LUNA NUEVA CICLO DEL SEGUNDO AÑO

CALENDARIO PARA .6666666

CALENDARIO DE LA CREACIÓN

CALENDARIO DE ENOC

5907 ———————— 1927 – 1928

PRIMAVERA

DIA	1	2	3	4	5	6	SABADO
1	19	20	21	22	23	23	25
MES	26	27	28	29	30	31	1
AUG	2	3	4	5	6	7	8
	9	10	11	12	13	14	15
2	16	17	18	19	20	21	22
MES	23	24	25	26	27	28	29
SEPT	30	31	1	2	3	4	5
	6	7	8	9	10	11	12
3	13	14	15	16	17	18	19
MES	20	21	22	23	24	25	26
OCT	27	28	29	30	1	2	3
	4	5	6	7	8	9	10
	11	12	13	14	15	16	17

OTOÑO

	1	2	3	4	5	6	SABADO
7	17	18	19	20	21	22	23
MES	24	25	26	27	28	29	30
FEB	31	1	2	3	4	5	6
	7	8	9	10	11	12	13
8	14	15	16	17	18	19	20
MES	21	22	23	24	25	26	27
MARZO	28	29	1	2	3	4	5
	6	7	8	9	10	11	12
9	13	14	15	16	17	18	19
MES	20	21	22	23	24	25	26
ABRIL	27	28	29	30	31	1	2
	3	4	5	6	7	8	9
	10	11	12	13	14	15	16

VERANO

4	18	19	20	21	22	23	24
MES	25	26	27	28	29	30	31
NOV	1	2	3	4	5	6	7
	8	9	10	11	12	13	14
5	15	16	17	18	19	20	21
MES	22	23	24	25	26	27	28
DEC	29	30	1	2	3	4	5
	6	7	8	9	10	11	12
6TH	13	14	15	16	17	18	19
Month	20	21	22	23	24	25	26
ENERO	27	28	29	30	31	1	2
	3	4	5	6	7	8	9
	10	11	12	13	14	15	16

INVIERNO

10	17	18	19	20	21	22	23
MES	24	25	26	27	28	29	30
MAYO	1	2	3	4	5	6	7
	8	9	10	11	12	13	14
11	15	16	17	18	19	20	21
MES	22	23	24	25	26	27	28
JUNIO	29	30	31	1	2	3	4
	5	6	7	8	9	10	11
12	12	13	14	15	16	17	19
MES	19	20	21	22	23	24	25
JULIO	26	27	28	29	30	1	2
1928	3	4	5	6	7	8	9
	10	11	12	13	14	15	16

LUNA LLENA CICLO DEL PRIMER AÑO

LUNA NUEVA CICLO DEL PRIMER AÑO

CALENDARIO DE LA CREACIÓN

CALENDARIO DE ENOC

5906——————————1926 – 1927

PRIMAVERA

DAY	1	2	3	4	5	6	SABADO
1	20	21	22	23	23	25	26
MES	27	28	29	30	31	1	2
AUG	3	4	5	6	7	8	9
	10	11	12	13	14	15	16
2	17	18	19	20	21	22	23
MES	24	25	26	27	28	29	30
SEPT	31	1	2	3	4	5	6
	7	8	9	10	11	12	13
3	14	15	16	17	18	19	20
MES	21	22	23	24	25	26	27
OCT	28	29	30	1	2	3	4
	5	6	7	8	9	10	11
	12	13	14	15	16	17	18

OTOÑO

	1	2	3	4	5	6	SABADO
7	18	19	20	21	22	23	24
MES	25	26	27	28	29	30	31
FEB	1	2	3	4	5	6	7
	8	9	10	11	12	13	14
8	15	16	17	18	19	20	21
MES	22	23	24	25	26	27	28
MARZO	1	2	3	4	5	6	7
	8	9	10	11	12	13	14
9	15	16	17	18	19	10	21
MES	22	23	24	25	26	27	28
ABRIL	29	30	31	1	2	3	4
	5	6	7	8	9	10	11
	12	13	14	15	16	17	18

VERANO

4	19	20	21	22	23	24	25
MES	26	27	28	29	30	31	1
NOV	2	3	4	5	6	7	8
	9	10	11	12	13	14	15
5	16	17	18	19	20	21	22
MES	23	24	25	26	27	28	29
DEC	30	1	2	3	4	5	6
	7	8	9	10	11	12	13
6	14	15	16	17	18	19	20
MES	21	22	23	24	25	26	27
ENERO	28	29	30	31	1	2	3
	4	5	6	7	8	9	10
	11	12	13	14	15	16	17

INVIERNO

10	19	20	21	22	23	24	25
MES	26	27	28	29	30	1	2
MAYO	3	4	5	6	7	8	9
	10	11	12	13	14	15	16
11	17	18	19	20	21	22	23
MES	24	25	26	27	28	29	30
JUNIO	31	1	2	3	4	5	6
	7	8	9	10	11	12	13
12	14	15	16	17	18	19	20
MES	21	22	23	24	25	26	27
JULIO	28	29	30	1	2	3	4
1927	5	6	7	8	9	10	11
	12	13	14	15	16	17	18

LUNA LLENA CICLO DEL TERCERO AÑO

LUNA NUEVA CICLO DEL TERCERO AÑO

CALENDARIO PARA .3333333

CALENDARIO DE LA CREACIÓN

CALENDARIO DE ENOC

5905——————1925 - 1926

PRIMAVERA

DIA	1	2	3	4	5	6	SABADO
1	21	22	23	23	25	26	27
MES	28	29	30	31	1	2	3
AUG	4	5	6	7	8	9	10
	11	12	13	14	15	16	17
2	18	19	20	21	22	23	24
MES	25	26	27	28	29	30	31
SEPT	1	2	3	4	5	6	7
	8	9	10	11	12	13	14
3	15	16	17	18	19	20	21
MES	22	23	24	25	26	27	28
OCT	29	30	1	2	3	4	5
	6	7	8	9	10	11	12
	13	14	15	16	17	18	19

OTOÑO

	1	2	3	4	5	6	SABADO
7	19	20	21	22	23	24	25
MES	26	27	28	29	30	31	1
FEB	2	3	4	5	6	7	8
	9	10	11	12	13	14	15
8	16	17	18	19	20	21	22
MES	23	24	25	26	27	28	1
MARZO	2	3	4	5	6	7	8
	9	10	11	12	13	14	15
9	16	17	18	19	20	21	22
MES	23	24	25	26	27	28	29
ABRIL	30	31	1	2	3	4	5
	6	7	8	9	10	11	12
	13	14	15	16	17	18	19

VERANO

4	20	21	22	23	24	25	26
MES	27	28	29	30	31	1	2
NOV	3	4	5	6	7	8	9
	10	11	12	13	14	15	16
5	17	18	19	20	21	22	23
MES	24	25	26	27	28	29	30
DEC	1	2	3	4	5	6	7
	8	9	10	11	12	13	14
6	15	16	17	18	19	20	21
MES	22	23	24	25	26	27	28
ENERO	29	30	31	1	2	3	4
	5	6	7	8	9	10	11
	12	13	14	15	16	17	18

INVIERNO

10	20	21	22	23	24	25	26
MES	27	28	29	30	1	2	3
MAYO	4	5	6	7	8	9	10
	11	12	13	14	15	16	17
11	18	19	20	21	22	23	24
MES	25	26	27	28	29	30	31
JUNIO	1	2	3	4	5	6	7
	8	9	10	11	12	13	14
12	15	16	17	18	19	20	21
MES	22	23	24	25	26	27	28
1926 JULIO	29	30	1	2	3	4	5
	6	7	8	9	10	11	12
	13	14	15	16	17	18	19

LUNA LLENA CICLO DEL SEGUNDO AÑO

LUNA NUEVA CICLO DEL SEGUNDO AÑO

CALENDARIO PARA .6666666

CALENDARIO DE LA CREACIÓN

CALENDARIO DE ENOC

5904 ——————————1924 - 1925

PRIMAVERA

DIA	1	2	3	4	5	6	SABADO
1	22	23	23	25	26	27	28
MES	29	30	31	1	2	3	4
AUG	5	6	7	8	9	10	11
	12	13	14	15	16	17	18
2	19	20	21	22	23	24	25
MES	26	27	28	29	30	31	1
SEPT	2	3	4	5	6	7	8
	9	10	11	12	13	14	15
3	16	17	18	19	20	21	22
MES	23	24	25	26	27	28	29
OCT	30	1	2	3	4	5	6
	7	8	9	10	11	12	13
	14	15	16	17	18	19	20

OTOÑO

	1	2	3	4	5	6	SABADO
7	20	21	22	23	24	25	26
MES	27	28	29	30	31	1	2
FEB	3	4	5	6	7	8	9
	10	11	12	13	14	15	16
8	17	18	19	20	21	22	23
MES	24	25	26	27	28	1	2
MARZO	3	4	5	6	7	8	9
	10	11	12	13	14	15	16
9	17	18	19	20	21	22	23
MES	24	25	26	27	28	29	30
ABRIL	31	1	2	3	4	5	6
	7	8	9	10	11	12	13
	14	15	16	17	18	19	20

VERANO

4	21	22	23	24	25	26	27
MES	28	29	30	31	1	2	3
NOV	4	5	6	7	8	9	10
	11	12	13	14	15	16	17
5	18	19	20	21	22	23	24
MES	25	26	27	28	29	30	1
DEC	2	3	4	5	6	7	8
	9	10	11	12	13	14	15
6	16	17	18	19	20	21	22
MES	23	24	25	26	27	28	29
ENERO	30	31	1	2	3	4	5
	6	7	8	9	10	11	12
	13	14	15	16	17	18	19

INVIERNO

10	21	22	23	24	25	26	27
MES	28	29	30	1	2	3	4
MAYO	5	6	7	8	9	10	11
	12	13	14	15	16	17	18
11	19	20	21	22	23	24	25
MES	26	27	28	29	30	31	1
JUNIO	2	3	4	5	6	7	8
	9	10	11	12	13	14	15
12	16	17	18	19	20	21	22
MES	23	24	25	26	27	28	29
1925 JULIO	30	1	2	3	4	5	6
	7	8	9	10	11	12	13
	14	15	16	17	18	19	20

LUNA LLENA CICLO DEL PRIMER AÑO

LUNA NUEVA CICLO DEL PRIMER AÑO

CALENDARIO DE LA CREACIÓN

CALENDARIO DE ENOC

5903 ——————————1923 – 1924

PRIMAVERA

DIA	1	2	3	4	5	6	SABADO
1	24	25	26	27	28	29	30
MES	31	1	2	3	4	5	6
AUG	7	8	9	10	11	12	13
	14	15	16	17	18	19	20
2	21	22	23	24	25	26	27
MES	28	29	30	31	1	2	3
SEPT	4	5	6	7	8	9	10
	11	12	13	14	15	16	17
3	18	19	20	21	22	23	24
MES	25	26	27	28	29	30	1
OCT	2	3	4	5	6	7	8
	9	10	11	12	13	14	15
	16	17	18	19	20	21	22

OTOÑO

	1	2	3	4	5	6	SABADO
7	22	23	24	25	26	27	28
MES	29	30	31	1	2	3	4
FEB	5	6	7	8	9	10	11
	12	13	14	15	16	17	18
8	19	20	21	22	23	24	25
MES	26	27	28	29	1	2	3
MARZO	4	5	6	7	8	9	10
	11	12	13	14	15	16	17
9	18	19	20	21	22	23	24
MES	25	26	27	28	29	30	31
ABRIL	1	2	3	4	5	6	7
	8	9	10	11	12	13	14
	15	16	17	18	19	20	21

VERANO

4	23	24	25	26	27	28	29
MES	30	31	1	2	3	4	5
NOV	6	7	8	9	10	11	12
	13	14	15	16	17	18	19
5	20	21	22	23	24	25	26
MES	27	28	29	30	1	2	3
DEC	4	5	6	7	8	9	10
	11	12	13	14	15	16	17
6	18	19	20	21	22	23	24
MES	25	26	27	28	29	30	31
ENERO	1	2	3	4	5	6	7
	8	9	10	11	12	13	14
	15	16	17	18	19	20	21

INVIERNO

10	22	23	24	25	26	27	28
MES	29	30	1	2	3	4	5
MAYO	6	7	8	9	10	11	12
	13	14	15	16	17	18	19
11	20	21	22	23	24	25	26
MES	27	28	29	30	31	1	2
JUNIO	3	4	5	6	7	8	9
	10	11	12	13	14	15	16
12	17	18	19	20	21	22	23
MES	24	25	26	27	28	29	30
1924 JULIO	1	2	3	4	5	6	7
	8	9	10	11	12	13	14
	15	16	17	18	19	20	21

LUNA LLENA CICLO DEL TERCERO AÑO

CALENDARIO PARA .3333333

LUNA NUEVA CICLO DEL TERCERO AÑO

CALENDARIO DE LA CREACIÓN

CALENDARIO DE ENOC

5902————————1922 - 1923

PRIMAVERA

DIA	1	2	3	4	5	6	SABADO
1	25	26	27	28	29	30	31
MES	1	2	3	4	5	6	7
AUG	8	9	10	11	12	13	14
	15	16	17	18	19	20	21
2	22	23	24	25	26	27	28
MES	29	30	31	1	2	3	4
SEPT	5	6	7	8	9	10	11
	12	13	14	15	16	17	18
3	19	20	21	22	23	24	25
MES	26	27	28	29	30	1	2
OCT	3	4	5	6	7	8	9
	10	11	12	13	14	15	16
	17	18	19	20	21	22	23

OTOÑO

	1	2	3	4	5	6	SABADO
7	23	24	25	26	27	28	29
MES	30	31	1	2	3	4	5
FEB	6	7	8	9	10	11	12
	13	14	15	16	17	18	19
8	20	21	22	23	24	25	26
MES	27	28	1	2	3	4	5
MARZO	6	7	8	9	10	11	12
	13	14	15	16	17	18	19
9	20	21	22	23	24	25	26
MES	27	28	29	30	31	1	2
ABRIL	3	4	5	6	7	8	9
	10	11	12	13	14	15	16
	17	18	19	20	21	22	23

VERANO

4	24	25	26	27	28	29	30
MES	31	1	2	3	4	5	6
NOV	7	8	9	10	11	12	13
	14	15	16	17	18	19	20
5	21	22	23	24	25	26	27
MES	28	29	30	1	2	3	4
DEC	5	6	7	8	9	10	11
	12	13	14	15	16	17	18
6	19	20	21	22	23	24	25
MES	26	27	28	29	30	31	1
ENERO	2	3	4	5	6	7	8
	9	10	11	12	13	14	15
	16	17	18	19	20	21	22

INVIERNO

10	24	25	26	27	28	29	30	2019
MES	1	2	3	4	5	6	7	
MAYO	8	9	10	11	12	13	14	
	15	16	17	18	19	20	21	
11	22	23	24	25	26	27	28	
MES	29	30	31	1	2	3	4	
JUNIO	5	6	7	8	9	10	11	
	12	13	14	15	16	17	18	
12	19	20	21	22	23	24	25	
MES	26	27	28	29	30	1	2	
1923 JULIO	3	4	5	6	7	8	9	
	10	11	12	13	14	15	16	
	17	18	19	20	21	22	23	

LUNA LLENA CICLO DEL SEGUNDO AÑO **LUNA NUEVA CICLO DEL SEGUNDO AÑO**

CALENDARIO PARA .6666666

CALENDARIO DE LA CREACIÓN

CALENDARIO DE ENOC

5901 ——————————— 1921 – 1922

PRIMAVERA

DIA	1	2	3	4	5	6	SABADO
1	26	27	28	29	30	31	1
MES	2	3	4	5	6	7	8
AUG	9	10	11	12	13	14	15
	16	17	18	19	20	21	22
2	23	24	25	26	27	28	29
MES	6	31	1	2	3	4	5
SEPT	13	7	8	9	10	11	12
	20	14	15	16	17	18	19
3	27	21	22	23	24	25	26
MES	6	28	29	30	1	2	3
OCT	4	5	6	7	8	9	10
	11	12	13	14	15	16	17
	18	19	20	21	22	23	24

OTOÑO

	1	2	3	4	5	6	SABADO
7	24	25	26	27	28	29	30
MES	31	1	2	3	4	5	6
FEB	7	8	9	10	11	12	13
	14	15	16	17	18	19	20
8	21	22	23	24	25	26	27
MES	28	1	2	3	4	5	6
MARZO	7	8	9	10	11	12	13
	14	15	16	17	18	19	20
9	21	22	23	24	25	26	27
MES	28	29	30	31	1	2	3
ABRIL	4	5	6	7	8	9	10
	11	12	13	14	15	16	17
	18	19	20	21	22	23	24

VERANO

4	25	26	27	28	29	30	31
MES	1	2	3	4	5	6	7
NOV	8	9	10	11	12	13	14
	15	16	17	18	19	20	21
5	22	23	24	25	26	27	28
MES	29	30	1	2	3	4	5
DEC	6	7	8	9	10	11	12
	13	14	15	16	17	18	19
6	20	21	22	23	24	25	26
MES	27	28	29	30	31	1	2
ENERO	3	4	5	6	7	8	9
	10	11	12	13	14	15	16
	17	18	19	20	21	22	23

INVIERNO

10	25	26	27	28	29	30	1
MES	2	3	4	5	6	7	8
MAYO	9	10	11	12	13	14	15
	16	17	18	19	20	21	22
11	23	24	25	26	27	28	29
MES	30	31	1	2	3	4	5
JUNIO	6	7	8	9	10	11	12
	13	14	15	16	17	18	19
12	20	21	22	23	24	25	26
MES	27	28	29	30	1	2	3
1922 JULIO	4	5	6	7	8	9	10
	11	12	13	14	15	16	17
	18	19	20	21	22	23	24

LUNA LLENA CICLO DEL PRIMER AÑO

LUNA NUEVA CICLO DEL PRIMER AÑO

CALENDARIO DE LA CREACIÓN

CALENDARIO DE ENOC

5900————————1920 – 2021

PRIMAVERA

DIA	1	2	3	4	5	6	SABADO
1	27	28	29	30	31	1	2
MES	3	4	5	6	7	8	9
AUG	10	11	12	13	14	15	16
	17	18	19	20	21	22	23
2	24	25	26	27	28	29	30
MES	31	1	2	3	4	5	6
SEPT	7	8	9	10	11	12	13
	14	15	16	17	18	19	20
3	21	22	23	24	25	26	27
MES	28	29	30	1	2	3	4
OCT	5	6	7	8	9	10	11
	12	13	14	15	16	17	18
	19	20	21	22	23	24	25

OTOÑO

	1	2	3	4	5	6	SABADO
7	25	26	27	28	29	30	31
MES	1	2	3	4	5	6	7
FEB	8	9	10	11	12	13	14
	15	16	17	18	19	20	21
8	22	23	24	25	26	27	28
MES	1	2	3	4	5	6	7
MARZO	8	9	10	11	12	13	14
	15	16	17	18	19	20	21
9	22	23	24	25	26	27	28
MES	29	30	31	1	2	3	4
ABRIL	5	6	7	8	9	10	11
	12	13	14	15	16	17	18
	19	20	21	22	23	24	25

VERANO

4	26	27	28	29	30	31	1
MES	2	3	4	5	6	7	8
NOV	9	10	11	12	13	14	15
	16	17	18	19	20	21	22
5	23	24	25	26	27	28	29
MES	30	1	2	3	4	5	6
DEC	7	8	9	10	11	12	13
	14	15	16	17	18	19	20
6	21	22	23	24	25	26	27
MES	28	29	30	31	1	2	3
ENERO	4	5	6	7	8	9	10
	11	12	13	14	15	16	17
	18	19	20	21	22	23	24

INVIERNO

10	26	27	28	29	30	1	2
MES	3	4	5	6	7	8	9
MAYO	10	11	12	13	14	15	16
	17	18	19	20	21	22	23
11	24	25	26	27	28	29	30
MES	31	1	2	3	4	5	6
JUNIO	7	8	9	10	11	12	13
	14	15	16	17	18	19	20
12	21	22	23	24	25	26	27
MES	28	29	30	1	2	3	4
1921 JULIO	5	6	7	8	9	10	11
	12	13	14	15	16	17	18
	19	20	21	22	23	24	25

LUNA LLENA CICLO DEL TERCERO AÑO

LUNA NUEVA CICLO DEL TERCERO AÑO

CALENDARIO PARA .3333333

CALENDARIO DE LA CREACIÓN

CALENDARIO DE ENOC

5899————————1919 – 1920

PRIMAVERA

DIA	1	2	3	4	5	6	SABADO
1	29	30	31	1	2	3	4
MES	5	6	7	8	9	10	11
AUG	12	13	14	15	16	17	18
	19	20	21	22	23	24	25
2	26	27	28	29	30	31	1
MES	2	3	4	5	6	7	8
SEPT	9	10	11	12	13	14	15
	16	17	18	19	20	21	22
3	23	24	25	26	27	28	29
MES	30	1	2	3	4	5	6
OCT	7	8	9	10	11	12	13
	14	15	16	17	18	19	20
	21	22	23	24	25	26	27

OTOÑO

	1	2	3	4	5	6	SABADO
7	27	28	29	30	31	1	2
MES	3	4	5	6	7	8	9
FEB	10	11	12	13	14	15	16
	17	18	19	20	21	22	23
8	24	25	26	27	28	29	1
MES	2	3	4	5	6	7	8
MARZO	9	10	11	12	13	14	15
	16	17	18	19	20	21	22
9	23	24	25	26	27	28	29
MES	30	31	1	2	3	4	5
ABRIL	6	7	8	9	10	11	12
	13	14	15	16	17	18	19
	20	21	22	23	24	25	26

VERANO

4	28	29	30	31	1	2	3
MES	4	5	6	7	8	9	10
NOV	11	12	13	14	15	16	17
	18	19	20	21	22	23	24
5	25	26	27	28	29	30	1
MES	2	3	4	5	6	7	8
DEC	9	10	11	12	13	14	15
	16	17	18	19	20	21	22
6	23	24	25	26	27	28	29
MES	30	31	1	2	3	4	5
ENERO	6	7	8	9	10	11	12
	13	14	15	16	17	18	19
	20	21	22	23	24	25	26

INVIERNO

10	27	28	29	30	1	2	3
MES	4	5	6	7	8	9	10
MAYO	11	12	13	14	15	16	17
	18	19	20	21	22	23	24
11	25	26	27	28	29	30	31
MES	1	2	3	4	5	6	7
JUNIO	8	9	10	11	12	13	14
	15	16	17	18	19	20	21
12	22	23	24	25	26	27	28
MES	29	30	1	2	3	4	5
1920 JULIO	6	7	8	9	10	11	12
	13	14	15	16	17	18	19
	20	21	22	23	24	25	26

LUNA LLENA CICLO DEL SEGUNDO AÑO

LUNA NUEVA CICLO DEL SEGUNDO AÑO

CALENDARIO PARA .6666666

CALENDARIO DE LA CREACIÓN

CALENDARIO DE ENOC

5898 ———————— 1918 – 1919

PRIMAVERA

DAY	1	2	3	4	5	6	SABADO
1ST	30	31	1	2	3	4	5
MES	6	7	8	9	10	11	12
AUG	13	14	15	16	17	18	19
	20	21	22	23	24	25	26
2	27	28	29	30	31	1	2
MES	3	4	5	6	7	8	9
SEPT	10	11	12	13	14	15	16
	17	18	19	20	21	22	23
3	24	25	26	27	28	29	30
MES	1	2	3	4	5	6	7
OCT	8	9	10	11	12	13	14
	15	16	17	18	19	20	21
	22	23	24	25	26	27	28

OTOÑO

	1	2	3	4	5	6	SABADO
7	28	29	30	31	1	2	3
MES	4	5	6	7	8	9	10
FEB	11	12	13	14	15	16	17
	18	19	20	21	22	23	24
8	25	26	27	28	1	2	3
MES	4	5	6	7	8	9	10
MARZO	11	12	13	14	15	16	17
	18	19	20	21	22	23	24
9	25	26	27	28	29	30	31
MES	1	2	3	4	5	6	7
ABRIL	8	9	10	11	12	13	14
	15	16	17	18	19	20	21
	22	23	24	25	26	27	28

VERANO

4	29	30	31	1	2	3	4
MES	5	6	7	8	9	10	11
NOV	12	13	14	15	16	17	18
	19	20	21	22	23	24	25
5	26	27	28	29	30	1	2
MES	3	4	5	6	7	8	9
DEC	10	11	12	13	14	15	16
	17	18	19	20	21	22	23
6	24	25	26	27	28	29	30
MES	31	1	2	3	4	5	6
ENERO	7	8	9	10	11	12	13
	14	15	16	17	18	19	20
	21	22	23	24	25	26	27

INVIERNO

10	29	30	1	2	3	4	5
MES	6	7	8	9	10	11	12
MAYO	13	14	15	16	17	18	19
	20	21	22	23	24	25	26
11	27	28	29	30	31	1	2
MES	3	4	5	6	7	8	9
JUNIO	10	11	12	13	14	15	16
	17	18	19	20	21	22	23
12	24	25	26	27	28	29	30
MES	1	2	3	4	5	6	7
1919 JULIO	8	9	10	11	12	13	14
	15	16	17	18	19	20	21
	22	23	24	25	26	27	28

LUNA LLENA CICLO DEL PRIMER AÑO

LUNA NUEVA CICLO DEL PRIMER AÑO

CALENDARIO DE LA CREACIÓN

CALENDARIO DE ENOC

5897——————————1917 – 1918

PRIMAVERA

DIA	1	2	3	4	5	6	SABADO
1	31	1	2	3	4	5	6
MES	7	8	9	10	11	12	13
AUG	14	15	16	17	18	19	20
	21	22	23	24	25	26	27
2	28	29	30	31	1	2	3
MES	4	5	6	7	8	9	10
SEPT	11	12	13	14	15	16	17
	18	19	20	21	22	23	24
3	25	26	27	28	29	30	1
MES	2	3	4	5	6	7	8
OCT	9	10	11	12	13	14	15
	16	17	18	19	20	21	22
	23	24	25	26	27	28	29

OTOÑO

	1	2	3	4	5	6	SABADO
7	29	30	31	1	2	3	4
MES	5	6	7	8	9	10	11
FEB	12	13	14	15	16	17	18
	19	20	21	22	23	24	25
8	26	27	28	1	2	3	4
MES	5	6	7	8	9	10	11
MARZO	12	13	14	15	16	17	18
	19	20	21	22	23	24	25
9	26	27	28	29	30	31	1
MES	2	3	4	5	6	7	8
ABRIL	9	10	11	12	13	14	15
	16	17	18	19	20	21	22
	23	24	25	26	27	28	29

VERANO

4	30	31	1	2	3	4	5
MES	6	7	8	9	10	11	12
NOV	13	14	15	16	17	18	19
	20	21	22	23	24	25	26
5	27	28	29	30	1	2	3
MES	4	5	6	7	8	9	10
DEC	11	12	13	14	15	16	17
	18	19	20	21	22	23	24
6	25	26	27	28	29	30	31
MES	1	2	3	4	5	6	7
ENERO	8	9	10	11	12	13	14
	15	16	17	18	19	20	21
	22	23	24	25	26	27	28

INVIERNO

10	30	1	2	3	4	5	6
MES	7	8	9	10	11	12	13
MAYO	14	15	16	17	18	19	20
	21	22	23	24	25	26	27
11	28	29	30	31	1	2	3
MES	4	5	6	7	8	9	10
JUNIO	11	12	13	14	15	16	17
	18	19	20	21	22	23	24
12	25	26	27	28	29	30	1
MES	2	3	4	5	6	7	8
1918 JULIO	9	10	11	12	13	14	15
	16	17	18	19	20	21	22
	23	24	25	26	27	28	29

LUNA LLENA CICLO DEL TERCERO AÑO

LUNA NUEVA CICLO DEL TERCERO AÑO

CALENDARIO PARA .3333333

CALENDARIO DE LA CREACIÓN

CALENDARIO DE ENOC

5896————————1916 – 1917

PRIMAVERA

DIA	1	2	3	4	5	6	SABADO
1	1	2	3	4	5	6	7
MES	8	9	10	11	12	13	14
AUG	15	16	17	18	19	20	21
	22	23	24	25	26	27	28
2	29	30	31	1	2	3	4
MES	5	6	7	8	9	10	11
SEPT	12	13	14	15	16	17	18
	19	20	21	22	23	24	25
3	26	27	28	29	30	1	2
MES	3	4	5	6	7	8	9
OCT	10	11	12	13	14	15	16
	17	18	19	20	21	22	23
	24	25	26	27	28	29	30

OTOÑO

	1	2	3	4	5	6	SABADO
7	30	31	1	2	3	4	5
MES	6	7	8	9	10	11	12
FEB	13	14	15	16	17	18	19
	20	21	22	23	24	25	26
8	27	28	1	2	3	4	5
MES	6	7	8	9	10	11	12
MARZO	13	14	15	16	17	18	19
	20	21	22	23	24	25	26
9	27	28	29	30	31	1	2
MES	3	4	5	6	7	8	9
ABRIL	10	11	12	13	14	15	16
	17	18	19	20	21	22	23
	24	25	26	27	28	29	30

VERANO

4	31	1	2	3	4	5	6
MES	7	8	9	10	11	12	13
NOV	14	15	16	17	18	19	20
	21	22	23	24	25	26	27
5	28	29	30	1	2	3	4
MES	5	6	7	8	9	10	11
DEC	12	13	14	15	16	17	18
	19	20	21	22	23	24	25
6	26	27	28	29	30	31	1
MES	2	3	4	5	6	7	8
ENERO	9	10	11	12	13	14	15
	16	17	18	19	20	21	22
	23	24	25	26	27	28	29

INVIERNO

10	1	2	3	4	5	6	7
MES	8	9	10	11	12	13	14
MAYO	15	16	17	18	19	20	21
	22	23	24	25	26	27	28
11	29	30	31	1	2	3	4
MES	5	6	7	8	9	10	11
JUNIO	12	13	14	15	16	17	18
	19	20	21	22	23	24	25
12	26	27	28	29	30	1	2
MES	3	4	5	6	7	8	9
1917 JULIO	10	11	12	13	14	15	16
	17	18	19	20	21	22	23
	24	25	26	27	28	29	30

LUNA LLENA CICLO DEL SEGUNDO AÑO
CALENDARIO PARA .6666666

LUNA NUEVA CICLO DEL SEGUNDO AÑO

CALENDARIO DE LA CREACIÓN

CALENDARIO DE ENOC

5895 ——————————— 1915 – 1916

PRIMAVERA

DIA	1	2	3	4	5	6	SABADO
1	3	4	5	6	7	8	9
MES	10	11	12	13	14	15	16
AUG	17	18	19	20	21	22	23
	24	25	26	27	28	29	30
2	31	1	2	3	4	5	6
MES	7	8	9	10	11	12	13
SEPT	14	15	16	17	18	19	20
	21	22	23	24	25	26	27
3	28	29	30	1	2	3	4
MES	5	6	7	8	9	10	11
OCT	12	13	14	15	16	17	18
	19	20	21	22	23	24	25
	26	27	28	29	30	30	1

OTOÑO

	1	2	3	4	5	6	SABADO
7	1	2	3	4	5	6	7
MES	8	9	10	11	12	13	14
FEB	15	16	17	18	19	20	21
	22	23	24	25	26	27	28
8	29	1	2	3	4	5	6
MES	7	8	9	10	11	12	13
MARZO	14	15	16	17	18	19	20
	21	22	23	24	25	26	27
9	28	29	30	31	1	2	3
MES	4	5	6	7	8	9	10
ABRIL	11	12	13	14	15	16	17
	18	19	20	21	22	23	24
	25	26	27	28	29	30	1

VERANO

4	2	3	4	5	6	7	8
MES	9	10	11	12	13	14	15
NOV	16	17	18	19	20	21	22
	23	24	25	26	27	28	29
5	30	1	2	3	4	5	6
MES	7	8	9	10	11	12	13
DEC	14	15	16	17	18	19	20
	21	22	23	24	25	26	27
6	28	29	30	31	1	2	3
MES	4	5	6	7	8	9	10
ENERO	11	12	13	14	15	16	17
	18	19	20	21	22	23	24
	25	26	27	28	29	30	31

INVIERNO

10	2	3	3	4	5	6	7
MES	9	10	10	11	12	13	14
MAYO	16	17	17	18	19	20	21
	23	24	24	25	26	27	28
11	30	31	1	2	3	4	5
MES	6	7	7	8	9	10	11
JUNIO	13	14	14	15	16	17	18
	20	21	21	22	23	24	25
12	27	28	28	29	30	1	2
MES	4	5	5	6	7	8	9
1916 JULIO	11	12	12	13	14	15	16
	18	19	19	20	21	22	23
	25	26	26	27	28	29	30

LUNA LLENA CICLO DEL PRIMER AÑO

LUNA NUEVA CICLO DEL PRIMER AÑO

CALENDARIO DE LA CREACIÓN

CALENDARIO DE ENOC

5894————————1914 – 1915

PRIMAVERA

DIA	1	2	3	4	5	6	SABADO
1	4	5	6	7	8	9	10
MES	11	12	13	14	15	16	17
AUG	18	19	20	21	22	23	24
	25	26	27	28	29	30	31
2	1	2	3	4	5	6	7
MES	8	9	10	11	12	13	14
SEPT	15	16	17	18	19	20	21
	22	23	24	25	26	27	28
3	29	30	1	2	3	4	5
MES	6	7	8	9	10	11	12
OCT	13	14	15	16	17	18	19
	20	21	22	23	24	25	26
	27	28	29	30	31	1	2

OTOÑO

	1	2	3	4	5	6	SABADO
7	2	3	4	5	6	7	8
MES	9	10	11	12	13	14	15
FEB	16	17	18	19	20	21	22
	23	24	25	26	27	28	1
8	2	3	4	5	6	7	8
MES	9	10	11	12	13	14	15
MARZO	16	17	18	19	20	21	22
	23	24	25	26	27	28	29
9	30	31	1	2	3	4	5
MES	6	7	8	9	10	11	12
ABRIL	13	14	15	16	17	18	19
	20	21	22	23	24	25	26
	27	28	29	30	1	2	3

VERANO

4	3	4	5	6	7	8	9
MES	10	11	12	13	14	15	16
NOV	17	18	19	20	21	22	23
	24	25	26	27	28	29	30
5	1	2	3	4	5	6	7
MES	8	9	10	11	12	13	14
DEC	15	16	17	18	19	20	21
	22	23	24	25	26	27	28
6	29	30	31	1	2	3	4
MES	5	6	7	8	9	10	11
ENERO	12	13	14	15	16	17	18
	19	20	21	22	23	24	25
	26	27	28	29	30	31	1

INVIERNO

10	4	5	6	7	8	9	10
MES	11	12	13	14	15	16	17
MAYO	18	19	20	21	22	23	24
	25	26	27	28	29	30	31
11	1	2	3	4	5	6	7
MES	8	9	10	11	12	13	14
JUNIO	15	16	17	18	19	20	21
	22	23	24	25	26	27	28
12	29	30	1	2	3	4	5
MES	6	7	8	9	10	11	12
1915 JULIO	13	14	15	16	17	18	19
	20	21	22	23	24	25	26
	27	28	29	30	31	1	2

LUNA LLENA CICLO DEL TERCERO AÑO

CALENDARIO PARA .3333333

LUNA NUEVA CICLO DEL TERCERO AÑO

CALENDARIO DE LA CREACIÓN

CALENDARIO DE ENOC

5893————1913 – 1914

PRIMAVERA

DIA	1	2	3	4	5	6	SABADO
1	5	6	7	8	9	10	11
MES	12	13	14	15	16	17	18
AUG	19	20	21	22	23	24	25
	26	27	28	29	30	31	1
2	2	3	4	5	6	7	8
MES	9	10	11	12	13	14	15
SEPT	16	17	18	19	20	21	22
	23	24	25	26	27	28	29
3	30	1	2	3	4	5	6
MES	7	8	9	10	11	12	13
OCT	14	15	16	17	18	19	20
	21	22	23	24	25	26	27
	28	29	30	31	1	2	3

OTOÑO

	1	2	3	4	5	6	SABADO
7	3	4	5	6	7	8	9
MES	10	11	12	13	14	15	16
FEB	17	18	19	20	21	22	23
	24	25	26	27	28	1	2
8	3	4	5	6	7	8	9
MES	10	11	12	13	14	15	16
MARZO	17	18	19	20	21	22	23
	24	25	26	27	28	29	30
9	31	1	2	3	4	5	6
Month	7	8	9	10	11	12	13
ABRIL	14	15	16	17	18	19	20
	21	22	23	24	25	26	27
	28	29	30	1	2	3	4

VERANO

4	4	5	6	7	8	9	10
Month	11	12	13	14	15	16	17
NOV	18	19	20	21	22	23	24
	25	26	27	28	29	30	1
5	2	3	4	5	6	7	8
MES	9	10	11	12	13	14	15
DEC	16	17	18	19	20	21	22
	23	24	25	26	27	28	29
6	30	31	1	2	3	4	5
MES	6	7	8	9	10	11	12
ENERO	13	14	15	16	17	18	19
	20	21	22	23	24	25	26
	27	28	29	30	31	1	2

INVIERNO

10	5	6	7	8	9	10	11
Month	12	13	14	15	16	17	18
MAYO	19	20	21	22	23	24	25
	26	27	28	29	30	31	1
11	2	3	4	5	6	7	8
MES	9	10	11	12	13	14	15
JUNIO	16	17	18	19	20	21	22
	23	24	25	26	27	28	29
12	30	1	2	3	4	5	6
MES	7	8	9	10	11	12	13
1914 JUL	14	15	16	17	18	19	20
	21	22	23	24	25	26	27
	28	29	30	31	1	2	3

LUNA LLENA CICLO DEL SEGUNDO AÑO
CALENDARIO PARA .6666666

LUNA NUEVA CICLO DEL SEGUNDO AÑO

CALENDARIO DE LA CREACIÓN

CALENDARIO DE ENOC

5892 ———————— 1912 - 1913

PRIMAVERA

DIA	1	2	3	4	5	6	SABADO
1	6	7	8	9	10	11	12
MES	13	14	15	16	17	18	19
AUG	20	21	22	23	24	25	26
	27	28	29	30	31	1	2
2	3	4	5	6	7	8	9
MES	10	11	12	13	14	15	16
SEPT	17	18	19	20	21	22	23
	24	25	26	27	28	29	30
3	1	2	3	4	5	6	7
MES	8	9	10	11	12	13	14
OCT	15	16	17	18	19	20	21
	22	23	24	25	26	27	28
	29	30	31	1	2	3	4

OTOÑO

	1	2	3	4	5	6	SABADO
7	4	5	6	7	8	9	10
MES	11	12	13	14	15	16	17
FEB	18	19	20	21	22	23	24
	25	26	27	28	1	2	3
8	4	5	6	7	8	9	10
MES	11	12	13	14	15	16	17
MARZO	18	19	20	21	22	23	24
	25	26	27	28	29	30	31
9	1	2	3	4	5	6	7
MES	8	9	10	11	12	13	14
ABRIL	15	16	17	18	19	20	21
	22	23	24	25	26	27	28
	29	30	1	2	3	4	5

VERANO

4	5	6	7	8	9	10	11
MES	12	13	14	15	16	17	18
NOV	19	20	21	22	23	24	25
	26	27	28	29	30	1	2
5	3	4	5	6	7	8	9
MES	10	11	12	13	14	15	16
DEC	17	18	19	20	21	22	23
	24	25	26	27	28	29	30
6	31	1	2	3	4	5	6
MES	7	8	9	10	11	12	13
ENERO	14	15	16	17	18	19	20
	21	22	23	24	25	26	27
	28	29	30	31	1	2	3

INVIERNO

10	6	7	8	9	10	11	12
MES	13	14	15	16	17	18	19
MAYO	20	21	22	23	24	25	26
	27	28	29	30	31	1	2
11	3	4	5	6	7	8	9
MES	10	11	12	13	14	15	16
JUNIO	17	18	19	20	21	22	23
	24	25	26	27	28	29	30
12	1	2	3	4	5	6	7
MES	8	9	10	11	12	13	14
1913 JULIO	15	16	17	18	19	20	21
	22	23	24	25	26	27	28
	29	30	31	1	2	3	4

LUNA LLENA CICLO DEL PRIMER AÑO

LUNA NUEVA CICLO DEL PRIMER AÑO

REFERENCES:

Earlyjewishwritings.com

Book of Enoch by R. H. Charles

Made in the USA
Monee, IL
06 November 2026

67850050R10203